国家出版基金项目
NATIONAL PUBLICATION FOUNDATION

Supported by Key Project for the Development of State Facilities and Information Infrastructure for Science and Technology: National Specimen Information Infrastructure (2005DKA21401)
The Thirteenth Five-Year Plan for National Important Books Publication Project
国家科技基础条件平台：标本资源共享平台建设项目（2005DKA21401）资助
“十三五”国家重点图书出版规划项目

Type Specimens in China National Herbarium(PE)

Volume 13
ANGIOSPERMAE(10)

中国国家植物标本馆（PE）模式标本集

第13卷

被子植物门（10）

Institute of Botany, Chinese Academy of Sciences Edit
The editors of this volume LIN Qi, LIN Yun, ZHANG Xiaobing and YANG Zhirong

中国科学院植物研究所 编
本卷主编 林 祁 林 云 张小冰 杨志荣

河南科学技术出版社
Henan Science and Technology Press

图书在版编目（CIP）数据

中国国家植物标本馆（PE）模式标本集. 第13卷，被子植物门. 10：英汉对照/中国科学院植物研究所编；林祁等本卷主编. —郑州：河南科学技术出版社，2017.6
ISBN 978-7-5349-8464-8

Ⅰ.①中… Ⅱ.①中… ②林… ③杨… ④林… Ⅲ.①植物—标本—中国—图集②被子植物—标本—中国—图集 Ⅳ.①Q94-34

中国版本图书馆CIP数据核字（2017）第018943号

The editors of this volume LIN Qi, LIN Yun, ZHANG Xiaobing and YANG Zhirong

Edited by BAN Qin, BI Shuqing, CHEN Shurong, CHEN Yali, DU Yufen, FU Lianzhong, HE Shanshan, JING Xuan, LI Hongli, LI Qianyun, LIN Qi, LIN Yun, LIU Wenqun, MA Xintang, WANG Mingqiong, WANG Zhongtao, WU Huibing, YANG Zhirong, YUN Yingxia, ZHANG Xiaobing

(Names are arranged in alphabetical order)

本卷主编 林 祁 林 云 张小冰 杨志荣

编 著 者（以姓氏拼音为序）

班 勤 秘树青 陈淑荣 陈雅丽 杜玉芬 傅连中 何珊珊 敬 璇
李红丽 李倩云 林 祁 林 云 刘文群 马欣堂 王明琼 王忠涛
吴慧冰 杨志荣 云映霞 张小冰

生物中国总策划：周本庆

出版发行：河南科学技术出版社
地址：郑州市经五路66号 邮编：450002
电话：（0371）65737028 65788613
网址：www.hnstp.cn
策划编辑：周本庆 杨秀芳
责任编辑：杨秀芳
责任校对：李振方
封面设计：张 伟
责任印制：张艳芳
印 刷：北京盛通印刷股份有限公司
经 销：全国新华书店
幅面尺寸：240mm×345mm 印张：75.5 字数：250千字
版 次：2017年6月第1版 2017年6月第1次印刷
定 价：1 500.00元

Introduction

Predecessors of China National Herbarium (abbreviated code PE), Institute of Botany, Chinese Academy of Sciences are the Herbarium, Department of Botany, the Fan Memorial Institute of Biology, Peiping (1928), as well as the Herbarium, Institute of Botany, the National Academy of Peiping (1929). Now PE has developed into the largest herbarium in Asia. The current collections contain more than 2 650 000 specimens in the herbarium, including mosses, ferns, seed plants, seed collections and plant fossil samples. Among them, there are about 20 000 type specimens (holotype, isotype, lectotype, isolectotype, neotype, isoneotype, epitype, isoepitype, syntype, isosyntype, paratype, isoparatype).

Type specimens in this book were produced by selecting the most important type specimen deposited at PE under the same scientific name (species, subspecies, variety and form), and then they were also reviewed and scanned. After compilation, ***Type Specimens in China National Herbarium*** (***PE***) which consists of 14 volumes is completed.

Type Specimens in China National Herbarium (***PE***) includes 7 451 type specimens, comprising 4 356 holotypes, 2 203 isotypes, 319 lectotypes, 8 isolectotypes, 3 neotypes, 3 isoepitypes, 27 syntypes, 94 isosyntypes, 279 paratypes, 170 isoparatypes, and belonging to 194 families, 1 134 genera, 6 159 species, 66 subspecies, 1 114 varieties and 122 forms. The taxa are arranged by family according to the system of Flora Bryophytorum Sinicorum and ***Flora Reipublicae Popularis Sinicae***. Infra-family taxa are alphabetized by genera, species, subspecies, varieties and forms. The explanation of each taxon is listed in the figure caption with Chinese name, scientific name, original publication, nature of specimen (holotype/ isotype/ lectotype/ isolectotype/ neotype/ isoneotype/ epitype/ isoepitype/ syntype/ isosyntype/ paratype/ isoparatype), type locality (country/ province/ county/ mountain if present), altitude, collection date, collector and collection number. The collector and type locality in this book follow ***Index Herbariorum Sinicorum*** (L. K. Fu, 1993) and G***azetteer of China***—An ***Index to the Atlas of the People's Republic of China*** (Chinese Academy of Surveying & Mapping, 1997) respectively.

This book is a very important work for researching and identifying Chinese plants. It could also be used as a reference by plant taxonomists and people from botanic research institutions, educational institutions and production departments at home and abroad.

Volume 13 of ***Type Specimens in China National Herbarium*** (***PE***) includes 563 type specimens from Gentianaceae to Scrophulariaceae, comprising 306 holotypes, 202 isotypes, 19 lectotypes, 1 syntype, 3 isosyntypes, 16 paratypes, 17 isoparatypes, and belonging to 9 families, 121 genera, 434 species, 14 subspecies, 100 varieties and 16 forms.

Greatest thanks to Prof. Li Liangqing and Prof. Zhang Xianchun, curators of China National Herbarium (PE), for their support and help throughout the publication of the book.

LIN Qi

February 2016

前　言

中国科学院植物研究所国家植物标本馆（缩写代号 PE）的前身是 1928 年成立的北平静生生物调查所植物标本室和 1929 年成立的北平研究院植物研究所标本室，现已发展为亚洲最大的植物标本馆，目前馆藏植物标本 265 万余份，包括苔藓植物标本、蕨类植物标本、种子植物标本、种子标本和植物化石标本，其中模式标本近 2 万份（含主模式、等模式、后选模式、等后选模式、新模式、等新模式、附加模式、等附加模式、合模式、等合模式、副模式、等副模式）。

书中所收录的模式标本是在同一学名下（种、亚种、变种、变型）遴选出一份最重要的馆藏模式标本，经整理并扫描后编撰而成《中国国家植物标本馆（PE）模式标本集》（共 14 卷）。

全书共收有模式标本 7 451 份，含 4 356 份主模式、2 203 份等模式、319 份后选模式、8 份等后选模式、3 份新模式、3 份等附加模式、27 份合模式、94 份等合模式、279 份副模式、170 份等副模式，隶属于 194 科、1 134 属、6 159 种、66 亚种、1 114 变种和 122 变型。全书各科依据《中国苔藓志》及《中国植物志》系统排列，属、种、亚种、变种、变型的名称按字母顺序排列。每张扫描模式标本相片的图注解释均标注中名、学名、原始文献、模式类型（主模式、等模式、后选模式、等后选模式、新模式、等新模式、附加模式、等附加模式、合模式、等合模式、副模式、等副模式）、采集地点（国名、省名、县名、山名）、海拔、采集时间（年月日）、采集人和采集号。本书中的采集人根据《中国植物标本馆索引》(傅立国，1993) 书写，采集地根据《中国地名录—中华人民共和国地图集地名索引》（国家测绘局地名研究所，1997）书写。

本书是一部研究与鉴定中国植物的重要著作，可供国内外植物分类学者及有关植物学科研、教学和生产部门人员参考。

第 13 卷包括被子植物门龙胆科至玄参科的模式标本，共 563 份，含 306 份主模式、202 份等模式、19 份后选模式、1 份合模式、3 份等合模式、16 份副模式、17 份等副模式，隶属于 9 科、121 属、434 种、14 亚种、100 变种和 16 变型。

感谢中国国家植物标本馆（PE）馆长李良千研究员和张宪春研究员在本书编撰过程中给予的支持和帮助。

林　祁

2016 年 2 月

Contents
目　录

Gentianaceae / 龙胆科 longdanke …………………………………………… 1

Apocynaceae / 夹竹桃科 jiazhutaoke …………………………………… 35

Asclepiadaceae / 萝藦科 luomoke………………………………………… 57

Convolvulaceae / 旋花科 xuanhuake……………………………………… 91

Boraginaceae / 紫草科 zicaoke ………………………………………… 107

Verbenaceae / 马鞭草科 mabiancaoke ………………………………… 181

Labiatae (Lamiaceae) / 唇形科 chunxingke …………………………… 195

Solanaceae / 茄科 qieke………………………………………………… 387

Scrophulariaceae / 玄参科 xuanshenke ………………………………… 423

Index to Scientific Names / 拉丁学名索引 …………………………… 579

Index to Chinese Names / 中名索引 …………………………………… 587

Gentianaceae

龙胆科

longdanke

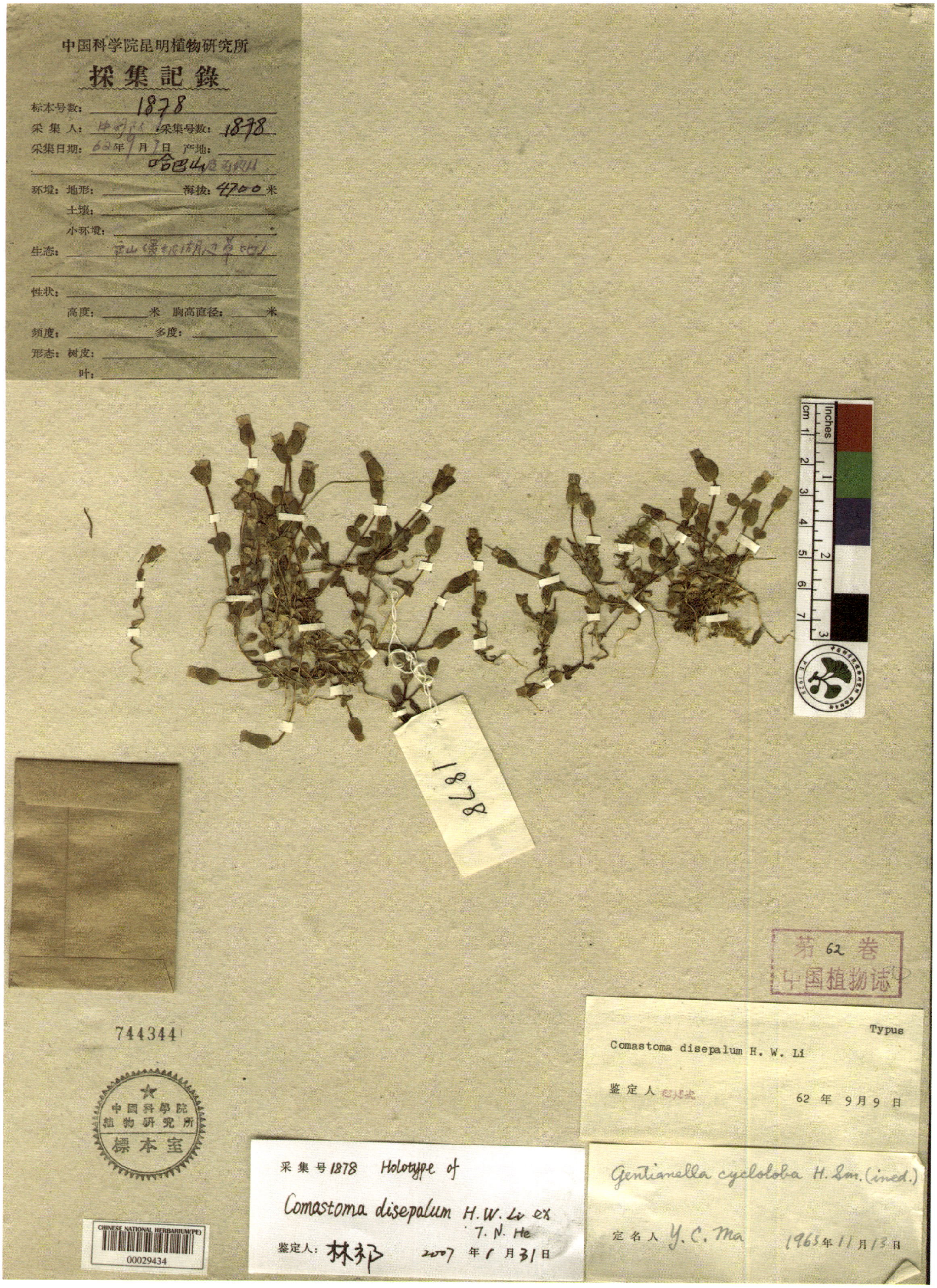

二萼喉毛花 ***Comastoma disepalum*** H. W. Li ex T. N. Ho in Acta Biol. Plateau Sin. 1: 37, pl. 1: 6-8. 1982. **Holotype:** China. Yunnan: Zhongdian (=Shangri-La), alt. 4 700 m, 1962-09-07, Zhongdian Exped. 1878.

道孚龙胆 ***Gentiana altorum*** H. Smith in Bull. Misc. Inform., Kew (3): 129. 1937. **Isotype:** China. Sichuan: Daofu, alt. 4 100 m, 1934-09-29, H. Smith 12537.

紫红假龙胆 ***Gentiana arenaria*** Maxim. in Diagn. Pl. Nov. Asiat. 8: 30. 1893. **Isotype:** China. Xizang: Dsharin, alt. 4 500 m, 1884-06-25, N. M. Przewalski 356.

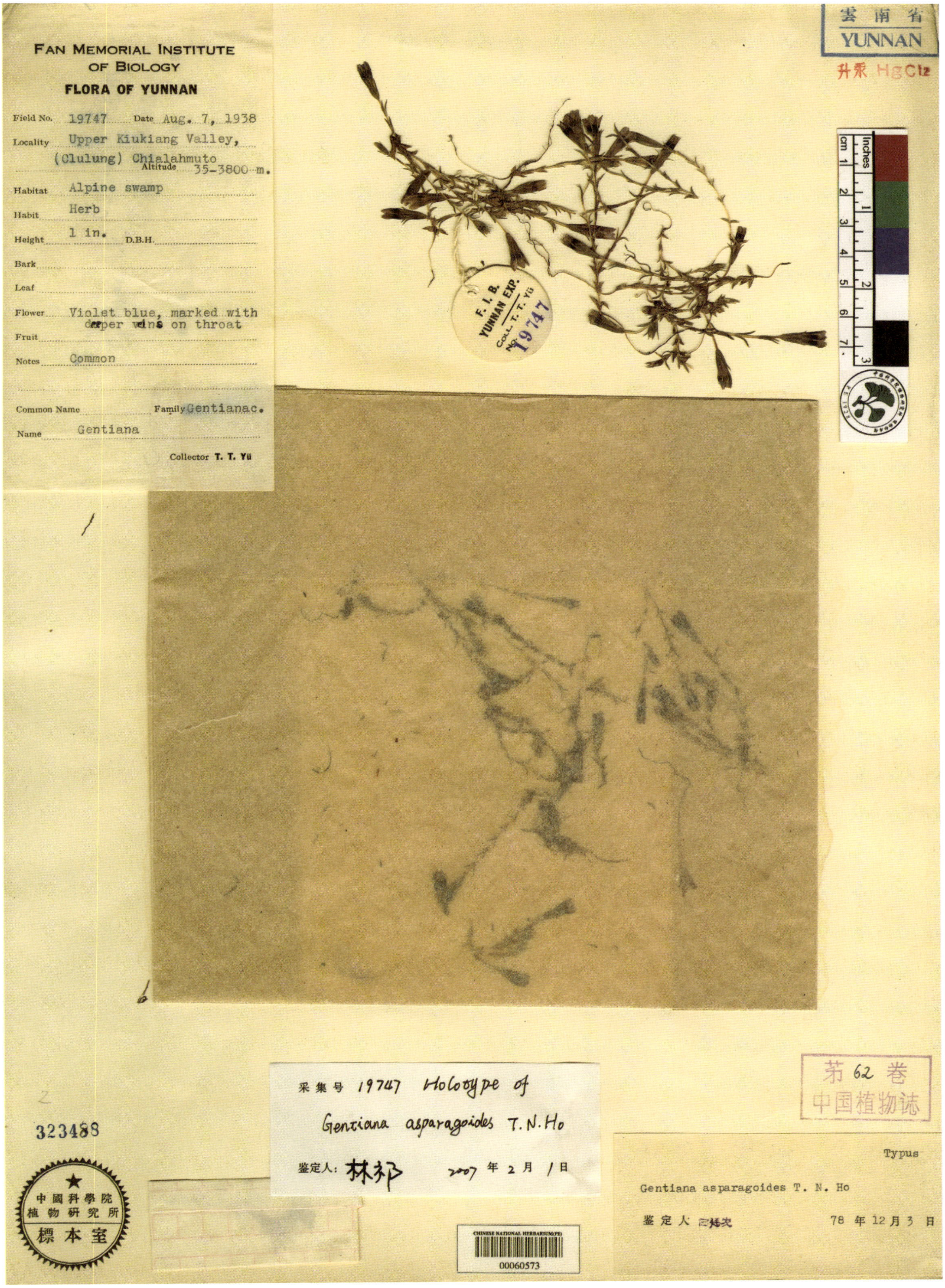

天冬叶龙胆 ***Gentiana asparagoides*** T. N. Ho in Acta Biol. Plateau Sin. 3: 26, pl. 3: 3. 1984. **Holotype:** China. Yunnan: Gongshan, alt. 3 500~3 800 m, 1938-08-07, T. T. Yu 19747.

秀丽龙胆 ***Gentiana bella*** Franchet in F. B. Forb. & Hemsl., Journ. Linn. Soc., Bot. 26: 124. 1890. **Isotype:** China. Yunnan: Lankong (=Eryuan), alt. 3 200 m, 1887-05-17, Delavay 2783.

莲座叶龙胆 ***Gentiana complexa*** T. N. Ho in Acta Biol. Plateau Sin. 3: 34, pl. 5: 4. 1984. **Holotype:** China. Sichuan: Emei, Emeishan, alt. 2 750 m, 1964-05-09, Sichuan Exped. 424.

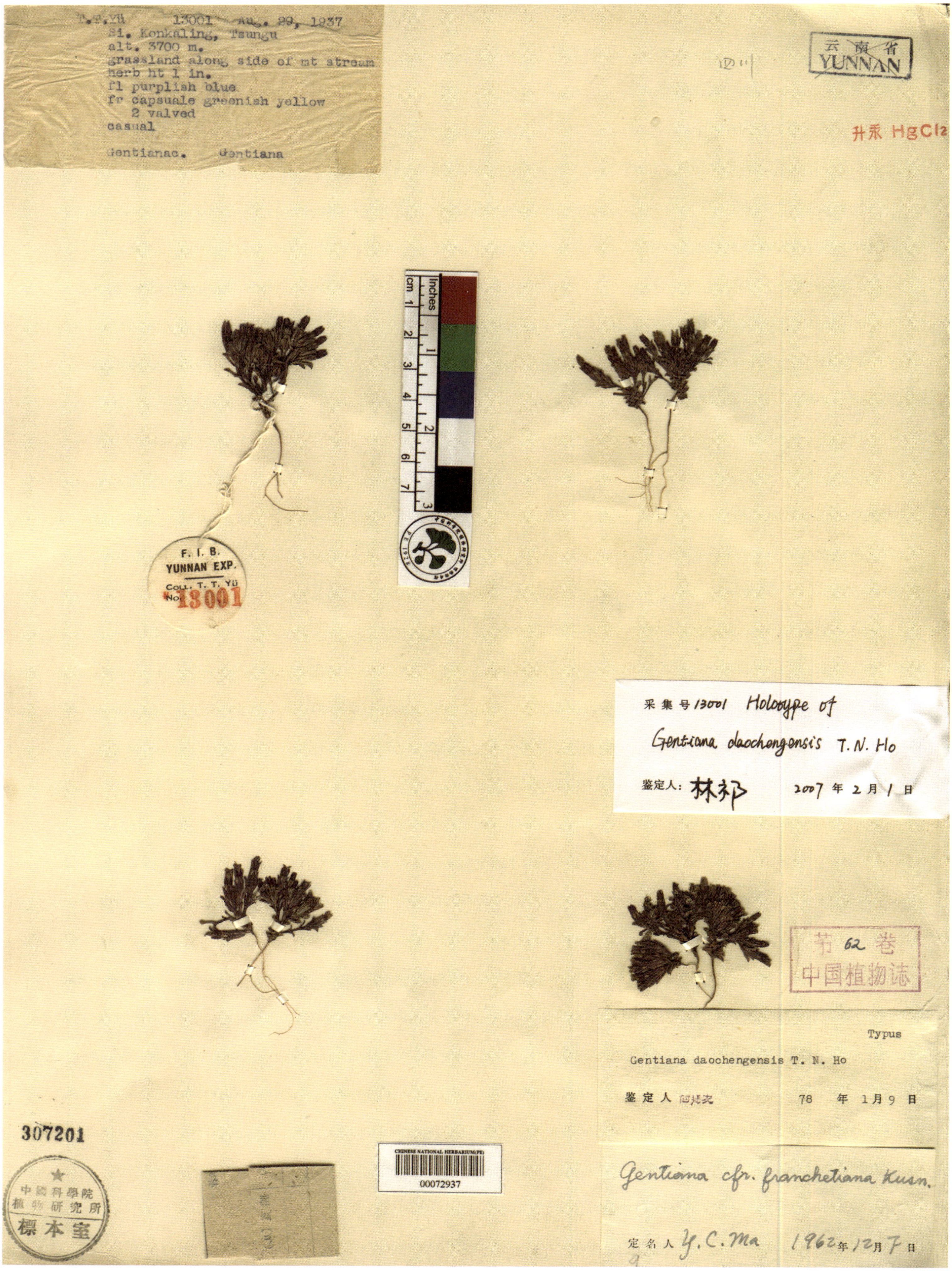

稻城龙胆 ***Gentiana daochengensis*** T. N. Ho in Acta Biol. Plateau Sin. 3: 44, pl. 4: 6. 1984. **Holotype:** China. Sichuan: Daocheng, alt. 3 700 m, 1937-08-29, T. T. Yu 13001.

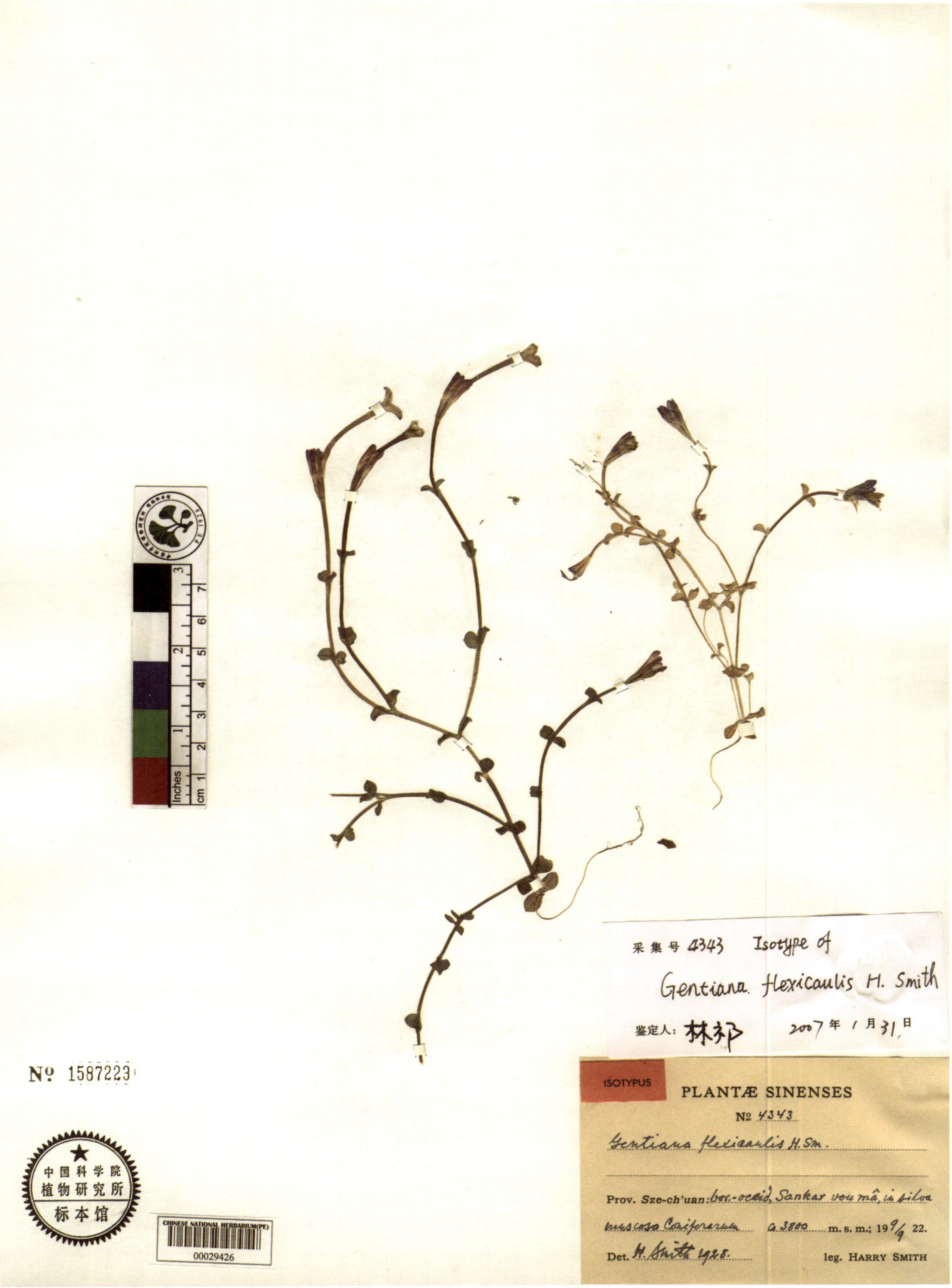

弯茎龙胆 ***Gentiana flexicaulis*** H. Smith in Bull. Misc. Inform., Kew (3): 133. 1937. **Isotype:** China. Sichuan: Sankar-vou-mâ, alt. 3 800 m, 1922-09-09, H. Smith 4343.

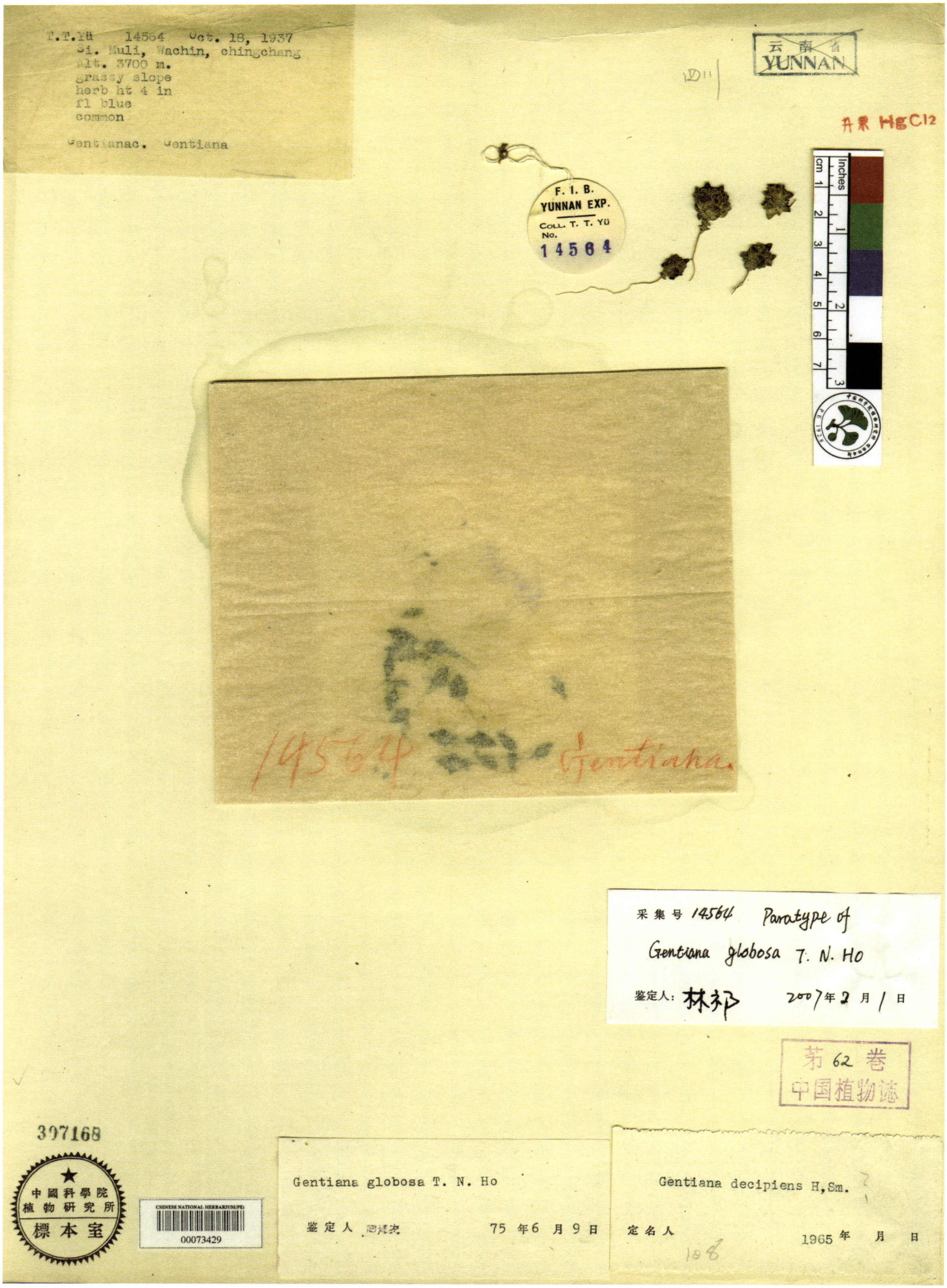

圆球龙胆 ***Gentiana globosa*** T. N. Ho in Acta Biol. Plateau Sin. 3: 40, pl. 4: 3. 1984. **Paratype:** China. Sichuan: Muli, alt. 3 700 m, 1937-10-18, T. T. Yu 14564.

六叶龙胆 ***Gentiana hexaphylla*** Maxim. ex Kusnez. in Bull. Acad. Imp. Sci. St.-Petersbourg 35: 349. 1894. **Isotype:** China. Sichuan: Precise locality not known, 1885-08-10, G. N. Potanin s. n.

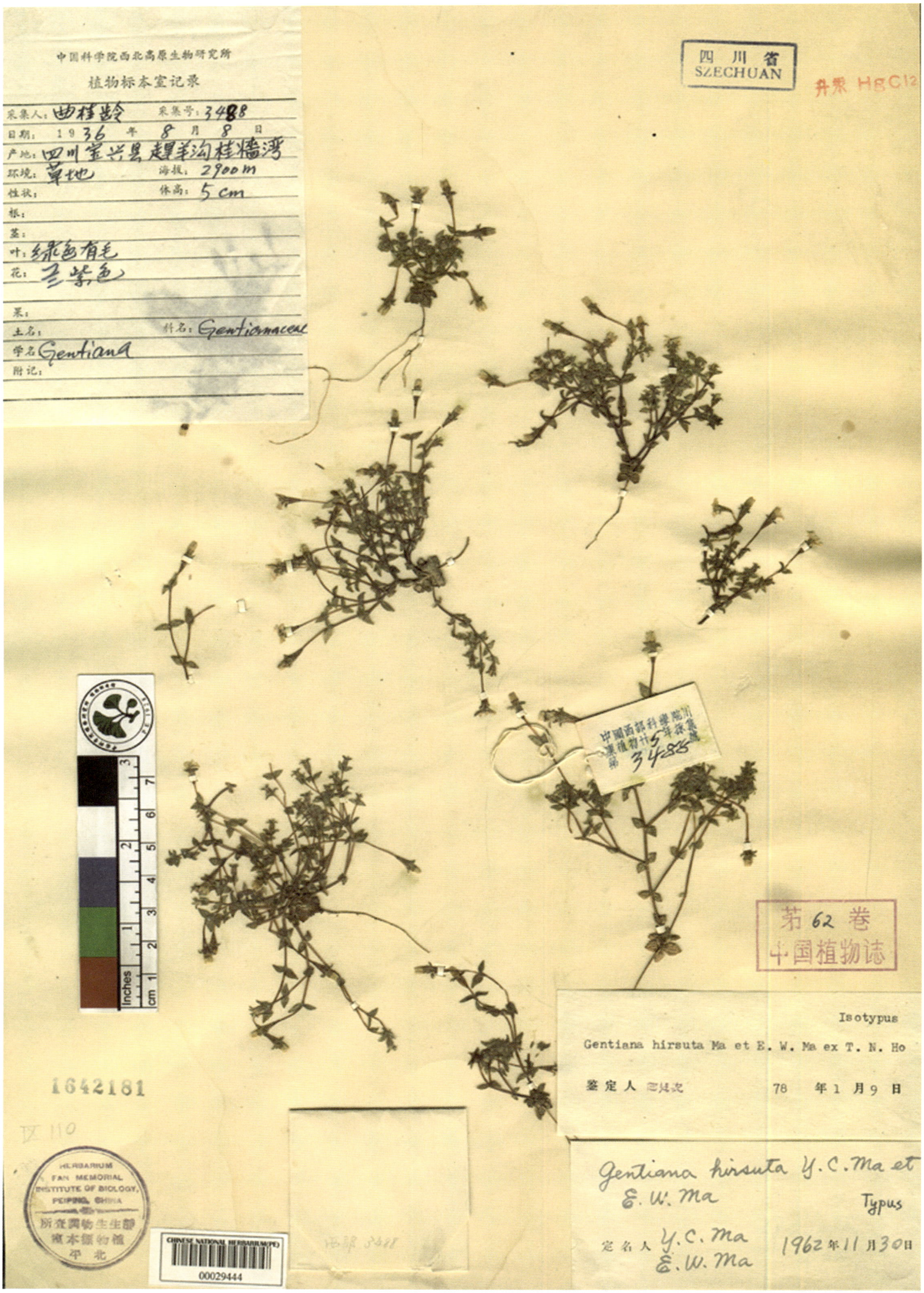

硬毛龙胆 *Gentiana hirsuta* Ma & E. W. Ma ex T. N. Ho in Acta Biol. Plateau Sin. 3: 38. 1984. **Isotype:** China. Sichuan: Baoxing, alt. 2 900 m, 1936-08-08, K. L. Chu 3488.

宁蒗龙胆 ***Gentiana ninglangensis*** T. N. Ho in Acta Biol. Plateau Sin. 3: 37, pl. 4: 2. 1984. **Holotype:** China. Yunnan: Yung-ning (= Ninglang), alt. 2 500 m, 1937-05-07, T. T. Yu 5296.

耳褶龙胆 ***Gentiana otophora*** Franch. in F. B. Forb. & Hemsl., Journ. Linn. Soc., Bot. 26: 130. 1890. **Isotype:** China. Yunnan: Dali, Cangshan, alt. 4 000 m, 1887-??-??, Delavay 1236.

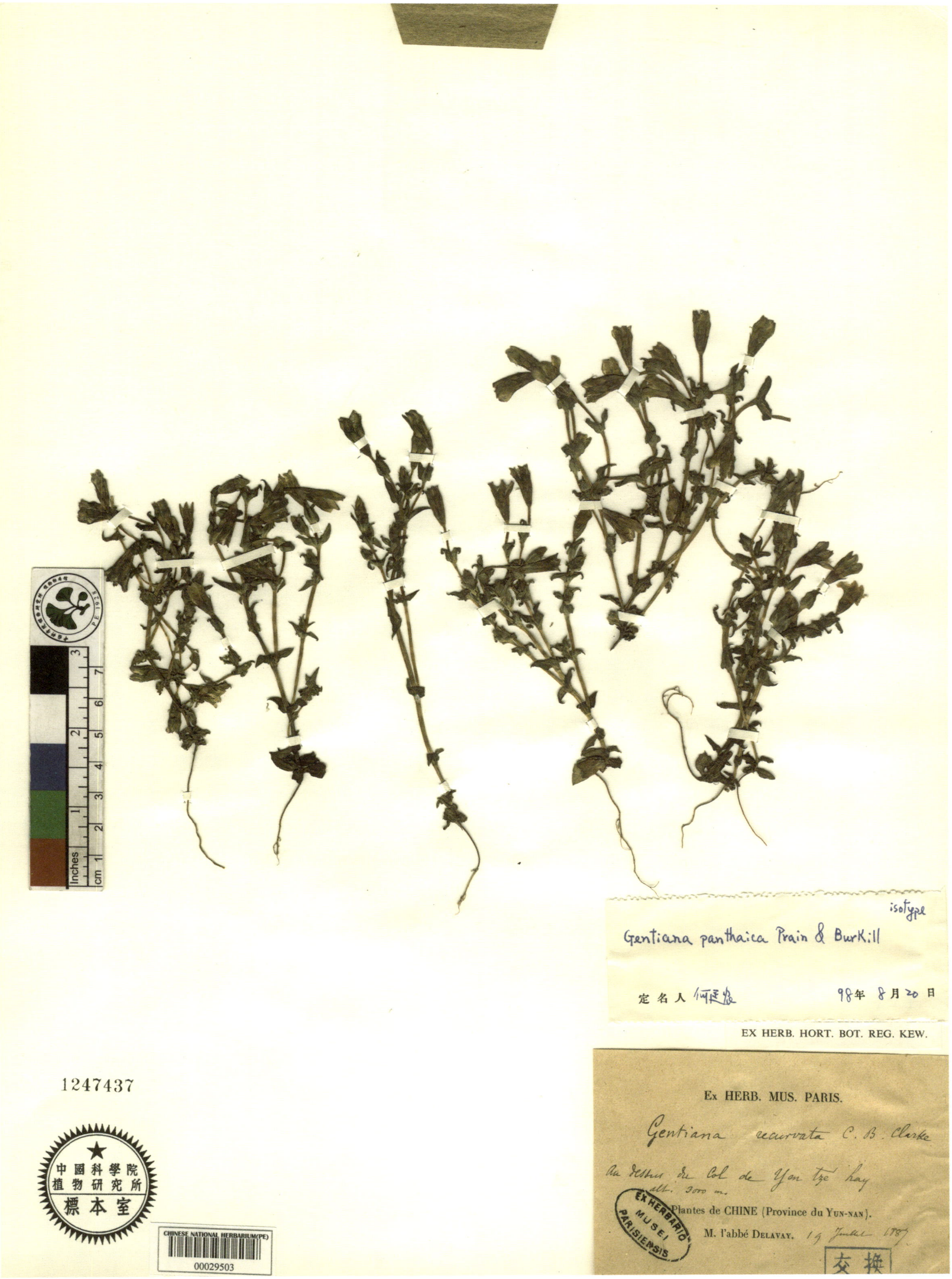

流苏龙胆 ***Gentiana panthaica*** Prain & Burk. in Journ. Asiat. Soc. Bengal 2: 313. 1906. **Isotype:** China. Yunnan: Heqing, alt. 3 000 m, 1887-07-19, Delavay s. n.

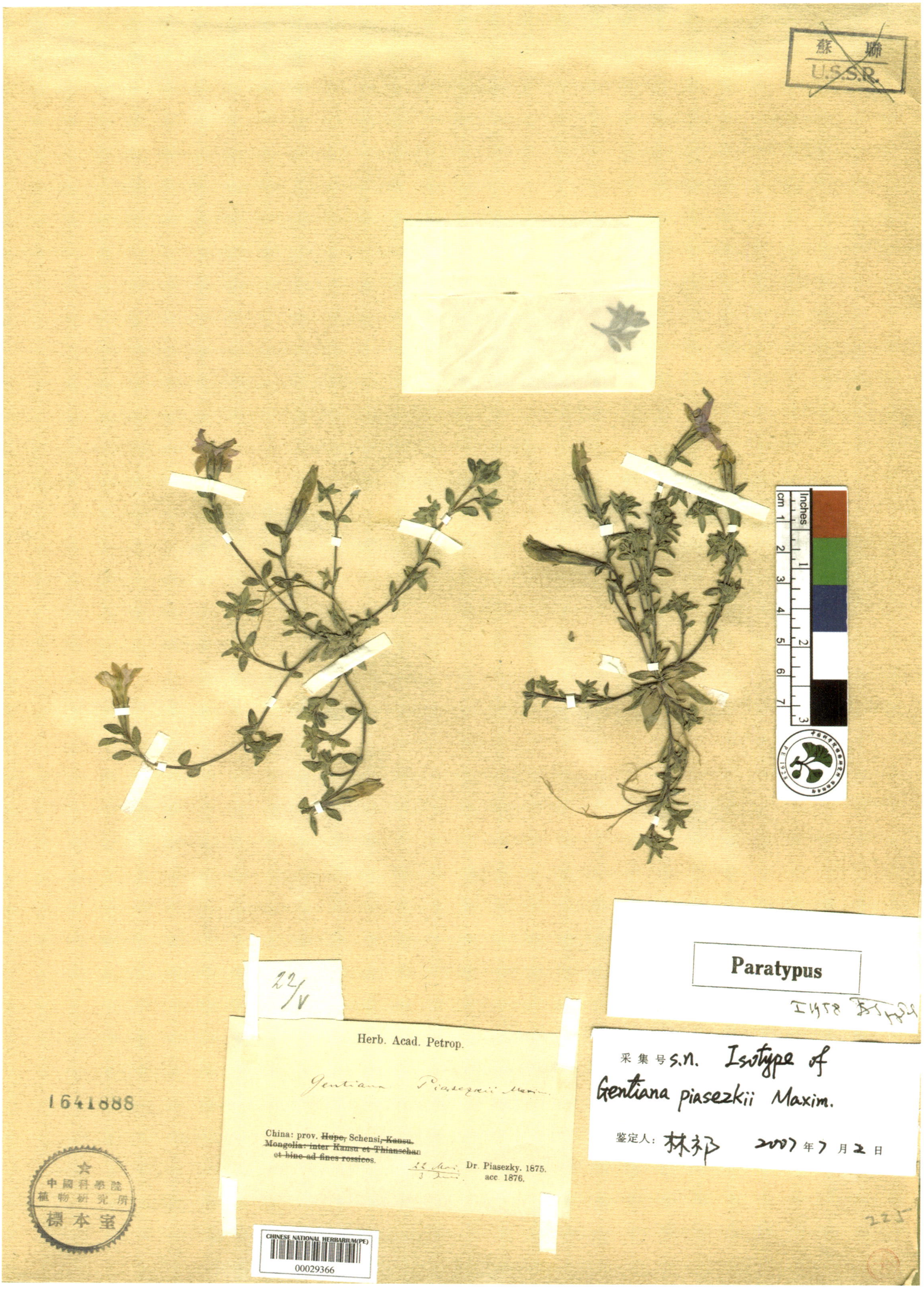

陕南龙胆 ***Gentiana piasezkii*** Maxim. in Bull. Acad. Imp. Sci. St.-Petersbourg 26: 498. 1880. **Isotype:** China. Shaanxi: Precise locality not known, 1876-05-22, Piasezky s. n.

伸梗龙胆 ***Gentiana producta*** T. N. Ho in Bull. Bot. Res., Harbin 4(1): 80, pl. 4: 1-4. 1984. **Holotype:** China. Sichuan: Yu-lung (=Xinlong), 1951-09-15, W. K. Hu 13166.

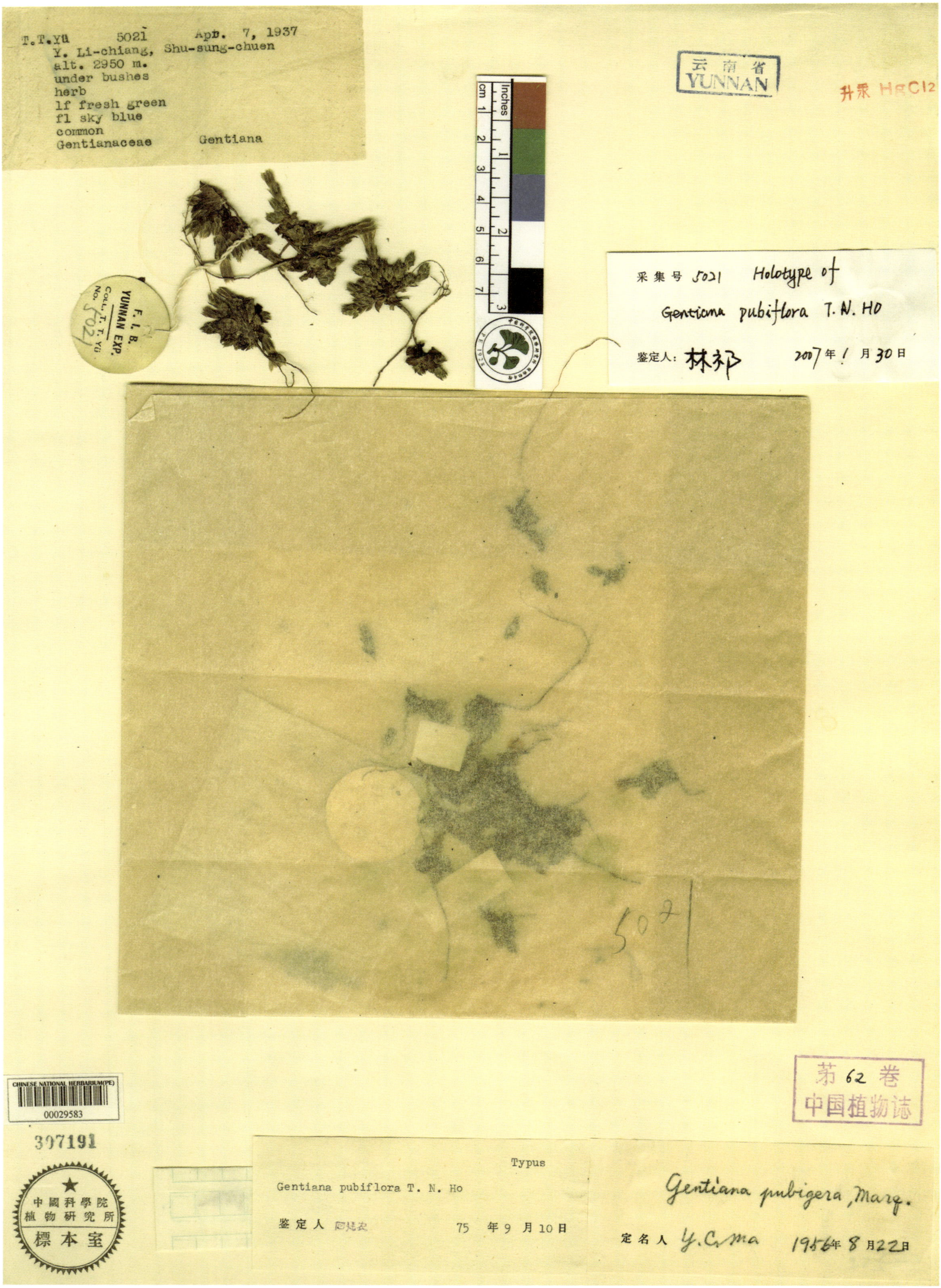

毛花龙胆 ***Gentiana pubiflora*** T. N. Ho in Acta Biol. Plateau Sin. 3: 36, pl. 6: 1. 1984. **Holotype:** China. Yunnan: Lijiang, alt. 2 950 m, 1937-04-07, T. T. Yu 5021.

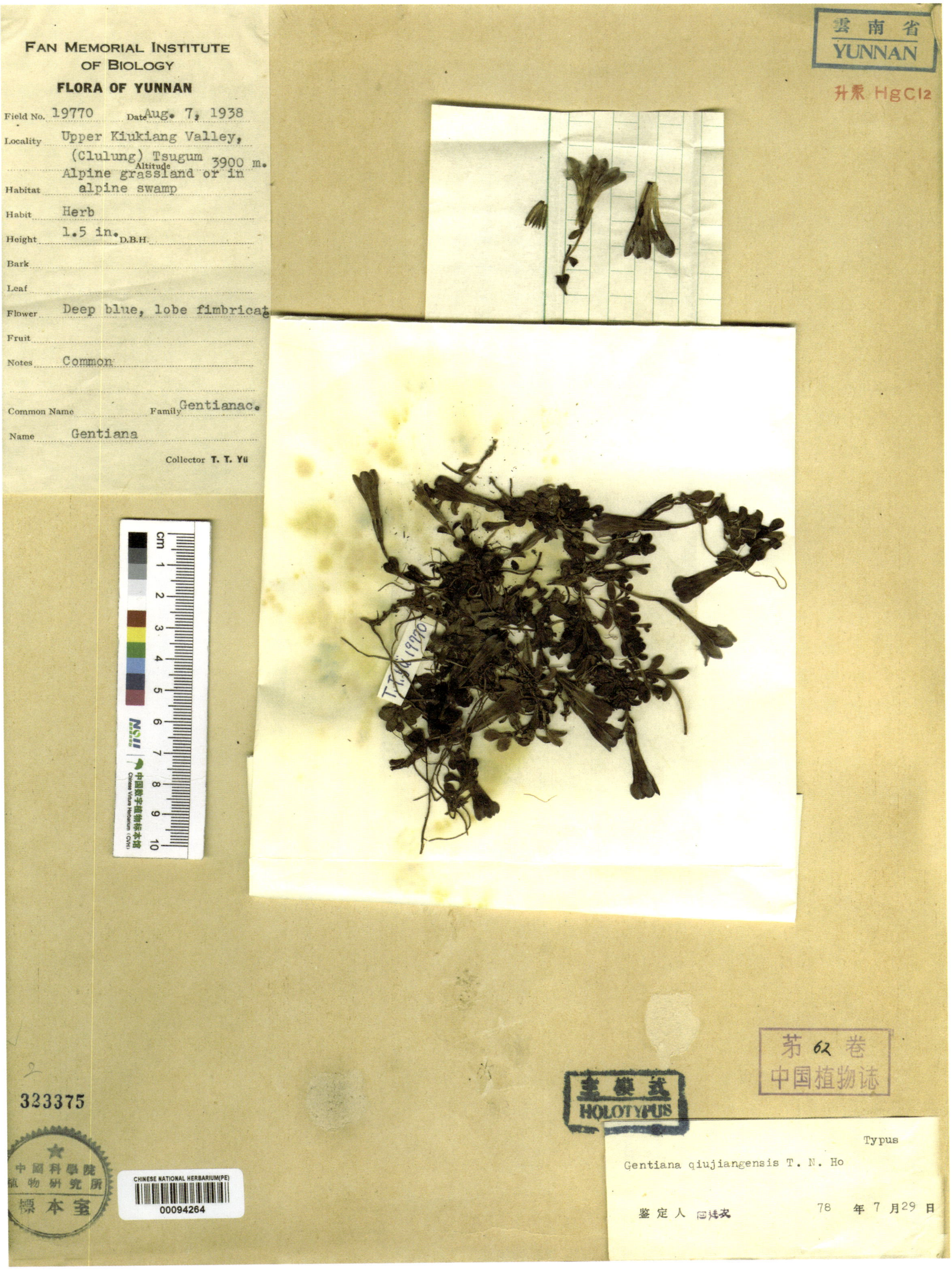

俅江龙胆 ***Gentiana qiujiangensis*** T. N. Ho in Acta Biol. Plateau Sin. 3: 17, pl. 1: 1. 1984. **Holotype:** China. Yunnan: Gongshan, alt. 3900 m, 1938-08-07, T. T. Yu 19770.

菊花参 ***Gentiana sarcorrhiza*** Ling & Ma ex T. N. Ho in Acta Biol. Plateau Sin. 3: 45, f. 1: 1-5. 1984. **Paratype:** China. Sichuan: Miyi, 1958-07-01, S. Y. Chen, Z. He & M. F. Zhong 10549.

革叶龙胆 ***Gentiana scytophylla*** T. N. Ho in Acta Biol. Plateau Sin. 3: 39, pl. 6: 3. 1984. **Isotype:** China. Yunnan: Luquan, alt. 2 700 m, 1957-02-17, W. H. Yin 0029.

麻花艽 ***Gentiana straminea*** Maxim. in Bull. Acad. Imp. Sci. St.-Pétersbourg 27: 502. 1881. **Isotype:** China. Qinghai: Tetung (= Qilianshan), 1872-08-(02~14), N. M. Przewalski s. n.

条纹龙胆 ***Gentiana striata*** Maxim. in Bull. Acad. Imp. Sci. St.-Pétersbourg 27: 501. 1881. **Isotype:** China. Qinghai: Tetung (= Qilianshan), 1872-08-(15~27), N. M. Przewalski s. n.

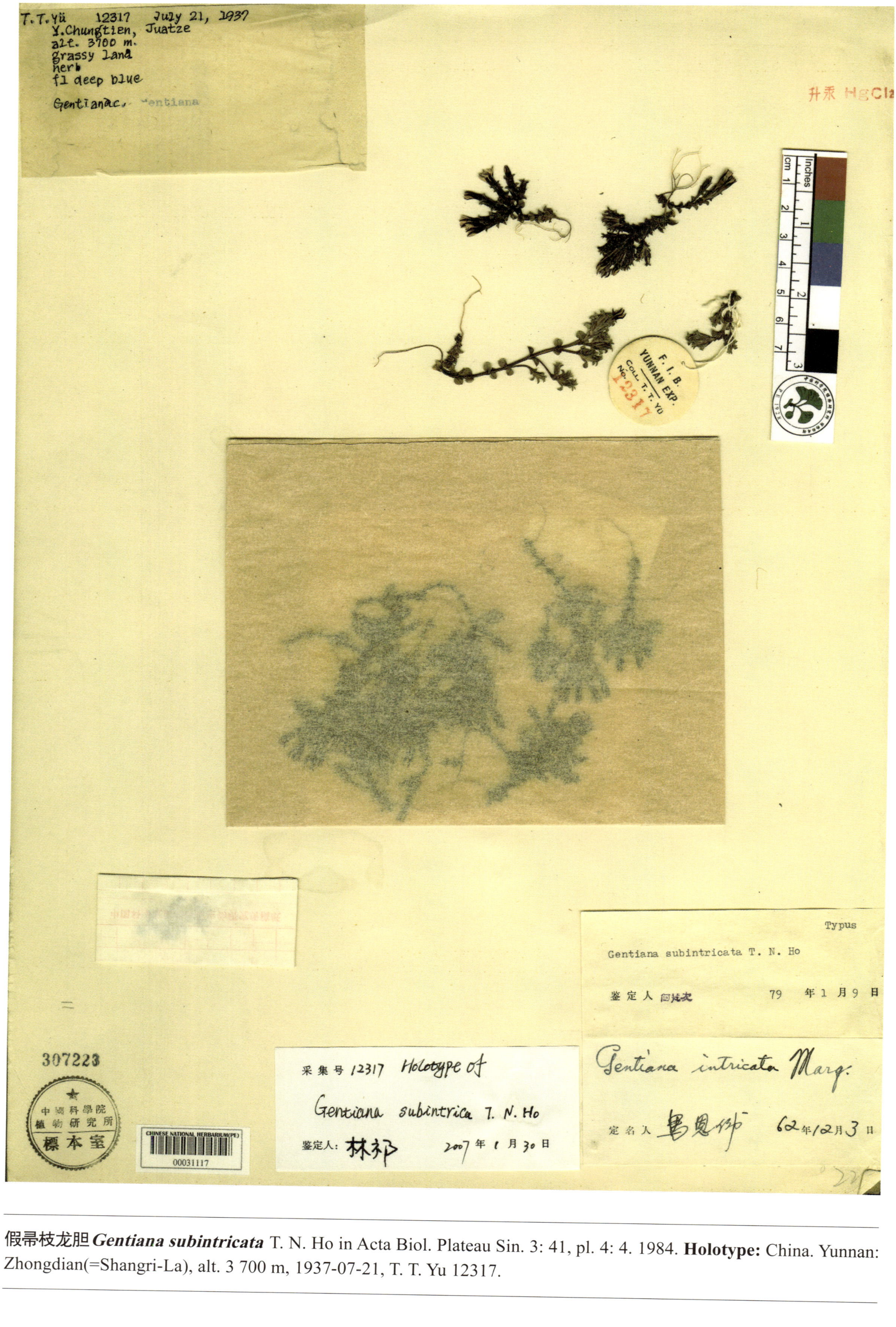

假帚枝龙胆 ***Gentiana subintricata*** T. N. Ho in Acta Biol. Plateau Sin. 3: 41, pl. 4: 4. 1984. **Holotype:** China. Yunnan: Zhongdian(=Shangri-La), alt. 3 700 m, 1937-07-21, T. T. Yu 12317.

纤茎秦艽 ***Gentiana tenuicaulis*** Ling in Contr. Inst. Bot., Nat. Acad. Peiping 3(7): 380, f. 7. 1935. **Holotype:** China. Hebei: Laiyuan, alt. 1 730 m, 1934-07-16, K. M. Liou 2895.

美龙胆 ***Gentiana tsarongensis*** I. B. Balf. & Forrest in Bull. Misc. Inform., Kew (2): 62. 1928. **Isotype:** China. Xizang: Tsarong, 1918-08-??, Forrest 16876.

朝鲜龙胆 ***Gentiana uchiyamai*** Nakai in Bot. Magaz., Tokyo 23: 107. 1909. **Isotype:** D. P. R. Korea. Kumgangsan, 1902-08-16, T. Uchiyama s. n.

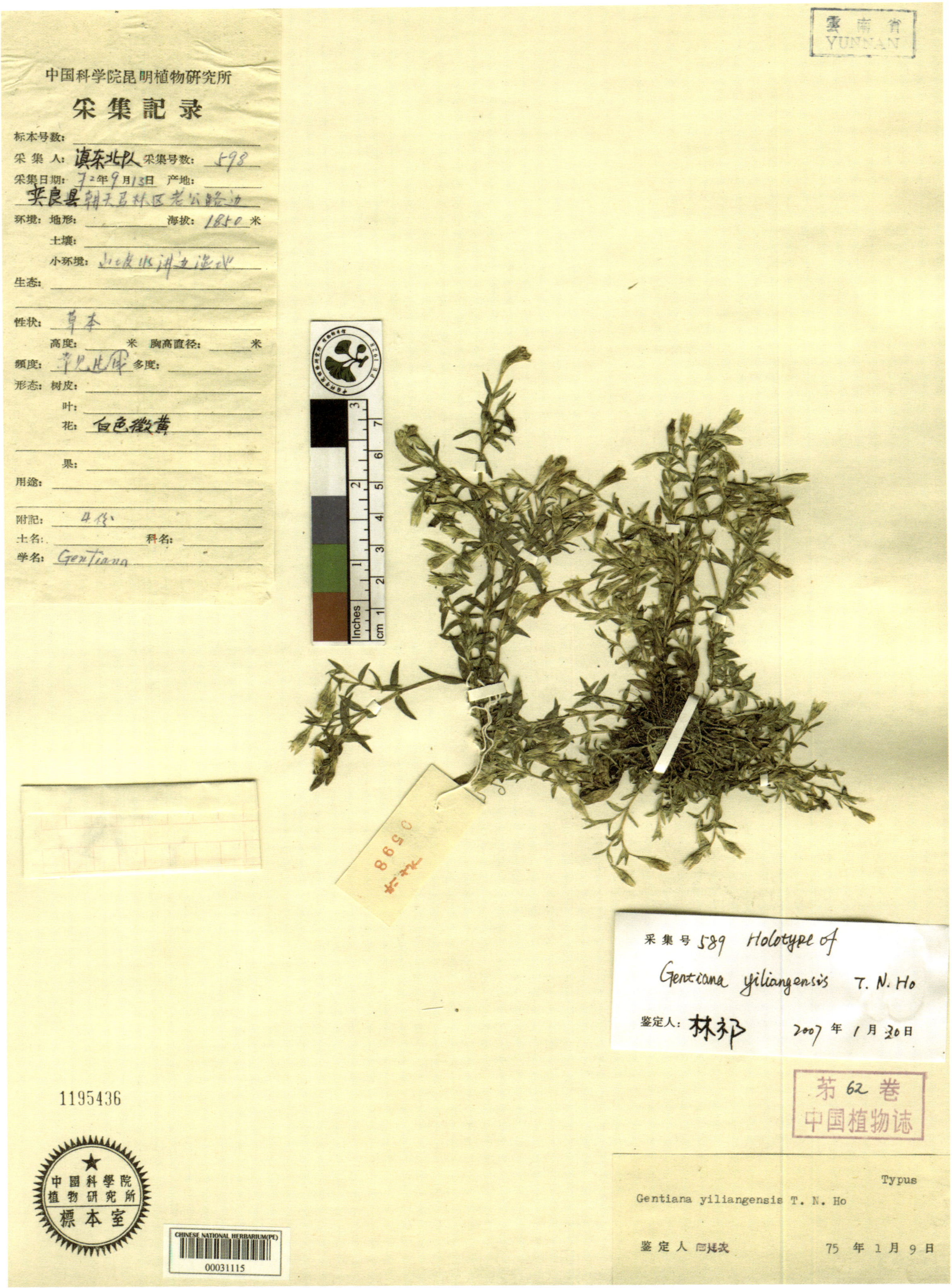

彝良龙胆 ***Gentiana yiliangensis*** T. N. Ho in Acta Biol. Plateau Sin. 3: 22, pl. 3: 1. 1984. **Holotype:** China. Yunnan: Yiliang, alt. 1 850 m, 1972-09-13, NE Yunnan Exped. 598.

中国扁蕾 ***Gentianopsis barbata*** (Froel.) Ma var. ***sinensis*** Ma in Acta Phytotax. Sin. 1: 9, pl. 1. 1951. **Holotype:** China. Shanxi: Xi Xian, alt. 1 400 m, 1935-09-16, T. P. Wang 3732.

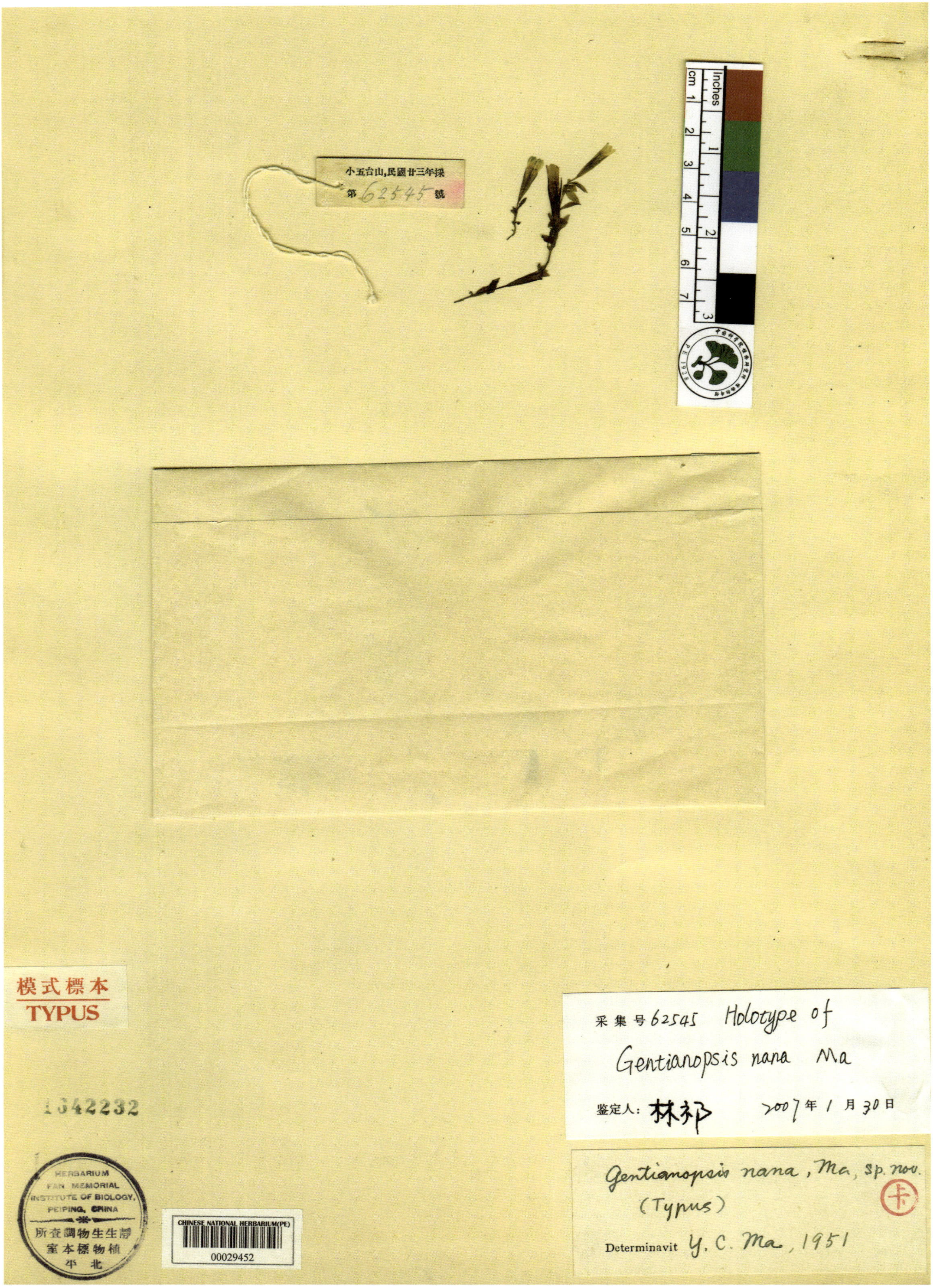

小扁蕾 ***Gentianopsis nana*** Ma in Acta Phytotax. Sin. 1: 12, pl. 3: 3. 1951. **Holotype:** China. Hebei: Xiaowutaishan, 1934-09-??, C. W. Wang 62545.

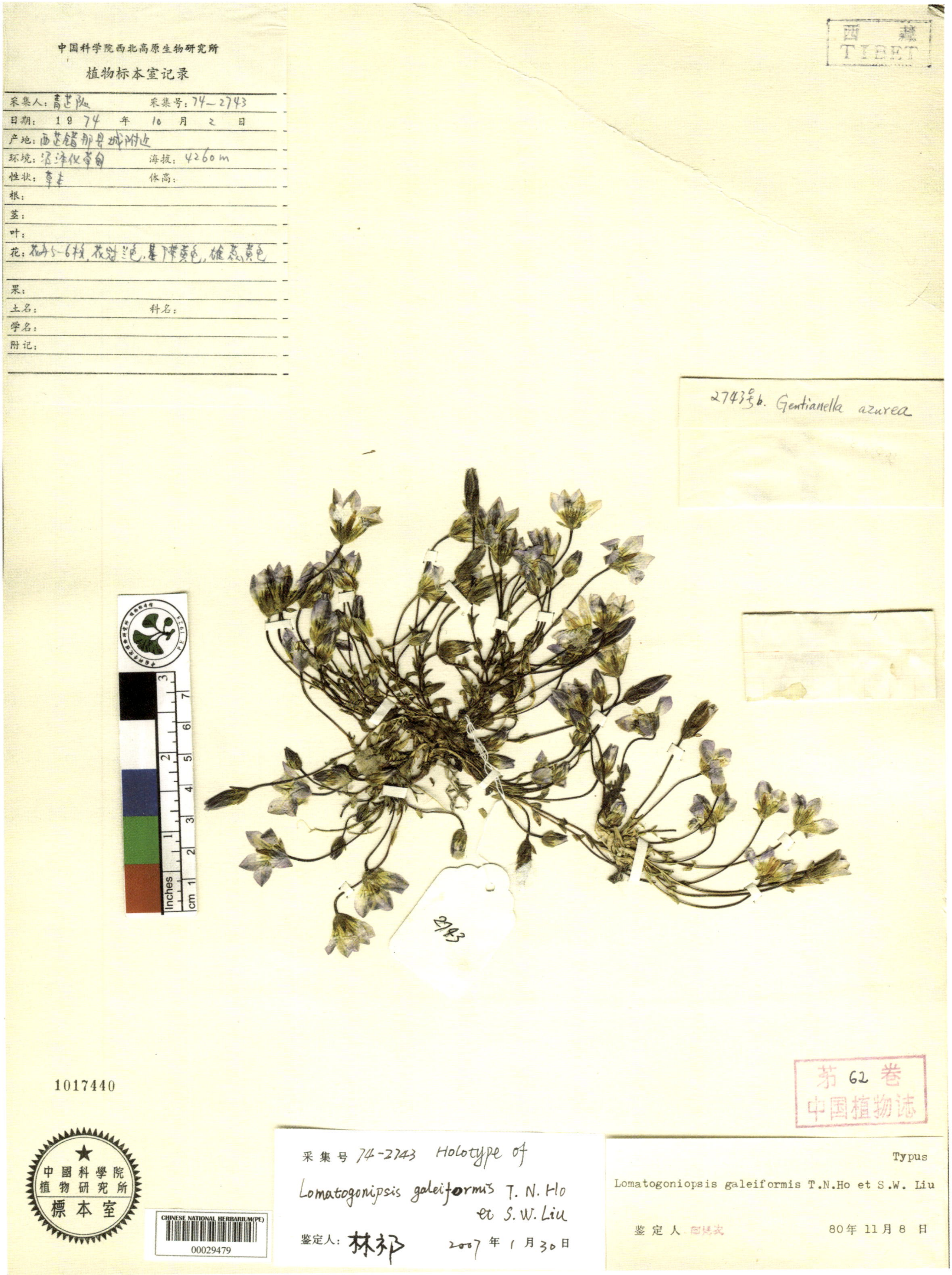

盔形辐花 ***Lomatogoniopsis galeiformis*** T. N. Ho & S. W. Liu in Acta Phytotax. Sin. 18(4): 468, f. 1: 6. 1980. **Holotype:** China. Xizang: Cona, alt. 4 260 m, 1974-10-02, Qinghai-Xizang Exped. 74-2743.

二型獐牙菜 ***Swertia dimorpha*** Batal. in Acta Horti Petrop. 13(2): 379. 1894. **Isotype:** China. Sichuan: Nereku, 1885-07-25, G. N. Potanin s. n.

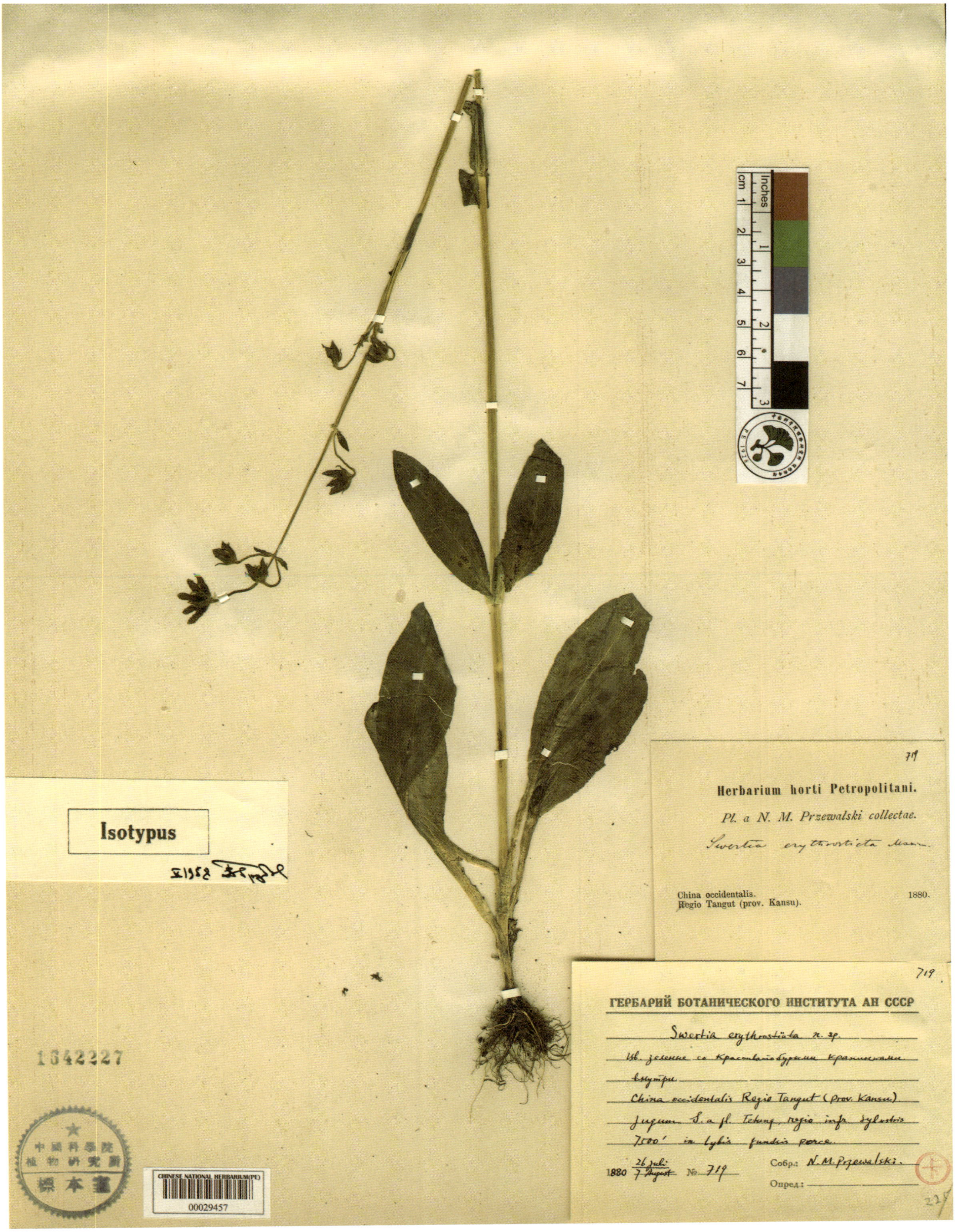

红直獐牙菜 ***Swertia erythrosticta*** Maxim. in Bull. Acad. Imp. Sci. St.-Pétersbourg 27: 503. 1881. **Isotype:** China. Qinghai: Tangut (= Qilianshan), alt. 2 300 m, 1880-07-26, N. M. Przewalski 719.

Apocynaceae

夹竹桃科

jiazhutaoke

海南香花藤 ***Aganosma radiatum*** Merr. in Lingnan Sci. Journ. 14(1): 51, f. 17. 1935. **Isotype:** China. Hainan: Ngai (=Sanya), 1932-07-23, S. K. Lau 309A.

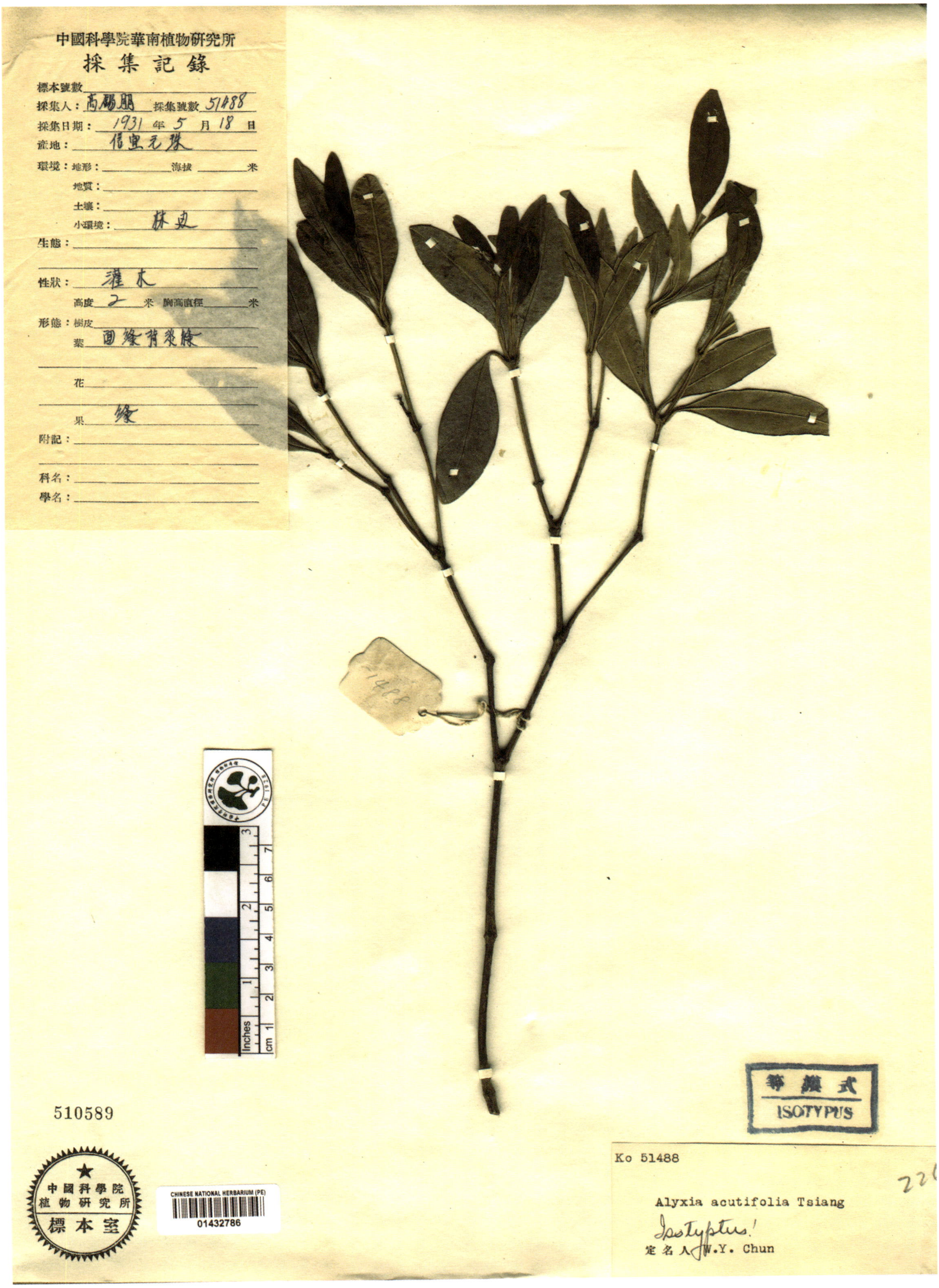

尖叶链珠藤 ***Alyxia acutifolia*** Tsiang in Sunyatsenia 3: 135. 1936. **Isotype:** China. Guangdong: Xinyi, 1931-05-18, S. P. Ko 51488.

卫矛叶念珠藤 ***Alyxia euonymifolia*** Tsiang in Acta Phytotax. Sin. 10(1): 28, pl. 5. 1965. **Isotype:** China. Hainan: Baoting, alt. 3 000 m, 1935-09-03, F. C. How 73613.

富宁链珠藤 ***Alyxia funingensis*** Tsiang & P. T. Li in Acta Phytotax. Sin. 11: 362, pl. 42. 1973. **Holotype:** China. Yunnan: Funing, alt. 650 m, 1940-05-24, C. W. Wang 89574.

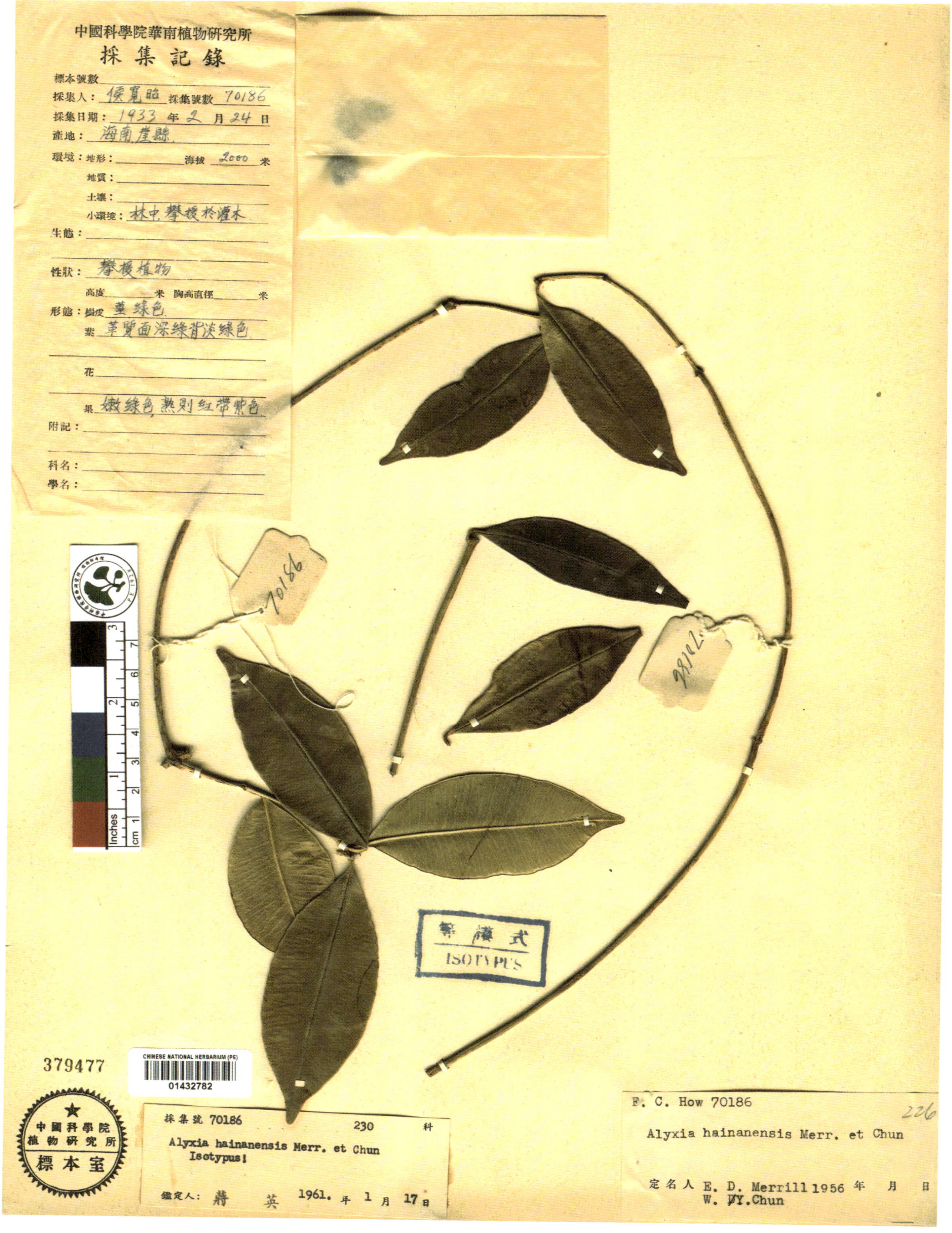

海南链珠藤 ***Alyxia hainanensis*** Merr. & Chun in Sunyatsenia 2: 309, f. 41. 1935. **Isotype:** China. Hainan: Ngai (= Sanya), alt. 2 000 m, 1933-02-24, F. C. How 70186.

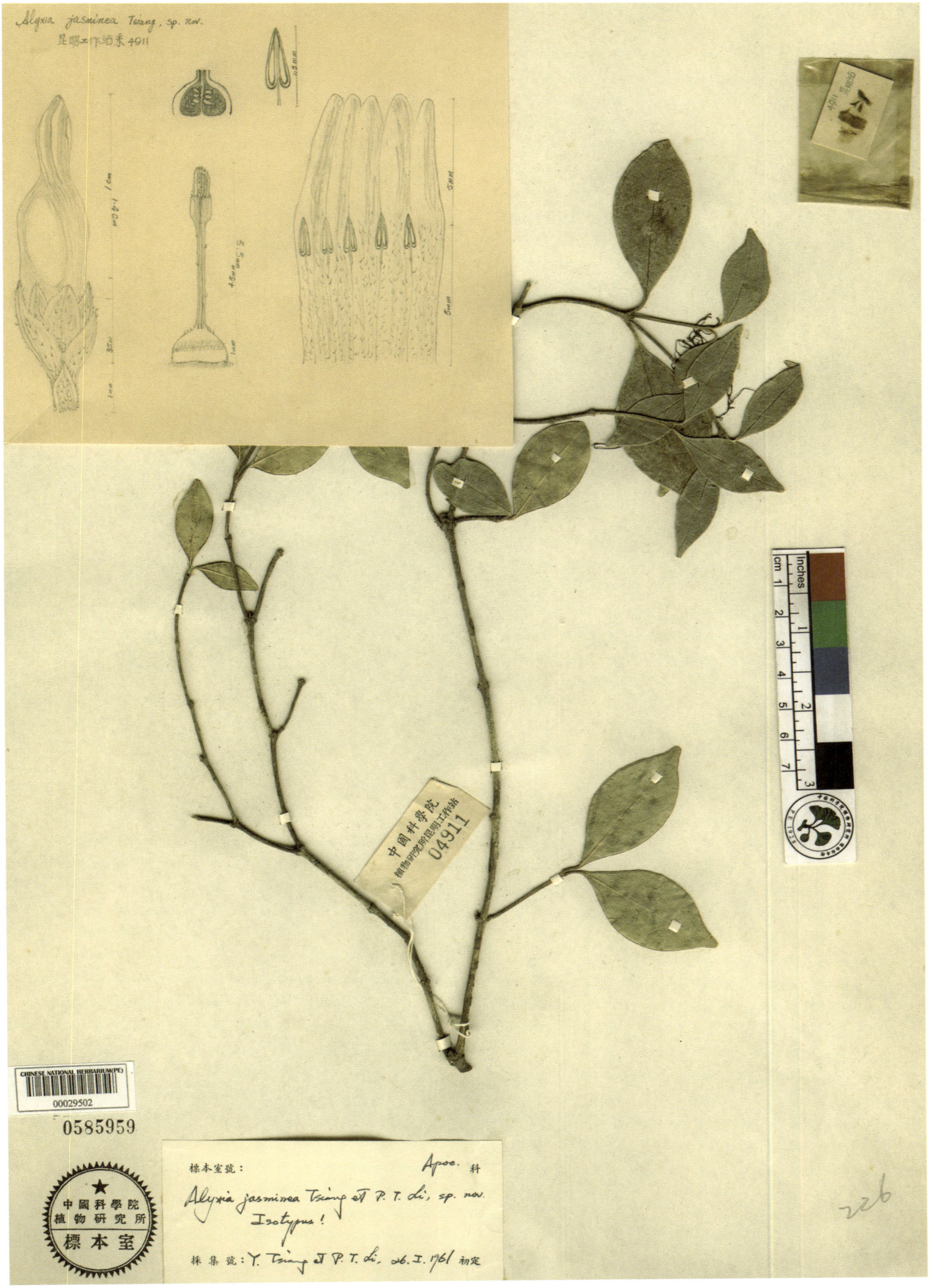

茉莉链珠藤 ***Alyxia jasminea*** Tsiang & P. T. Li in Acta Phytotax. Sin. 11: 362, pl. 43. 1973. **Isotype:** China. Yunnan: Pingbian, alt. 1 940 m, 1954-10-12, K. M. Feng 4911.

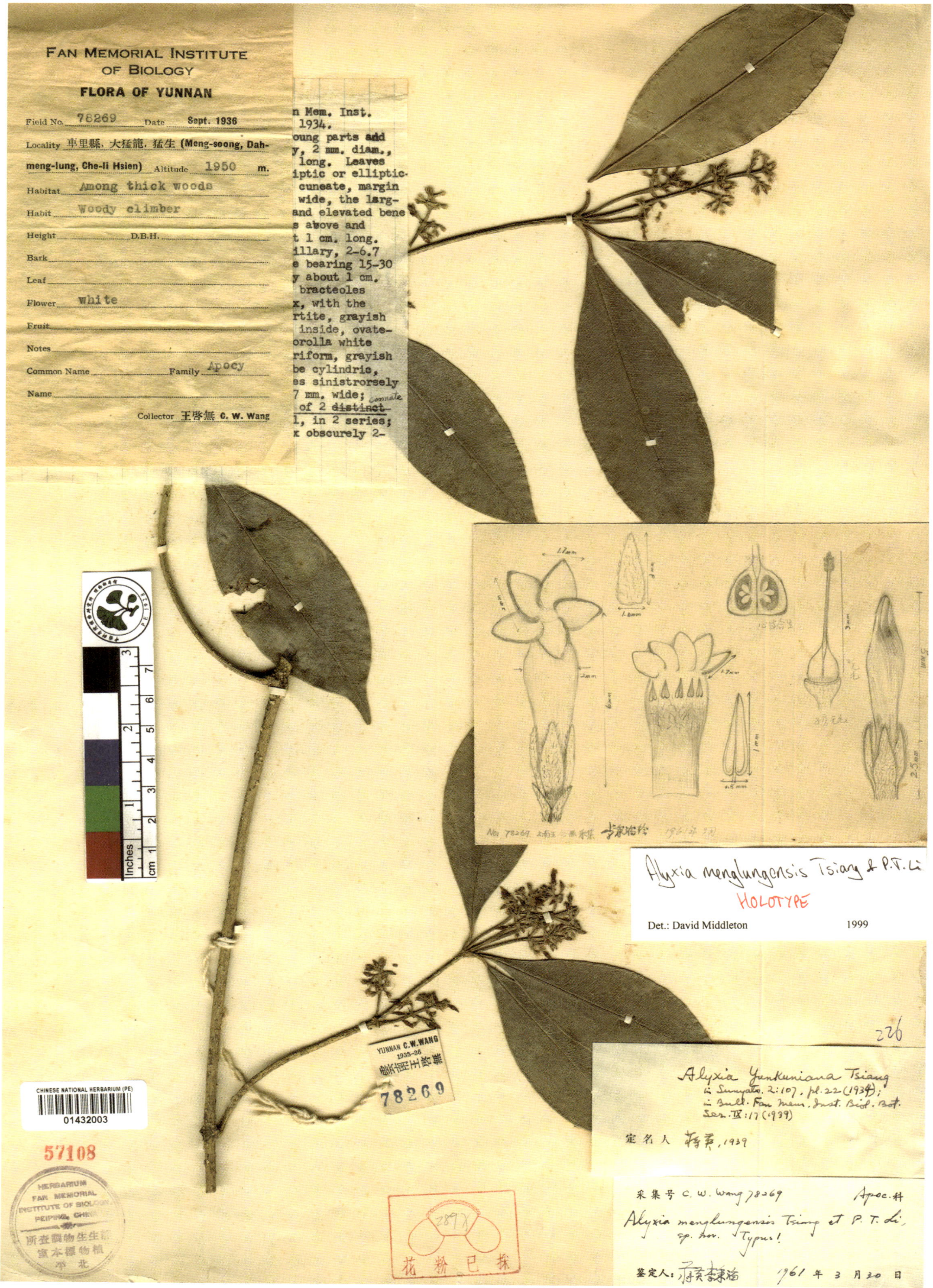

勐龙链珠藤 ***Alyxia menglungensis*** Tsiang & P. T. Li in Acta Phytotax. Sin. 11: 364, pl. 44. 1973. **Holotype:** China. Yunnan: Cheli (=Jinghong), alt. 1 950 m, 1936-09-??, C. W. Wang 78269.

屏边鳝藤 ***Anodendron affine*** (Hook. & Arn.) Druce var. ***pingpienense*** Tsiang & P. T. Li in Acta Phytotax. Sin. 11: 379. 1973. **Holotype:** China. Yunnan: Pingbian, alt. 1 300 m, 1954-10-17, K. M. Feng 5062.

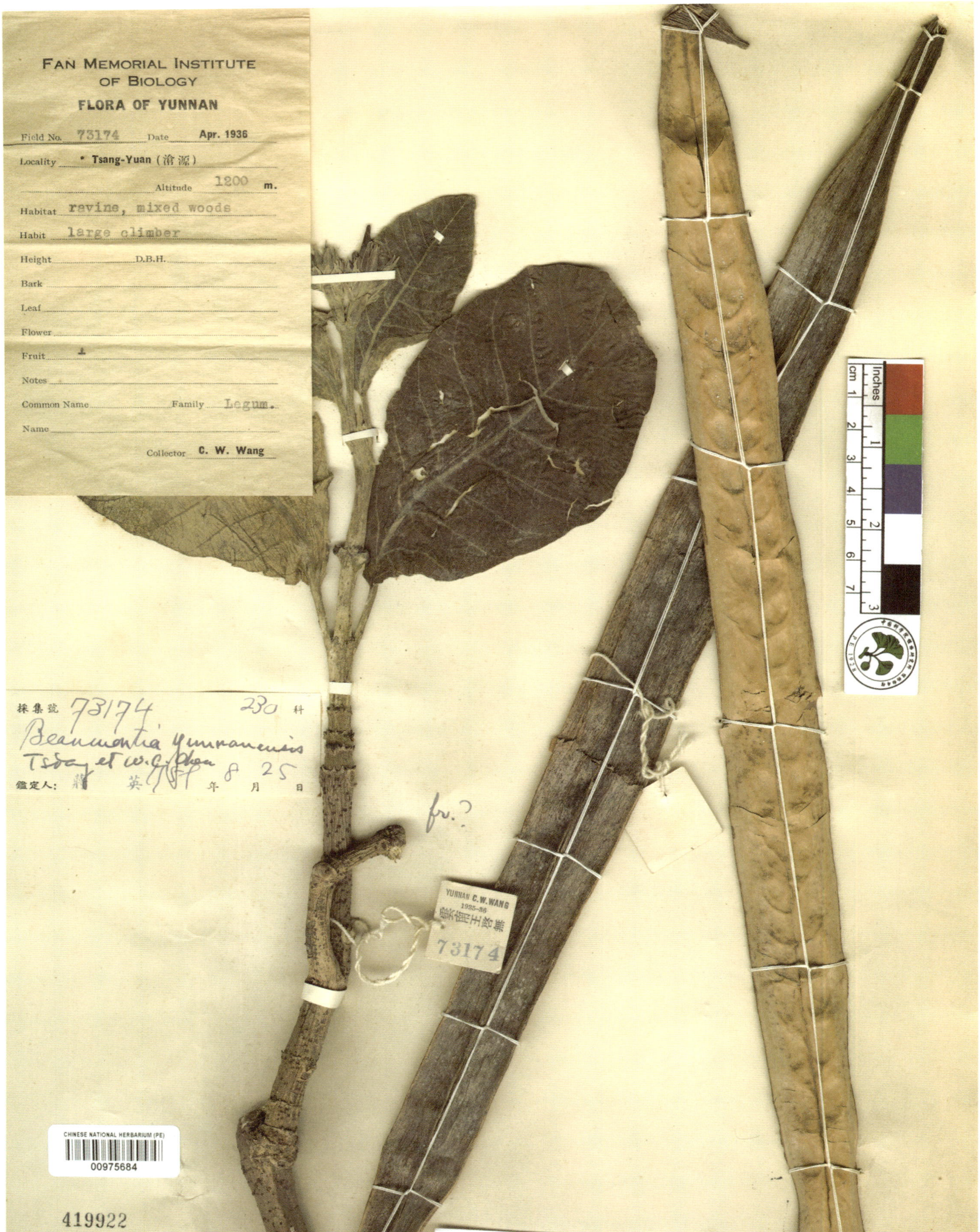

云南清明花 ***Beaumontia yunnanensis*** Tsiang & W. C. Chen in Acta Phytotax. Sin. 11: 380. 1973. **Paratype:** China. Yunnan: Cangyuan, alt. 1 200 m, 1936-04-??, C. W. Wang 73174.

云南假虎刺 ***Carissa yunnanensis*** Tsiang & P. T. Li in Acta Phytotax. Sin. 11: 348, pl. 36. 1973. **Holotype:** China. Yunnan: Heqing, 1939-04-27, K. M. Feng 850.

垠藤 ***Epigynum chinense*** Merr. in Philip. Journ. Sci. 23: 262. 1923. **Iosparatype:** China. Hainan: Wuzhishan, 1921-12-21, F. A. McClure 8616.

腋花山橙 ***Melodinus axillaris*** W. T. Wang ex Tsiang & P. T. Li in Acta Phytotax. Sin. 11: 349, pl. 37. 1973. **Isotype:** China. Yunnan: Pingbian, alt. 1 000 m, 1954-05-01, P. I. Mao 4087.

云南山橙 ***Melodinus yunnanensis*** Tsiang & P. T. Li in Acta Phytotax. Sin. 11: 355, pl. 39. 1973. **Holotype:** China. Yunnan: Jianshui, alt. 2 000 m, 1933-05-05, H. T. Tsai 53311.

平脉藤 ***Micrechites formicina*** Tsiang & P. T. Li in Acta Phytotax. Sin. 11: 385, pl. 50. 1973. **Holotype:** China. Yunnan: Nan-Chiao (=Menghai), alt. 1180 m, 1936-07-??, C. W. Wang 73452.

毛果小花藤 ***Micrechites lachnocarpa*** Tsiang in Bull. Fan Mem. Inst. Biol., Bot. Ser. 9: 22. 1939. **Holotype:** China. Yunnan: Cheli (=Jinghong), alt. 1 400 m, 1936-10-??, C. W. Wang 79164.

麻栗坡小花藤 ***Micrechites malipoensis*** Tsiang & P. T. Li in Acta Phytotax. Sin. 11: 381, pl. 49. 1973. **Holotype:** China. Yunnan: Malipo, alt. 1 000~1 200 m, 1947-11-18, K. M. Feng 13377.

毛叶倒缨木 ***Paravallaris yunnanensis*** Tsiang & P. T. Li in Acta Phytotax. Sin. 11: 373, pl. 47. 1973. **Holotype:** China. Yunnan: Mengla, alt. 650 m, 1955-04-15, K. M. Feng 20361.

富宁藤 ***Parepigynum funingense*** Tsiang & P. T. Li in Acta Phytotax. Sin. 11: 395, pl. 54. 1973. **Holotype:** China. Yunnan: Funing, alt. 1 000 m, 1940-04-22, C. W. Wang 88731.

药用萝芙木 ***Rauvolfia verticillata*** (Lour.) Baill. var. ***officinalis*** Tsiang in Bull. Guangdong For. Coll. 1962(1): 16, f. 11. 1962. **Isotype:** China. Guangxi: Tiandeng, 1960-04-25, F. S. Huang 10901.

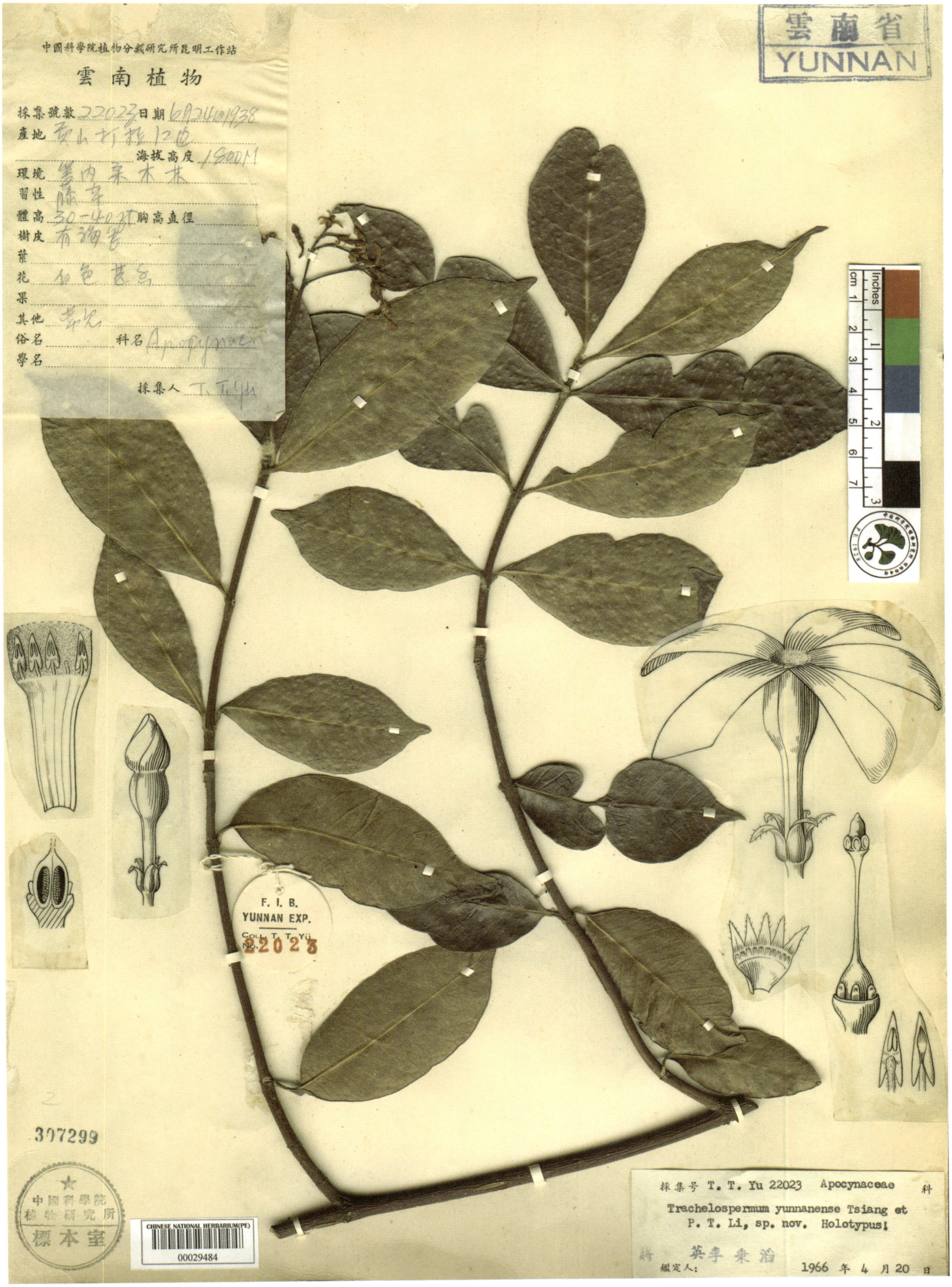

云南络石 ***Trachelospermum yunnanense*** Tsiang & P. T. Li in Acta Phytotax. Sin. 11: 393, pl. 53. 1973. **Holotype:** China. Yunnan: Gongshan, alt. 1 800 m, 1938-06-24, T. T. Yu 22023.

Asclepiadaceae

萝藦科

luomoke

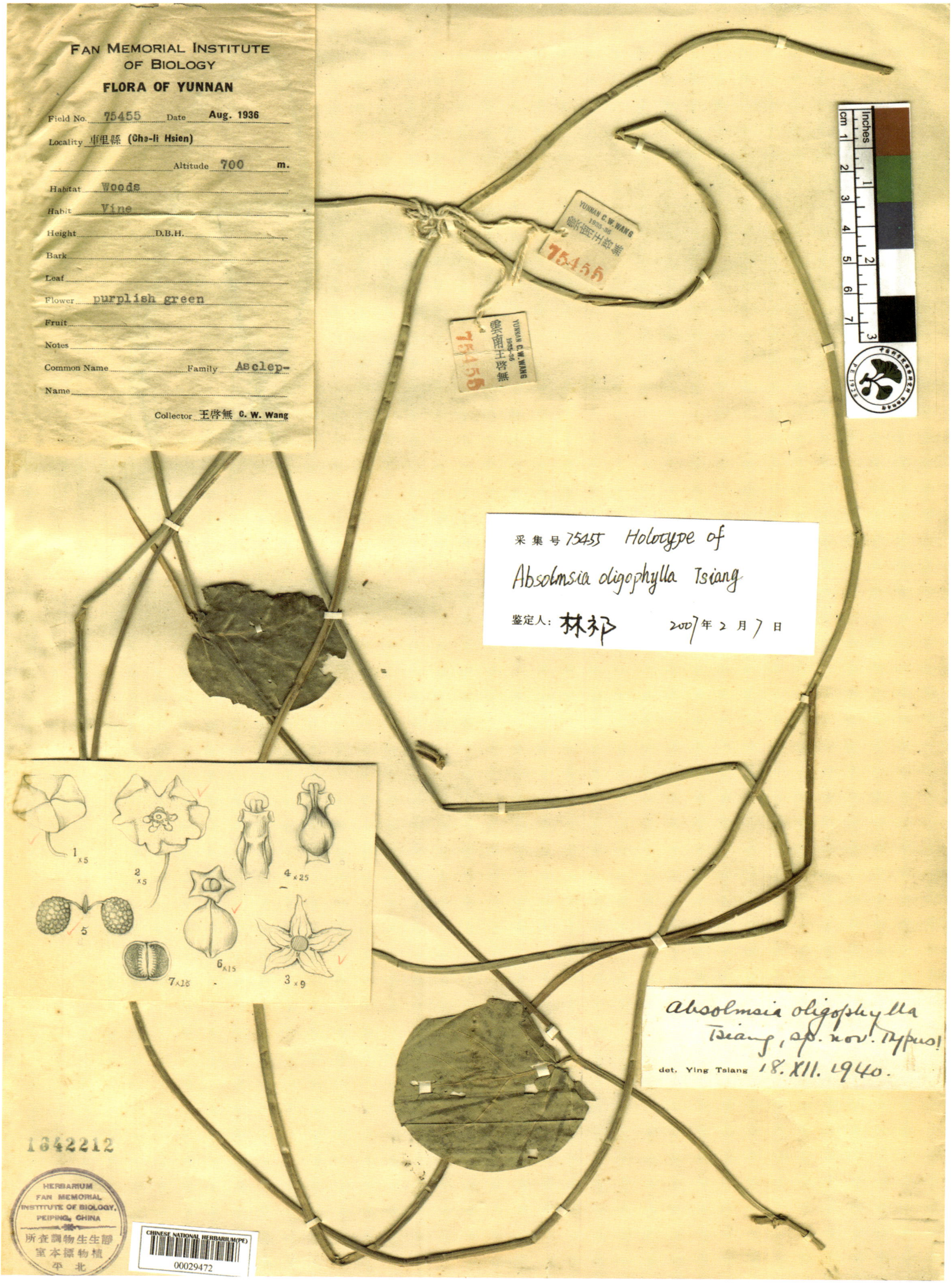

滑藤 ***Absolmsia oligophylla*** Tsiang in Sunyatsenia 6: 121, pl. 22, f. 9. 1941. **Holotype:** China. Yunnan: Cheli (=Jinghong), alt. 700 m, 1936-08-??, C. W. Wang 75455.

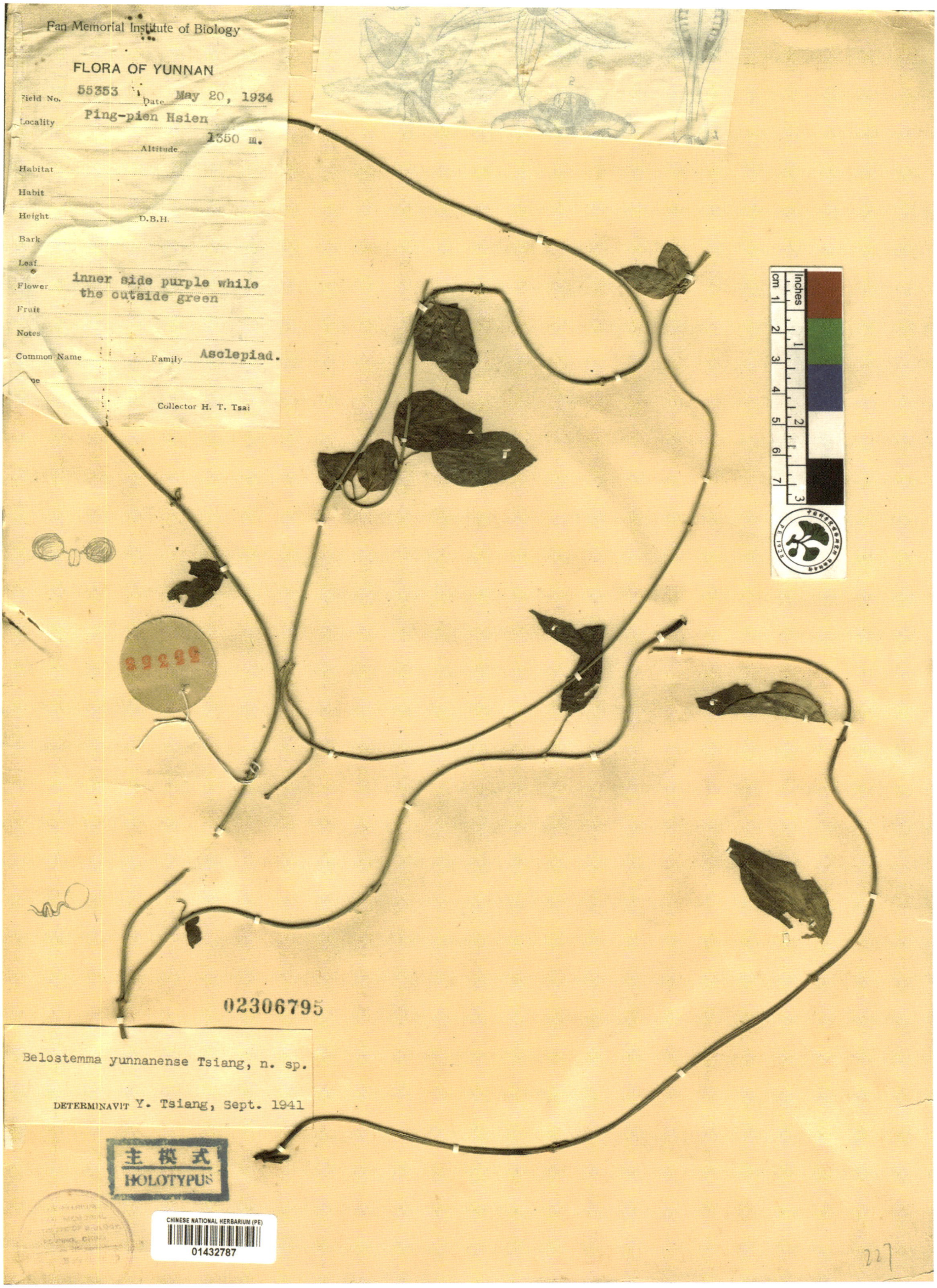

镰药藤 ***Belostemma yunnanense*** Tsiang in Sunyatsenia 6: 139, pl. 27. 1941. **Holotype:** China. Yunnan: Pingpien (=Pingbian), alt. 1 350 m, 1934-05-20, H. T. Tsai 55353.

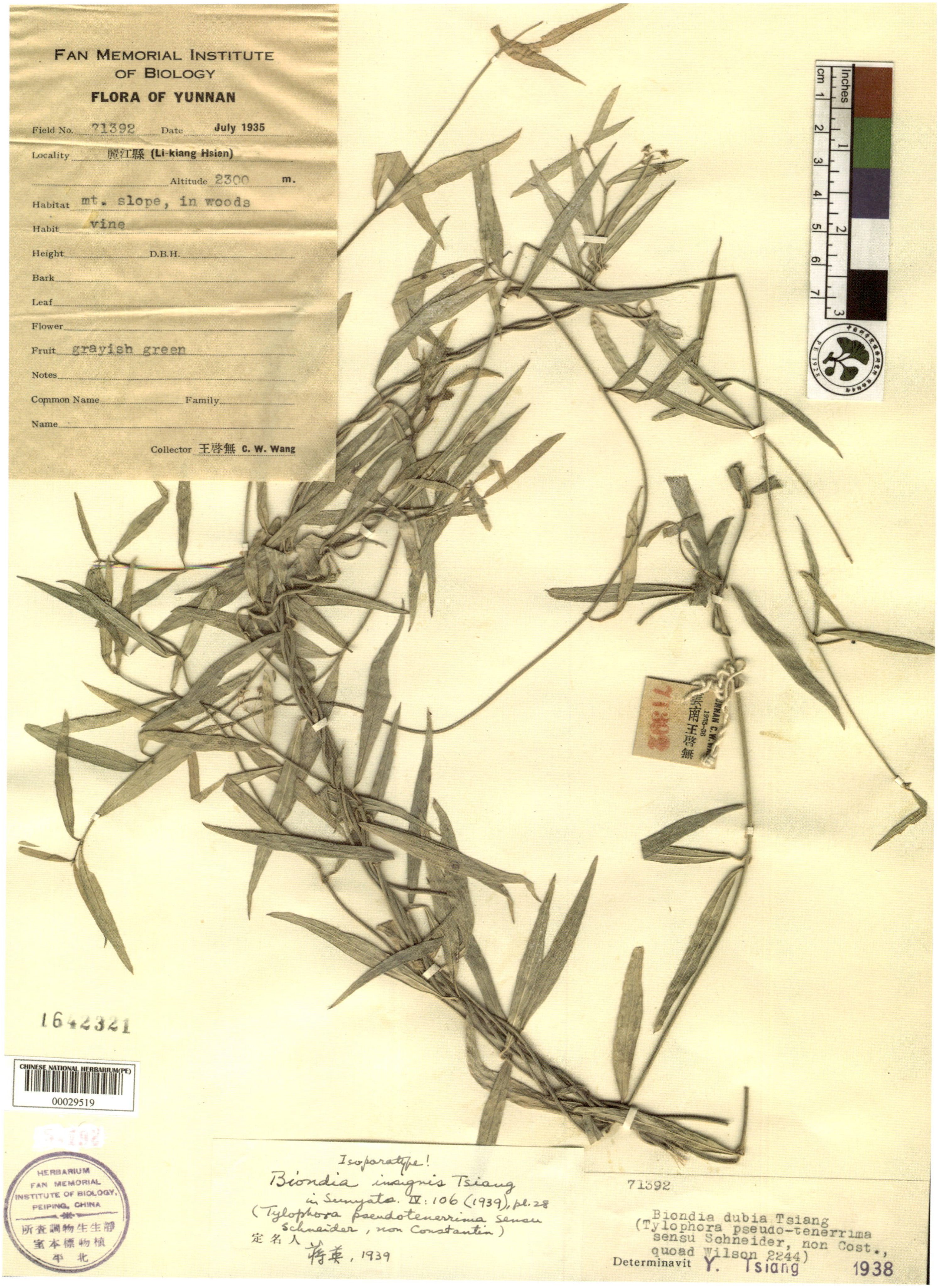

黑水藤 ***Biondia insignis*** Tsiang in Sunyatsenia 4: 106, pl. 28. 1939. **Isoparatype:** China. Yunnan: Lijiang, alt. 2 300 m, 1935-07-??, C. W. Wang 71392.

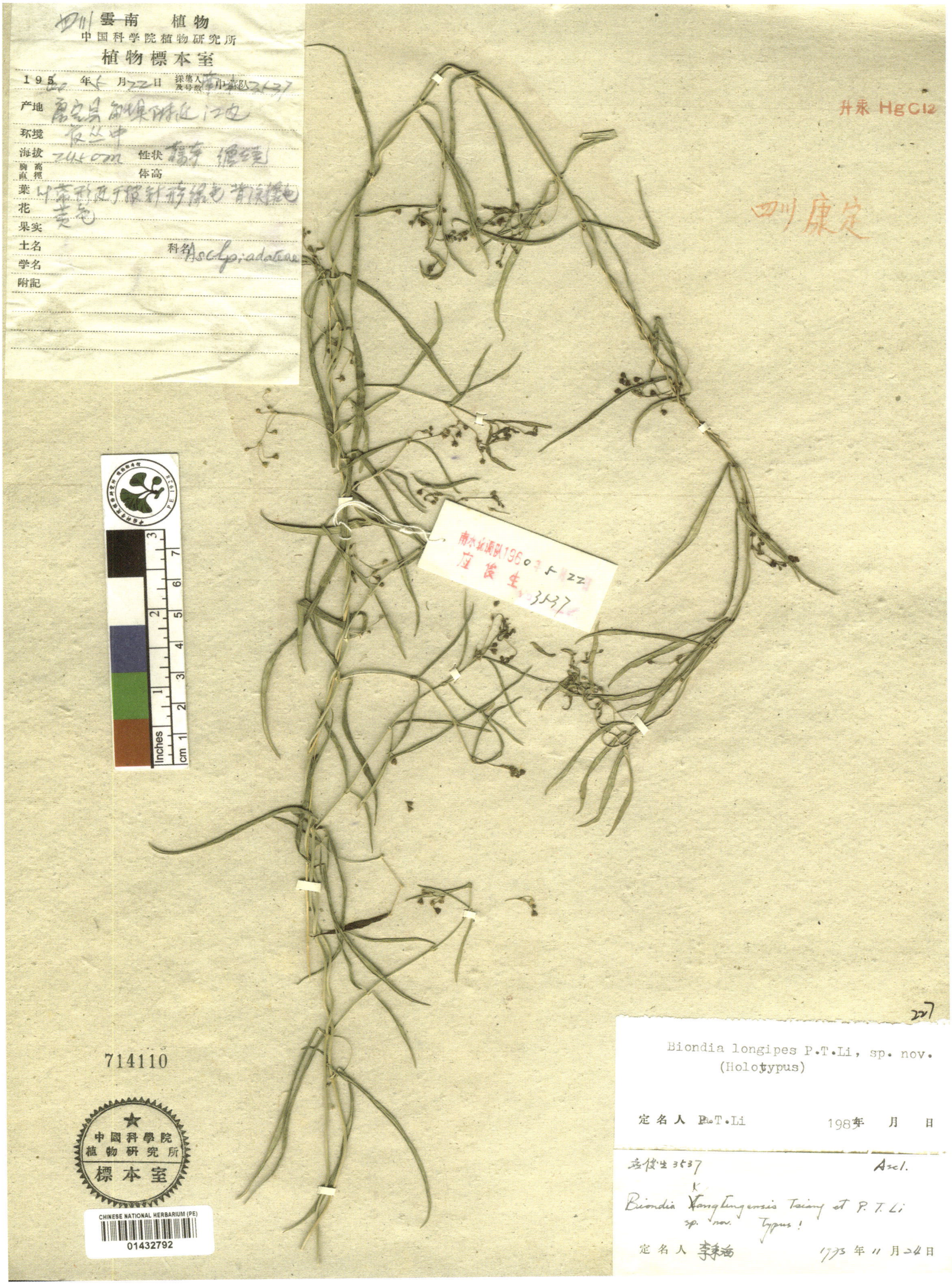

长序梗秦岭藤 ***Biondia longipes*** P. T. Li in Bull. Bot. Res., Harbin 3(1): 106 f. 2: 12-21. 1983. **Holotype:** China. Sichuan: Kangding, alt. 2 450 m, 1960-05-22, T. S. Ying 3537.

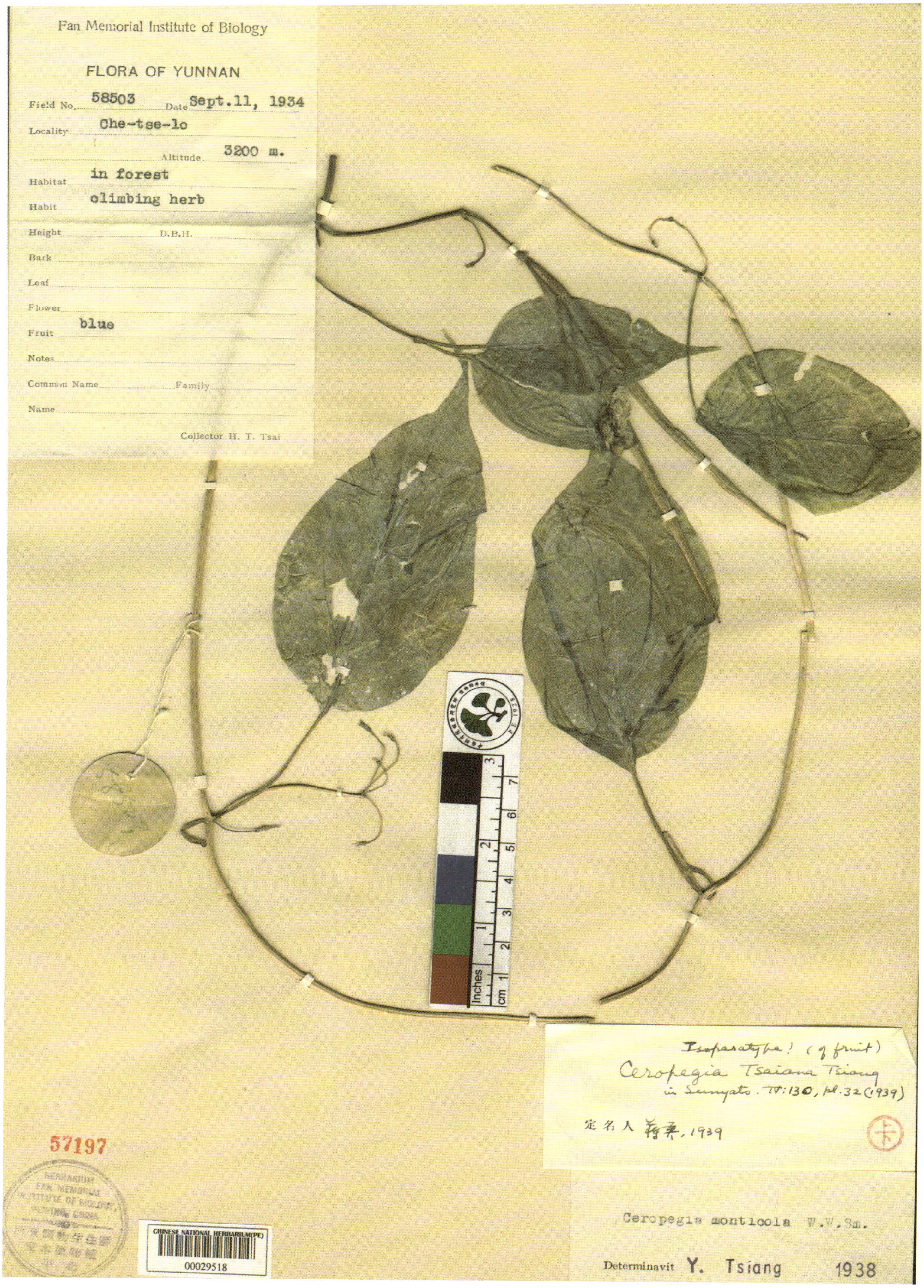

希陶吊灯花 ***Ceropegia tsaiana*** Tsiang in Sunyatsenia 4: 130, pl. 32. 1939. **Isoparatype:** China. Yunnan: Che-tse-lo (=Bijiang), alt. 3 200 m, 1934-09-11, H. T. Tsai 58503.

水白前 ***Cynanchum hydrophilum*** Tsiang & Zhang in Tsiang & P. T. Li, Acta Phytotax. Sin. 12: 94, pl. 18. 1974. **Isotype:** China. Sichuan: Leibo, 1934-??-??, T. T. Yu 3234.

台湾杯冠藤 ***Cynoctonum formosanum*** Maxim. in Bull. Acad. Imp. Sci. St.-Pétersbourg 23: 370. 1877. **Isotype:** China. Taiwan: Tamsuy, 1864-??-??, R. Oldham 333.

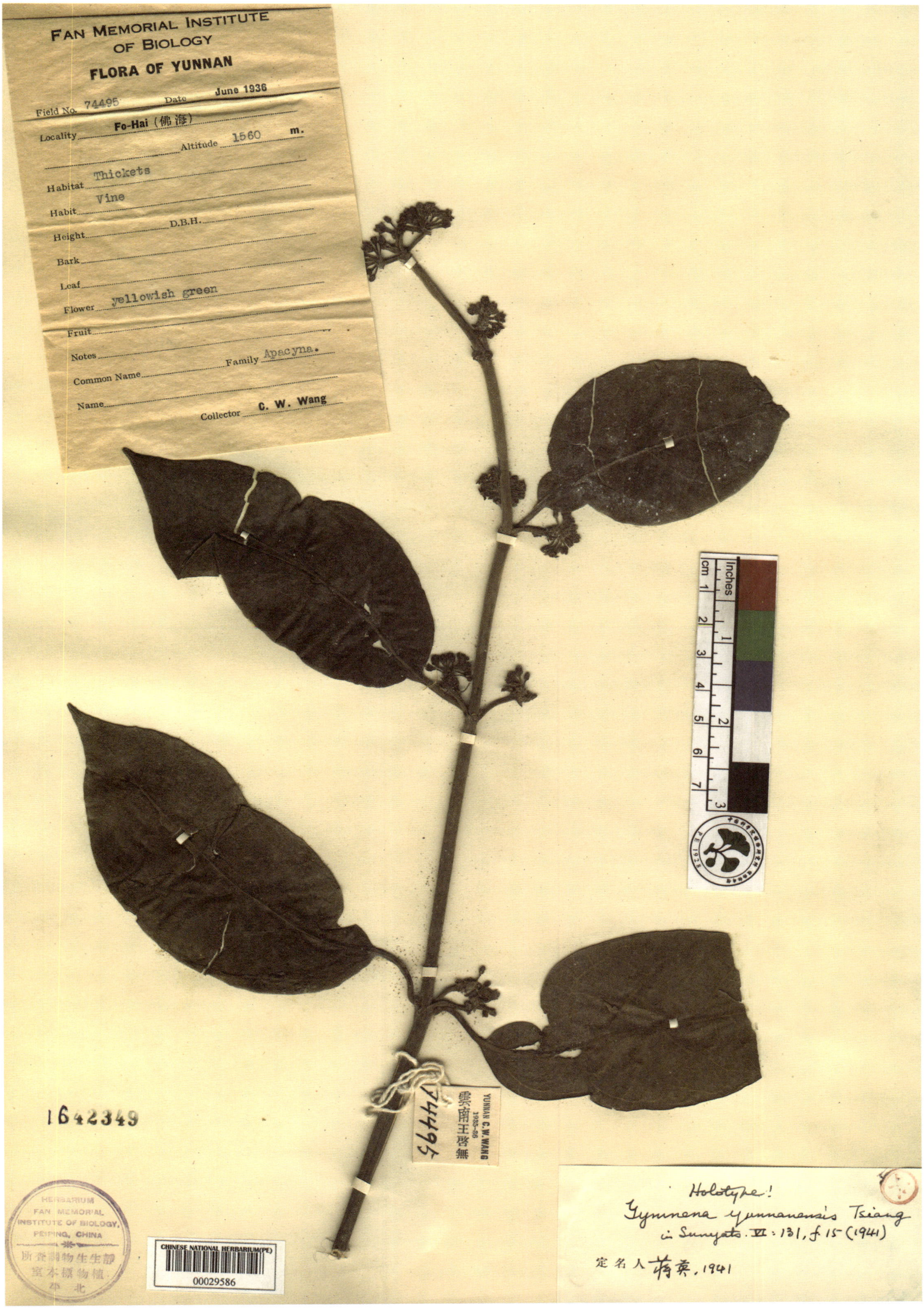

云南匙羹藤 ***Gymnema yunnanense*** Tsiang in Sunyatsenia 6: 131, f. 15. 1941. **Holotype:** China. Yunnan: Fohai (= Menghai), alt. 1 560 m, 1936-06-??, C. W. Wang 74495.

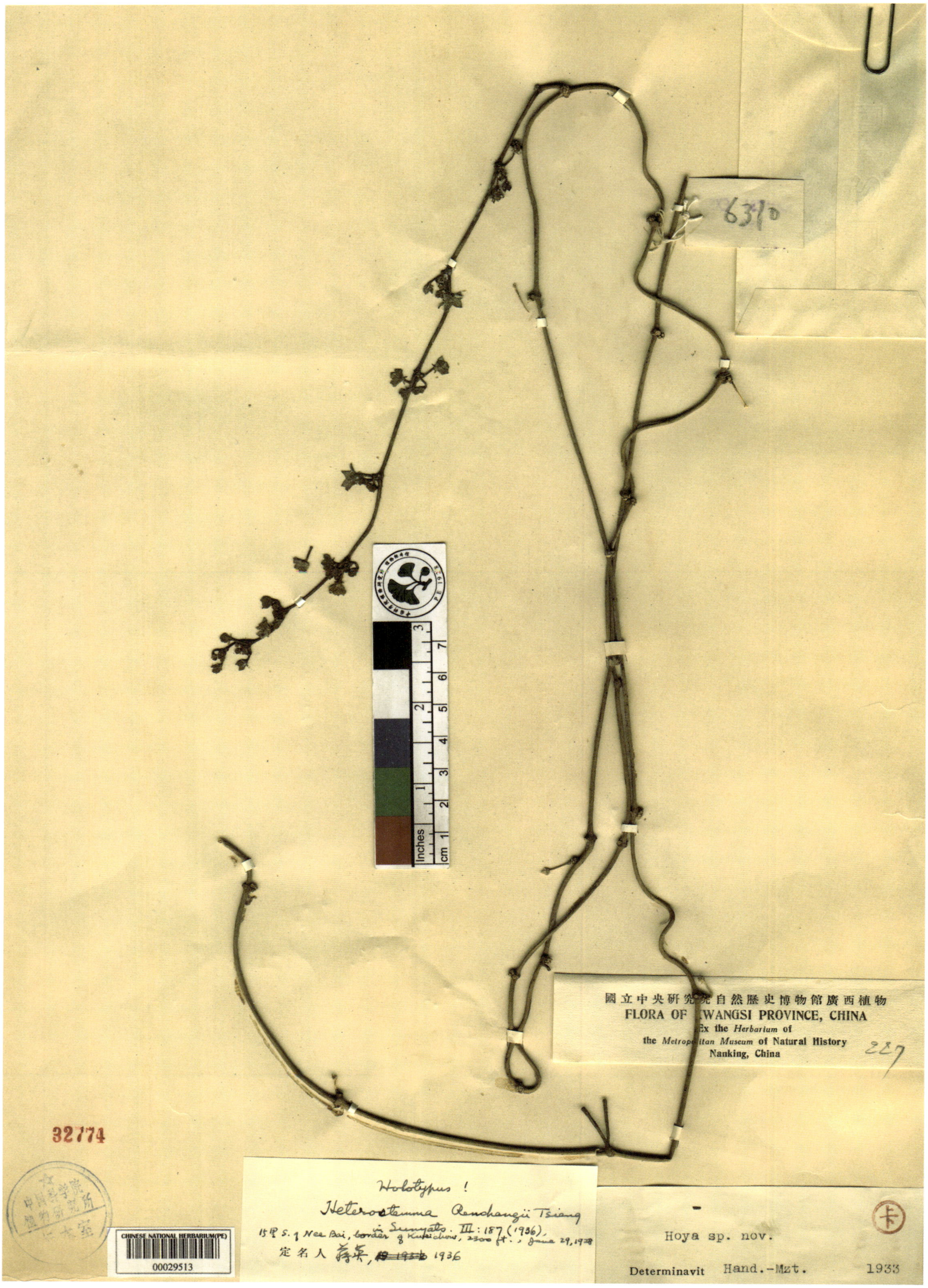

广西醉魂藤 ***Heterostemma renchangii*** Tsiang in Sunyatsenia 3: 187. 1936. **Holotype:** China. Guangxi: Pingnan, alt. 800 m, 1928-06-29, R. C. Ching 6310.

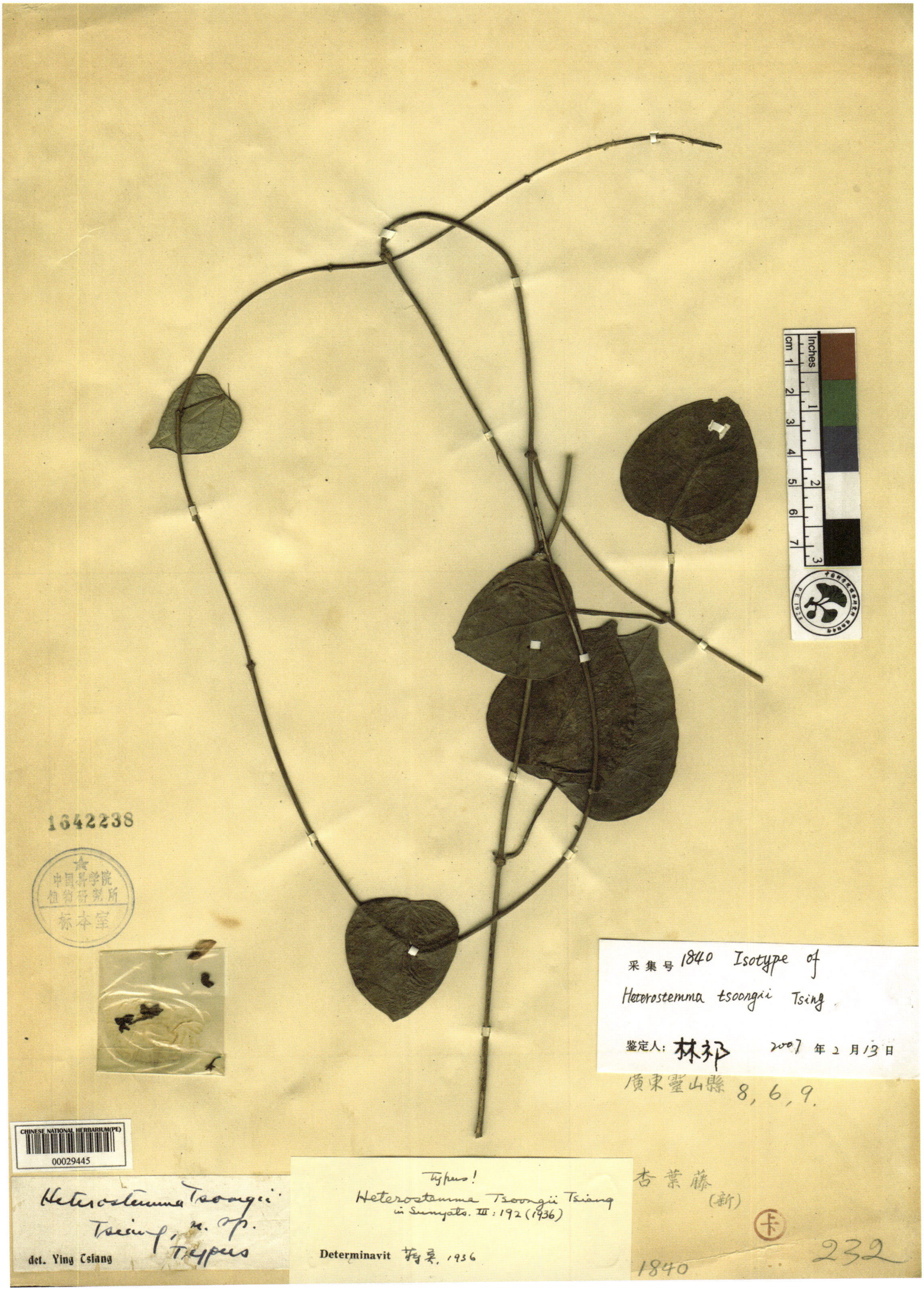

灵山醉魂藤 ***Heterostemma tsoongii*** Tsiang in Sunyatsenia 3: 192. 1936. **Isotype:** China. Guangxi: Lingshan, 1908-06-09, K. K. Tsoong 1840.

护耳草 ***Hoya fungii*** Merr. in Lingnan Sci. Journ. 13: 68. 1934. **Isotype:** China. Hainan: Lingshui, 1932-05-(03~20), H. Fung 20137.

琴叶球兰 ***Hoya pandurata*** Tsiang in Sunyatsenia 4: 125. 1939. **Isoparatype:** China. Yunnan: Nan-Chiao (= Menghai), alt. 1 700 m, 1936-08-??, C. W. Wang 73461.

胡氏茶药 ***Huthamnus sinicus*** Tsiang in Bull. Fan Mem. Inst. Biol., Bot. Ser. 9: 10. 1939. **Holotype:** China. Yunnan: Lancang, alt. 1 600 m, 1936-05-??, C. W. Wang 76499.

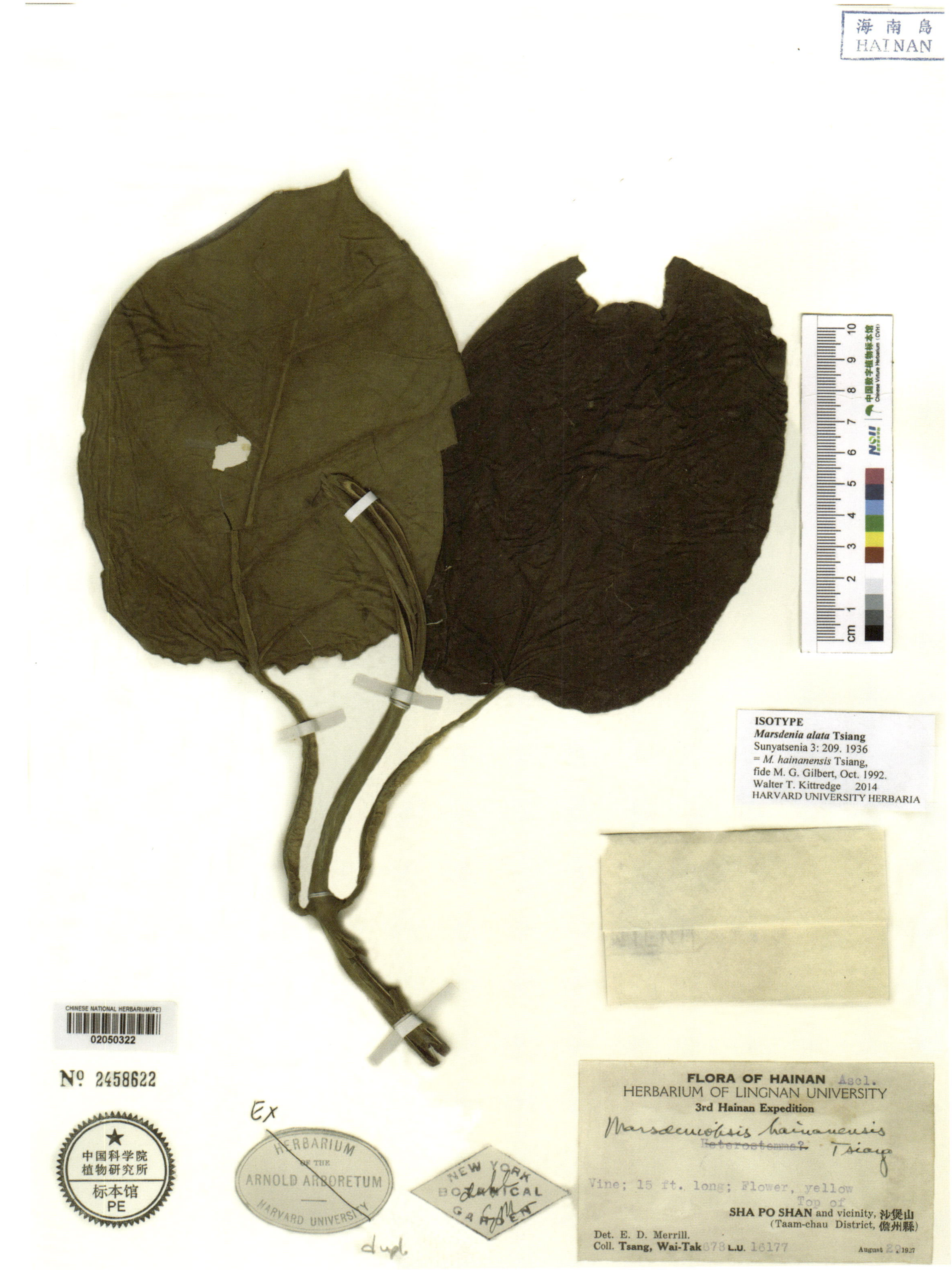

翅叶牛奶菜 ***Marsdenia alata*** Tsiang in Sunyatsenia 3(2–3): 209. 1936. **Isotype:** China. Hainan: Danzhou, 1927-08-29, W. T. Tsang 678 (L. U. 16177).

红肉牛奶菜 ***Marsdenia carnea*** Woodson in Ann. Miss. Bot. Gard. 21: 611. 1934. **Isotype:** China. Sichuan: Emei, Emeishan, 1931-07-??, F. T. Wang 23275.

墨脱牛奶菜 ***Marsdenia medogensis*** P. T. Li in Acta Phytotax. Sin 23: 466. 1985. **Isotype:** China. Xizang: Mêdog, alt. 2 200~2 600 m, 1982-09-08, B. S. Li & S. C. Cheng 791.

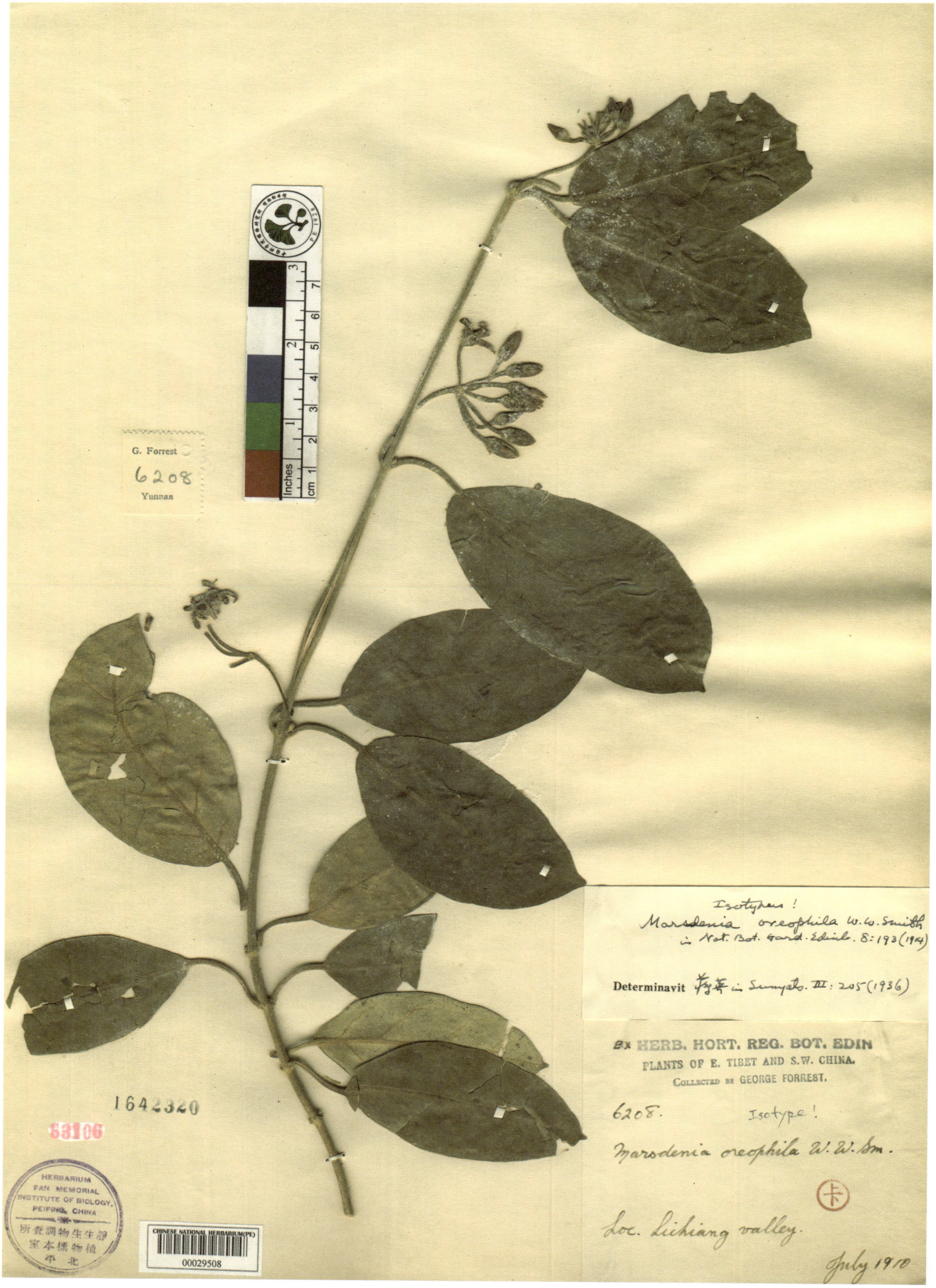

喙柱牛奶菜 ***Marsdenia oreophila*** W. W. Smith in Notes Roy. Bot. Gard., Edinburgh 8: 193. 1914. **Isotype:** China. Yunnan: Lijiang, alt. 3 000 m, 1910-07-??, G. Forrest 6208.

圆头牛奶菜 ***Marsdenia tsaiana*** Tsiang in Sunyatsenia 6: 143, pl. 28, f. 18. 1941. **Holotype:** China. Yunnan: Che-tse-lo (=Bijiang), alt. 3 200 m, 1934-09-12, H. T. Tsai 58562.

漾濞牛奶菜 ***Marsdenia yaungpiensis*** Tsiang & P. T. Li in Acta Phytotax. Sin. 12: 116. 1974. **Holotype:** China. Yunnan: Yangbi, 1955-01-??, F. S. Shieh s. n.

凸尖叶青蛇藤 ***Periploca calophylla*** (Wight) Falc. var. ***mucronata*** P. T. Li in Acta Phytotax. Sin. 23: 467. 1985. **Holotype:** China. Xizang: Mêdog, alt. 1 700~2 100 m, 1982-11-14, B. S. Li & S. C. Cheng 01835.

假木通 ***Stephanotis chunii*** Tsiang in Sunyatsenia 3(2-3): 165, pl. 18, f. 11. 1936. **Isotype:** China. Guangdong: Zhaoqing, Dinghushan, 1928-05-06, W. Y. Chun 6417.

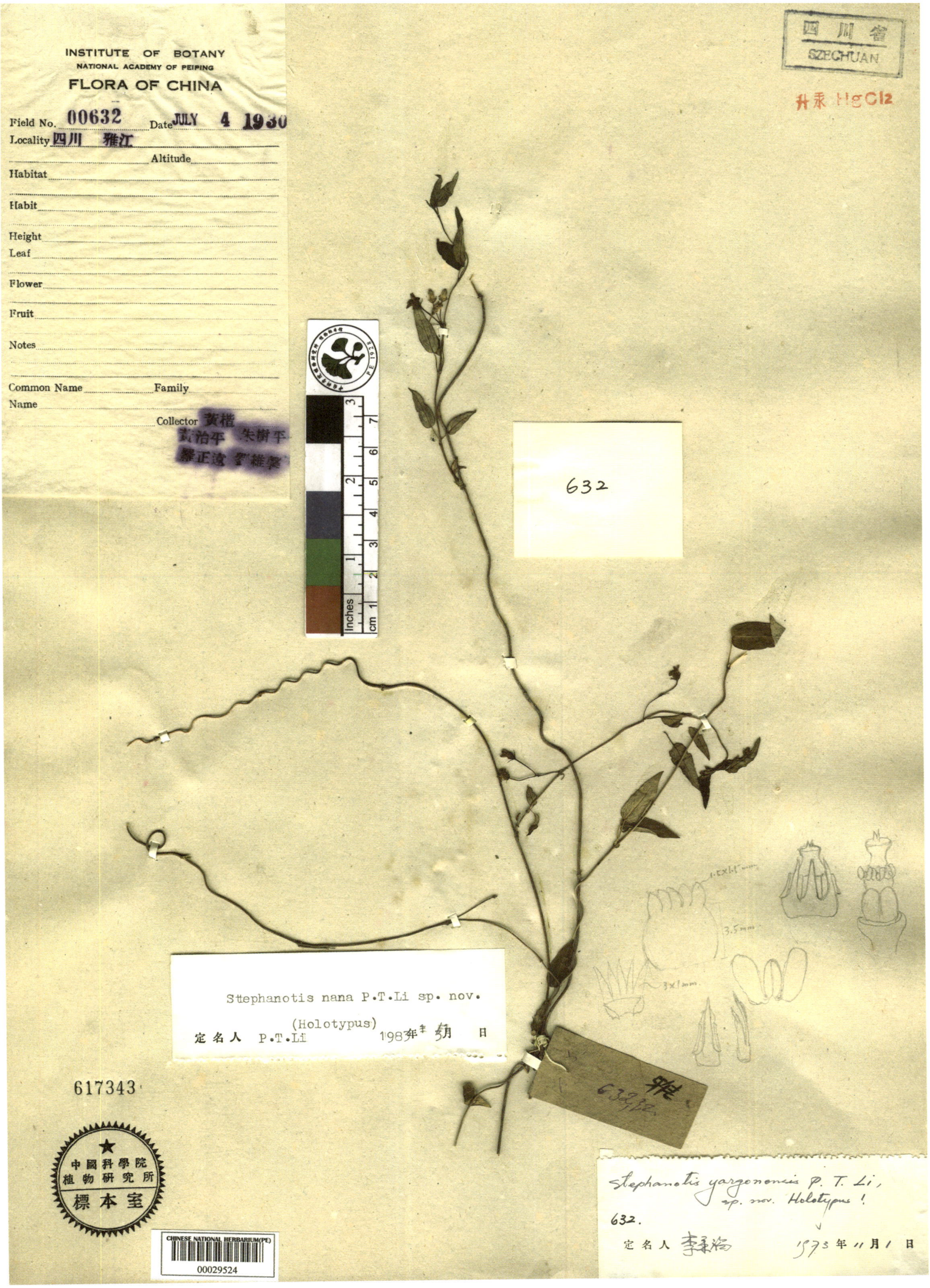

小叶黑鳗藤 ***Stephanotis nana*** P. T. Li in Bull. Bot. Res., Harbin 3(1): 104 f. 2: 1-11. 1983. **Holotype:** China. Sichuan: Yajiang, 1930-07-04, K. Huang & al. 632.

云南弓果藤 ***Toxocarpus aurantiacus*** C. Y. Wu ex Tsiang & P. T. Li in Acta Phytotax. Sin. 12: 81, pl. 14. 1974. **Isotype:** China. Yunnan: Xishuangbanna, alt. 1 520 m, 1957-03-03, Sino-Russia Yunnan Exped. 5622.

海南弓果藤 ***Toxocarpus hainanensis*** Tsiang in Sunyatsenia 4: 69, pl. 18. 1939. **Isoparatype:** China. Hainan: Ngai (= Sanya), 1932-07-19, S. K. Lau 287.

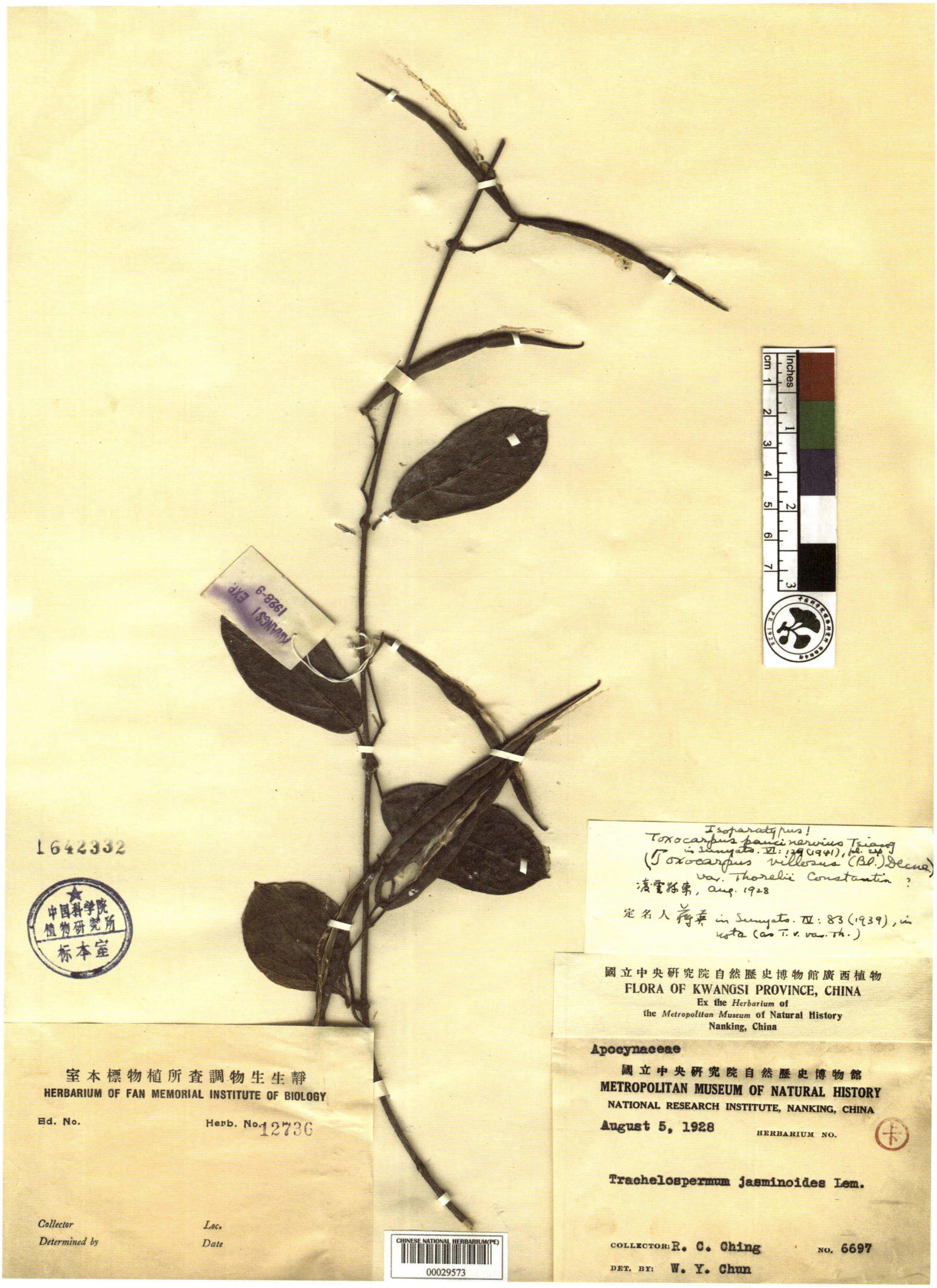

凌云弓果藤 ***Toxocarpus paucinervius*** Tsiang in Sunyatsenia 6: 129, pl. 24. 1941. **Isoparatype:** China. Guangxi: Lingyun, 1928-08-05, R. C. Ching 6697.

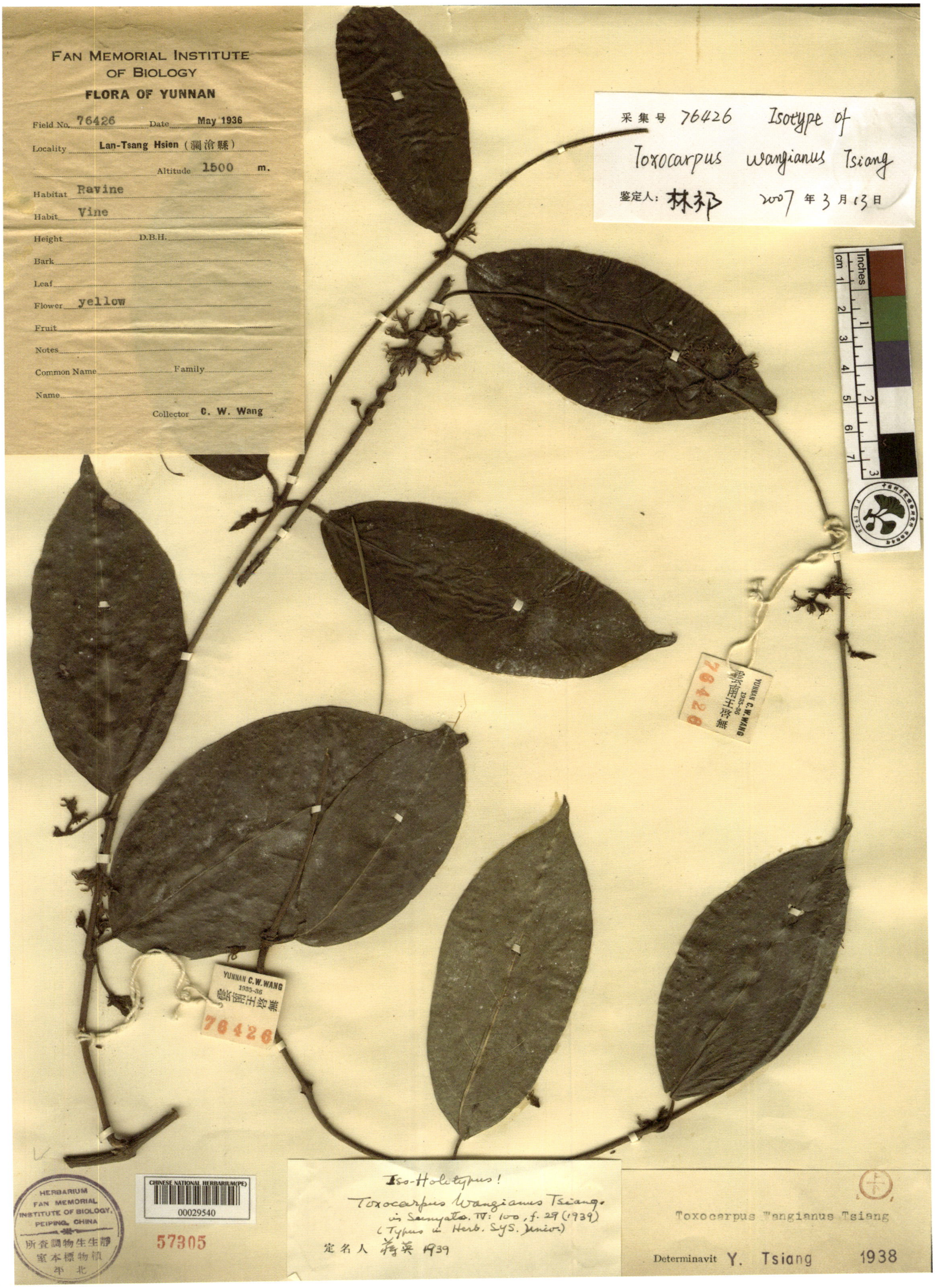

澜沧弓果藤 ***Toxocarpus wangianus*** Tsiang in Sunyatsenia 4: 100, f. 29. 1939. **Isotype:** China. Yunnan: Lancang, alt. 1 500 m, 1936-05-??, C. W. Wang 76426.

老虎须 ***Tylophora arenicola*** Merr. in Lingnan Sci. Journ. 13: 69. 1934. **Isotype:** China. Hainan: Lingshui, 1932-06-03, F. A. McClure 20164.

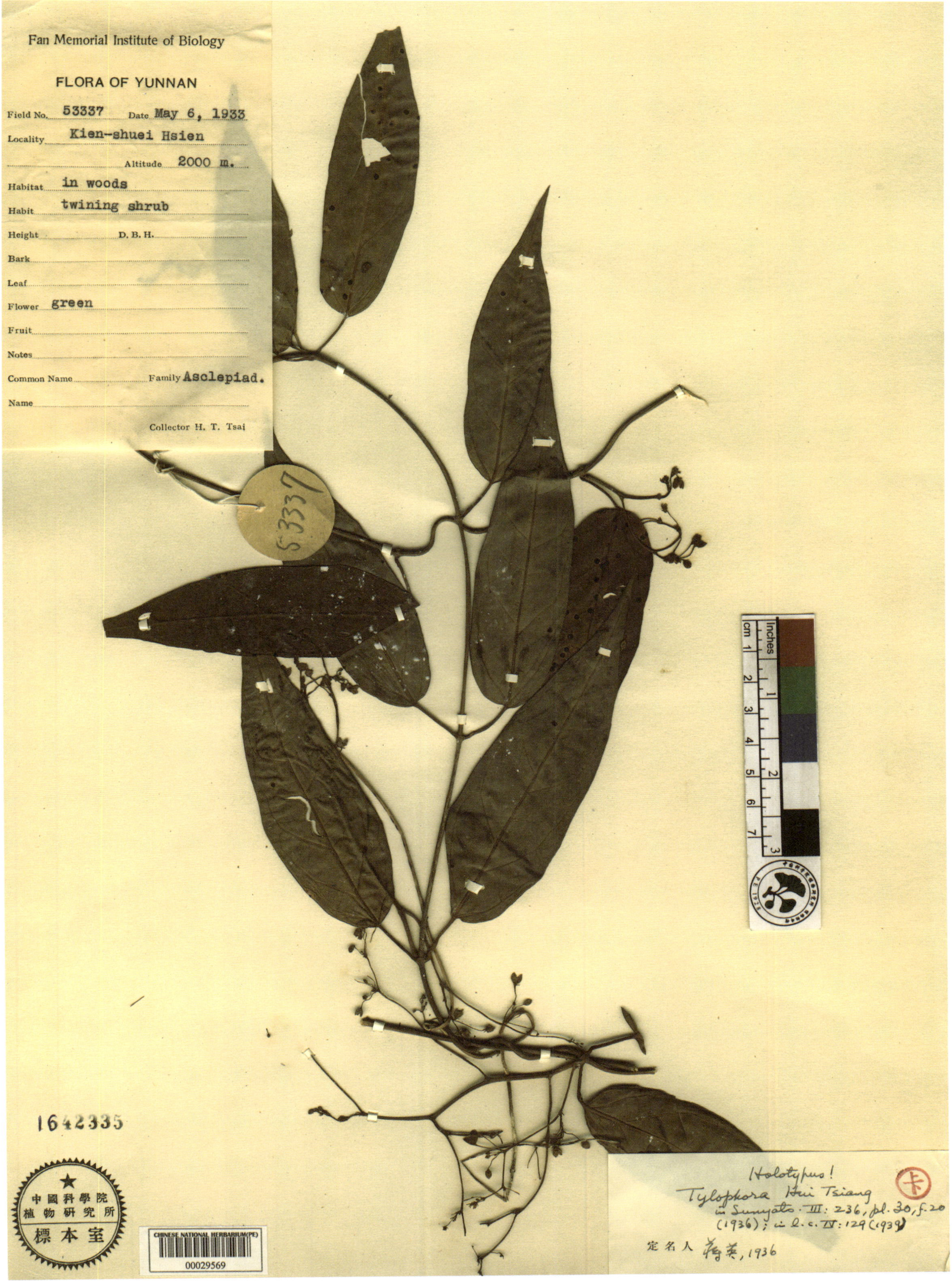

建水娃儿藤 ***Tylophora hui*** Tsiang in Sunyatsenia 3: 236, pl. 30, f. 20. 1936. **Holotype:** China. Yunnan: Kienshuei (= Jianshui), alt. 2 000 m, 1933-05-06, H. T. Tsai 53337.

催吐鲫鱼藤 ***Tylophora minutiflora*** Woodson in Ann. Miss. Bot. Gard. 21: 609, f. 1: B, b. 1934. **Isotype:** China. Sichuan: Juei-she (= Ebian), alt. 2 500 m, 1932-05-31, T. T. Yu 745.

圆叶娃儿藤 ***Tylophora trichophylla*** Tsiang in Sunyatsenia 3: 221. 1936. **Isotype:** China. Hainan: Taam Chau (= Danzhou), 1928-05-24, W. T. Tsang 481.

蒙古白前 ***Vincetoxicum mongolicum*** Maxim. in Bull. Acad. Imp. Sci. St.-Pétersbourg 23: 356. 1877. **Lectotype** (designated by Yun Lin & al. in Bull. Bot. Res., Harbin 35: 810. 2015.): China. Nei Mongal: Alxa Meng, 1873-06-(12-24), N. M. Przewalski s. n.

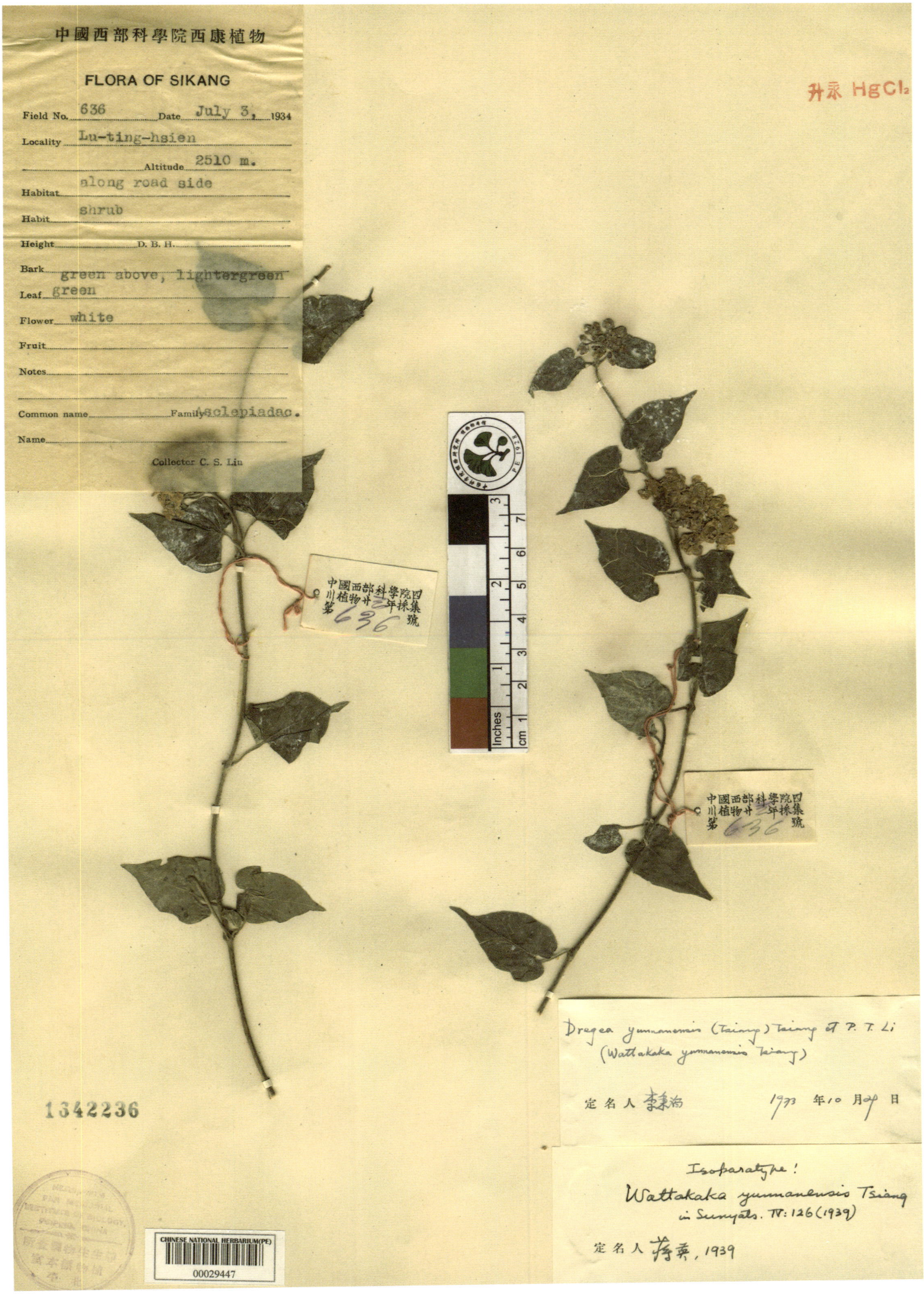

丽子藤 ***Wattakaka yunnanensis*** Tsiang in Sunyatsenia 4: 126. 1939. **Isoparatype:** China. Sichuan: Lu-ting (= Luding), alt. 2 510 m, 1934-07-03, C. S. Liu 636.

Convolvulaceae

旋花科

xuanhuake

车里银背藤 ***Argyreia cheliensis*** C. Y. Wu, Rep. Stud. Pl. Trop. Subtrop. Reg. Yunnan 1: 126, pl. 36: 4. 1965. **Isotype:** China. Yunnan: Cheli (=Jinghong), alt. 850 m, 1936-09-??, C. W. Wang 78747.

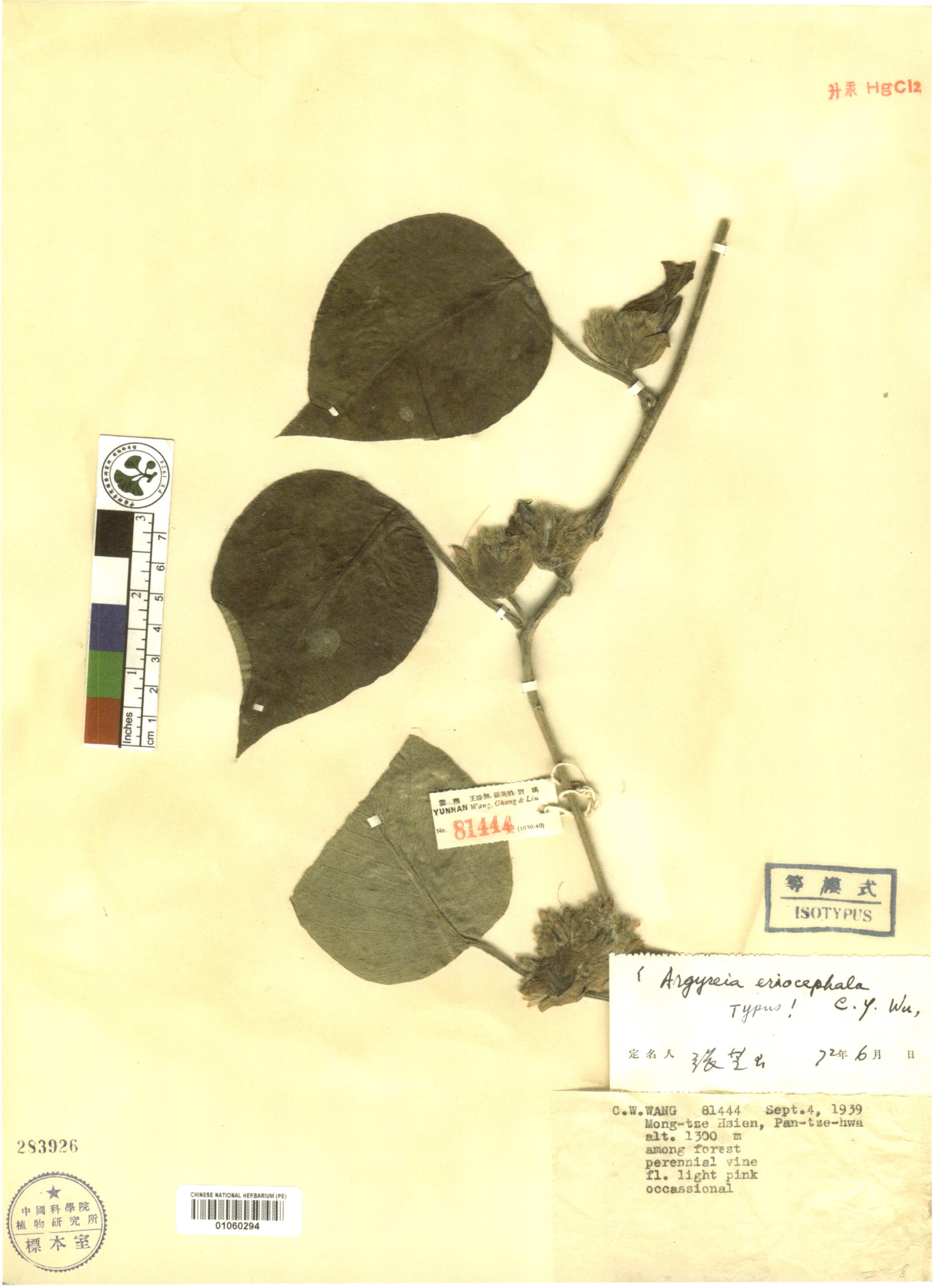

毛头银背藤 ***Argyreia eriocephala*** C. Y. Wu, Rep. Stud. Pl. Trop. Subtrop. Reg. Yunnan 1: 125, pl. 19. 1965. **Isotype:** China. Yunnan: Mong-tze (=Mengzi), alt. 1 300 m, 1939-09-04, C. W. Wang 81444.

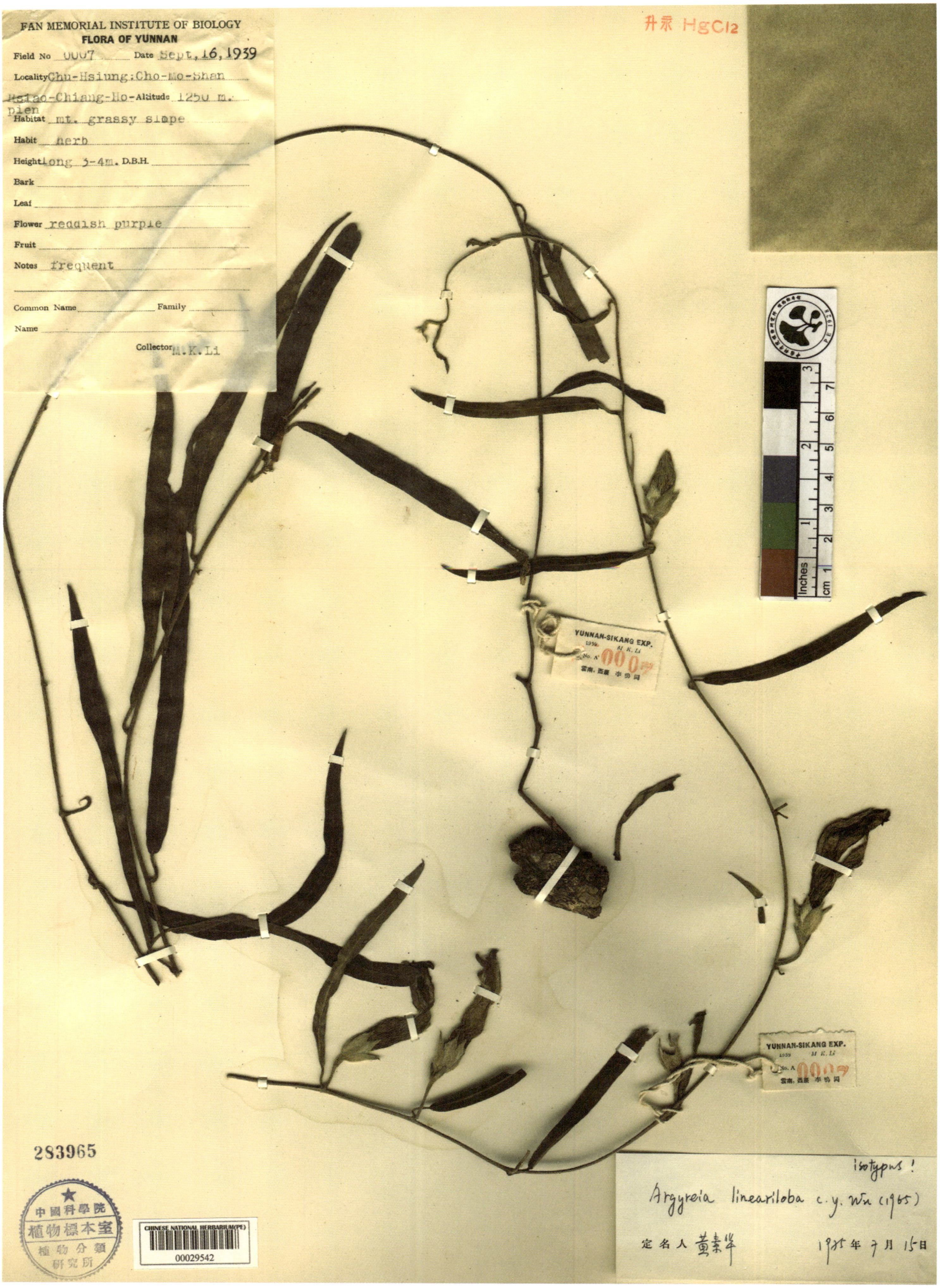

线叶银背藤 ***Argyreia lineariloba*** C. Y. Wu, Rep. Stud. Pl. Trop. Subtrop. Reg. Yunnan 1: 134, pl. 38: 1. 1965. **Isotype:** China. Yunnan: Chu-Hsiung (=Chuxiong), alt. 1 250 m, 1939-09-16, M. K. Li 0007.

苞叶藤 ***Blinkworthia discostigma*** Hand.-Mazz. in Sinensia 2: 6. 1931. **Holotype:** China. Guangxi: Poseh (= Baise), alt. 400 m, 1928-09-11, R. C. Ching 7353.

保亭盾苞藤 ***Erycibe integripetala*** Merr. & Chun in Sunyatsenia 5: 174. 1940. **Isotype:** China. Hainan: Baoting, alt. 1 000 m, 1935-06-15, F. C. How 72839.

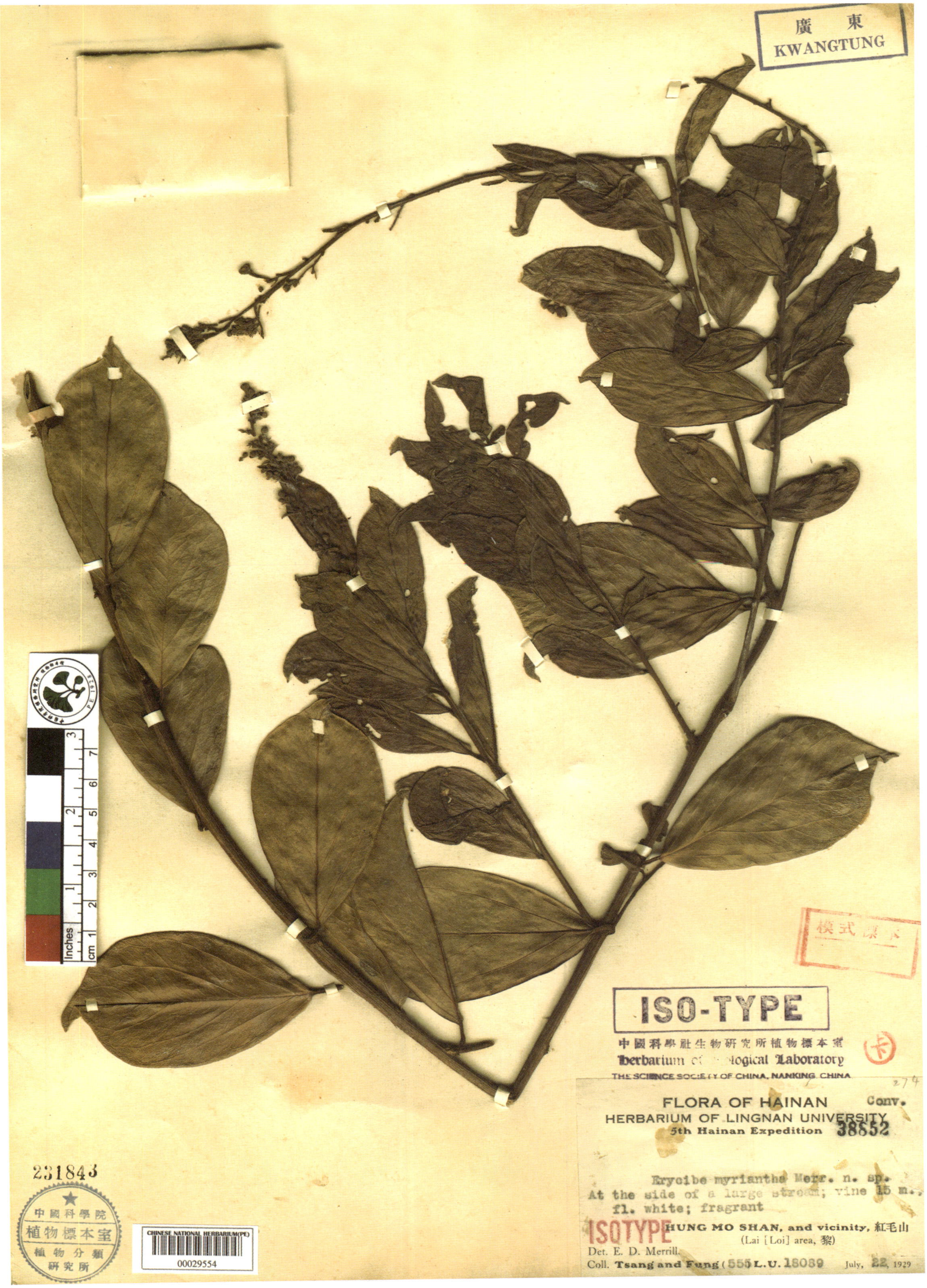

多花丁公藤 ***Erycibe myriantha*** Merr. in Lingnan Sci. Journ. 13: 70. 1934. **Isotype:** China. Hainan: Hongmaoshan, 1929-07-22, W. T. Tsang & H. Fung 555 (=L. U. 18089).

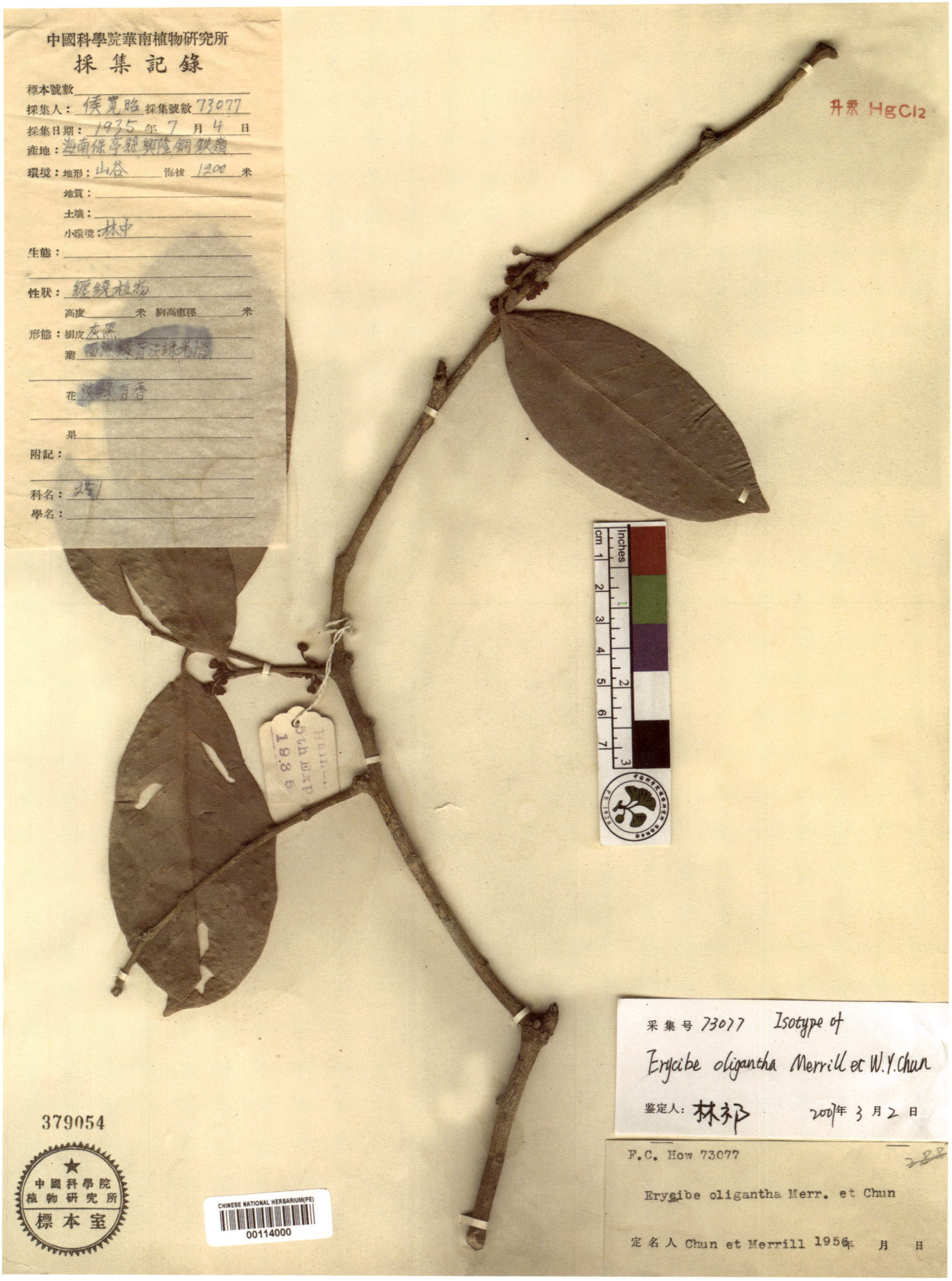

疏花丁公藤 ***Erycibe oligantha*** Merr. & Chun in Sunyatsenia 5: 175. 1940. **Isotype:** China. Hainan: Baoting, alt. 1 200 m, 1935-07-04, F. C. How 73077.

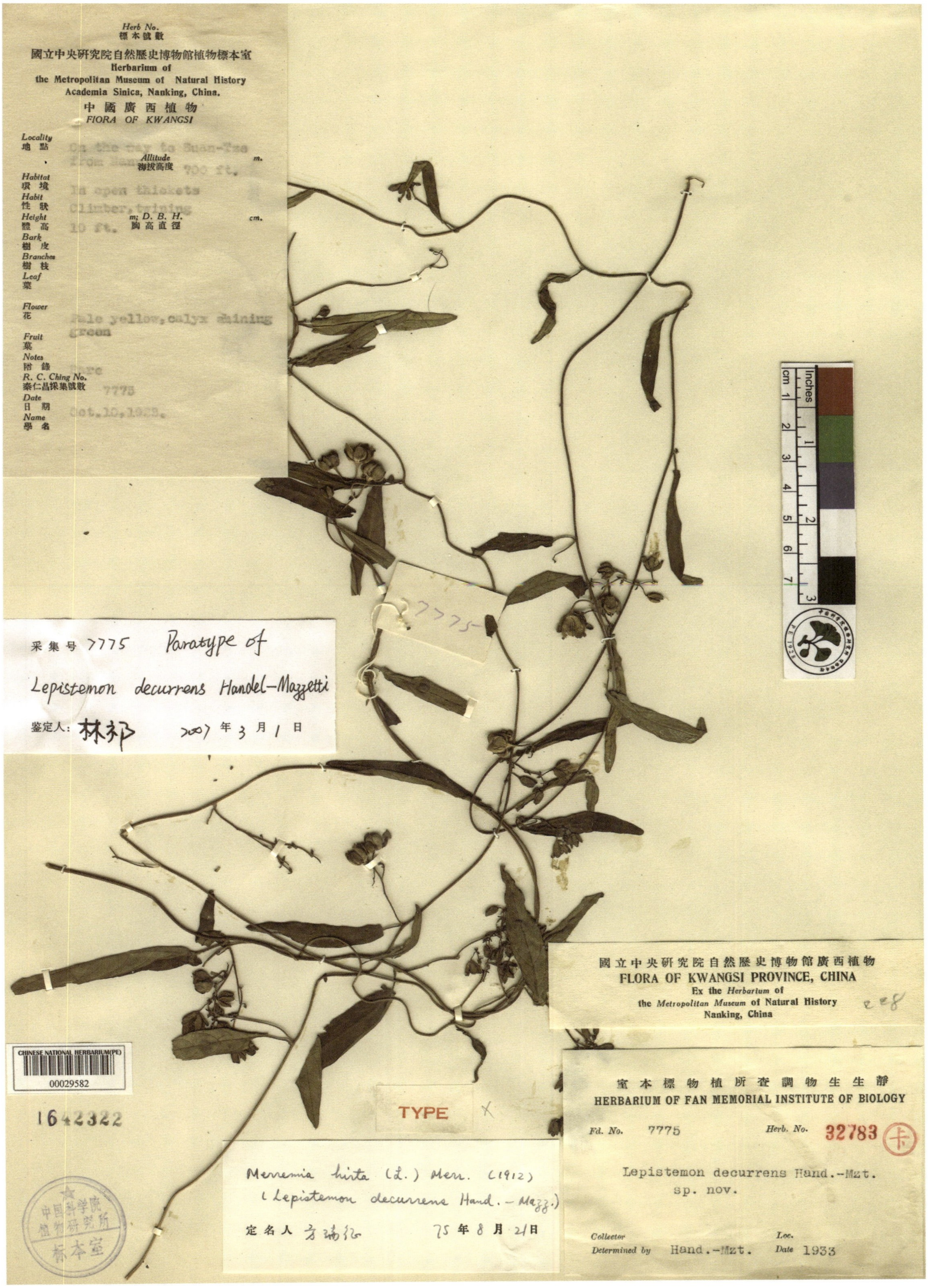

毛山猪菜 ***Lepistemon decurrens*** Hand.-Mazz. in Sinensia 5: 6. 1934. **Paratype:** China. Guangxi: Nanning, alt. 230 m, 1928-10-10, R. C. Ching 7775.

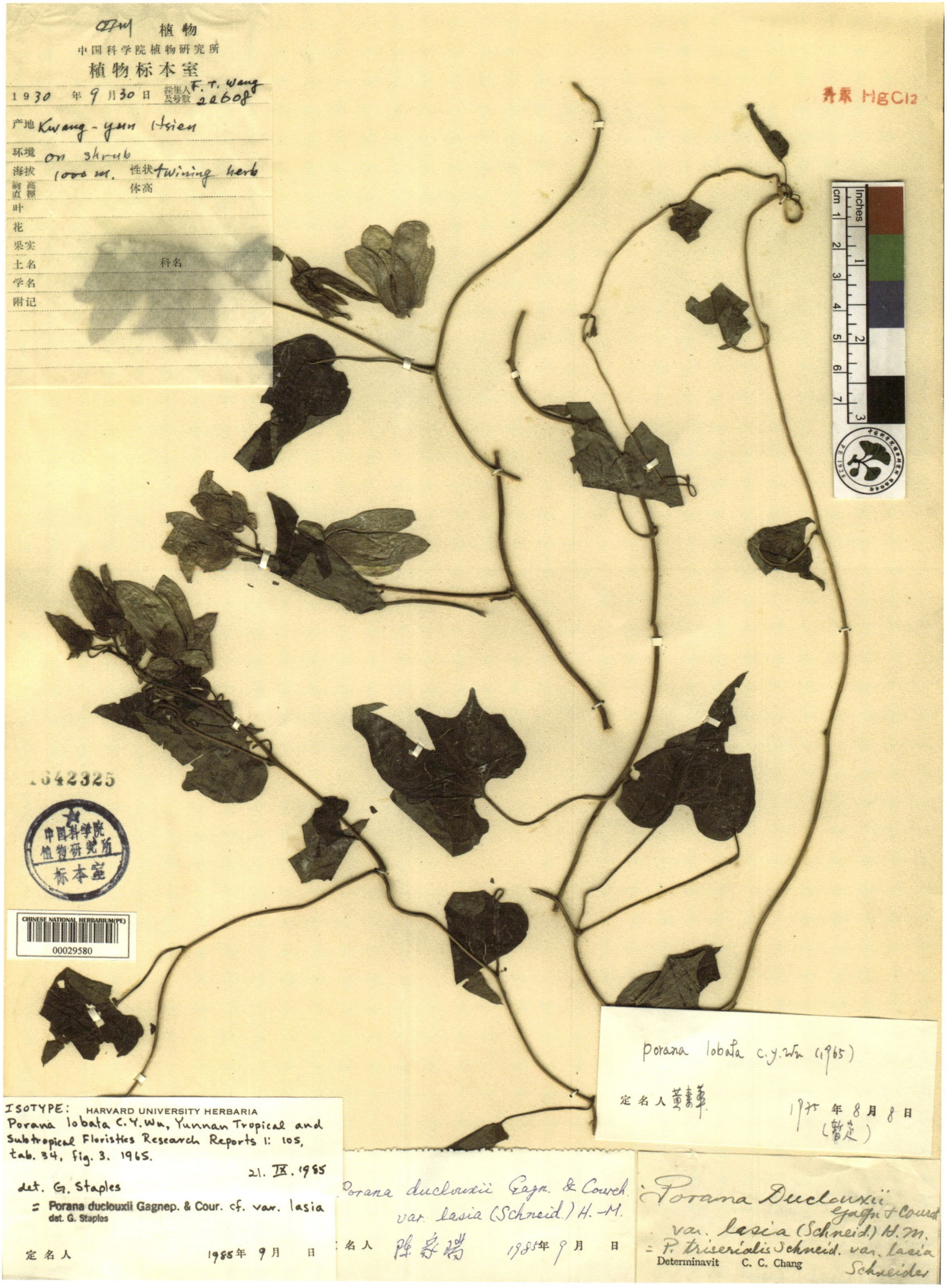

裂叶飞蛾藤 ***Porana lobata*** C. Y. Wu, Rep. Stud. Pl. Trop. Subtrop. Reg. Yunnan 1: 105, pl. 34: 3. 1965. **Isotype:** China. Sichuan: Guangyuan, alt. 1 000 m, 1930-09-30, F. T. Wang 22608.

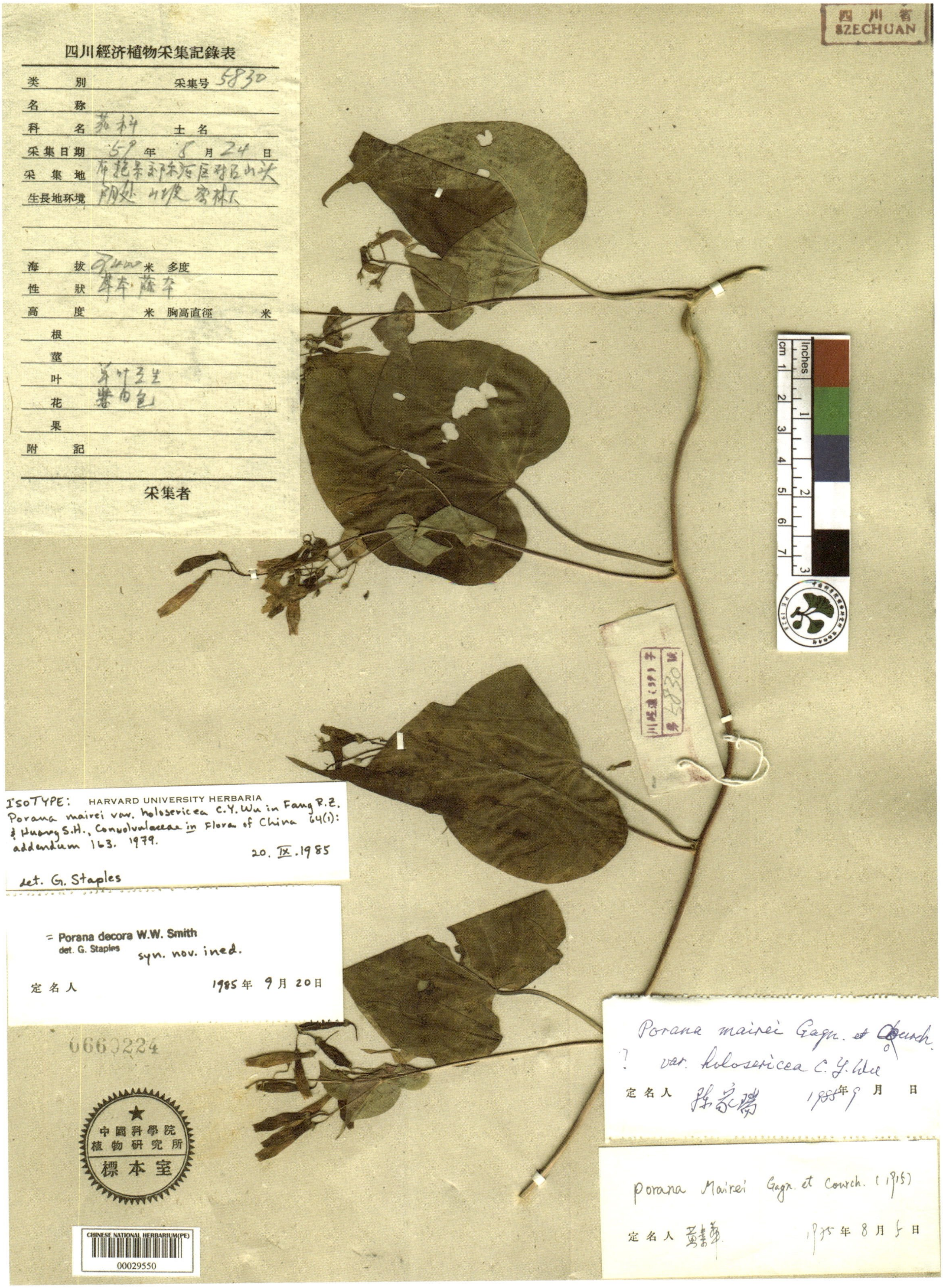

绢毛萼飞蛾藤 ***Porana mairei*** Gagn. & Courch. var. ***holosericea*** C. Y. Wu, Fl. Reip. Pop. Sin. 64(1): 38, 163. 1979. **Isotype:** China. Sichuan: Butuo, alt. 2 400 m, 1959-08-24, Sichuan Econ. Pl. Exped. (Liangshan) 5830.

大花飞蛾藤 ***Porana megalantha*** Merr. in Lingnan Sci. Journ. 14: 53, f. 18. 1935. **Isotype:** China. Hainan: Ngai (= Sanya), 1932-08-(07~25), S. K. Lau 373.

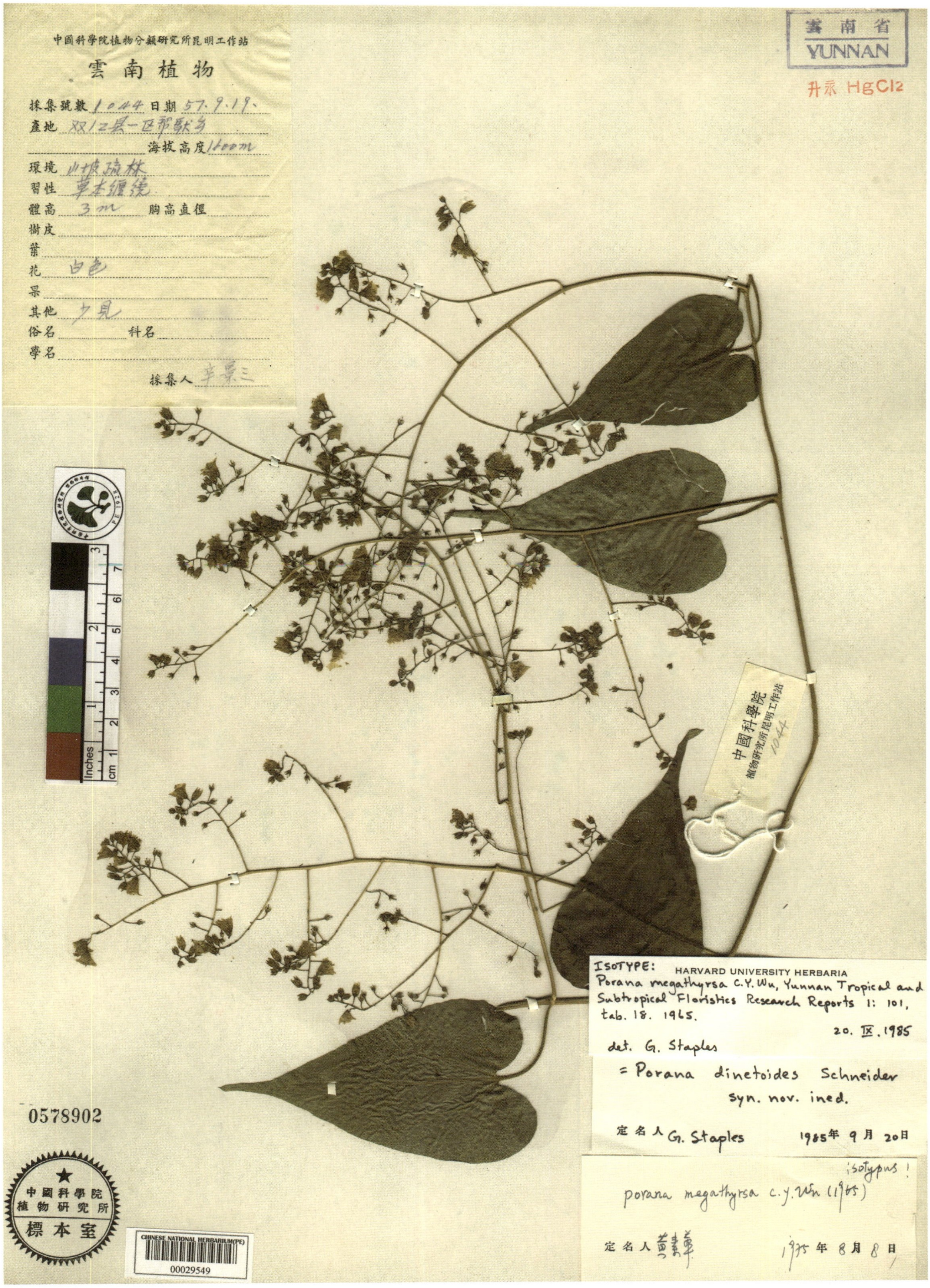

大锥序飞蛾藤 ***Porana megathyrsa*** C. Y. Wu, Rep. Stud. Pl. Trop. Subtrop. Reg. Yunnan 1: 101, pl. 18. 1965. **Isotype:** China. Yunnan: Shuangjiang, alt. 1 600 m, 1957-09-19, G. S. Sin 1044.

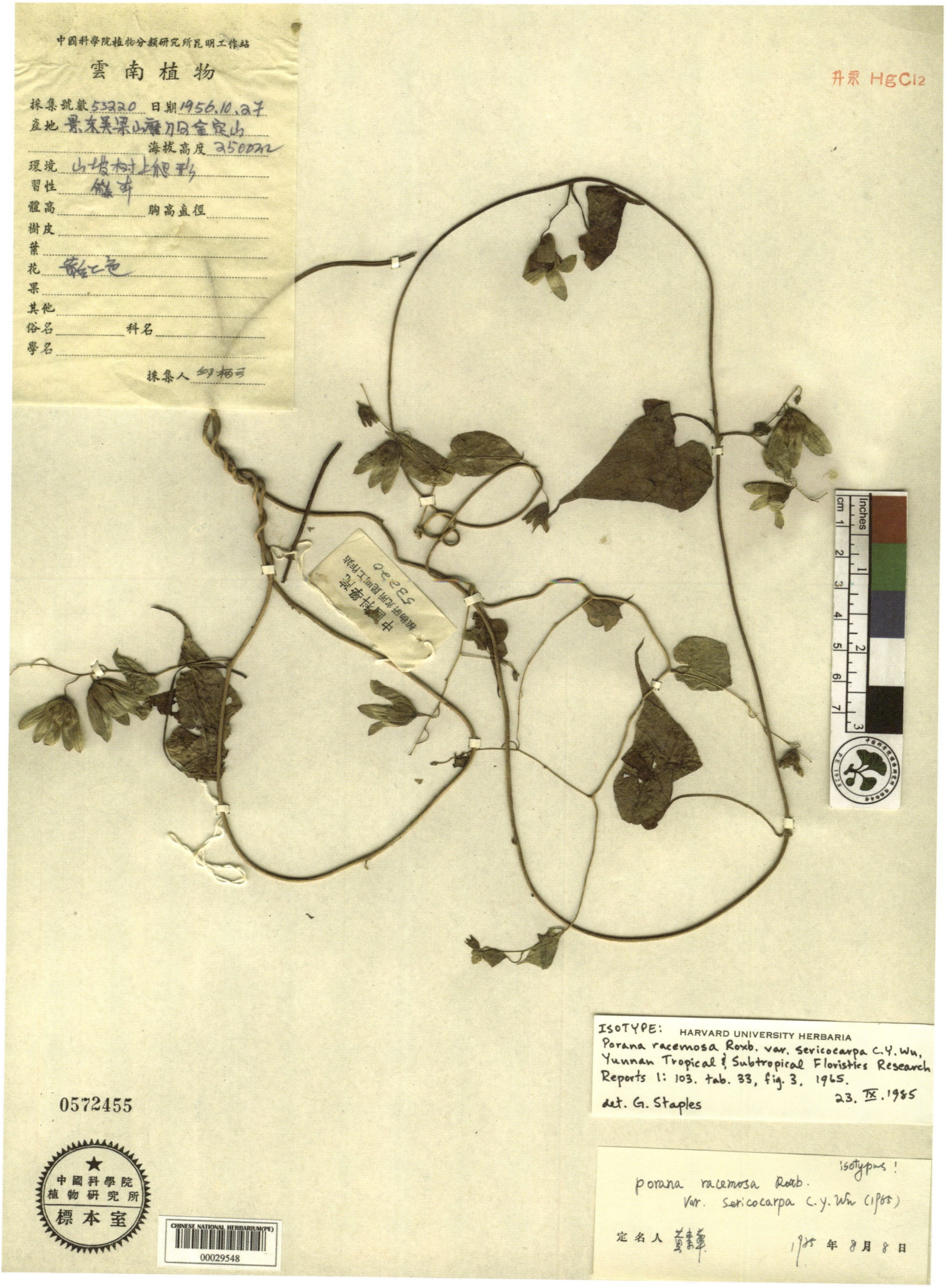

毛果飞蛾藤 ***Porana racemosa*** Roxb. var. ***sericocarpa*** C. Y. Wu, Rep. Stud. Pl. Trop. Subtrop. Reg. Yunnan 1: 103, pl. 33: 3. 1965. **Isotype:** China. Yunnan: Jingdong, alt. 2 500 m, 1956-10-27, P. Y. Chiu 53220.

紫花飞蛾藤 ***Porana racemosa*** Roxb. var. ***violacea*** C. Y. Wu, Rep. Stud. Pl. Trop. Subtrop. Reg. Yunnan 1: 103, pl. 34: 1. 1965.
Isoparatype: China. Sichuan: Muli, alt. 3 100 m, 1937-12-04, T. T. Yu 14830.

勐腊盾苞藤 ***Sinomerrillia bracteata*** Hu in Bull. Fan Mem. Inst. Biol., Bot. Ser. 6: 48. 1938~1939. **Holotype:** China. Yunnan: Mengla, alt. 850 m, 1936-11-??, C. W. Wang 80522.

Boraginaceae

紫草科

zicaoke

日本紫草 ***Ancistrocarya japonica*** Maxim. in Bull. Acad. Imp. Sci. St.–Pétersbourg 17: 444. 1872. **Isotype:** Japan. Nagasaki, Kiusiu, 1863-10-03, Maximowicz s. n.

灰毛软紫草 ***Arnebia fimbriata*** Maxim. in Bull. Acad. Imp. Sci. St.–Pétersbourg 27: 507. 1881. **Isotype:** Mongolia. Nan-Shan, 1879-06-23, N. M. Przewalski s. n.

宽叶厚壳树 ***Ehertia latvis*** Roxb. var. ***platyphylla*** Merr in in Lingnan Sci. Journ. 14: 55. 1935. **Isotype:** China. Hainan: Ngai (= Sanya), 1932-07-27, S. K. Lau 323.

澳洲紫草 ***Embadium johnstonii*** E. H. Ising in Trans. Roy. Soc. S. Austral. 89: 288. 1965. **Isotype:** Australia. Lake Eyre Basin, 1955-09-24, E. H. Ising 3842.

针刺齿缘草 ***Eritrichium acicularum*** Y. S. Lian & J. Q. Wang in Bull. Bot. Lab. N.-E. Forest. Inst., Harbin 9: 46, pl. 3: 3. 1980.
Isotype: China. Gansu: Sunan, alt. 2 200 m, 1959-06-30, Y. Q. He 3639.

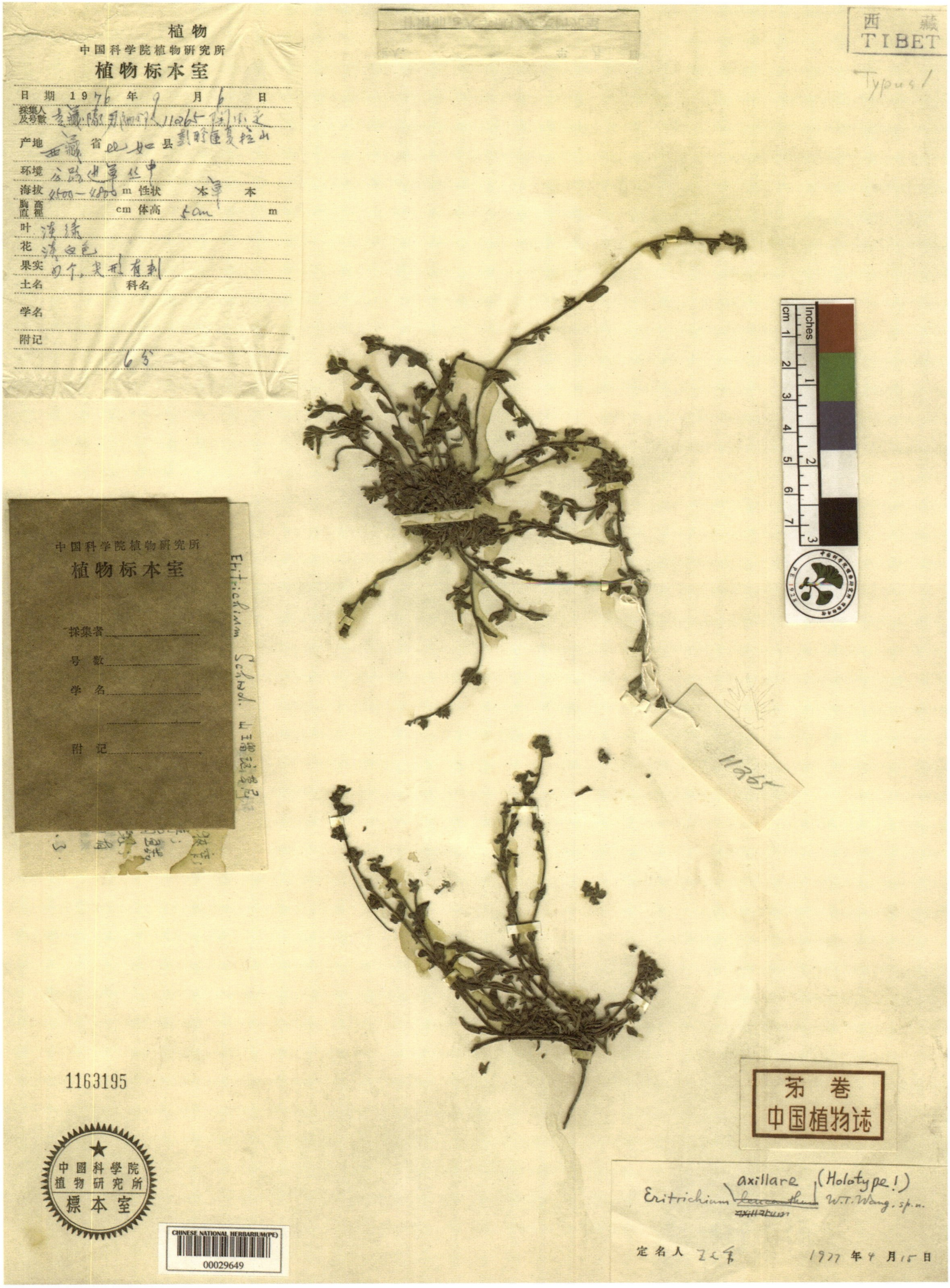

腋花齿缘草 ***Eritrichium axillare*** W. T. Wang in Acta Phytotax. Sin. 18: 519, pl. 6: 3. 1980. **Holotype:** China. Xizang: Biru, alt. 4 500–4 800 m, 1976-09-06, D. D. Tao 11265.

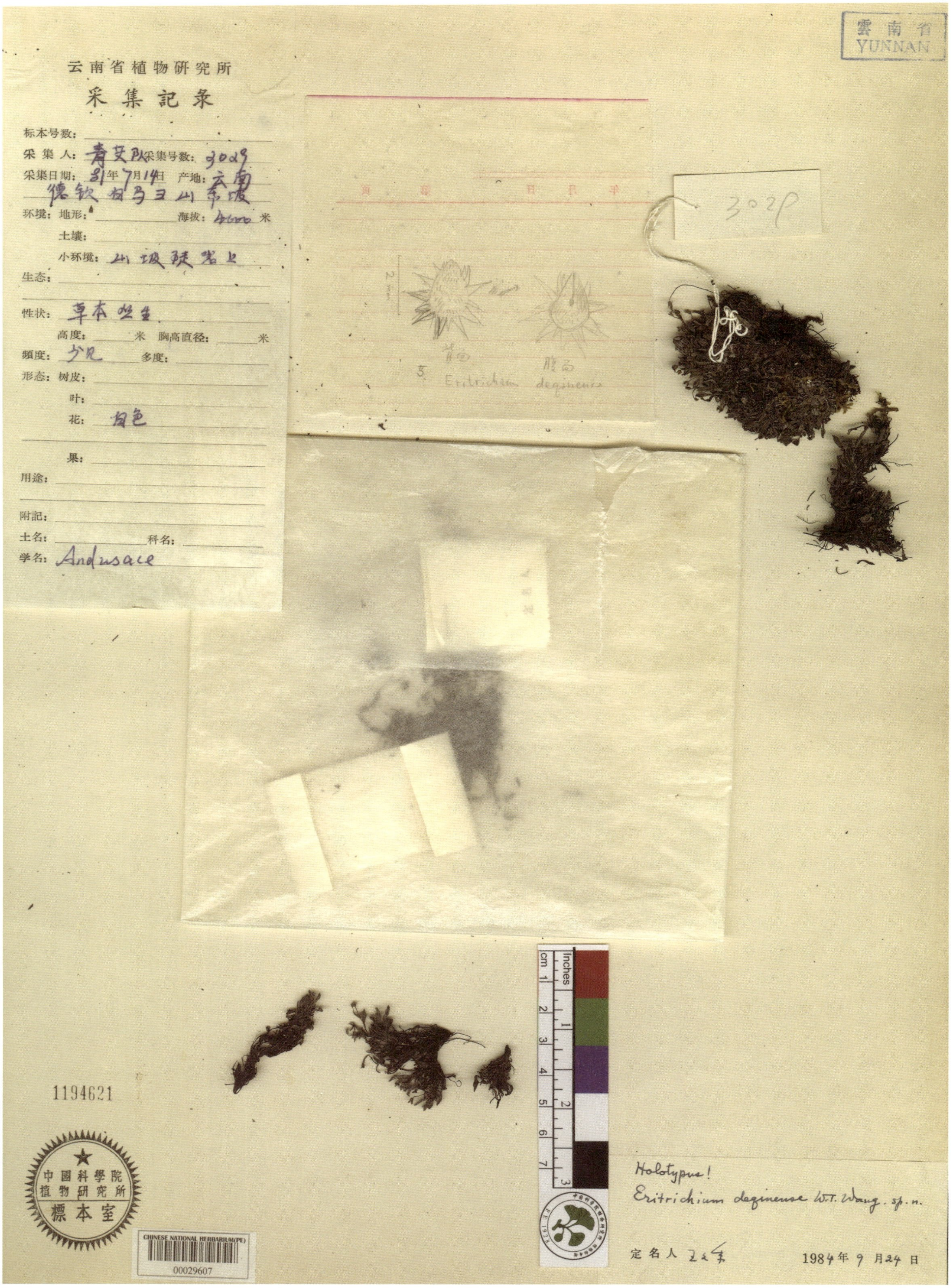

德钦齿缘草 ***Eritrichium deqinense*** W. T. Wang in Bull. Bot. Res., Harbin 6: 94, pl. 3: 7-9. 1986. **Holotype:** China. Yunnan: Dêqên, alt. 4 000 m, 1981-07-14, Qinghai-Xizang Exped. 3029.

异型齿缘草 ***Eritrichium difforme*** Y. S. Lian & J. Q. Wang in Acta Phytotax. Sin. 18: 515, pl. 6: 7. 1980. **Holotype:** China. Sichuan: Leibo, 1934-??-??, T. T. Yu 3842.

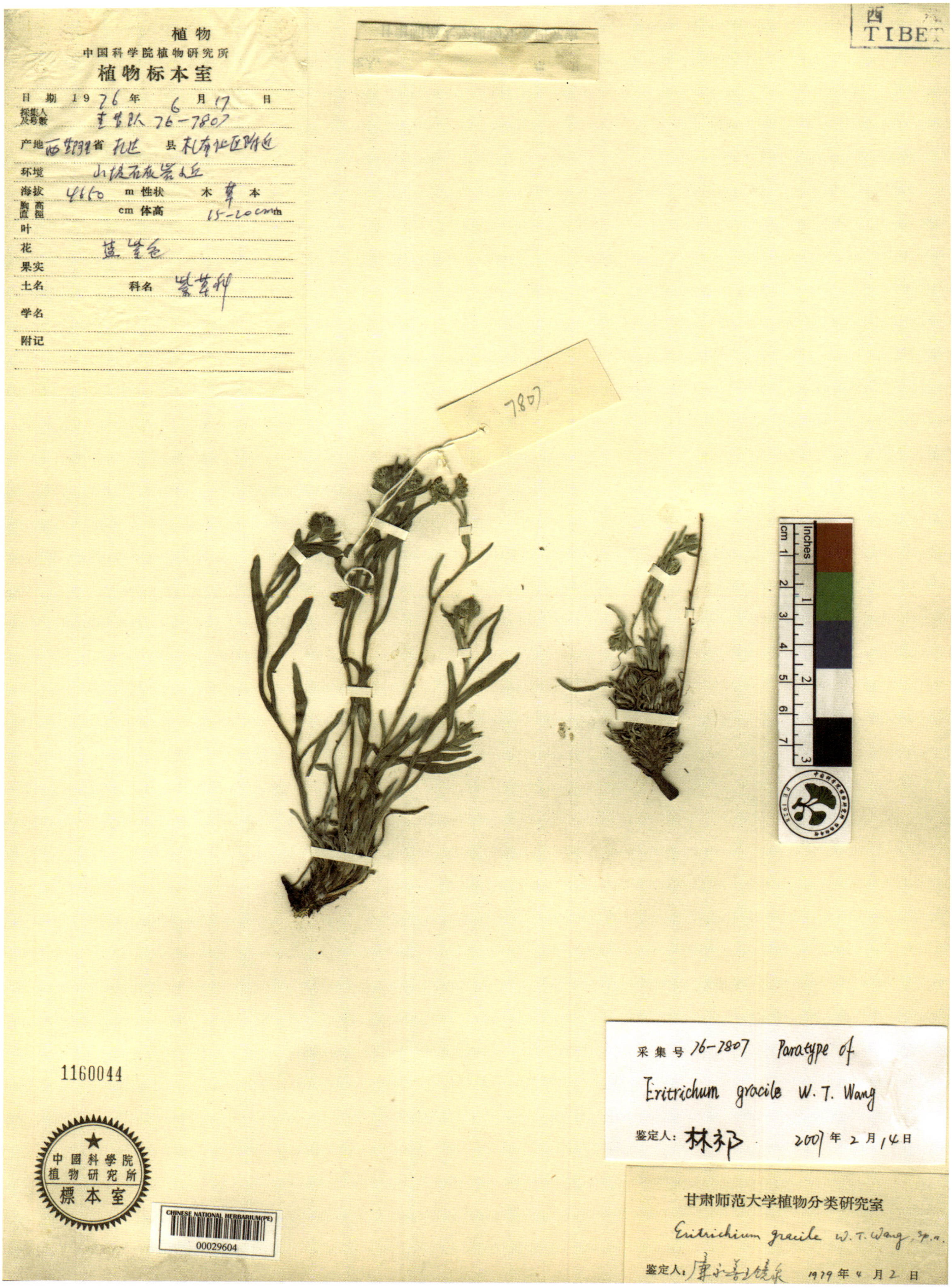

条叶齿缘草 ***Eritrichium gracile*** W. T. Wang in Acta Phytotax. Sin. 18: 520. 1980. **Paratype:** China. Xizang: Zanda, alt. 4 650 m, 1976-06-17, Qinghai-Xizang Exped. 76-7807.

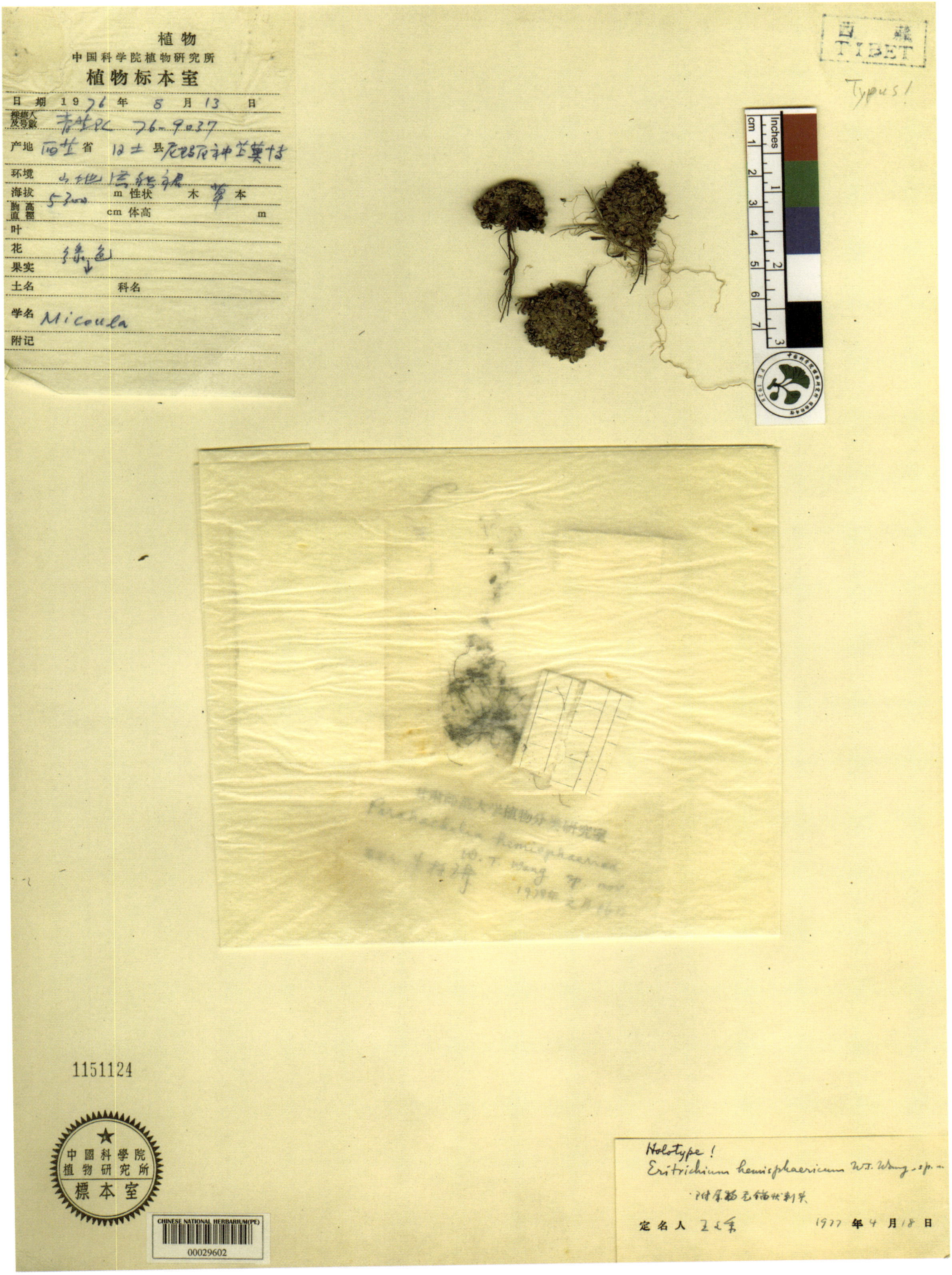

半球齿缘草 ***Eritrichium hemisphaericum*** W. T. Wang in Acta Phytotax. Sin. 18: 519. 1980. **Holotype:** China. Xizang: Rutog, alt. 5 300 m, 1976-08-13, Qinghai-Xizang Exped. 76-9037.

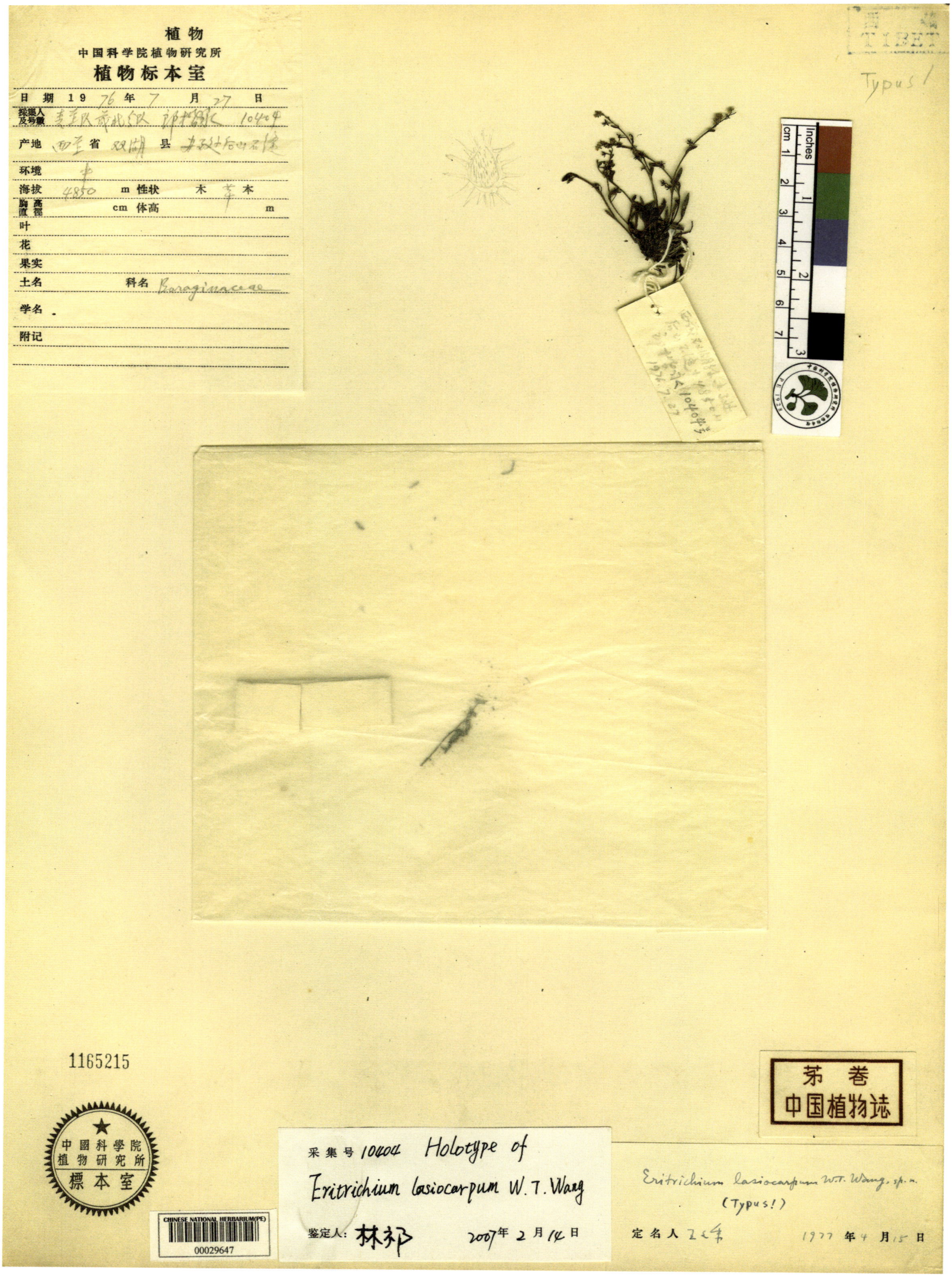

毛果齿缘草 ***Eritrichium lasiocarpum*** W. T. Wang in Acta Phytotax. Sin.18: 517. 1980. **Holotype:** China. Xizang: Shuanghu, alt. 4 850 m, 1976-07-27, K. Y. Lang 10404.

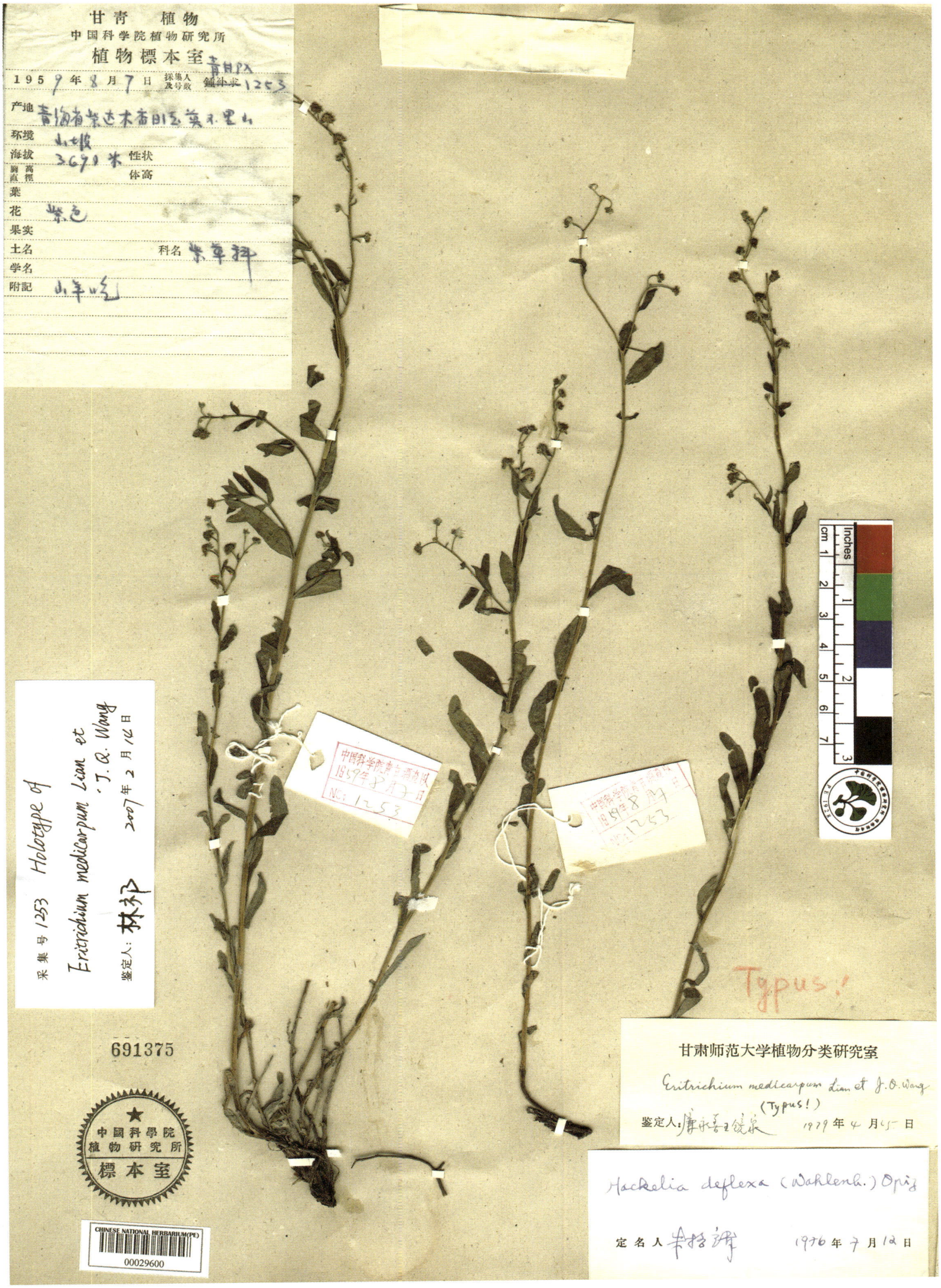

青海假鹤虱 ***Eritrichium medicarpum*** Y. S. Lian & J. Q. Wang in Bull. Bot. Lab. N.-E. Forest. Inst., Harbin 9: 41, pl. 2: 2. 1980.
Holotype: China. Qinghai: Dulan, alt. 3 690 m, 1959-08-07, Qinghai-Gansu Exped. 1253.

垂果齿缘草 ***Eritrichium pendulifructum*** Y. S. Lian & J. Q. Wang in Bull. Bot. Lab. N.-E. Forest. Inst., Harbin 9: 36, pl. 1: 2. 1980. **Isotype:** China. Xinjiang: Hoxud, alt. 2 300 m, 1958-08-03, Xinjiang Exped. 7001.

具柄齿缘草 ***Eritrichium petiolare*** W. T. Wang in Acta Phytotax. Sin. 18: 516, pl. 6: 6. 1980. **Holotype:** China. Xizang: Gar, alt. 4 800 m, 1976-08-10, Qinghai-Xizang Exped. 76-8631.

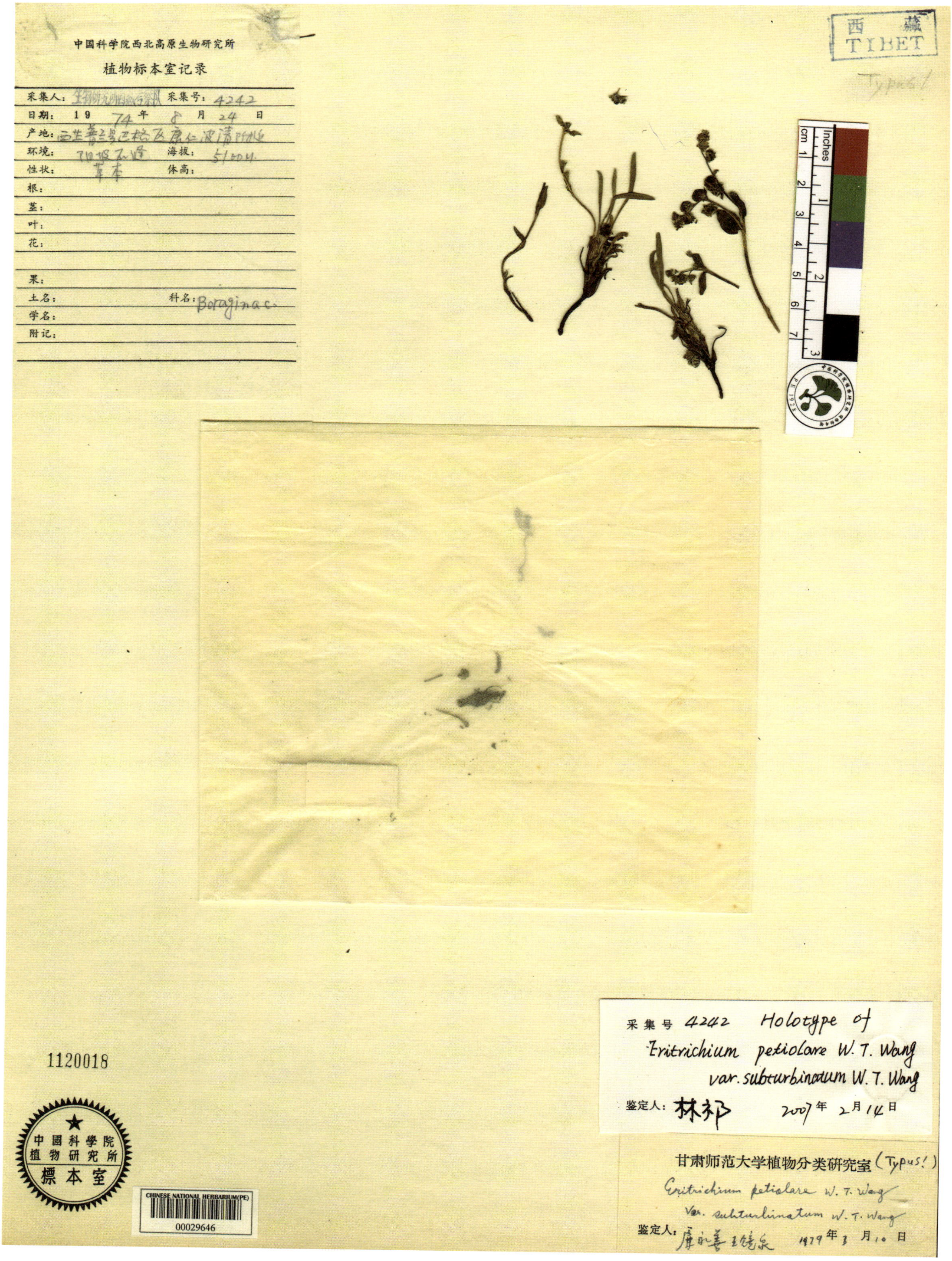

陀果齿缘草 ***Eritrichium petiolare*** W. T. Wang var. ***subturbinatum*** W. T. Wang in Acta Phytotax. Sin. 18: 516. 1980. **Holotype:** China. Xizang: Burang, alt. 5 100 m, 1974-08-24, Xizang Exped. 4242.

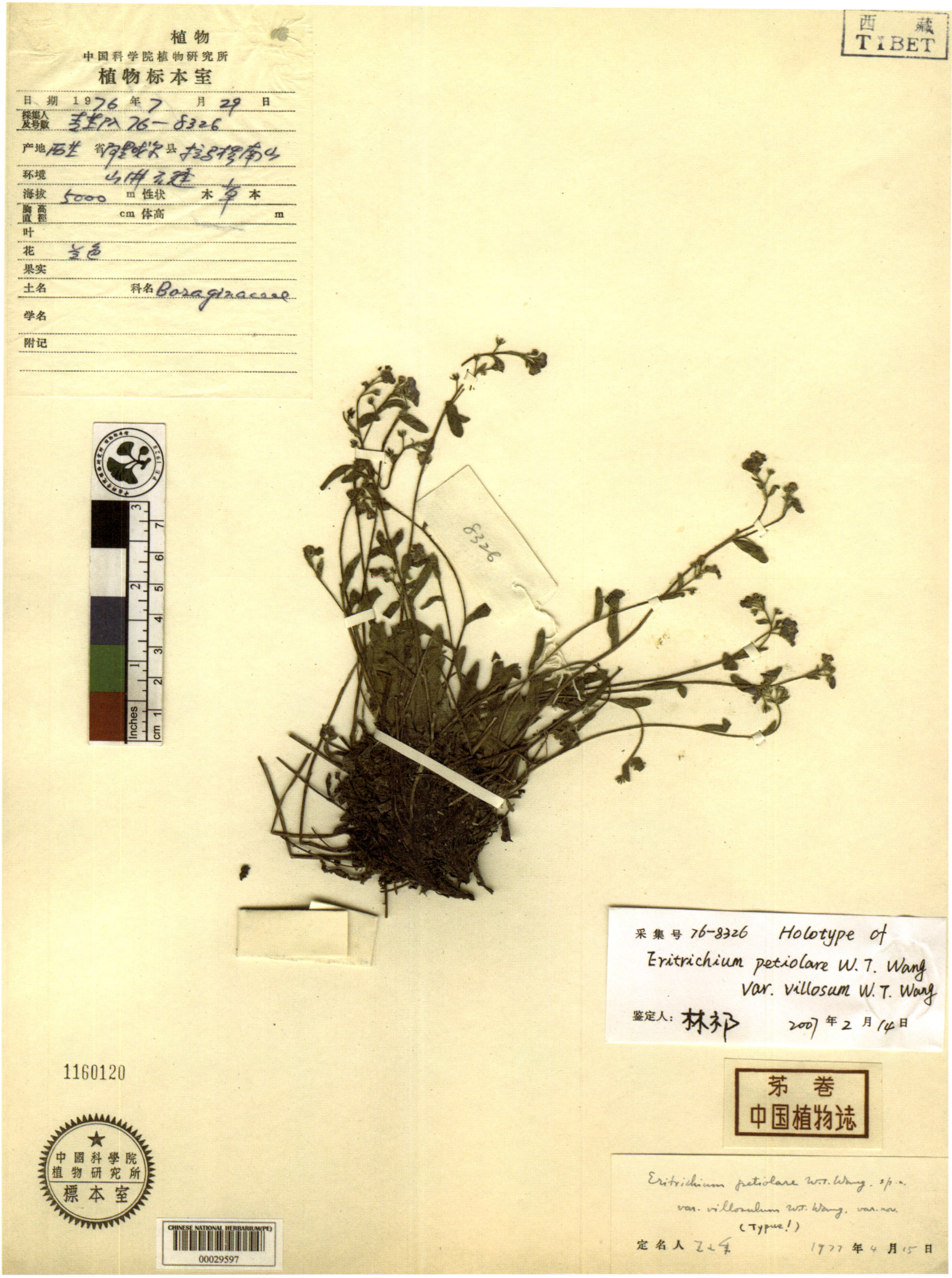

柔毛齿缘草 ***Eritrichium petiolare*** W. T. Wang var. ***villosum*** W. T. Wang in Acta Phytotax. Sin. 18: 516. 1980. **Holotype:** China. Xizang: Gar, alt. 5 000 m, 1976-07-29, Qinghai-Xizang Exped. 76-8326.

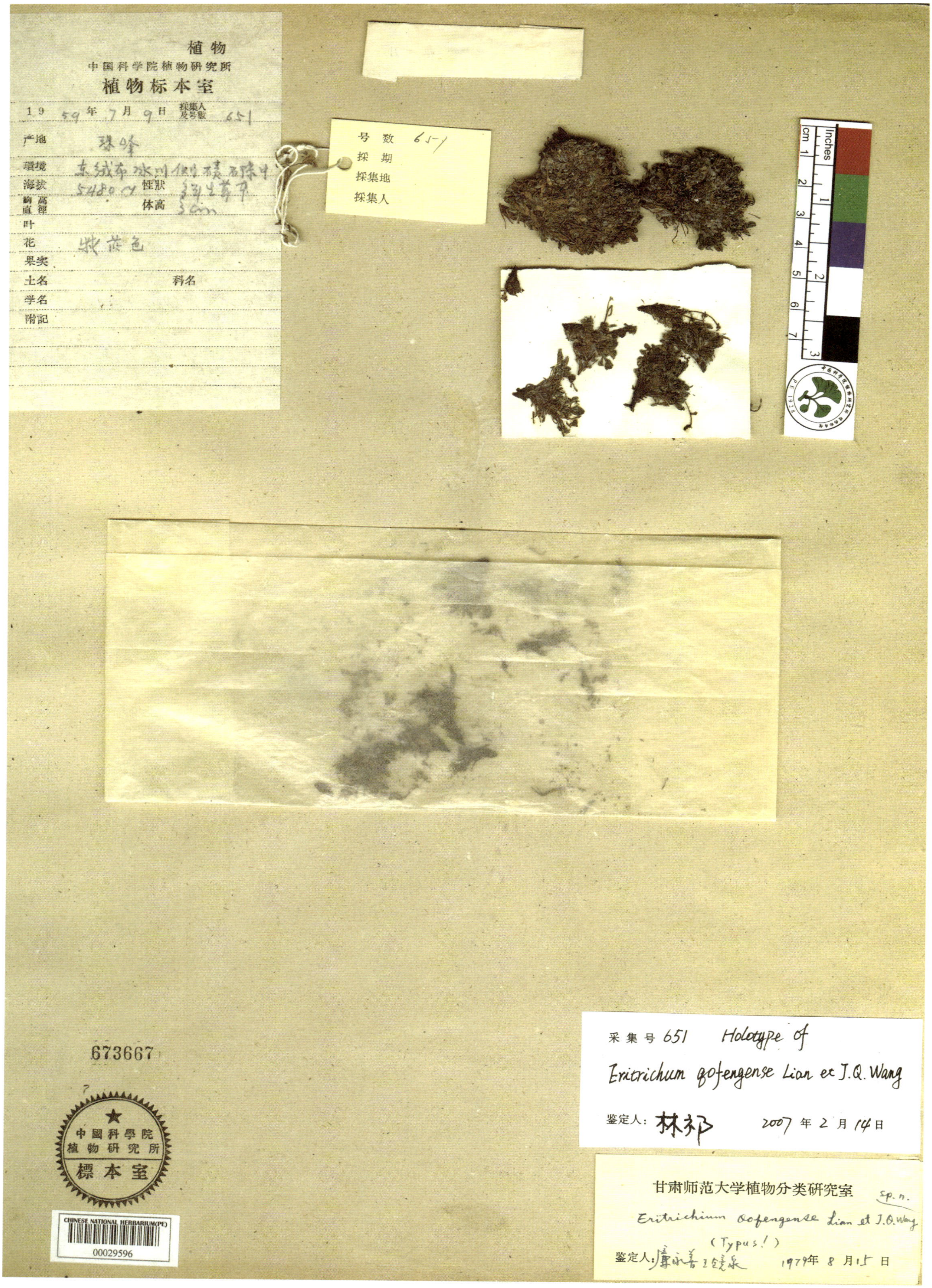

珠峰齿缘草 ***Eritrichium qofengense*** Y. S. Lian & J. Q. Wang in Acta Phytotax. Sin. 18: 518. 1980. **Holotype:** China. Xizang: Qomolangma Feng, alt. 5 480 m, 1959-07-09, Qomolangma Exped. 651.

石渠齿缘草 ***Eritrichium serxuense*** W. T. Wang in Guihaia 30: 437, f. 5. 2010. **Holotype:** China. Sichuan: Sêrxü, alt. 3 380 m, 2005-07-30, D. E. Boufford & al. 33760.

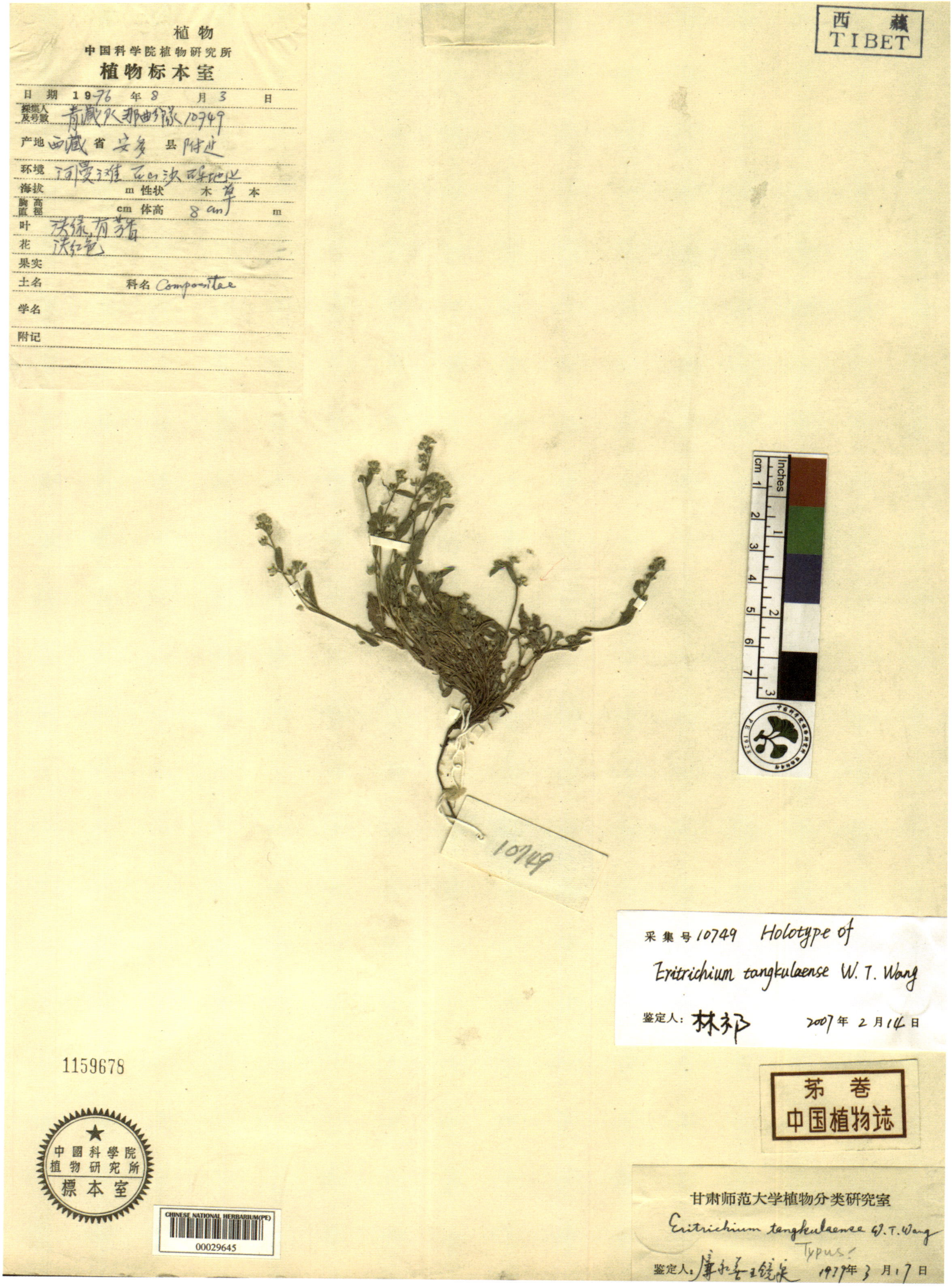

唐古拉齿缘草 ***Eritrichium tangkulaense*** W. T. Wang in Acta Phytotax. Sin. 18(4): 519, pl. 6: 2. 1980. **Holotype:** China. Xizang: Amdo, alt. 4 600 m, 1976-08-03, Qinghai-Xizang Exped. 10749.

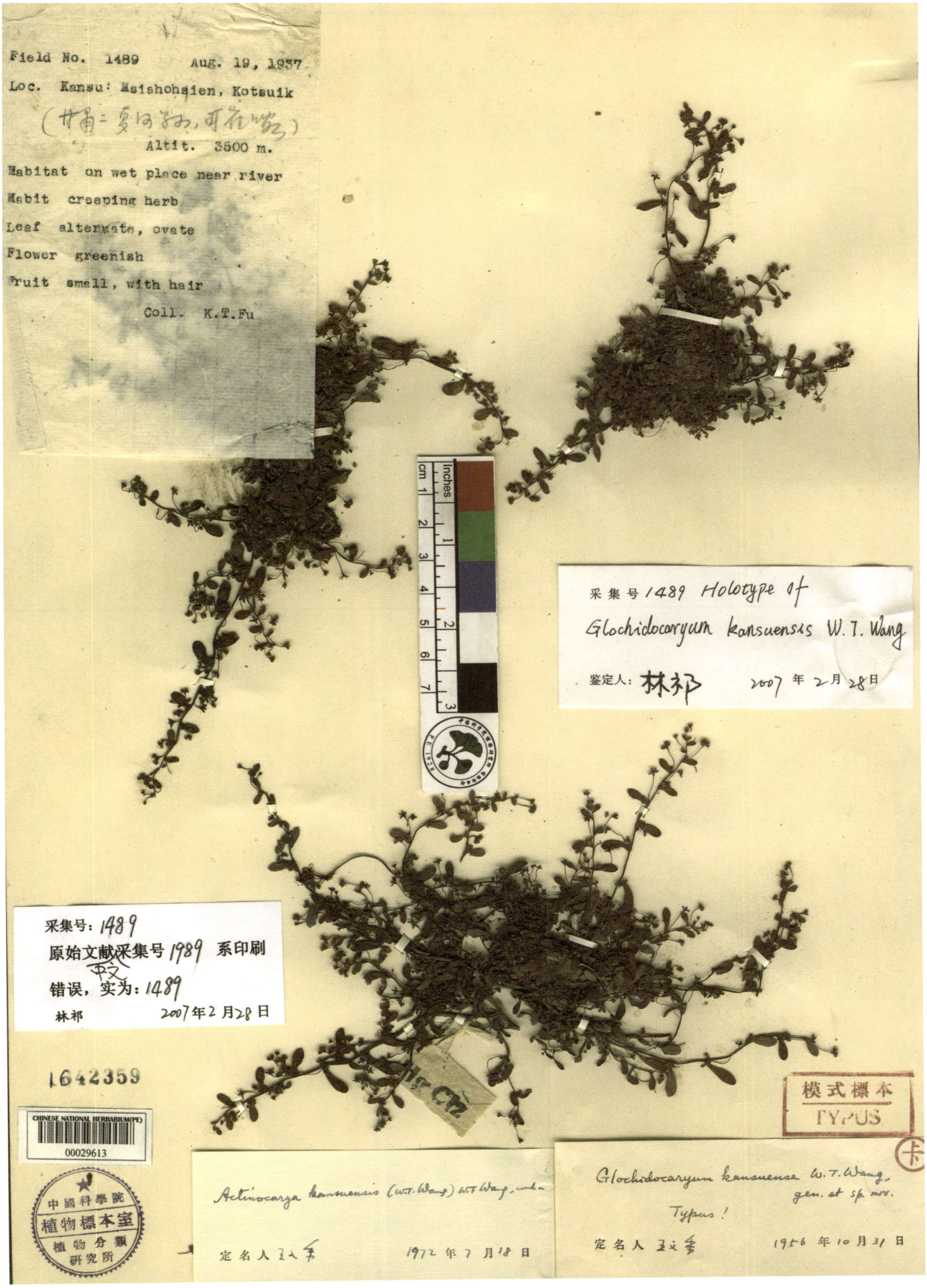

锚刺果 ***Glochisocaryum kansuense*** W. T. Wang in Acta Phytotax. Sin. 6: 178, pl. 44. 1957. **Holotype:** China. Gansu: Xiahe, alt. 3 500 m, 1937-08-19, K. T. Fu 1489.

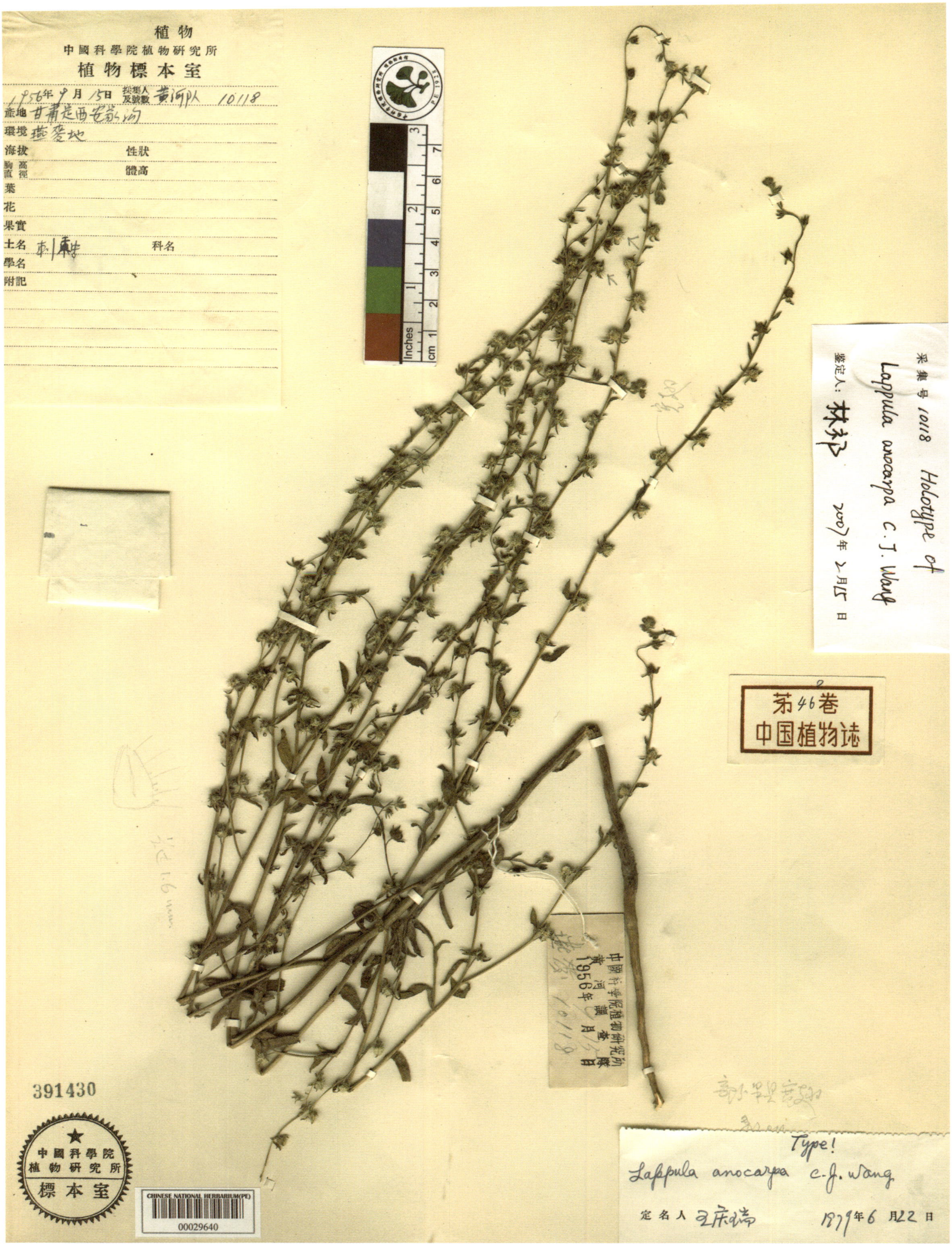

畸形果鹤虱 ***Lappula anocarpa*** C. J. Wang in Bull. Bot. Res., Harbin 1(4): 93. 1981. **Holotype:** China. Gansu: Dingxi, 1956-09-15, Yellow River Exped. 10118.

密从鹤虱 ***Lappula caespitosa*** C. J. Wang in Acta Phytotax. Sin. 18: 521, f. 1: 1-4. 1980. **Lectotype** (designated by Q. Lin & al. in Bull. Bot. Res., Harbin 28: 538. 2008.): China. Xizang: Zanda, alt. 4 200 m, 1976-07-05, Qinghai-Xizang Exped. 76-7922.

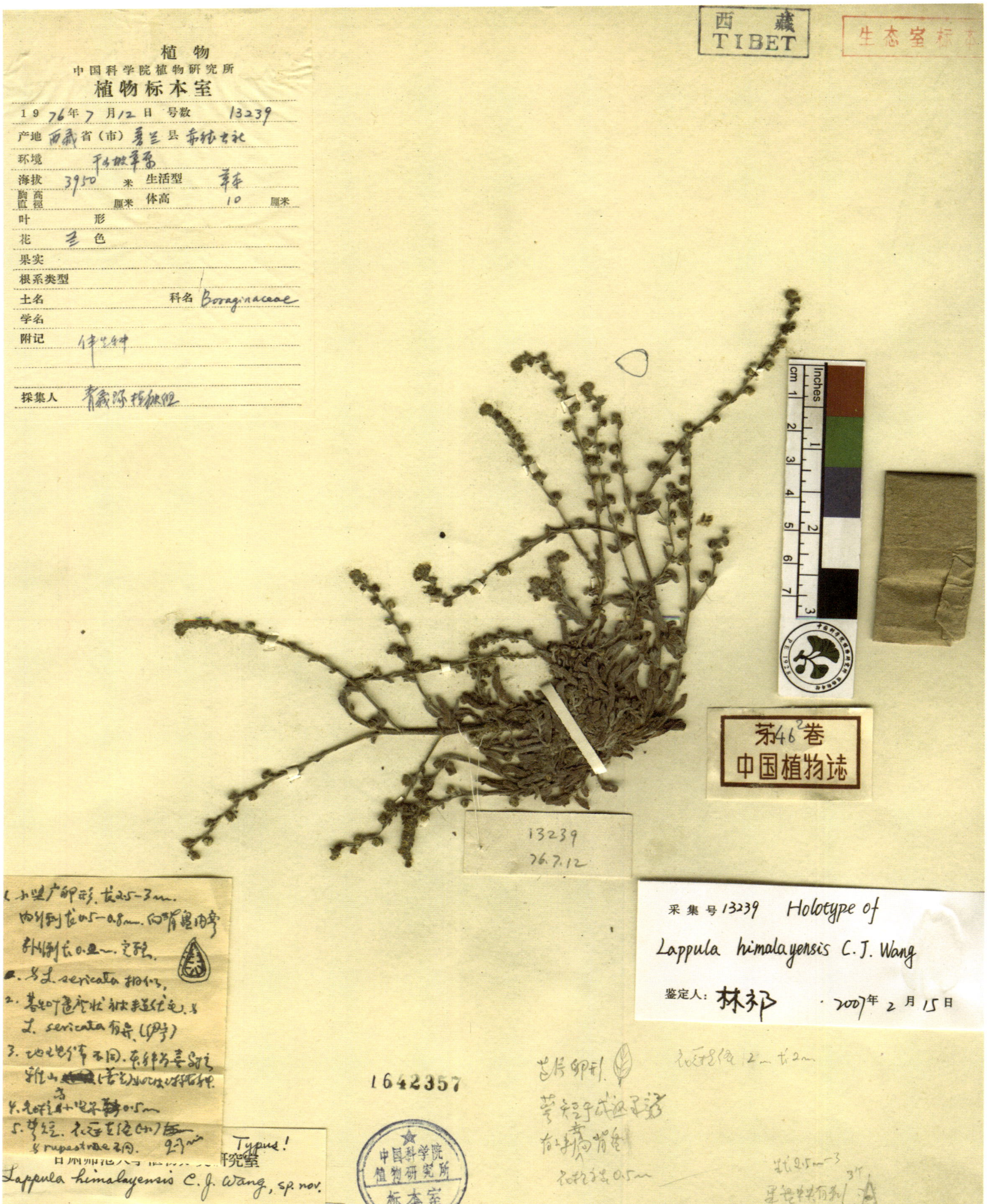

喜马拉雅鹤虱 ***Lappula himalayensis*** C. J. Wang in Acta Phytotax. Sin. 18: 521, f. 1: 5-9. 1980. **Holotype:** China. Xizang: Burang, alt. 3 950 m, 1976-07-12, Qinghai-Xizang Exped., Veget. Group 13239.

宽刺鹤虱 ***Lappula platycantha*** W. T. Wang & C. J. Wang in Bull. Bot. Res., Harbin 1(4): 89. 1981. **Holotype:** China. Gansu: Jingchuan, alt. 1 350 m, 1953-06-14, T. P. Wang 16717.

硬翅鹤虱 ***Lappula scleroptera*** C. J. Wang in Bull. Bot. Res., Harbin 1(4): 97. 1981. **Holotype:** China. Xinjiang: Hejing, alt. 2 540 m, 1958-08-07, Xinjiang Exped. 6413.

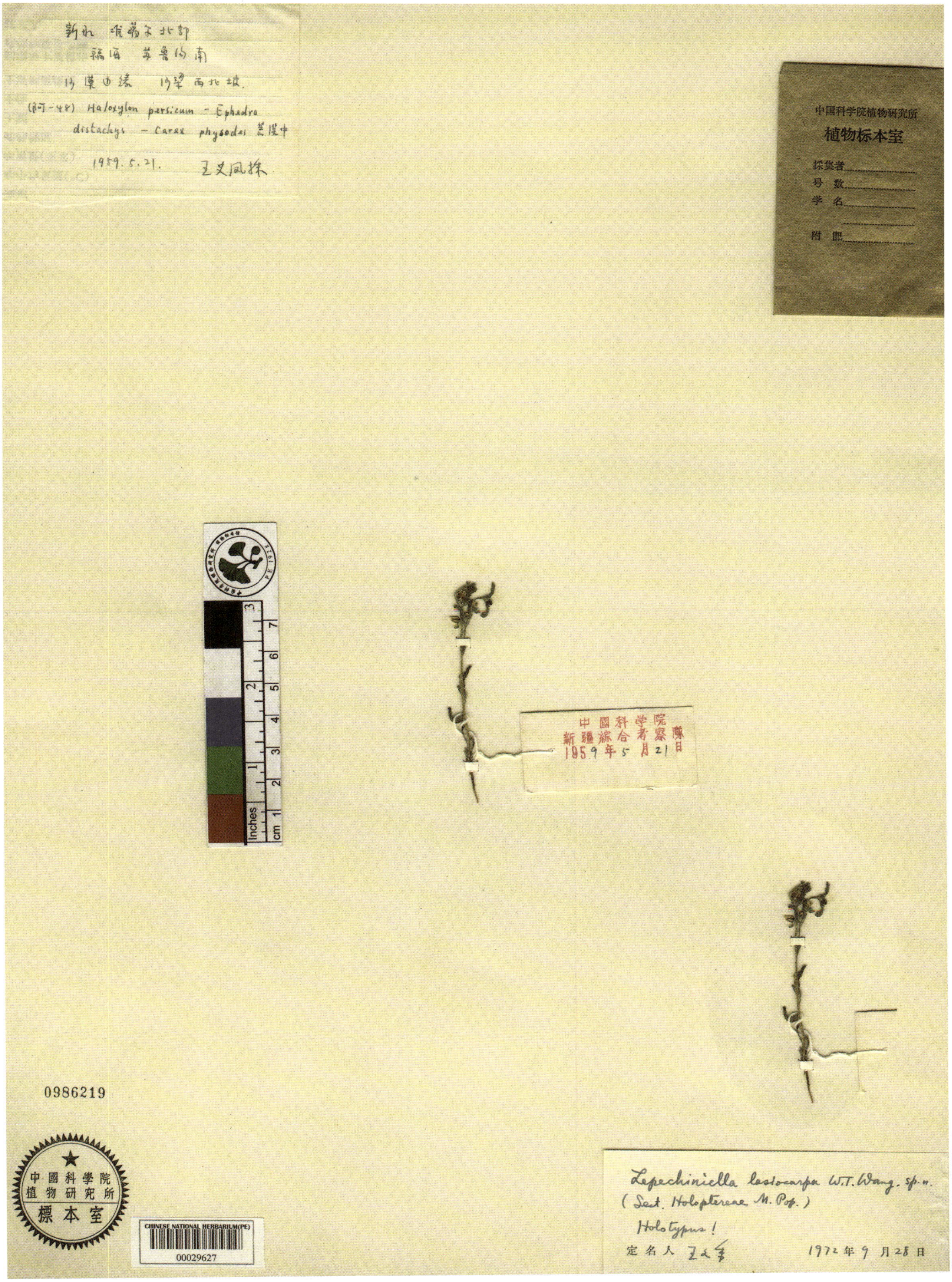

翅鹤虱 ***Lepechiniella lasiocarpa*** W. T. Wang in Bull. Bot. Res., Harbin 4(2): 7. 1984. **Holotype:** China. Xinjiang: Fuhai, 1959-05-21, Y. F. Wang s. n.

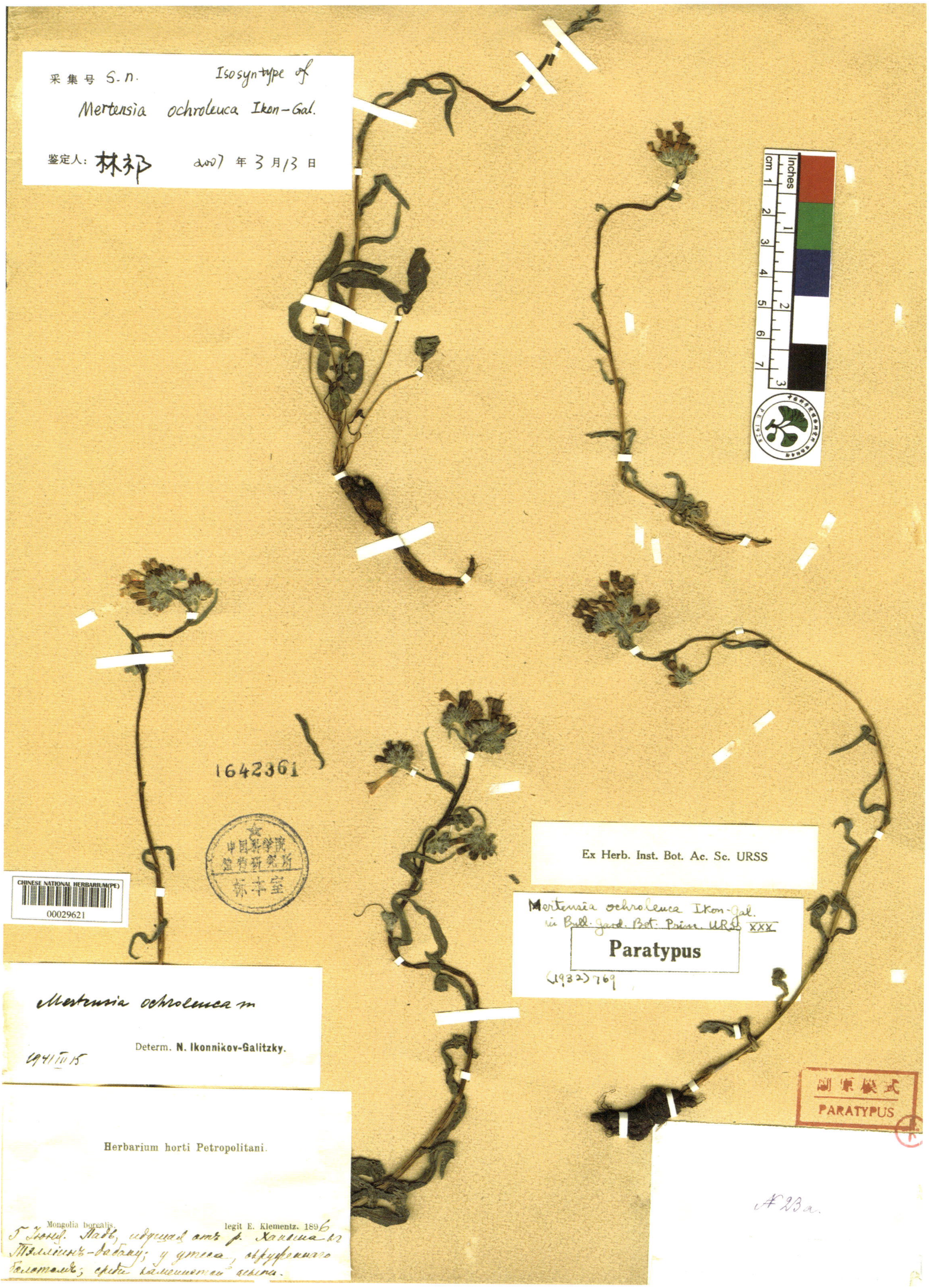

蒙古滨紫草 ***Mertensia ochroleuca*** Ikon.-Gal. in Bull. Jard. Bot. Acad. Sci. URSS 30(1-2): 769. 1932. **Isosyntype:** Mongolia. Khanim, 1896-06-05, E. Klementz s. n.

颈果草 ***Metaeritrichium microuloides*** W. T. Wang in Acta Phytotax. Sin. 18: 515, pl. 6: 1. 1980. **Paratype:** China. Qinghai: Yushu, 1964-08-07, Anonymous 475.

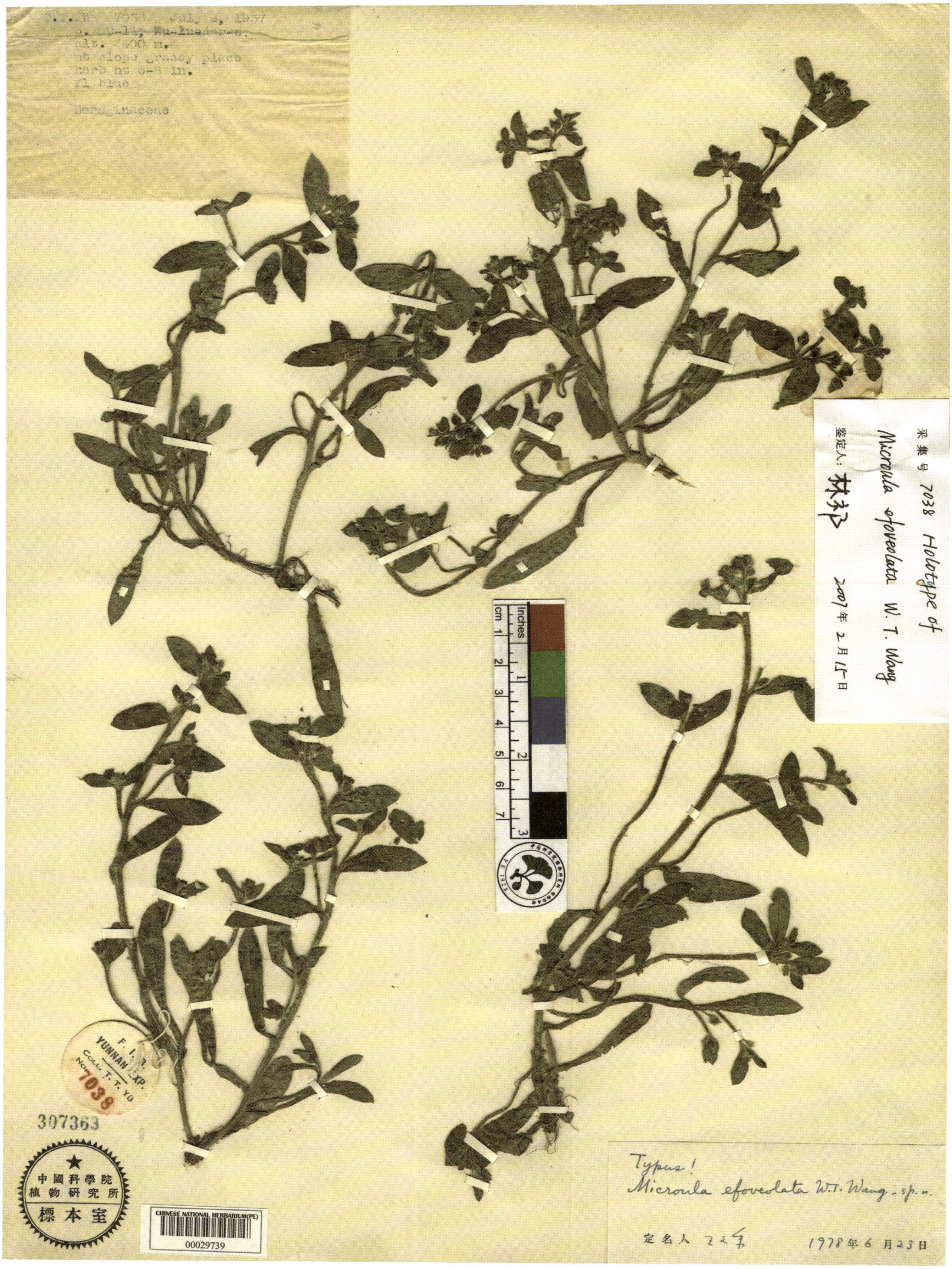

无孔微孔草 ***Microroula efoveolata*** W. T. Wang in Acta Phytotax. Sin. 18: 277, pl. 3: 4. 1980. **Holotype:** China. Sichuan: Muli, alt. 3 400 m, 1937-07-06, T. T. Yu 7038.

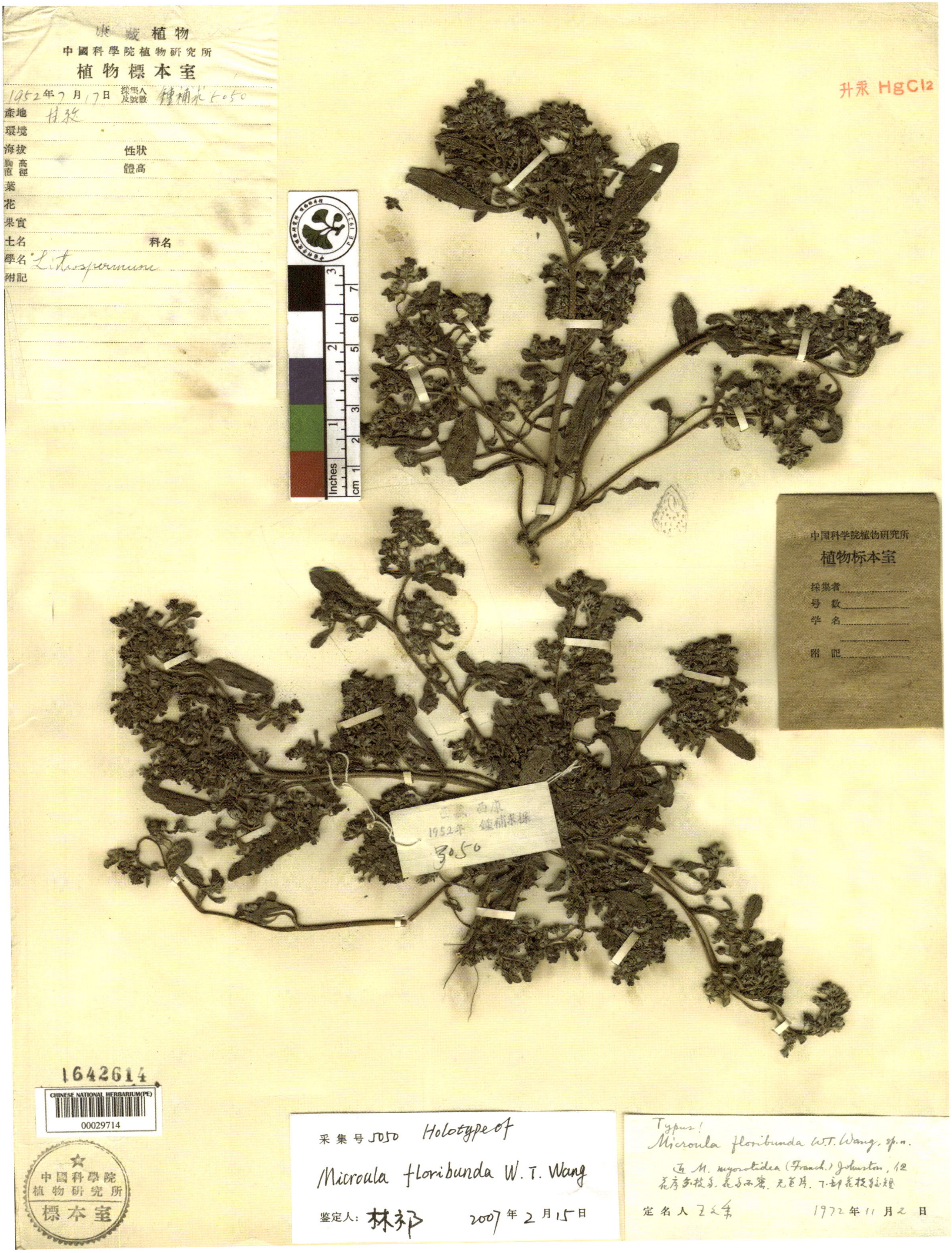

多花微孔草 ***Microula floribunda*** W. T. Wang in Acta Phytotax. Sin. 18: 114. 1980. **Holotype:** China. Sichuan: Garzê, 1952-07-17, P. C. Tsoong 5050.

密毛微孔草 ***Microula hispidissima*** W. T. Wang in Acta Phytotax. Sin.18: 113, pl. 3: 2. 1980. **Holotype:** China. Xizang: Nyalam, alt. 3 600 m, 1966-06-14, Y. T. Chang & K. Y. Lang 4215.

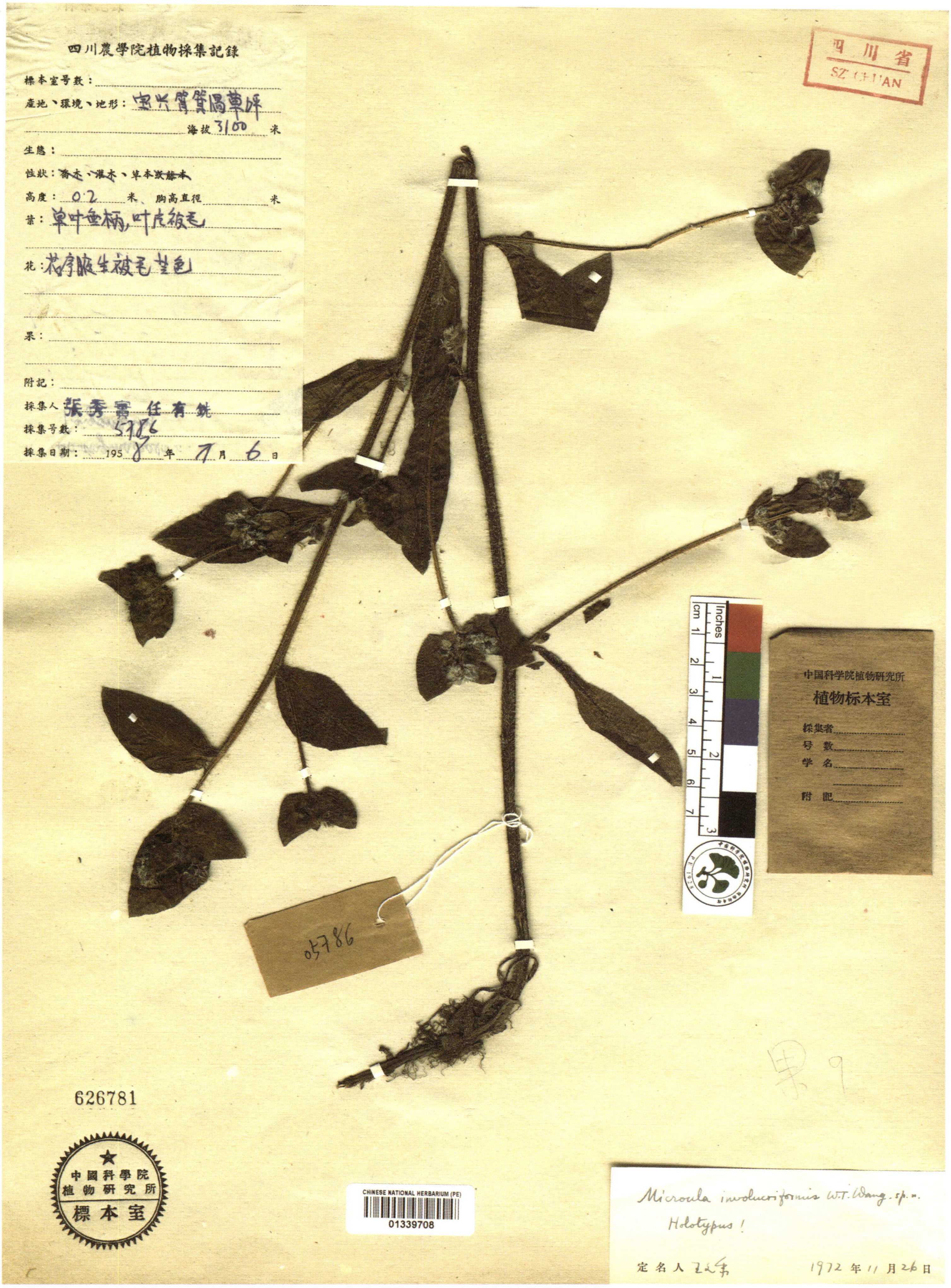

总苞微孔草 ***Microula involcriformis*** W. T. Wang in Acta Phytotax. Sin.18: 273, pl. 1: 4. 1980. **Holotype:** China. Sichuan: Baoxing, alt. 3 100 m, 1958-07-06, X. S. Zhang & Y. X. Ren 5786.

吉隆微孔草 ***Microula jilongensis*** W. T. Wang in Acta Phytotax. Sin. 18: 112. 1980. **Holotype:** China. Xizang: Gyirong, alt. 4 050 m, 1975-08-01, Qinghai-Xizang Exped., Veget. Group 5705.

光果微孔草 ***Microula leiocarpa*** W. T. Wang in Acta Phytotax. Sin. 18: 277, pl. 3: 3. 1980. **Holotype:** China. Yunnan: Dêqên, alt. 2 700 m, 1935-09-??, C. W. Wang 70013.

长梗微孔草 ***Microula longipes*** W. T. Wang in Acta Phytotax. Sin. 18: 272, pl. 1: 3. 1980. **Holotype:** China. Sichuan: Muli, alt. 3 500 m, 1937-07-07, T. T. Yu 7079.

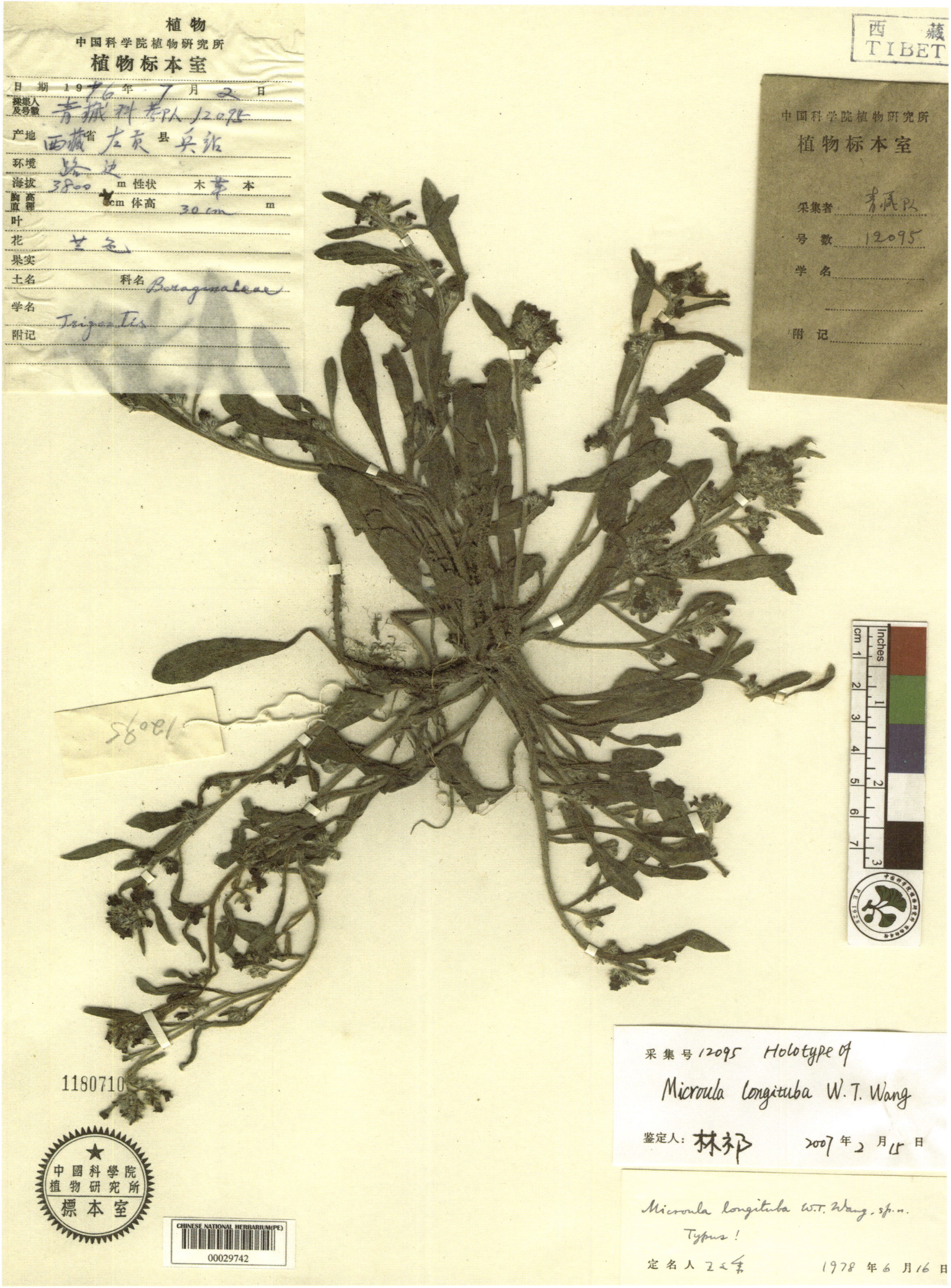

长筒微孔草 ***Microula longituba*** W. T. Wang in Acta Phytotax. Sin.18: 113, pl. 4: 3. 1980. **Holotype:** China. Xizang: Zogang, alt. 3 800 m, 1976-07-02, Qinghai-Xizang Exped. 12095.

木里微孔草 ***Microula muliensis*** W. T. Wang in Acta Phytotax. Sin. 18: 270, pl. 1: 1. 1980. **Holotype:** China. Sichuan: Muli, alt. 3 500 m, 1937-08-17, T. T. Yu 7757.

疏毛长圆微孔草 ***Microula oblongifolia*** Hand.-Mazz. var. ***glabrescens*** W. T. Wang in Acta Phytotax. Sin. 18: 275. 1980.
Holotype: China. Yunnan: Zhongdian(=Shangri-La), alt. 3 400 m, 1937-07-12, T. T. Yu 12141.

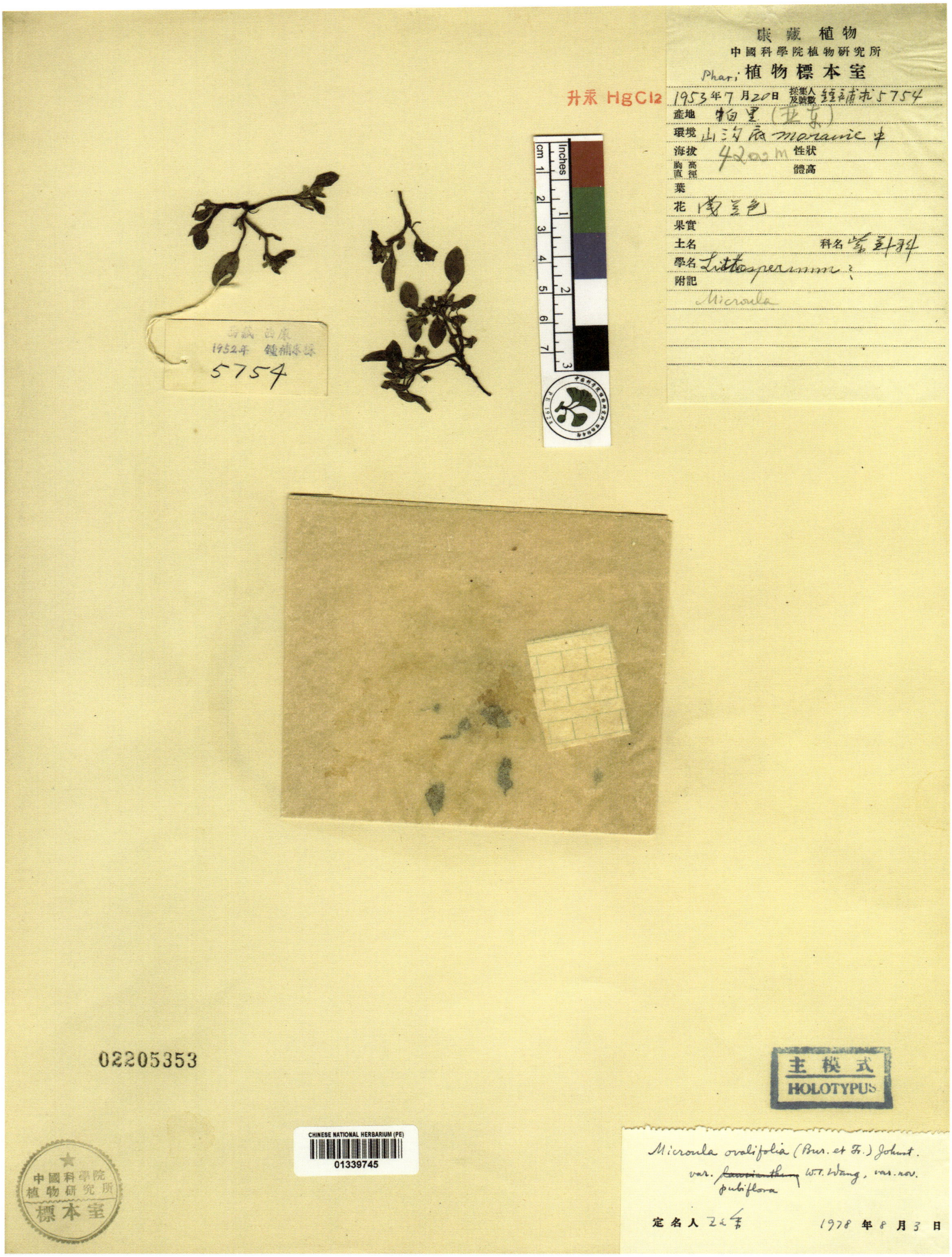

毛花卵叶微孔草 ***Microula ovalifolia*** (Bur. & Franch.) Johnst. var. ***pubiflora*** W. T. Wang in Acta Phytotax. Sin. 18: 112. 1980. **Holotype:** China. Xizang: Yadong, alt. 4 200 m, 1953-07-20, P. C. Tsoong 5754.

蓼状微孔草 ***Microula polygonoides*** W. T. Wang in Acta Phytotax. Sin. 18: 275, pl. 2: 3, f. 1: 4. 1980. **Holotype:** China. Yunnan: Dêqên, alt. 2 700 m, 1935-09-??, C. W. Wang 70339.

甘青微孔草 ***Microula pseudotrichocarpa*** W. T. Wang in Acta Phytotax. Sin. 18: 274, pl. 2: 2. 1980. **Holotype:** China. Gansu: Xiahe, alt. 3 100 m, 1937-07-21, T. P. Wang 7345.

大花甘青微孔草 ***Microula pseudotrichocarpa*** W. T. Wang var. ***grandiflora*** W. T. Wang in Acta Phytotax. Sin. 18: 274. 1980. **Holotype:** China. Xizang: Lhasa, alt. 4 600 m, 1965-08-19, Y. T. Chang & K. Y. Lang 1969.

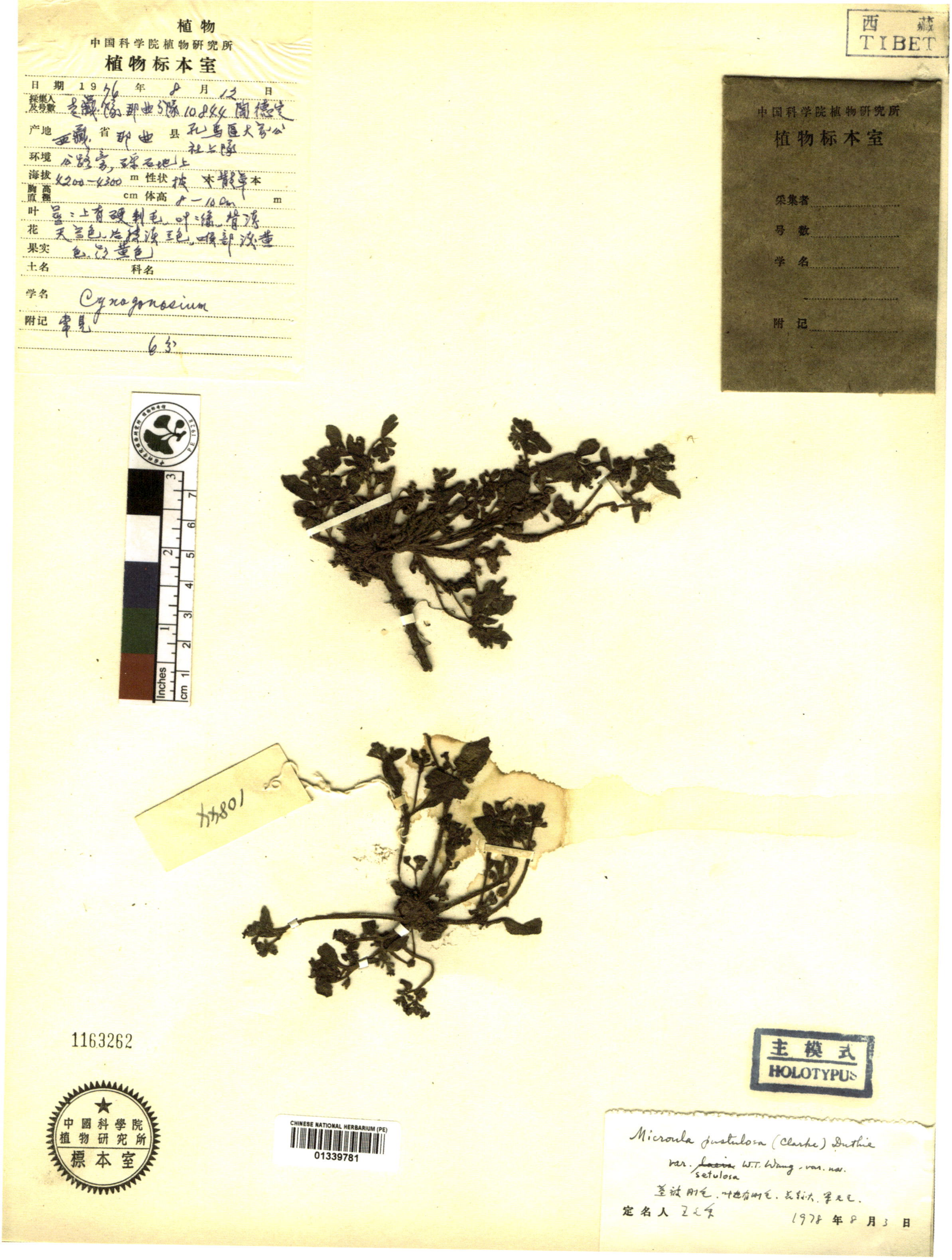

刚毛小果微孔草 ***Microula pustulosa*** (Clarke) Duthie var. ***setulosa*** W. T. Wang in Acta Phytotax. Sin. 18: 112. 1980. **Holotype:** China. Xizang: Nagqu, alt. 4 200~4 300 m, 1976-08-12, D. D. Tao 10844.

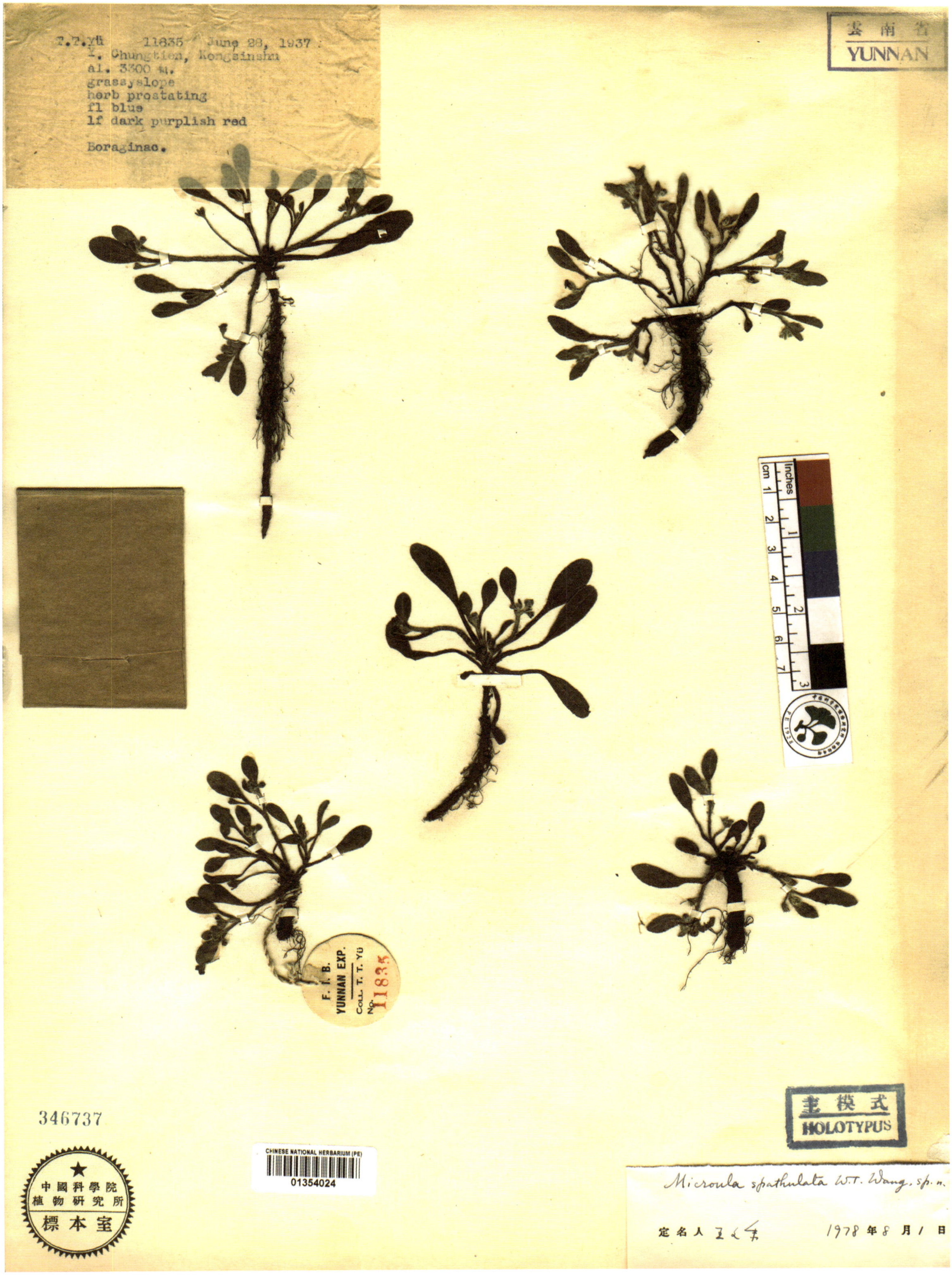

匙叶微孔草 ***Microula spathulata*** W. T. Wang in Acta Phytotax. Sin. 18: 276, pl. 3: 1. 1980. **Holotype:** China. Yunnan: Zhongdian(=Shangri-La), alt. 3 300 m, 1937-06-28, T. T. Yu 11835.

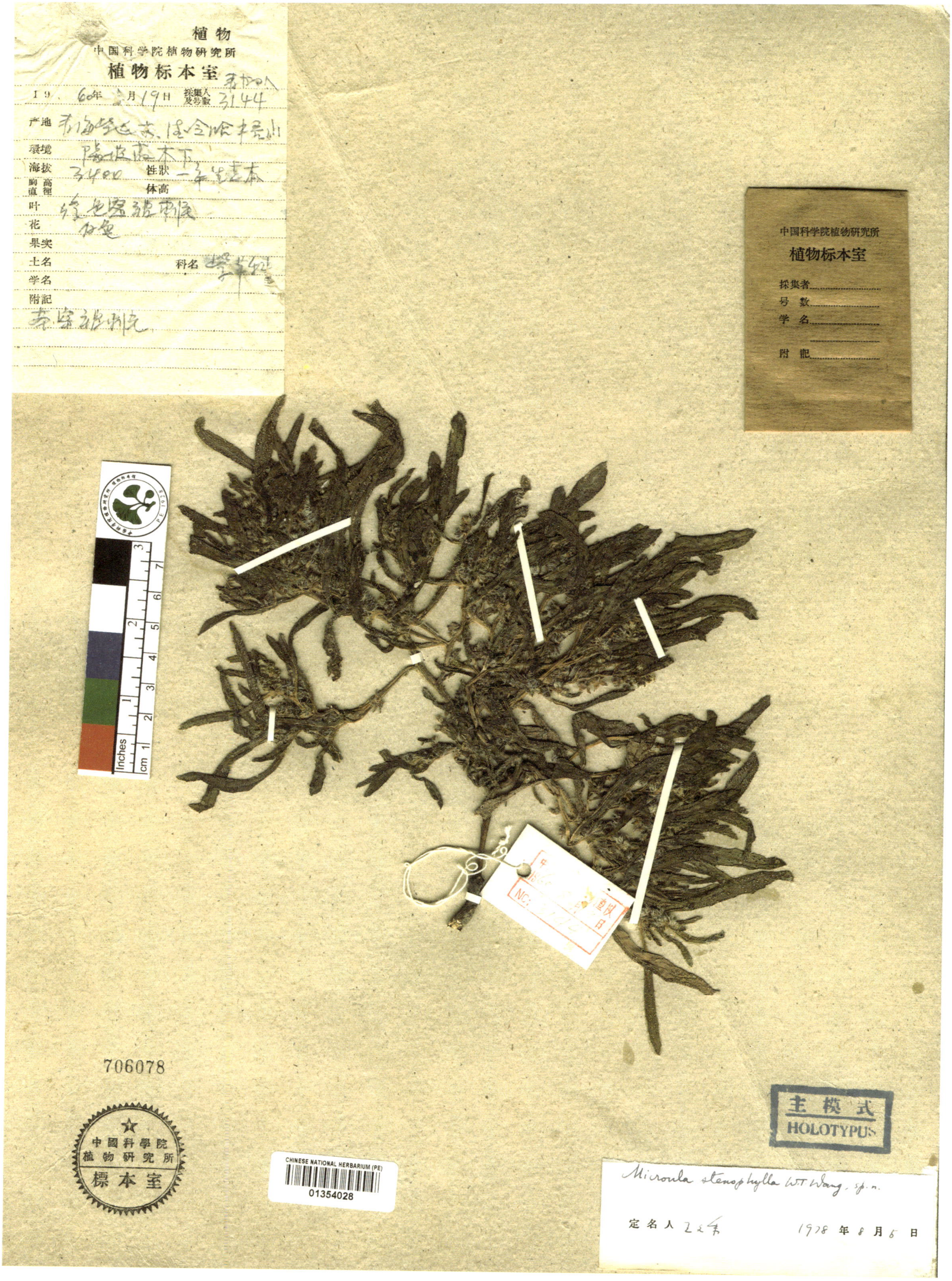

狭叶微孔草 ***Microula stenophylla*** W. T. Wang in Acta Phytotax. Sin. 18: 114. 1980. **Holotype:** China. Qinghai: Delingha, alt. 3 400 m, 1960-08-19, Qinghai-Gansu Exped. 3144.

毛花长叶微孔草 ***Microula trichocarpa*** (Maxim.) Johnst. var. ***lasiantha*** W. T. Wang in Acta Phytotax. Sin. 18: 278. 1980. **Holotype:** China. Sichuan: Xiaojin, alt. 3 500 m, 1958-07-14, X. S. Zhang & Y. X. Ren 6156.

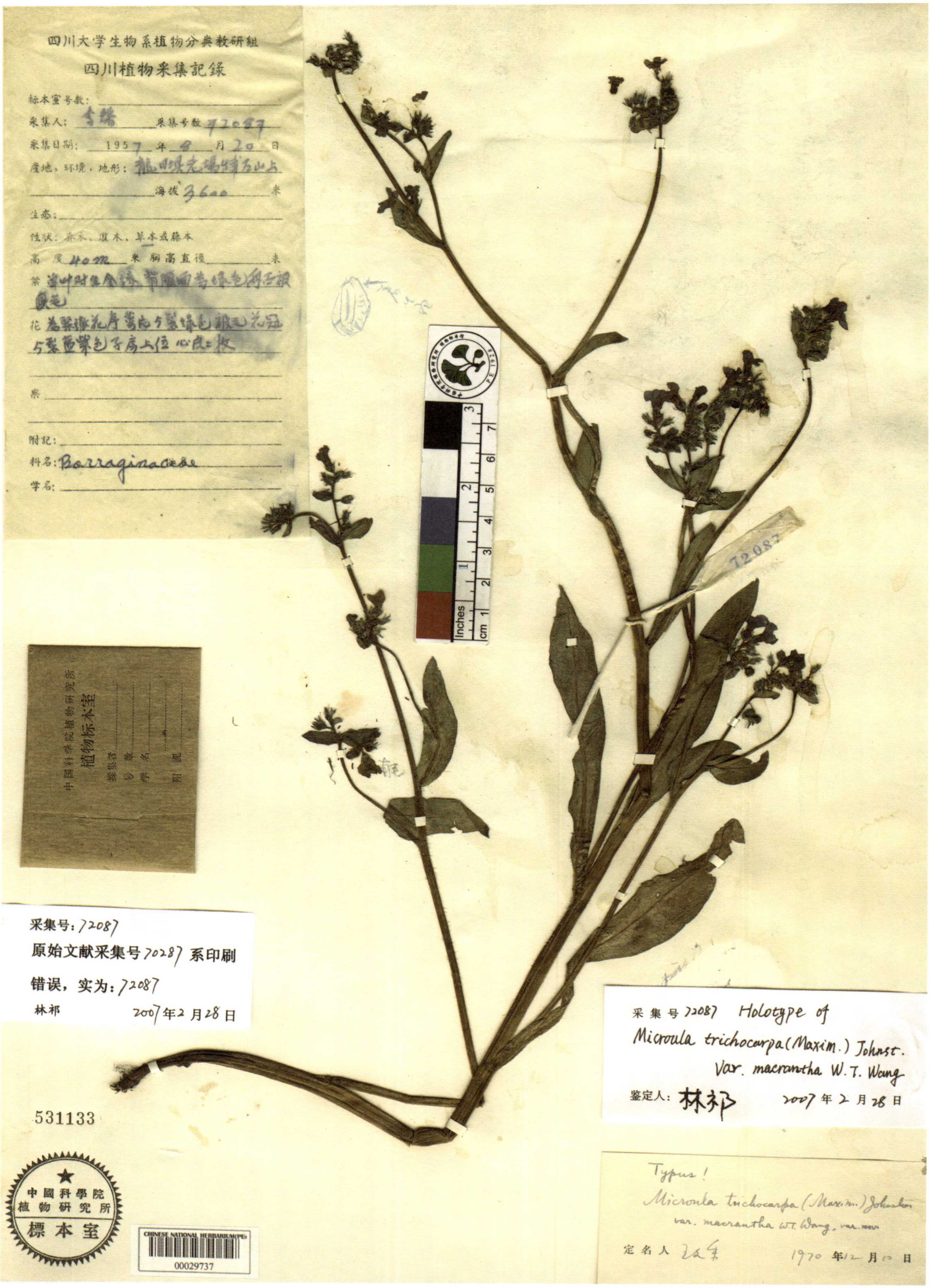

大花长叶微孔草 ***Microula trichocarpa*** (Maxim.) Johnst. var. ***macrantha*** W. T. Wang in Acta Phytotax. Sin. 18: 278. 1980.
Holotype: China. Sichuan: Precise locality not known, Longriba, alt. 3 600 m, 1957-08-20, H. Li 72087.

长果微孔草 ***Microula turbinata*** W. T. Wang in Acta Phytotax. Sin. 18: 279, pl. 4: 1. 1980. **Holotype:** China. Sichuan: Aba, alt. 3 700 m, 1957-08-19, X. Li 72054.

尖叶微孔草 ***Omphalodes blepharolepis*** Maxim. in Bull. Acad. Imp. Sci. St.-Pétersbourg 27: 504. 1881. **Isotype:** China. Qinghai: Tangut (=Qilianshan), alt. 3 170~3 700 m, 1880-04-26, N. M. Przewalski 31.

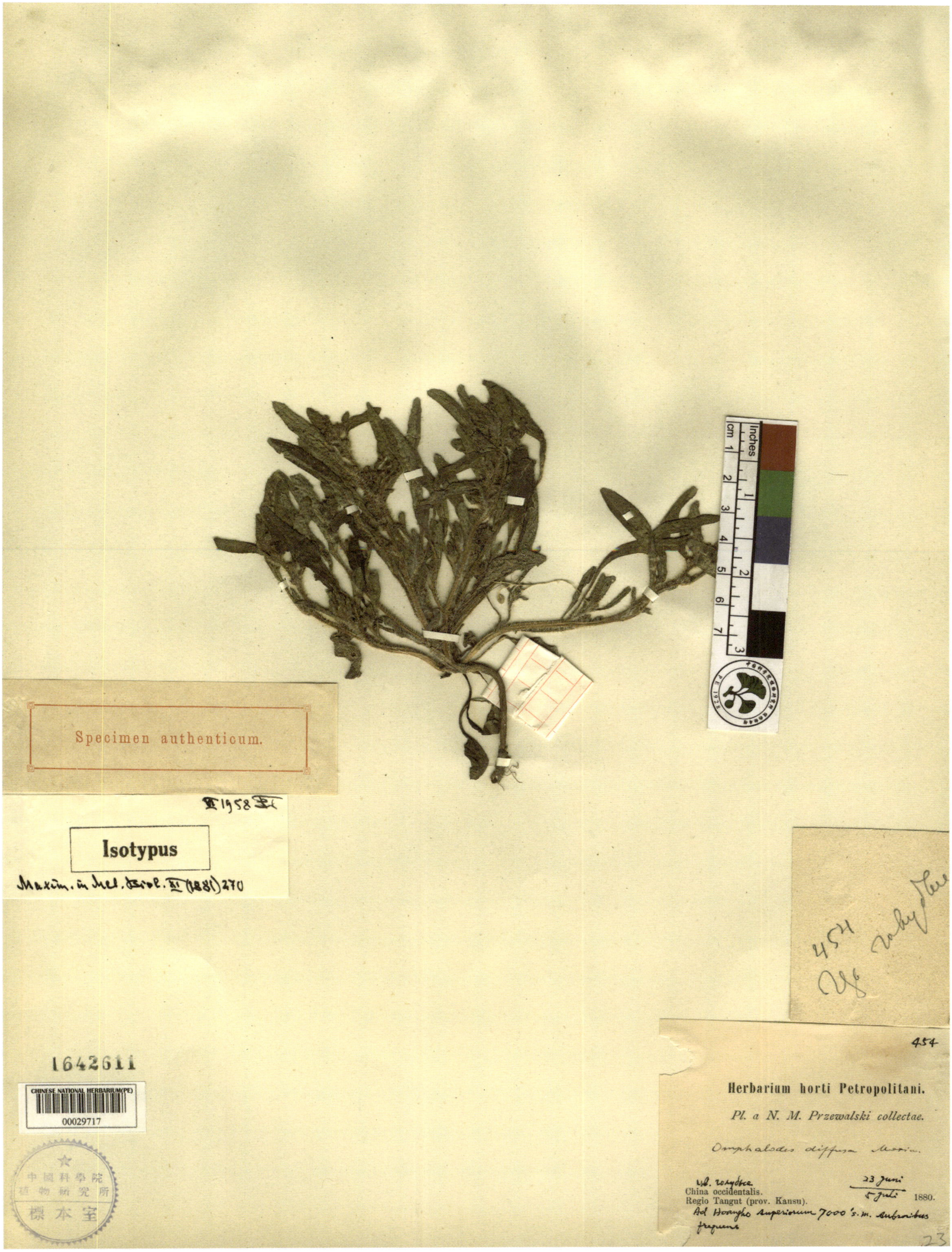

疏散微孔草 ***Omphalodes diffusa*** Maxim. in Bull. Acad. Imp. Sci. St.-Pétersbourg 27: 504. 1881. **Isotype:** China. Qinghai: Tangut (= Qilianshan), 1880-06-23, N. M. Przewalski 454.

长叶微孔草 ***Omphalodes trichocarpa*** Maxim. in Bull. Acad. Imp. Sci. St.-Pétersbourg 26: 500.1880. **Lectotype** (designated by Yun Lin & al. in Bull. Bot. Res., Harbin 35: 810. 2015.): China. Qinghai: Tangut (=Qilianshan), 1872-06-22, N. M. Przewalski 174.

团花滇紫草 ***Onosma glomeratum*** Y. L. Liu in Acta Phytotax. Sin. 18: 66, pl. 8: 1. 1980. **Paratype:** China. Xizang: Xigazê, alt. 3 700 m, 1963-08-25, J. X. Yang 2288.

囊谦滇紫草 ***Onosma nangqenense*** Y. L. Liu in Acta Phytotax. Sin. 18: 68, pl. 8: 4. 1980. **Isotype:** China. Qinghai: Nangqên, alt. 3 550 m, 1965-08-26, Y. C. Yang 01549.

小叶滇紫草 *Onosma potaninii* M. Pop. in Not. Syst. Herb. Inst. Bot. Nom. Komar. Aca. Sci. URSS 1951(14): 288. 1951. **Isotype:** China. Gansu: Peishui, 1885-06-19, G. N. Potanin s. n.

宽叶丛茎滇紫草 ***Onosma waddellii*** Duthie f. ***latifolium*** W. T. Wang in Guihaia 30: 431, f. 1: D-E. 2010. **Holotype:** China. Xizang: Jomda, alt. 3 400 m, 2005-07-30, D. E. Boufford & al. 33858.

乡城滇紫草 ***Onosma xiangchengense*** W. T. Wang in Guihaia 30: 429, f. 1: A-C. 2010. **Holotype:** China. Sichuan: Xiangcheng, alt. 3 600~3 850 m, 2004-07-16, D. E. Boufford & al. 30767.

车前紫草 ***Sinojohnstonia plantaginea*** Hu in Bull. Fan. Mem. Inst. Biol., Bot. 7: 203. 1936. **Holotype:** China. Sichuan: Kuan Hsien (= Dujiangyan), 1930-04-??, F. T. Wang 20517.

马尔康附地菜 ***Trigonotis barkamensis*** C. J. Wang in Acta Bot. Yunnan. 4(1): 36, f. 2: 1-4. 1982. **Isotype:** China. Sichuan: Barkam, alt. 2 250 m, 1957-07-02, H. Li 75125.

窄叶西南附地菜 ***Trigonotis cavaleriei*** (Lévl.) Hand.-Mazz. var. ***angustifolia*** C. J. Wang in Acta Bot. Yunnan. 4(1): 39. 1982.
Holotype: China. Hunan: Sangzhi, Badagongshan, alt. 1 900 m, 1958-07-09, H. J. Li 3660.

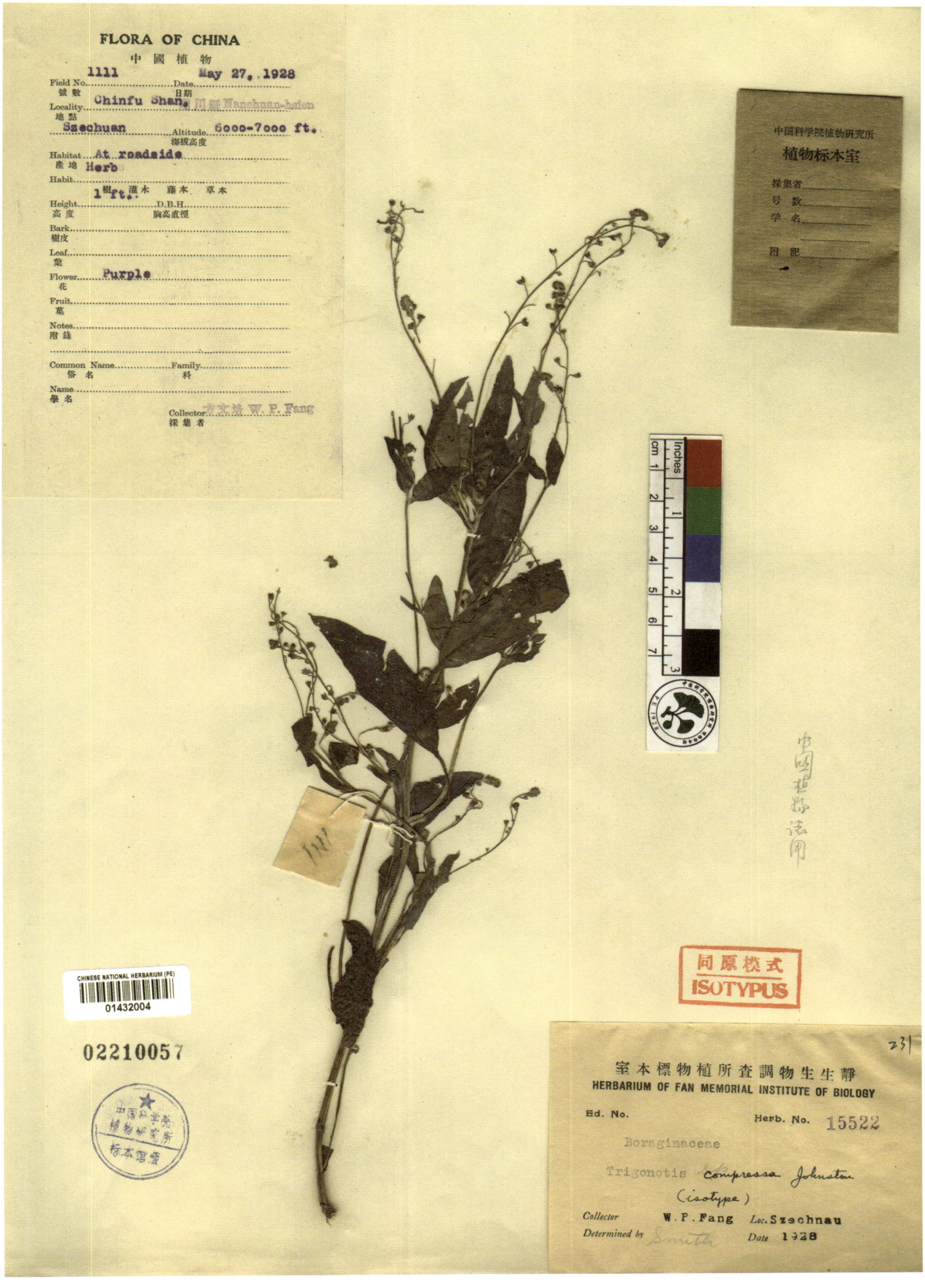

狭叶附地菜 ***Trigonotis compressa*** Johnst. in Journ. Arn. Arb. 18: 4. 1937. **Isotype:** China. Chongqing: Nanchuan, alt. 2 000~2 300 m. 1928-05-27, W. P. Fang 1111.

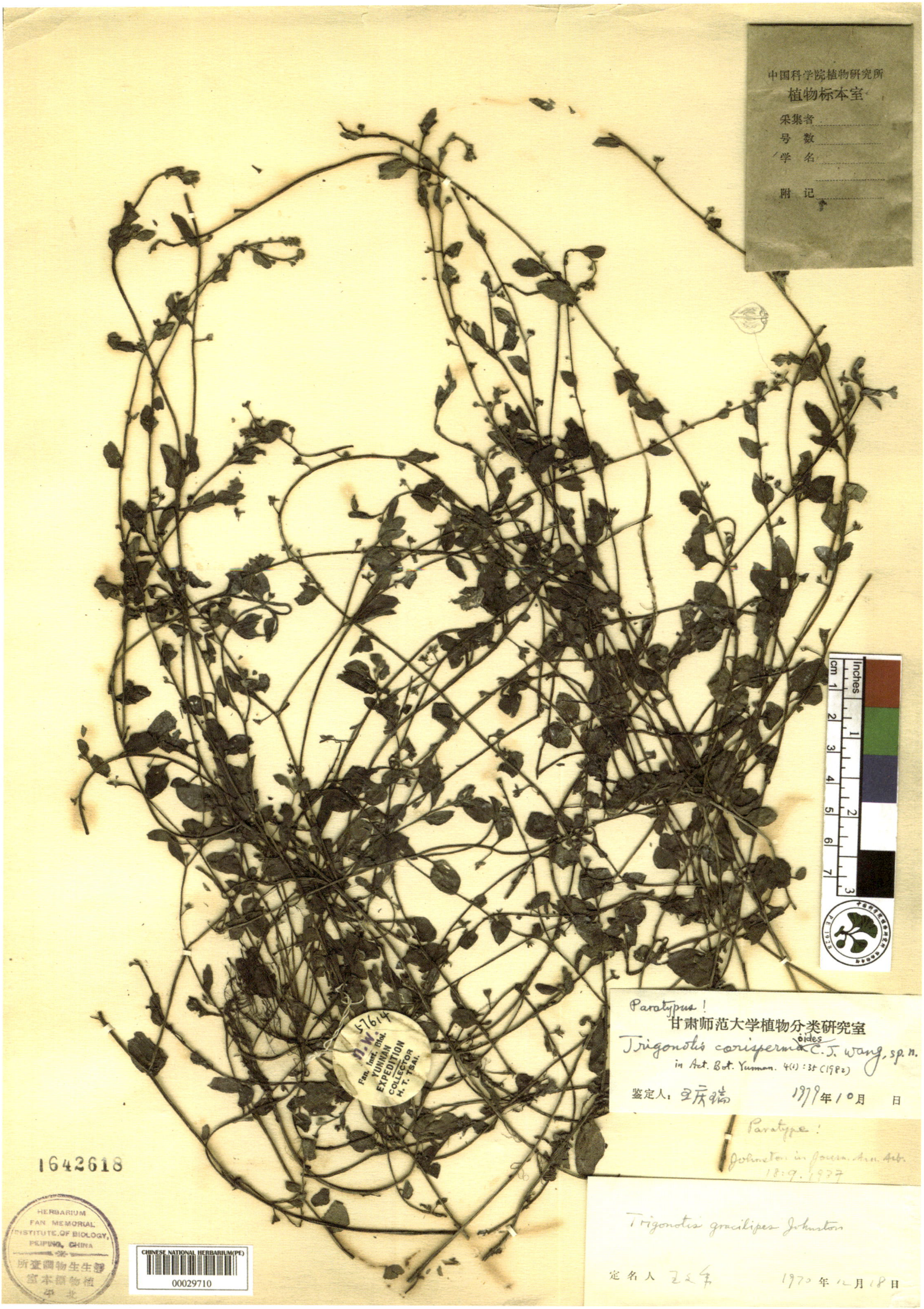

虫实附地菜 ***Trigonotis corispermoides*** C. J. Wang in Acta Bot. Yunnan. 4: 35, f. 2: 5-7. 1982. **Paratype:** China. Yunnan: Precise locality not known, H. T. Tsai 57614.

富宁附地菜 ***Trigonotis funingensis*** H. Chuang in Acta Bot. Yunnan. 5: 62, f. 3: 4-6. 1983. **Isotype:** China. Yunnan: Funing, alt. 1 000 m, 1940-04-25, C. W. Wang 88891.

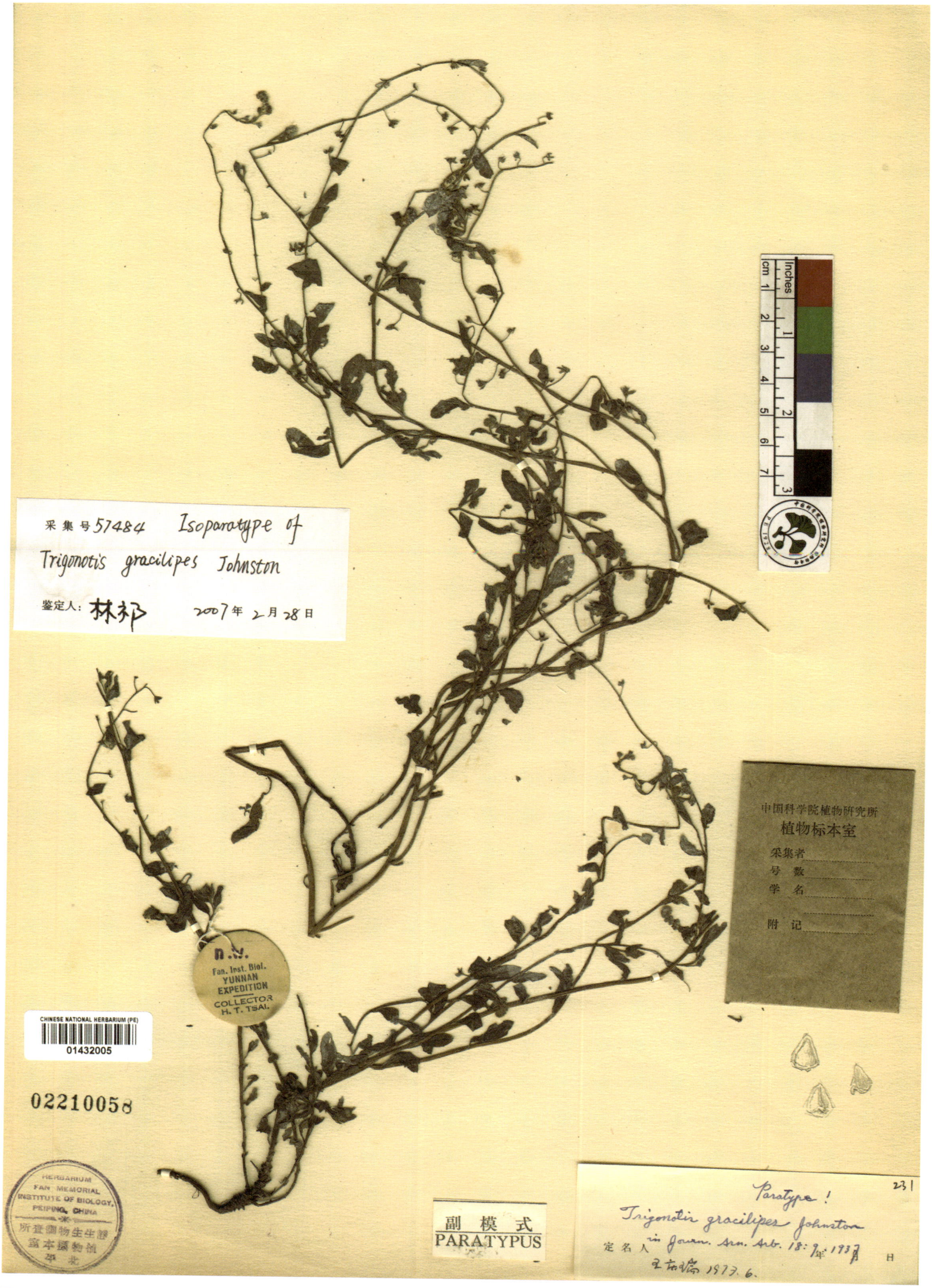

细梗附地菜 ***Trigonotis gracilipes*** Johnst. in Journ. Arn. Arb. 18: 9. 1937. **Isoparatype:** China. Yunnan: Precise locality not known, H. T. Tsai 57484.

金佛山附地菜 ***Trigonotis jinfoshanica*** W. T. Wang in Guihaia 27: 143, f. 1. 2007. **Holotype:** China. Chongqing: Nanchuan, Jinfoshan, alt. 1 890 m, 1995-09-19, Z. Y. Liu 15111.

南川附地菜 ***Trigonotis laxa*** Johust. in Journ. Arn. Arb. 33: 71. 1952. **Isotype:** China. Chongqing: Nanchuan, alt. 1 700~2 000 m, 1928-06-01, W. P. Fang 1348.

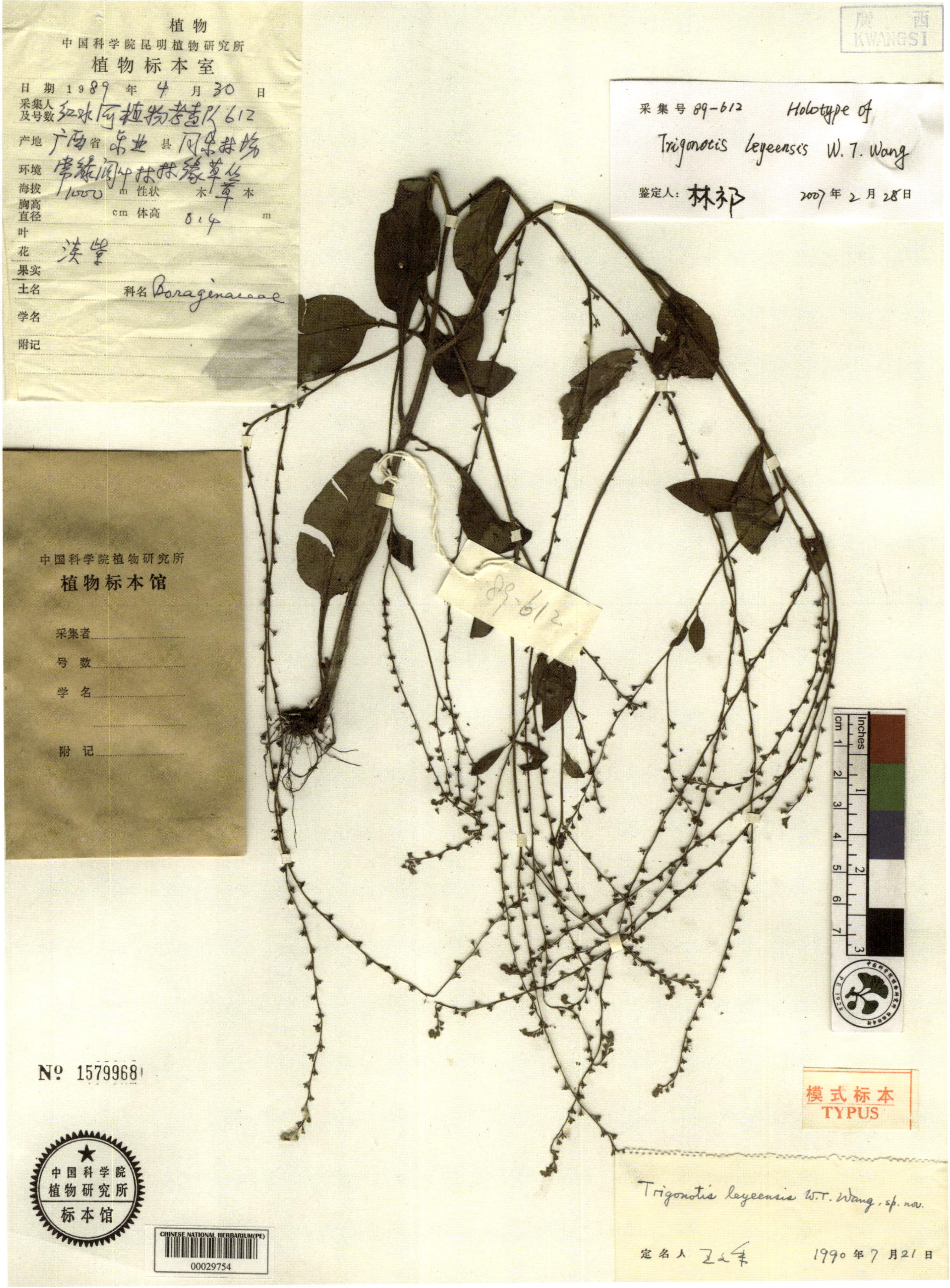

乐业附地菜 ***Trigonotis leyeensis*** W. T. Wang in Acta Phytotax. Sin. 31: 65, f. 1. 1993. **Holotype:** China. Guangxi: Leye, alt. 1 000 m, 1989-04-30, Hongshuihe Exped. 612.

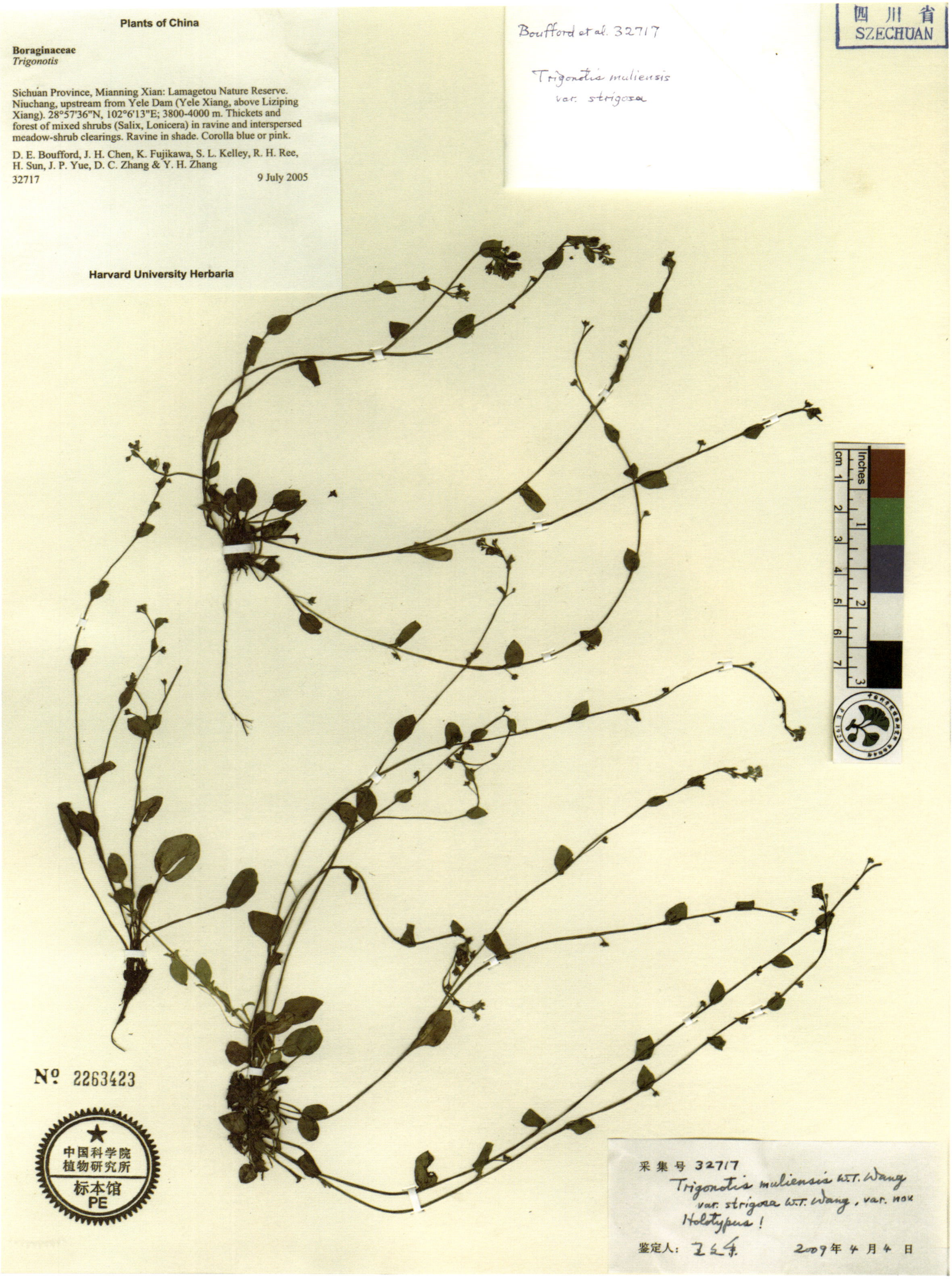

冕宁附地菜 ***Trigonotis muliensis*** W. T. Wang var. ***strigosa*** W. T. Wang in Guihaia 30: 433, f. 2: F. 2010. **Holotype:** China. Sichuan: Mianning, alt. 3 800~4 000 m, 2005-07-09, D. E. Boufford & al. 32717.

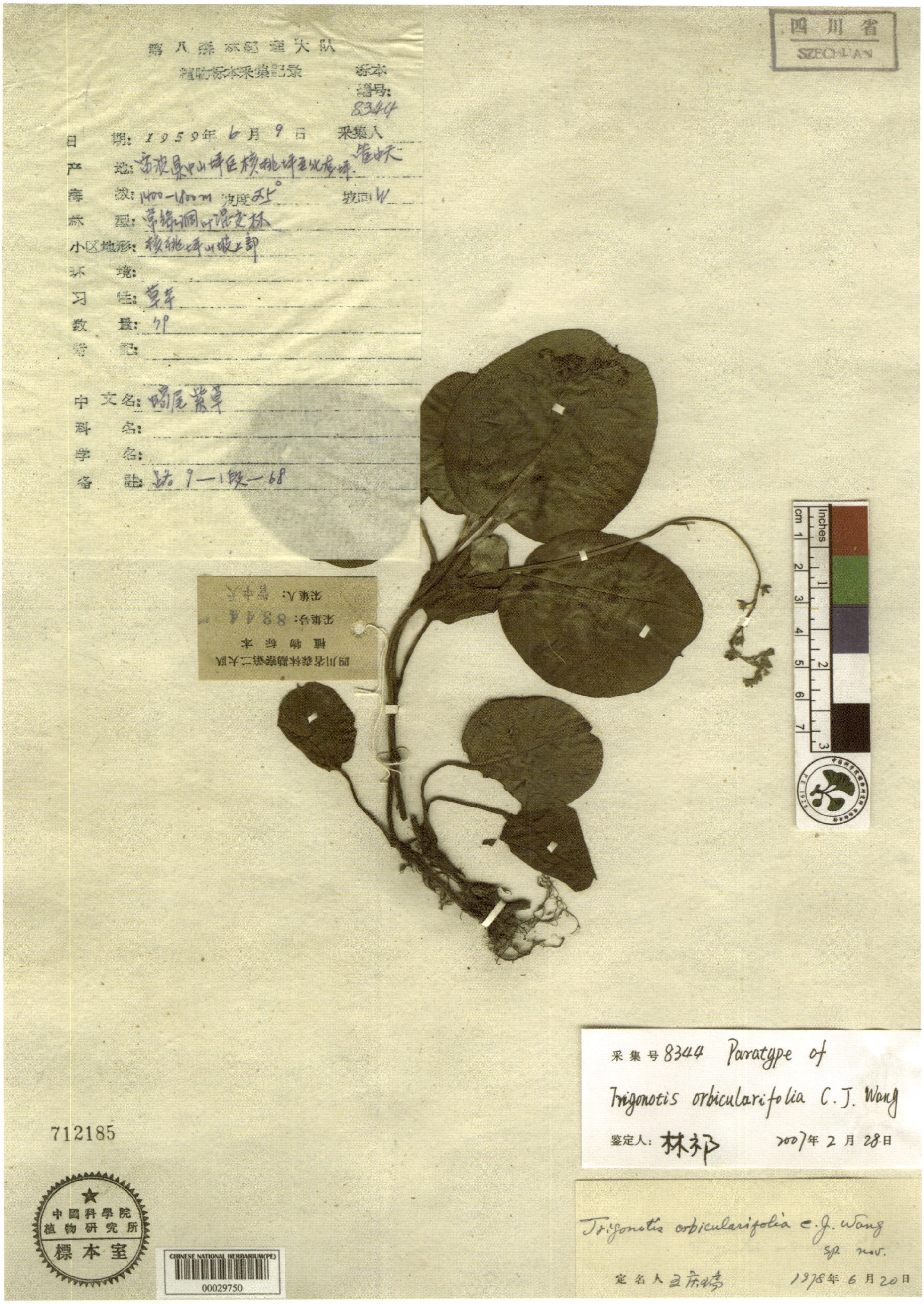

厚叶附地菜 ***Trigonotis orbicularifolia*** C. J. Wang in Acta Bot. Yunnan. 4: 37, f. 3: 6-11. 1982. **Paratype:** China. Sichuan: Leibo, alt. 1 400~1 800 m, 1959-06-09, Z. T. Guan 8344.

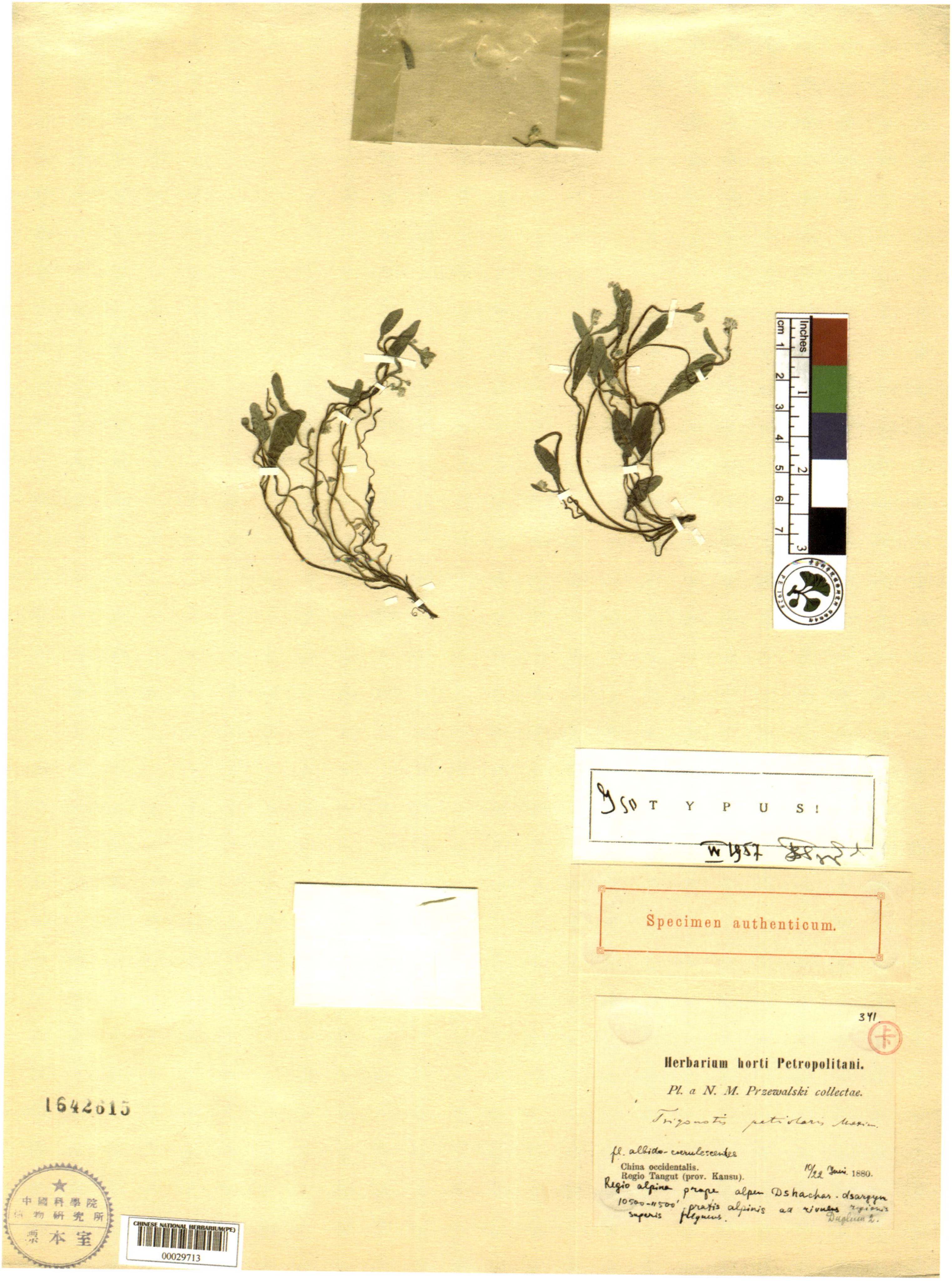

祁连山附地菜 ***Trigonotis petiolaris*** Maxim. in Bull. Acad. Imp. Sci. St.-Pétersbourg 27: 506. 1881. **Isotype:** China. Qinghai: Tangut (= Qilianshan), alt. 3 500~3 830 m, 1880-06-(10~22), N. M. Przewalski 341.

草原附地菜 ***Trigonotis pratensis*** Maxim. in Bull. Acad. Imp. Sci. St.-Pétersbourg 27: 505. 1881. **Isotype:** China. Qinghai: Tangut (= Qilianshan), alt. 3 300 m, 1880-07-(07~19), N. M. Przewalski 484.

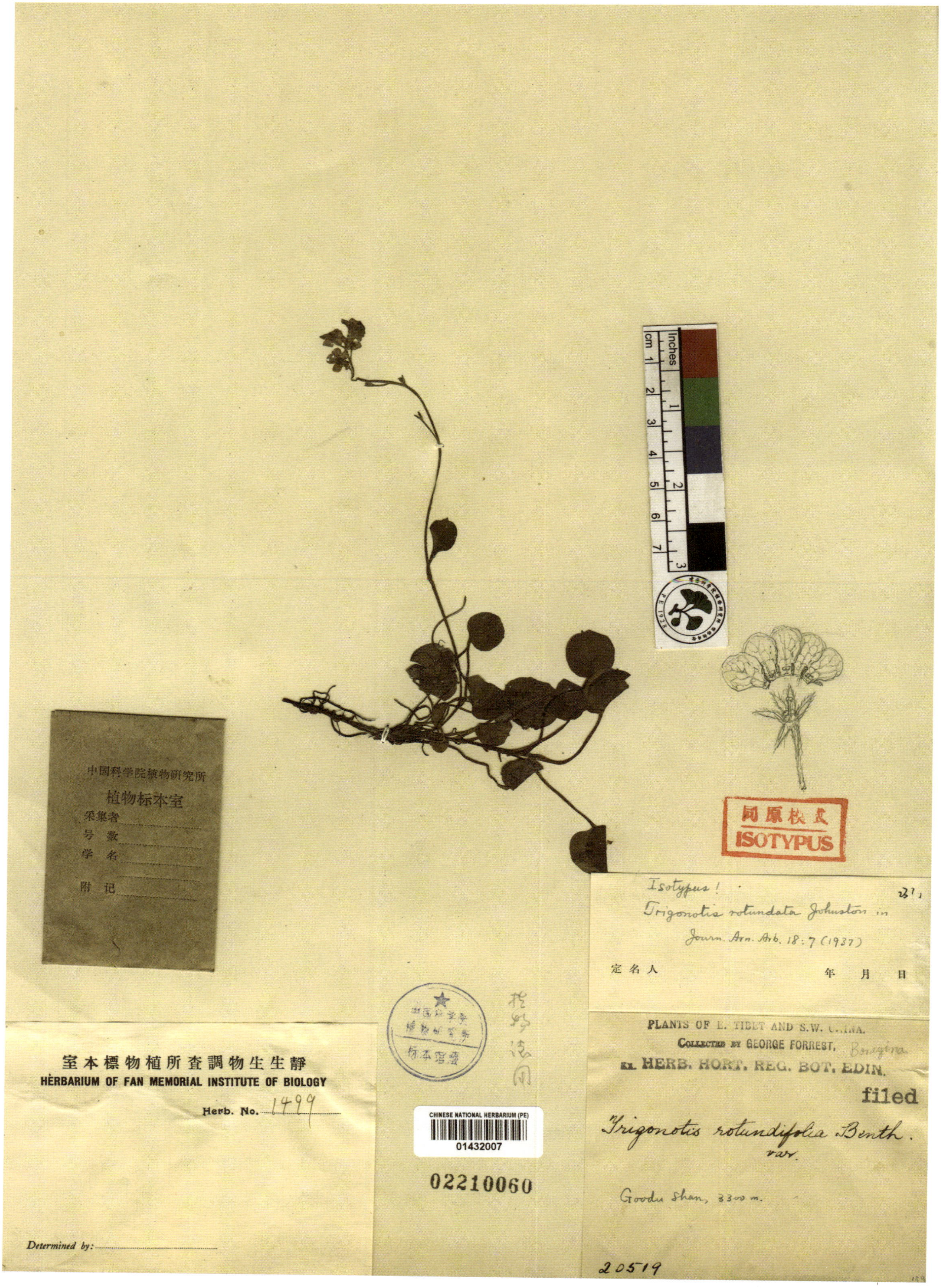

圆叶附地菜 ***Trigonotis rotundata*** Johust. in Journ. Arn. Arb. 18: 7. 1937. **Isotype:** China. Yunnan: Zhongdian(=Shangri-La), Goodu Shan, alt. 3 300 m, Forrest 20519.

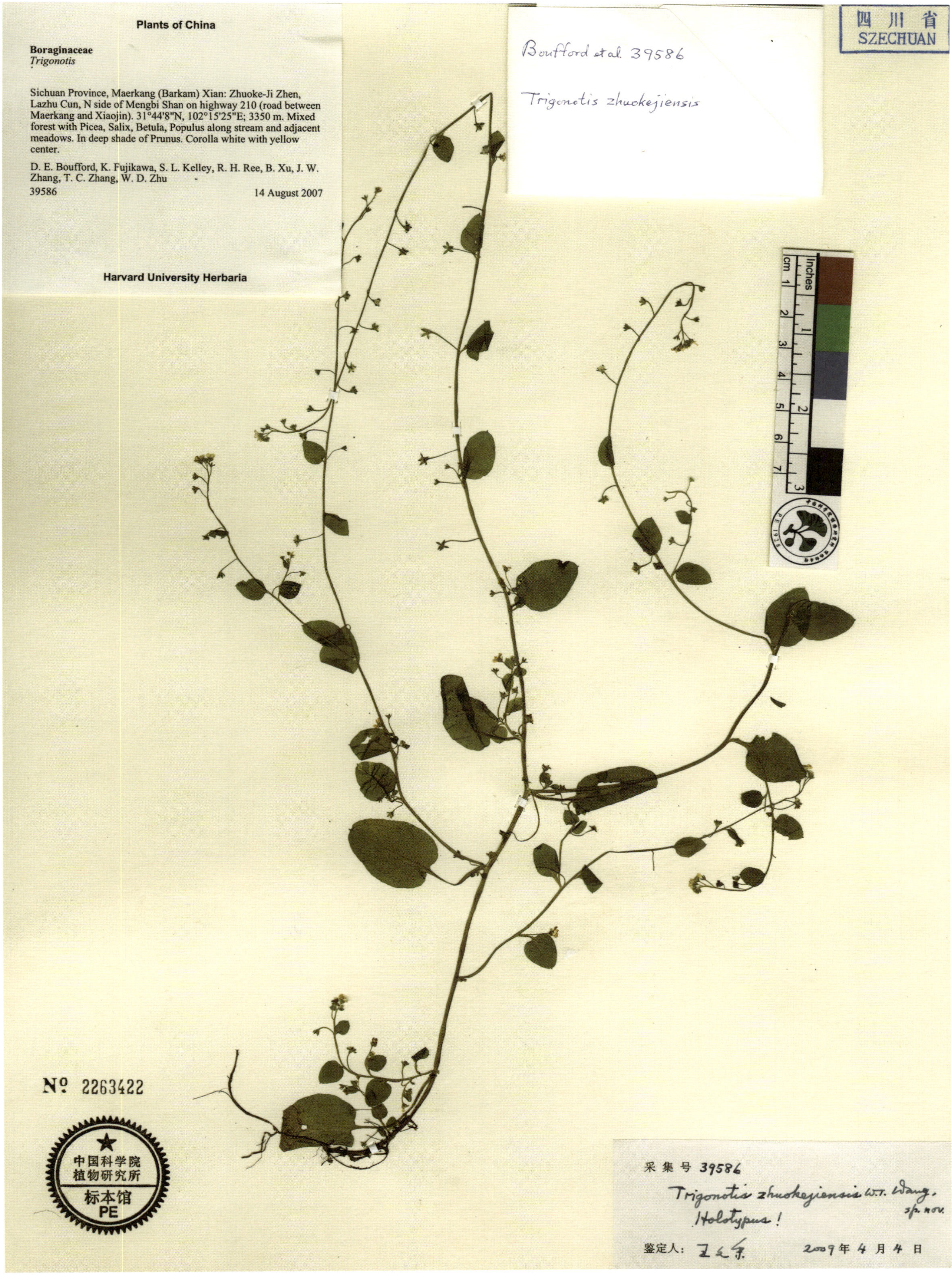

卓克基附地菜 ***Trigonotis zhuokejiensis*** W. T. Wang in Guihaia 30: 431, f. 2: A-E. 2010. **Holotype:** China. Sichuan: Barkam, alt. 3 350 m, 2007-08-14, D. E. Boufford & al. 39586.

Verbenaceae

马鞭草科

mabiancaoke

尖叶紫珠 ***Callicarpa acutifolia*** H. T. Chang in Acta Phototax. Sin. 1: 284. 1951. **Isotype:** China. Guangdong: Yunfu, alt. 4 000 m, 1934-10-14, C. Wang 37254.

多齿短柄紫珠 ***Callicarpa brevipes*** Hance var. ***dentosa*** H. T. Chang in Acta Phototax. Sin. 1(3-4): 300. 1951.
Isoparatype: China. Guangdong: Yingde, alt. 550 m, 1943-05-01, P. H. Liang 84462.

膜质叶紫珠 ***Callicarpa membranacea*** H. T. Chang in Acta Phototax. Sin. 1: 306. 1951. **Isotype:** China. Guangxi: Luchen (=Luocheng), alt. 1 330 m, 1928-06-18, R. C. Ching 6130.

长毛紫珠 ***Callicarpa pilosissima*** Maxim. in Bull. Acad. Imp. Sci. St.-Pet. 31: 76. 1887. **Isotype:** China. Taiwan: Precise locality not known, 1864-??-??, R. Oldham 387.

水金花 ***Callicarpa salicifolia*** Pei & W. Z. Fang, Fl. Reip. Pop. Sin. 65(1): 210. 1982. **Isoparatype:** China. Sichuan: Yingjing, 1951-11-29, W. G. Hu & Z. He 12118.

小叶香茶菜 ***Caryopteris parvifolia*** Batalin in Acta Hort. Petrop. 13(1): 98. 1893. **Isotype:** China. Sichuan: Kangding, Minjiang,1885-06-22, G. N. Potanin s. n.

短齿光果莸 ***Caryopteris tangutica*** Maxim. var. ***brachyodonta*** Hand.-Mazz. in Acta Hort. Gothob. 9: 68. 1934. **Isotype:** China. Sichuan: Hsü-tsing, alt. 2 100 m, 1922-10-10, H. Smith 4806.

八脉臭黄荆 ***Premna acuminatissima*** Merr. in Lingnan Sci. Journ. 6: 884. 1930. **Isoparatype:** China. Hainan: Lingao, 1927-07-28, W. T. Tsang 161.

滇桂豆腐柴 ***Premna confinis*** Pei & S. L. Chen ex C. Y. Wu, Fl. Yunnan. 1: 437. 1977. **Isotype:** China. Yunnan: Funing, alt. 600 m, 1940-05-13, C. W. Wang 87177.

凤庆豆腐柴 ***Premna crassa*** Hand.-Mazz. var. ***yui*** Moldenke, Phytologia. 18(7): 421. 1969. **Isotype:** China. Yunnan: Shunning (= Fengqing), alt. 2 100 m, 1938-06-21, T. T. Yu 16390.

弯毛臭黄荆 ***Premna maclurei*** Merr. in Lingnan Sci. Journ. 6: 330. 1928. **Isotype:** China. Hainan: Danzhou, 1928-04-27, W. T. Tsang 96.

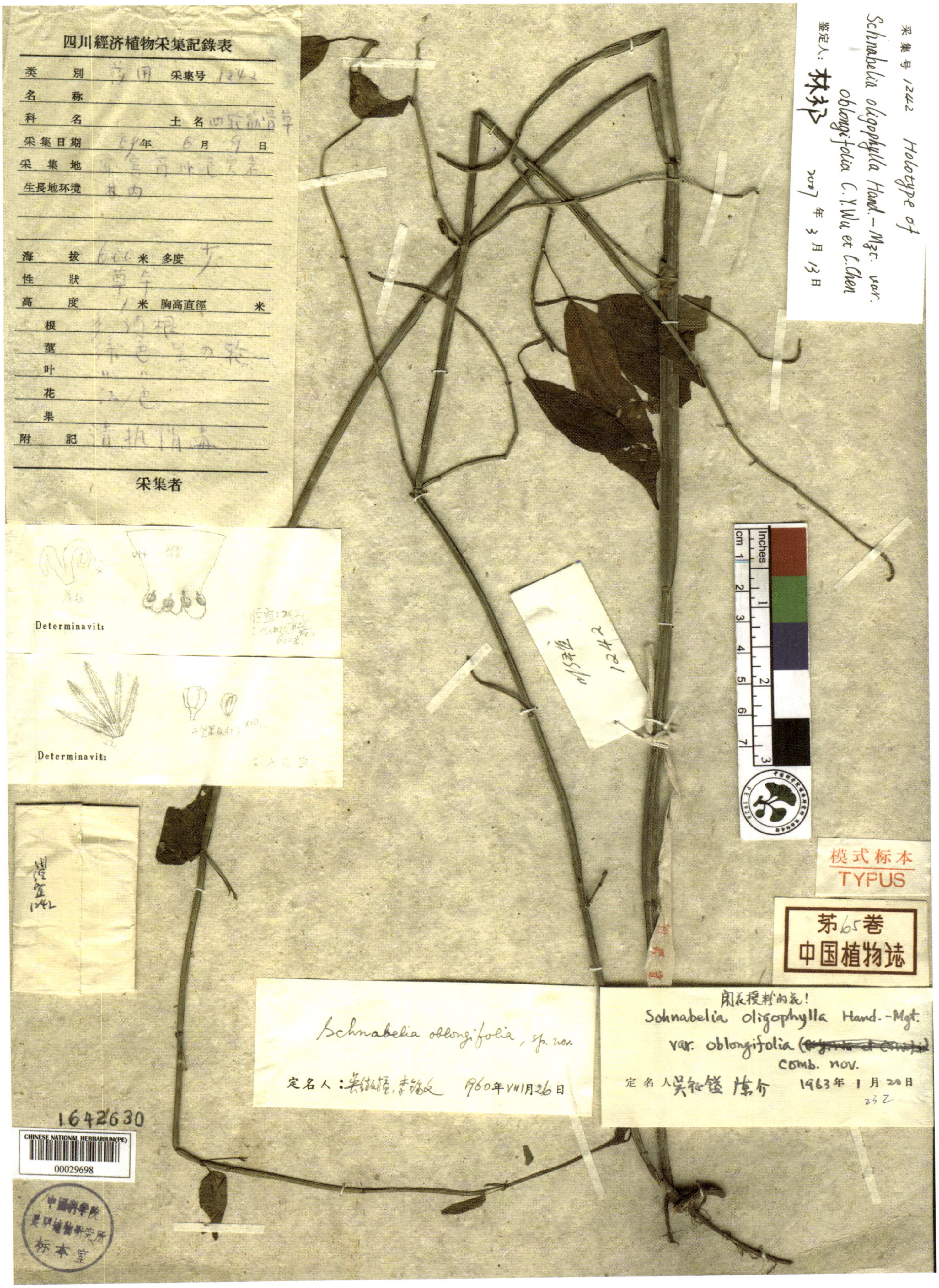

长叶四棱草 ***Schnabelia oligophylla*** Hand.-Mazz. var. ***oblongifolia*** C. Y. Wu & C. Chen in Acta Phototax. Sin. 9(1): 11. 1964.
Holotype: China. Sichuan: Yibin, alt. 600 m, 1959-06-09, Sichuan Econ. Pl. Exped. (Yi) 1242.

贵州牡荆 ***Vitex kweichowensis*** Pei in Sinensia 2(4): 71. 1931. **Paratype:** China. Guizhou, Tuyun (=Duyun), alt. 500 m, 1930-07-15, Y. Tsiang 5831.

Labiatae (Lamiaceae)

唇形科

chunxingke

康定筋骨草短茎变型 ***Ajuga campylanthoides*** C. Y. Wu & C. Chen var. ***subacaulis*** C. Y. Wu & C. Chen in Acta Phytotax. Sin. 12(1): 28. 1974. **Holotype:** China. Gansu: Wutu (=Wudu), Lanshan (=Langshan), alt. 2 500 m, 1930-06-21, K. S. Hao 478.

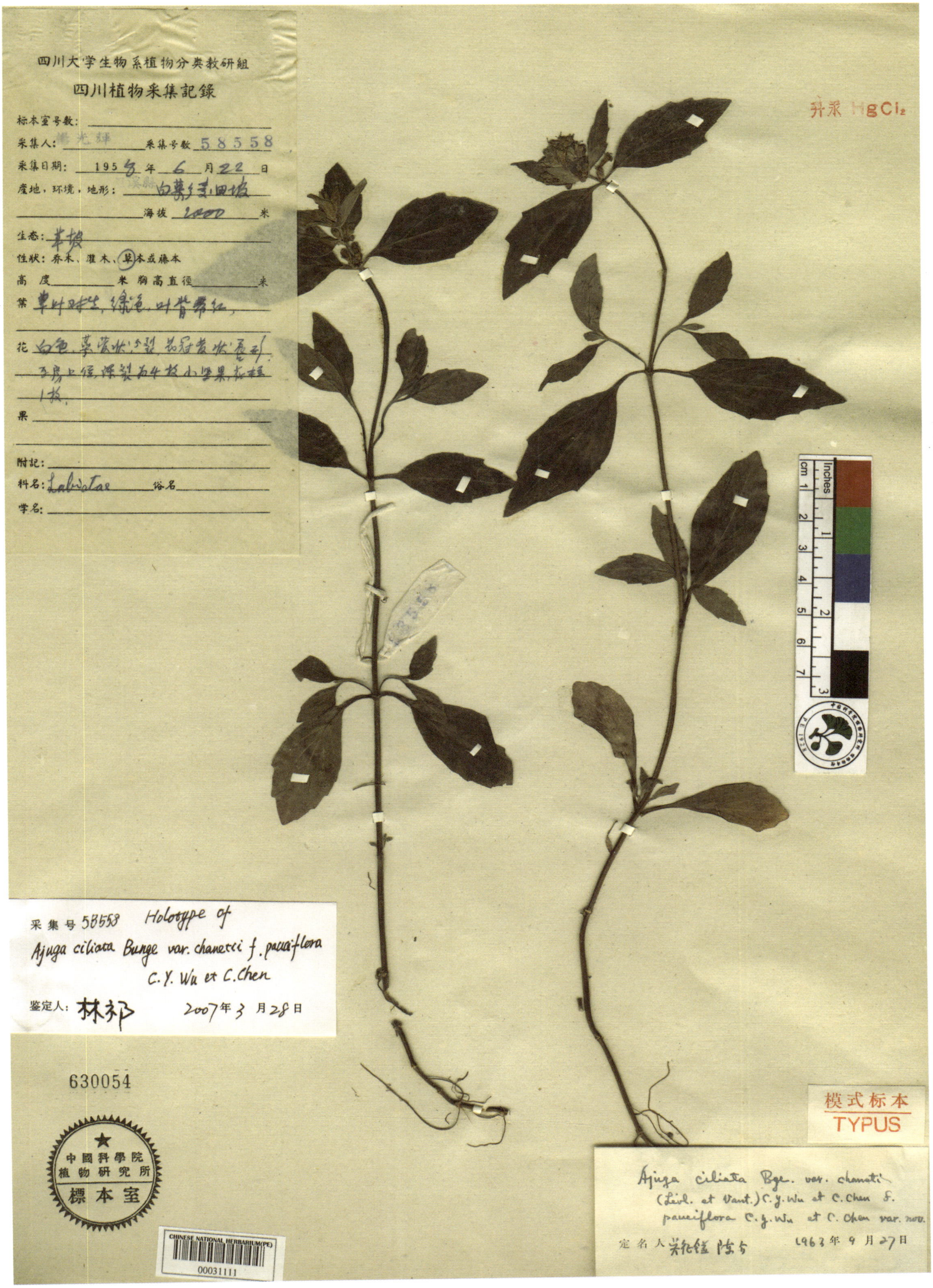

毛缘筋骨草陕甘变种少花变型 ***Ajuga ciliata*** Bunge var. ***chanetii*** (Lévl. & Van.) f. ***pauciflora*** C. Y. Wu & C. Chen in Acta Phytotax. Sin. 12(1): 26. 1974. **Holotype:** China. Chongqing: Wuxi, alt 2 000 m, 1958-06-22, G. H. Yang 58558.

毛缘筋骨草长毛变种 ***Ajuga ciliata*** Bunge var. ***hirta*** C. Y. Wu & C. Chen in Acta Phytotax. Sin. 12(1): 25. 1974. **Holotype:** China. Sichuan: Baoxing, alt. 2 000 m, 1933-06-11, T. T. Yu 2010.

毛缘筋骨草卵齿变种 ***Ajuga ciliata*** Bunge var. ***ovatisepala*** C. Y. Wu & C. Chen in Acta Phytotax. Sin. 12(1): 25. 1974.
Holotype: China. Sichuan: Baoxing, alt. 2 500 m, 1936-06-??, K. L. Chu 3024.

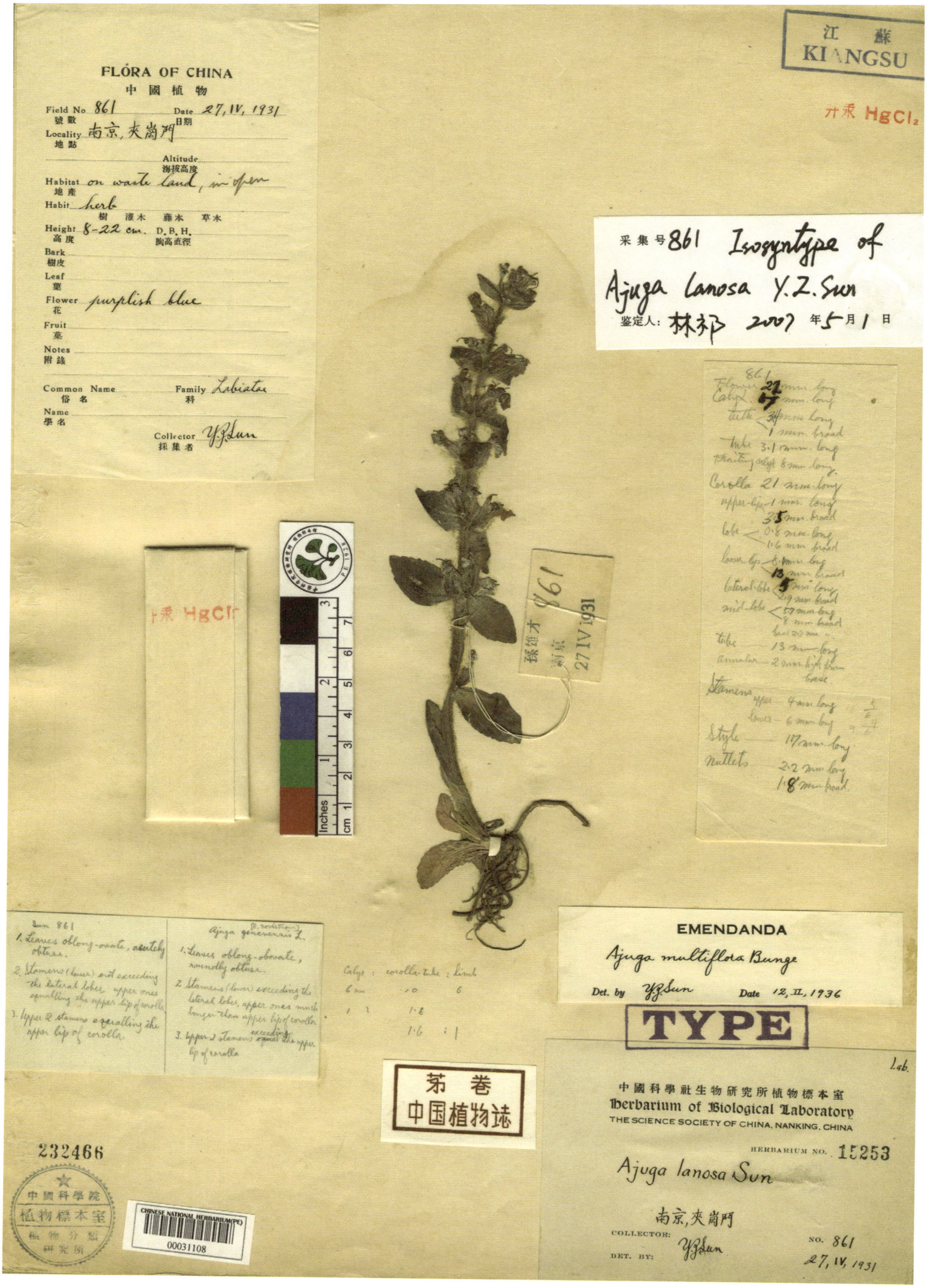

绵毛筋骨草 ***Ajuga lanosa*** Sun in Contr. Biol. Lab. Sci. Soc. China 7: 14, f. 1. 1932. **Isosyntype:** China. Jiangsu: Nanjing, 1931-04-27, Y. Z. Sun 861.

忽布状筋骨草短花变型 ***Ajuga lupulina*** Maxim. f. ***breviflora*** Sun ex C. H. Hu in Acta Phytotax. Sin. 11(1): 36. 1966.
Holotype: China. Sichuan: Kangding, alt. 4 000 m, 1930-08-10, W. C. Cheng 1868.

忽布状筋骨草矮小变型 ***Ajuga lupulina*** Maxim. f. ***humilis*** Sun ex C. H. Hu in Acta Phytotax. Sin. 11(1): 36. 1966. **Holotype:** China. Qinghai: Radja and Yellow River gorges, alt. 3 050 m, 1926-06-??, J. F. Rock 14129.

多花筋骨草短穗变种 ***Ajuga multiflora*** Bunge var. ***brevispicata*** C. Y. Wu & C. Chen in Acta Phytotax. Sin. 12(1): 26. 1974. **Holotype:** China. Liaoning: Shenyang, 1928-05-20, J. Sato 4462.

散瘀草 ***Ajuga pantantha*** Hand.-Mazz. in Symb. Sin. 7(4): 911, t. 13, f. 11. 1936. **Isoparatype:** China. Yunnan: NE Yunnan, Precise locality not known, alt. 2 400 m, E. E. Maire s. n.

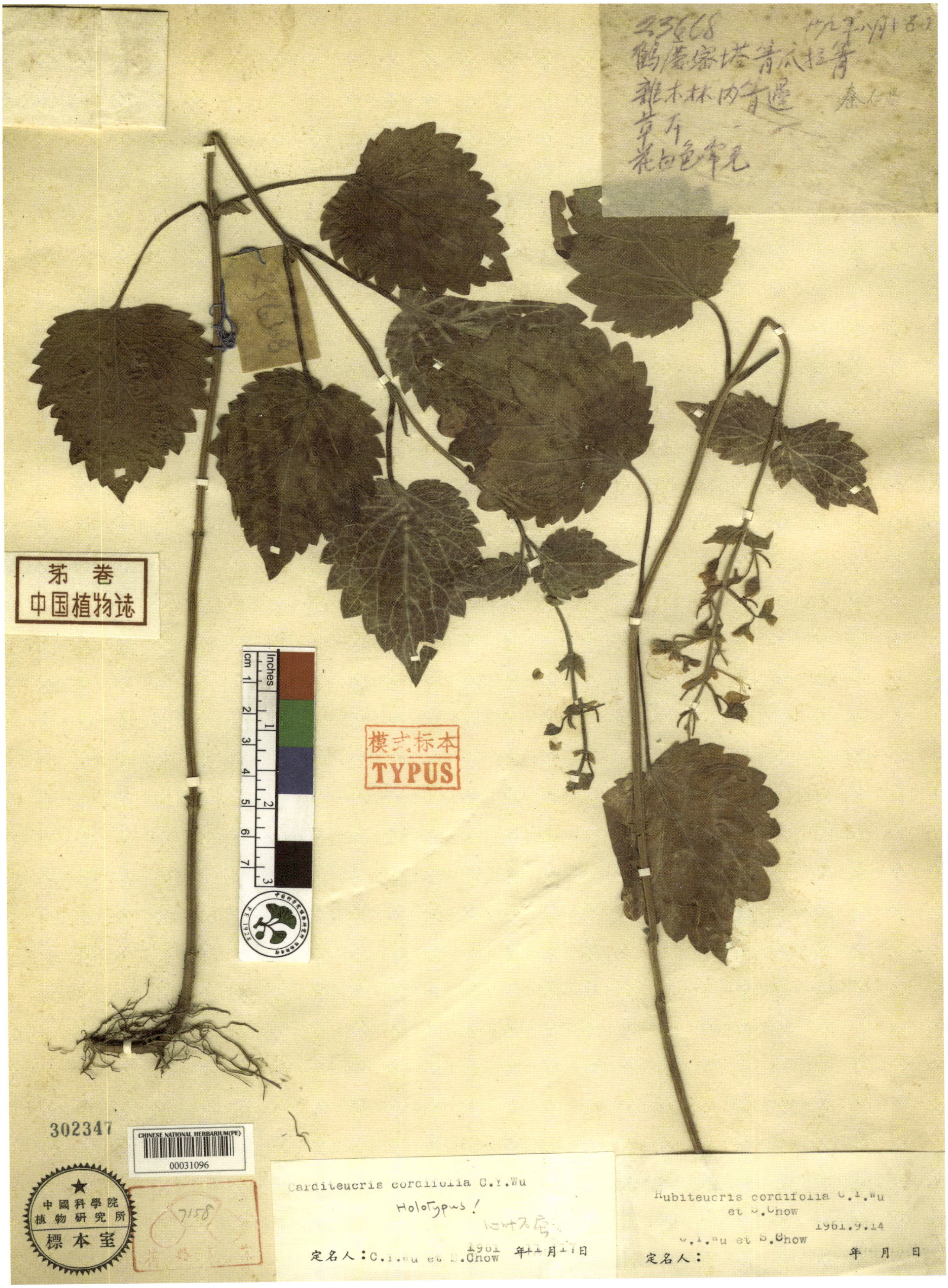

心叶石蚕 ***Cardioteuris cordifolia*** C. Y. Wu in Acta Phytotax. Sin. 10(3): 248, pl. 1, f. 1-6. 1962. **Holotype:** China. Yunnan: Heqing, 1940-08-15, R. C. Ching 23668.

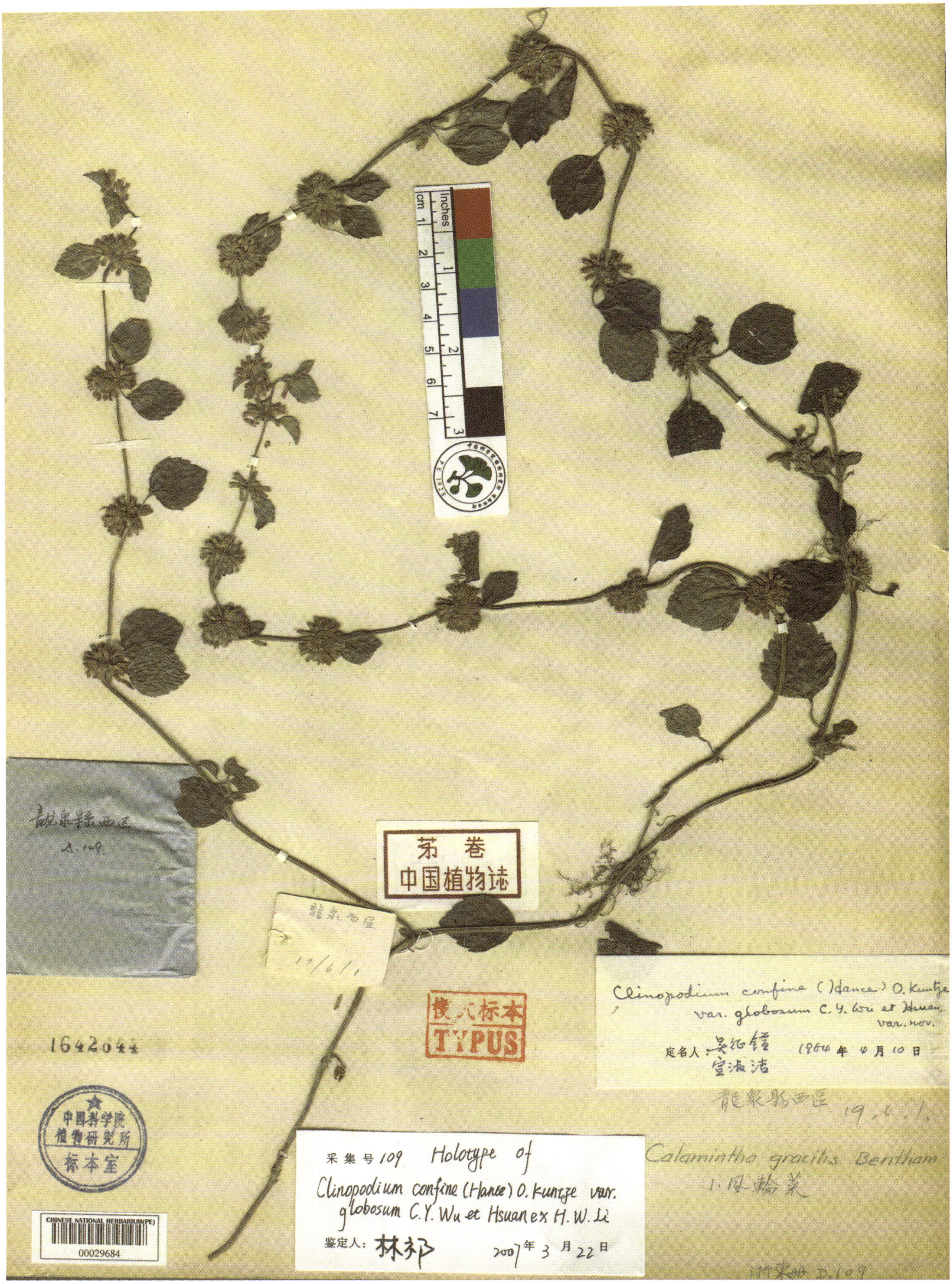

邻近风轮菜球花变种 ***Clinopodium confine*** (Hance) O. Kuntze var. ***globosum*** C. Y. Wu & Hsuan ex H. W. Li in Acta Phytotax. Sin. 12(2): 223. 1974. **Holotype:** China. Zhejiang: Longquan, 1919-06-01, K. K. Tsoong D109.

寸金草披针叶变种 ***Clinopodium megalanthum*** (Diels) C. Y. Wu & Hsuan var. ***lancifolium*** C. Y. Wu & Hsuan ex H. W. Li in Acta Phytotax. Sin. 12(2): 221. 1974. **Holotype:** China. Yunnan: Binchuan, Jizushan, alt. 2 800 m, 1946-10-21, T. N. Liou 22020.

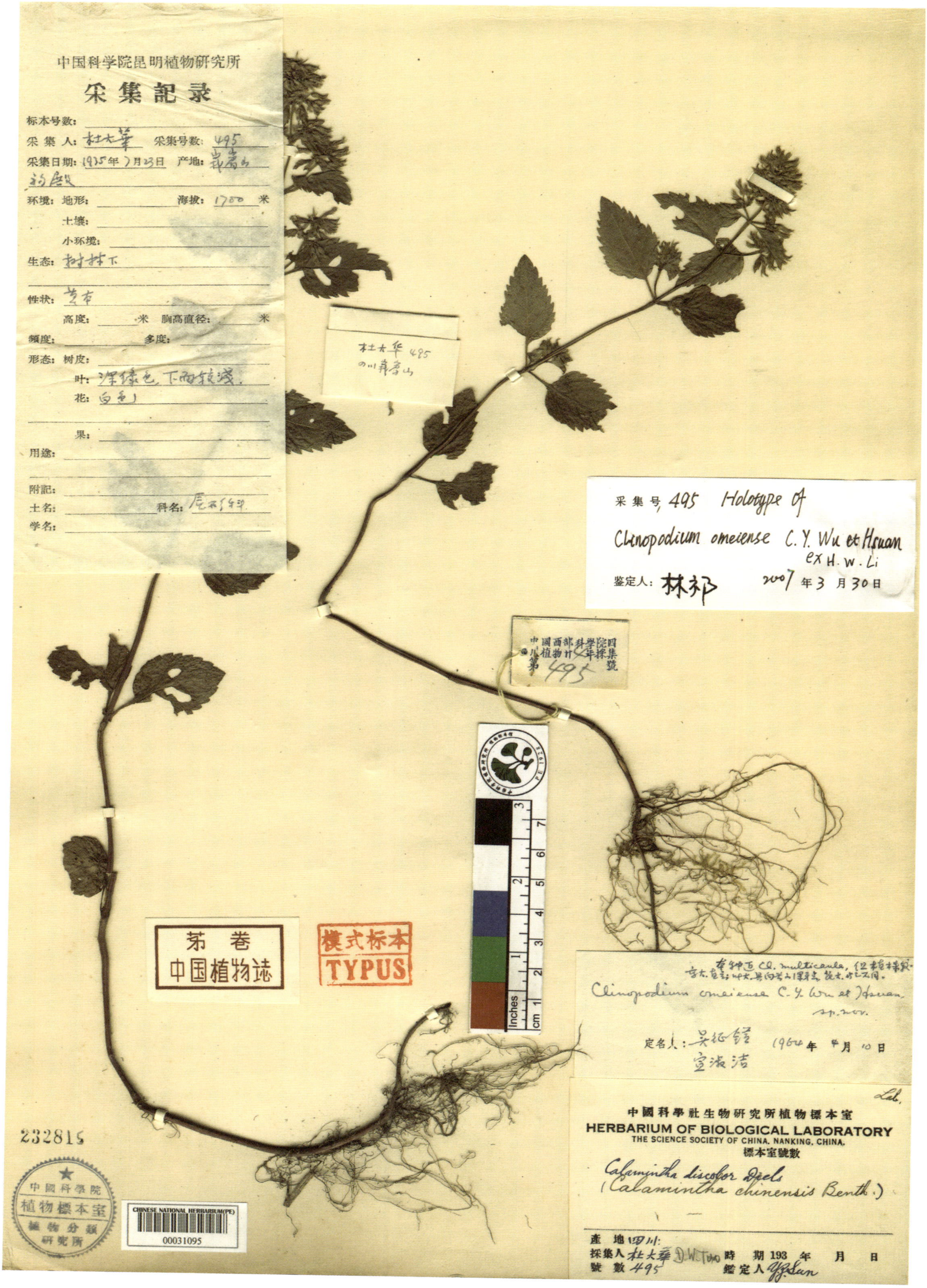

峨眉风轮菜 ***Clinopodium omeiense*** C. Y. Wu & Hsuan ex H. W. Li in Acta Phytotax. Sin. 12(2): 223. 1974. **Holotype:** China. Sichuan: Emei, Emeishan, alt. 1 700 m, 1935-07-23, T. H. Tu 495.

绵穗苏绒毛变种 ***Comanthosphace ningpoensis*** (Hemsl.) Hand.-Mazz. var. ***stellipiloides*** C. Y. Wu in Acta Phytotax. Sin. 8(1): 52. 1959. **Holotype:** China. Zhejiang: Tianmushan, 1928-09-29, K. K. Tsoong D327.

羽叶枝子花二花变种 ***Dracocephalum bipinnatum*** Rupr. var. ***biflorum*** C. Y. Wu, Fl. Reip. Pop. Sin. 65(2): 591. 1977.
Holotype: China. Xinjiang: Akesu, alt. 1 900~2 200 m, 1958-09-12, A. R. Li & C. N. Chu 8338.

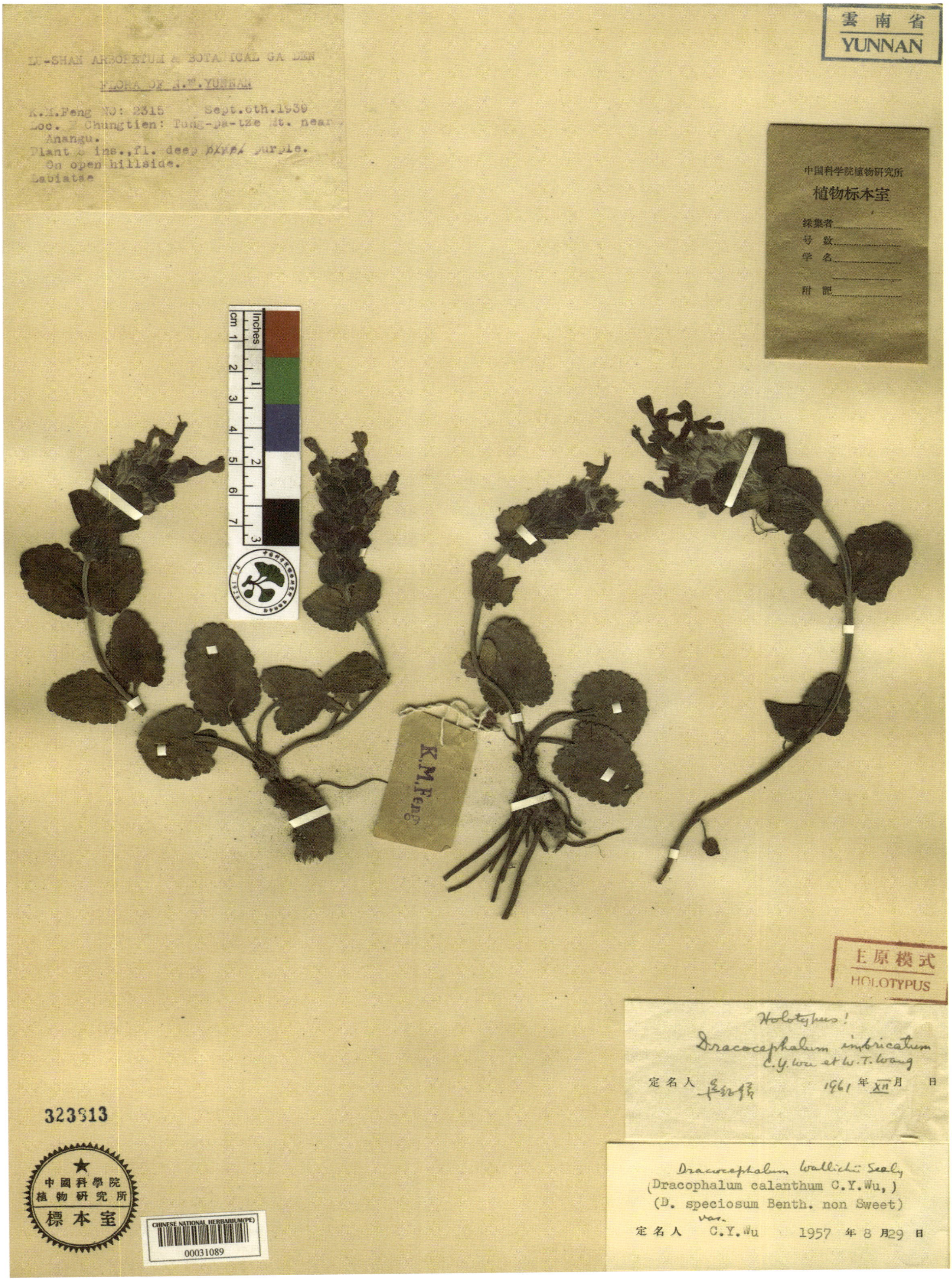

覆苞毛建草 ***Dracocephalum imbricatum*** C. Y. Wu & W. T. Wang, Fl. Yunnan. 1: 588, pl.142: 12-13. 1977. **Holotype:** China. Yunnan: Chungtien (=Shangri-La), alt. 4 000 m, 1939-09-06, K. M. Feng 2315.

小花毛建草 ***Dracocephalum microflorum*** C. Y. Wu & W. T. Wang, Fl. Reip. Pop. Sin. 65(2): 593. 1977. **Isotype:** China. Sichuan: Muli, 4 423 m, 1932-(05～06)-??, J. F. Rock 24001.

掌叶青兰 ***Dracocephalum palmatoides*** C. Y. Wu & W. T. Wang, Fl. Reip. Pop. Sin. 65(2): 593, pl. 71: 9 11. 1977.
Holotype: China. Xinjiang: Toli, 1957-08-06, K. C. Kuan 2652.

甘青青兰灰毛变种 ***Dracocephalum tanguticum*** Maxim. var. ***cinereum*** Hand.-Mazz. in Acta Horti Gotob. 8: 343. 1939. **Isotype:** China. Sichuan: Daofu, alt. 3 200 m, 1934-09-18, H. Smith 12204.

甘青青兰矮生变种 ***Dracocephalum tanguticum*** Maxim. var. ***nanum*** C. Y. Wu & W. T. Wang, Fl. Reip. Pop. Sin. 65(2): 353. 1977. **Holotype:** China. Xizang: Bange Lake, alt. 4 510 m, 1961-07-28, J. T. Wang 3650.

截萼毛建草 ***Dracocephalum truncatum*** Sun in Acta Phytotax. Sin. 8(1): 25, pl. 2. 1959. **Holotype:** China. Gansu: Lianhuashan, alt. 3 000 m, 1925-07-(14~20), J. F. Rock 12767.

思茅水珍珠菜 ***Dysophylla szemacensis*** C. Y. Wu & Hsuan in Acta Phytotax. Sin. 10(3): 238. 1965. **Isotype:** China. Yunnan: Simao, alt. 1 200 m, 1933-11-27, Y. Tsiang 12713.

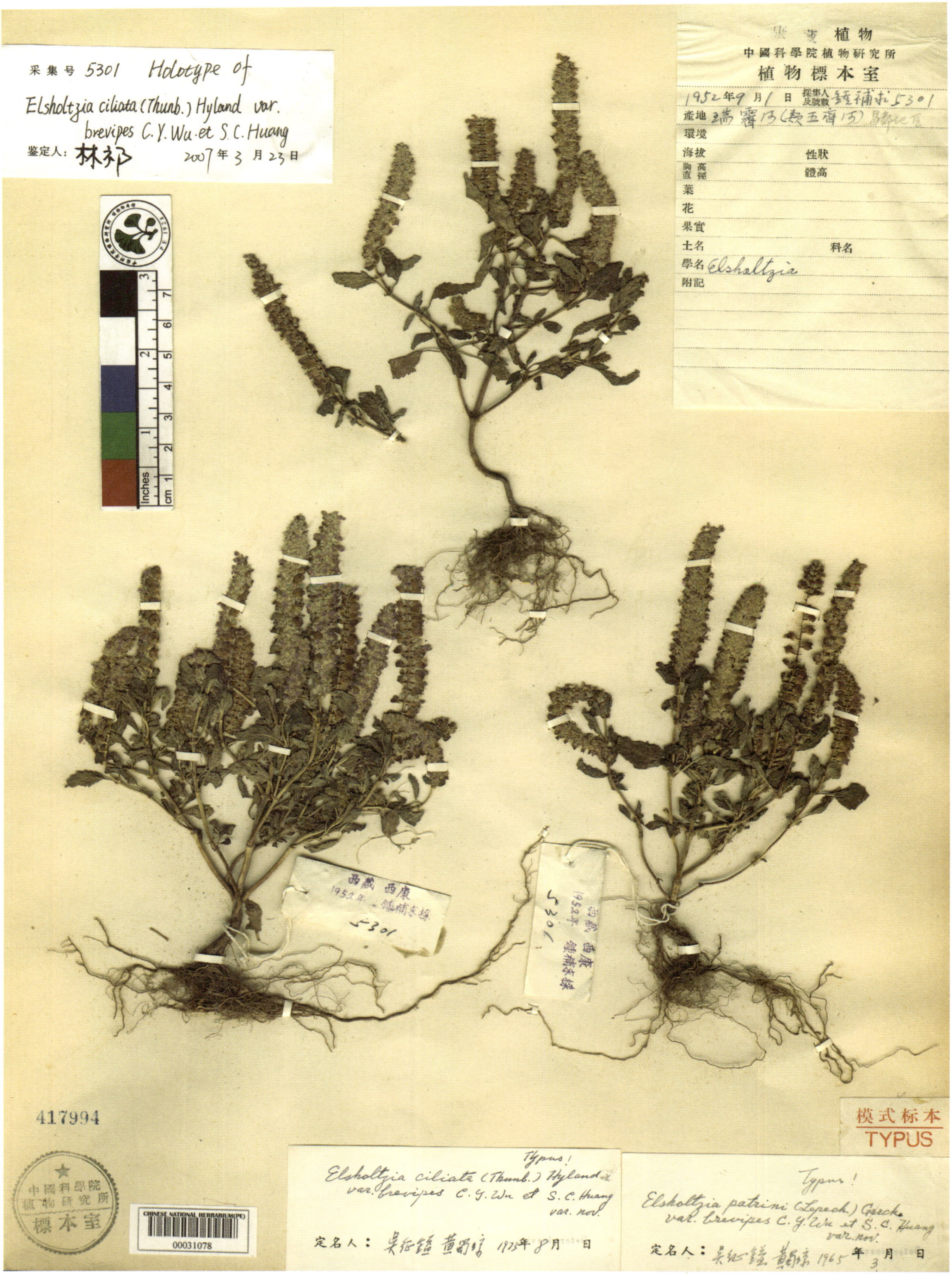

香薷短苞柄变种 ***Elsholtzia ciliata*** (Thunb.) Hyland var. ***brevipes*** C. Y. Wu & S. C. Huang in Acta Phytotax. Sin. 12(3): 346. 1974. **Holotype:** China. Xizang: Qamdo, 1952-09-01, P. C. Tsoong 5301.

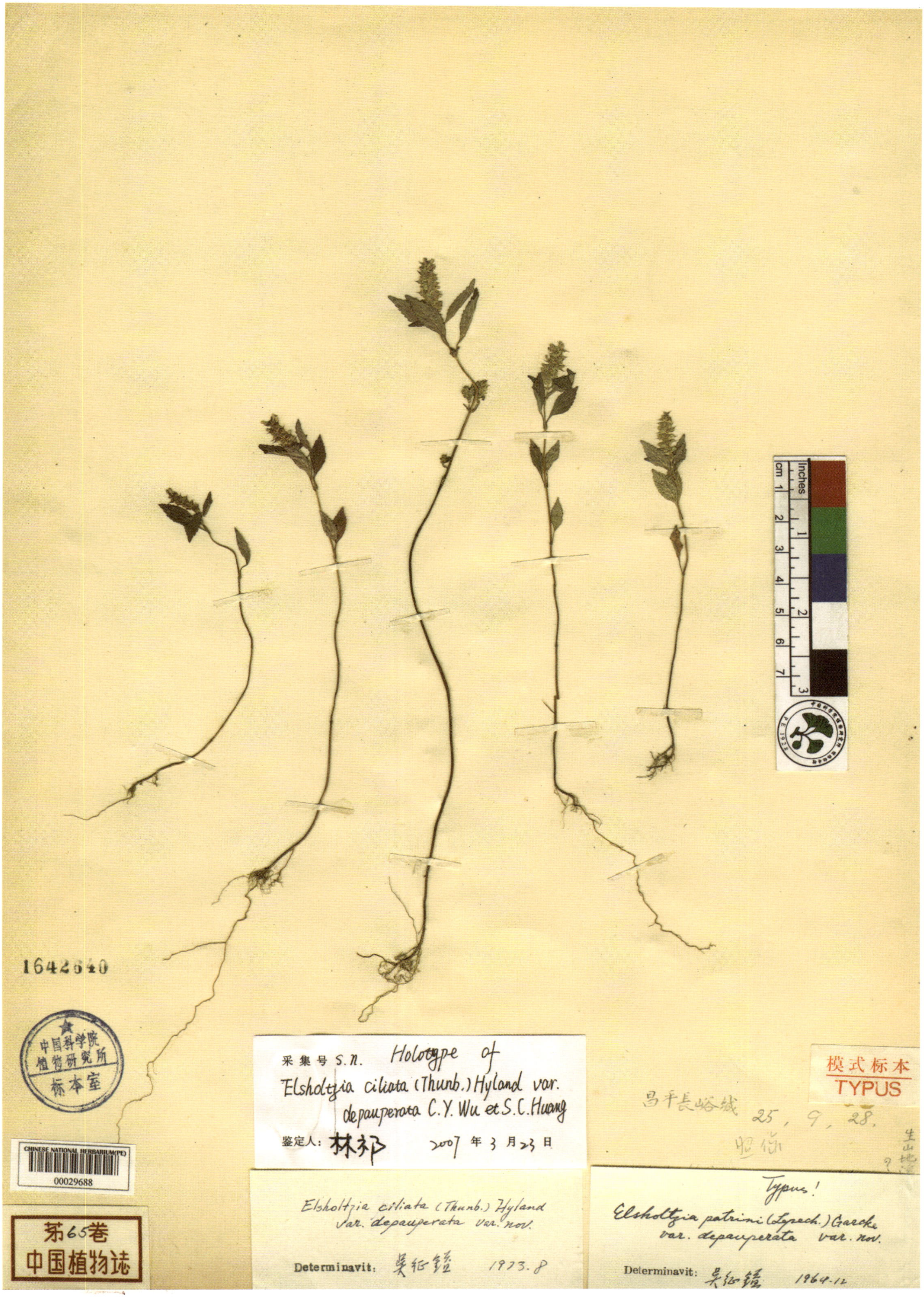

香薷少花变种 ***Elsholtzia ciliata*** (Thunb.) Hyland var. ***depauperata*** C. Y. Wu & S. C. Huang in Acta Phytotax. Sin. 12(3): 346. 1974. **Holotype:** China. Beijing: Changping, 1925-09-28, Anonymous s. n. (=PE Herb.Bar Code No.00029688).

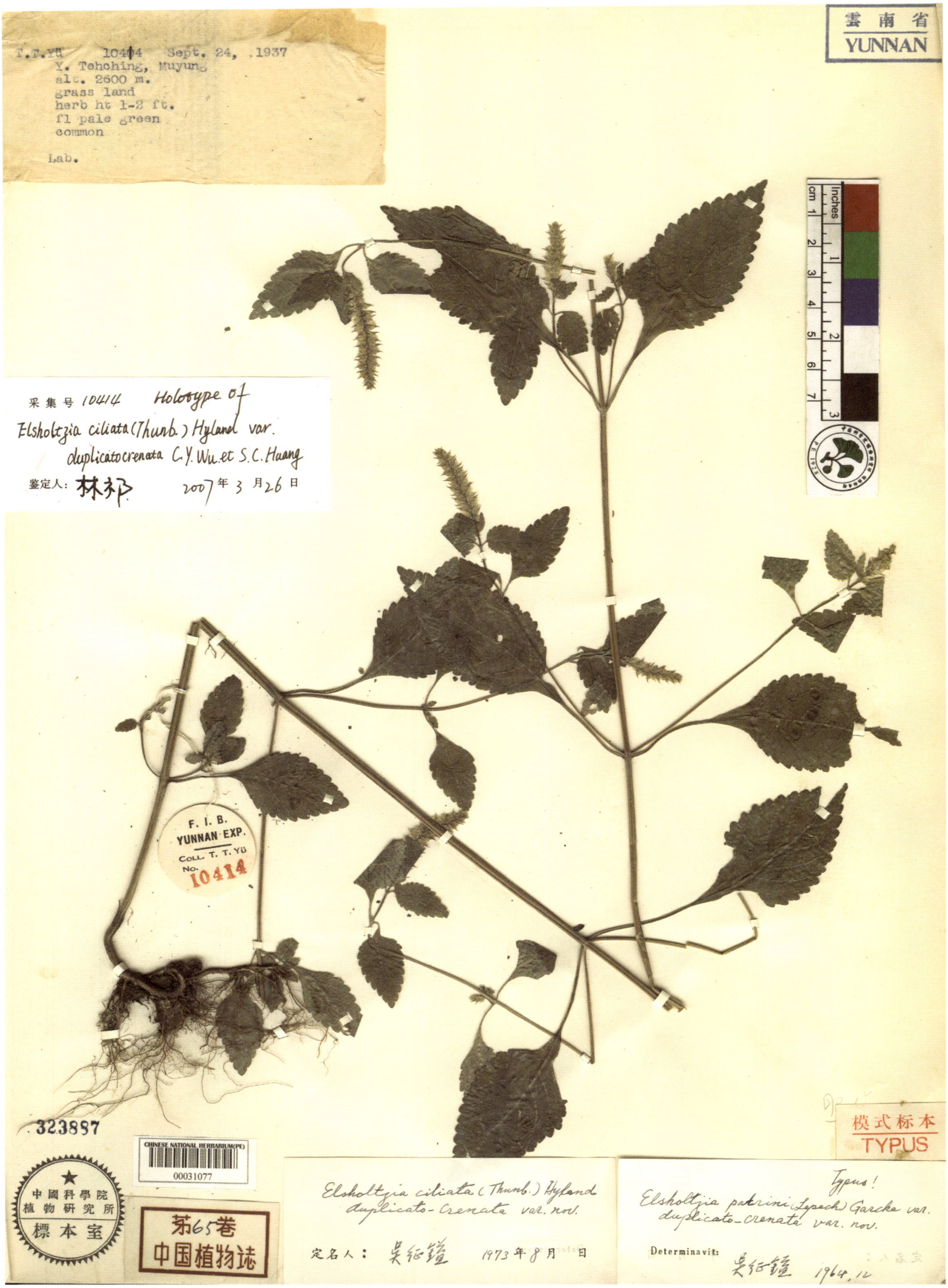

香薷重圆齿变种 ***Elsholtzia ciliata*** (Thunb.) Hyland var. ***duplicatocrenata*** C. Y. Wu & S. C. Huang in Acta Phytotax. Sin. 12(3): 345. 1974. **Holotype:** China. Yunnan: Tehching (=Dêqên), alt. 2 600 m, 1937-09-24, T. T. Yu 10414.

细萼香薷 ***Elsholtzia eriocalyx*** C. Y. Wu & S. C. Huang in Acta Phytotax. Sin. 12(3): 338. 1974. **Isotype:** China. Yunnan: Lijiang, C. Y. Wu & D. Y. Liu 21229.

绵萼香薷绒毛变种 ***Elsholtzia eriocalyx*** C. Y. Wu & S. C. Huang var. ***tomentosa*** C. Y. Wu & S. C. Huang in Acta Phytotax. Sin. 12(3): 339. 1974. **Isotype:** China. Sichuan: Muli, alt. 3 100 m, 1937-10-01, T. T. Yu 14406.

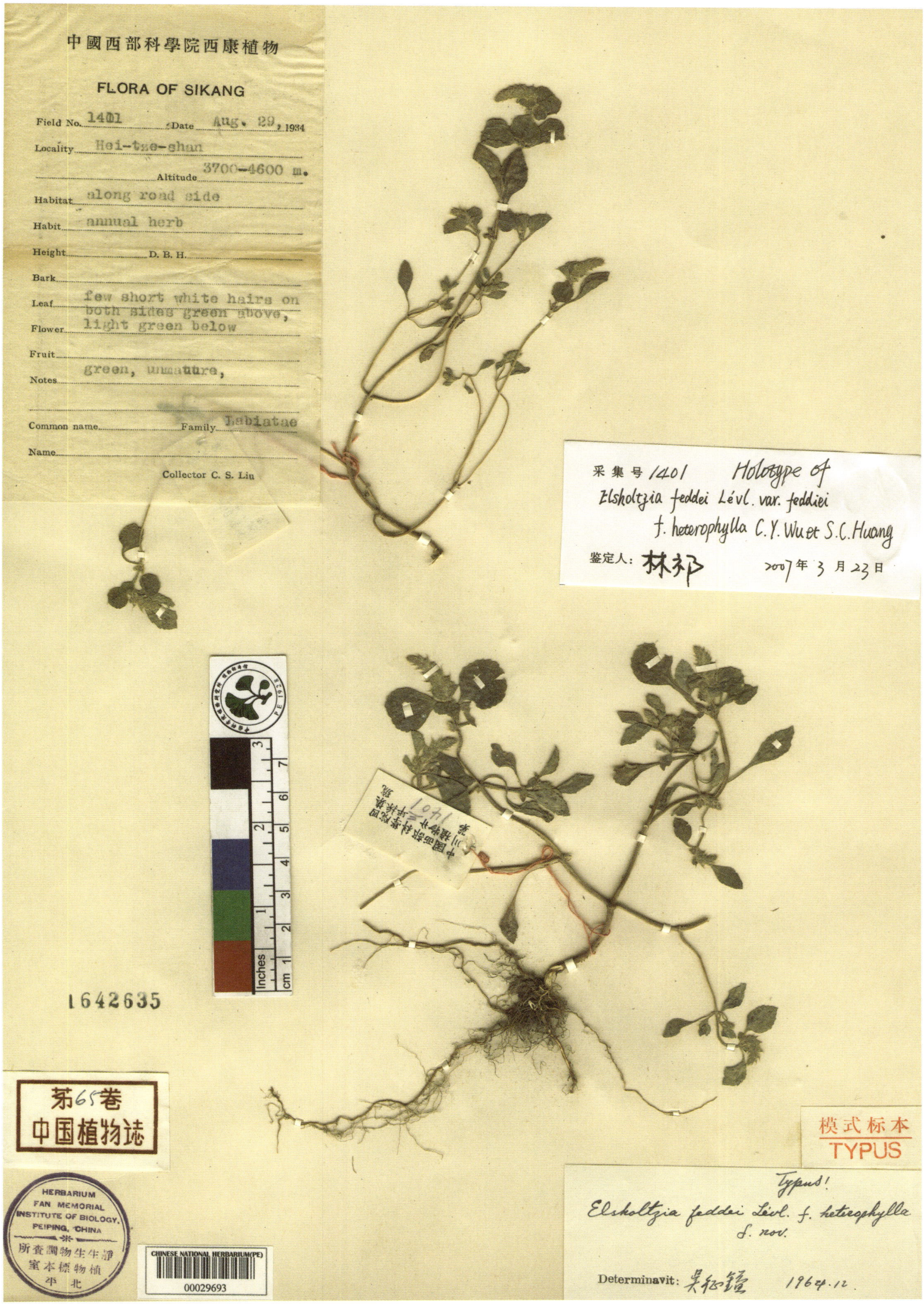

高原香薷异叶变型 ***Elsholtzia feddei*** Lévl. f. ***heterophylla*** C. Y. Wu & S. C. Huang in Acta Phytotax. Sin. 12(3): 345. 1974. **Holotype:** China. Sichuan: Kangding, alt. 3 700~4 600 m, 1934-08-29, C. S. Liu 1401.

高原香薷疏苞变型 ***Elsholtzia feddei*** Lévl. f. ***remotibracteata*** C. Y. Wu & S. C. Huang in Acta Phytotax. Sin. 12(3): 345. 1974. **Holotype:** China. Sichuan: Heishui, alt. 2 750 m, 1957-08-15, Anonymous 74002.

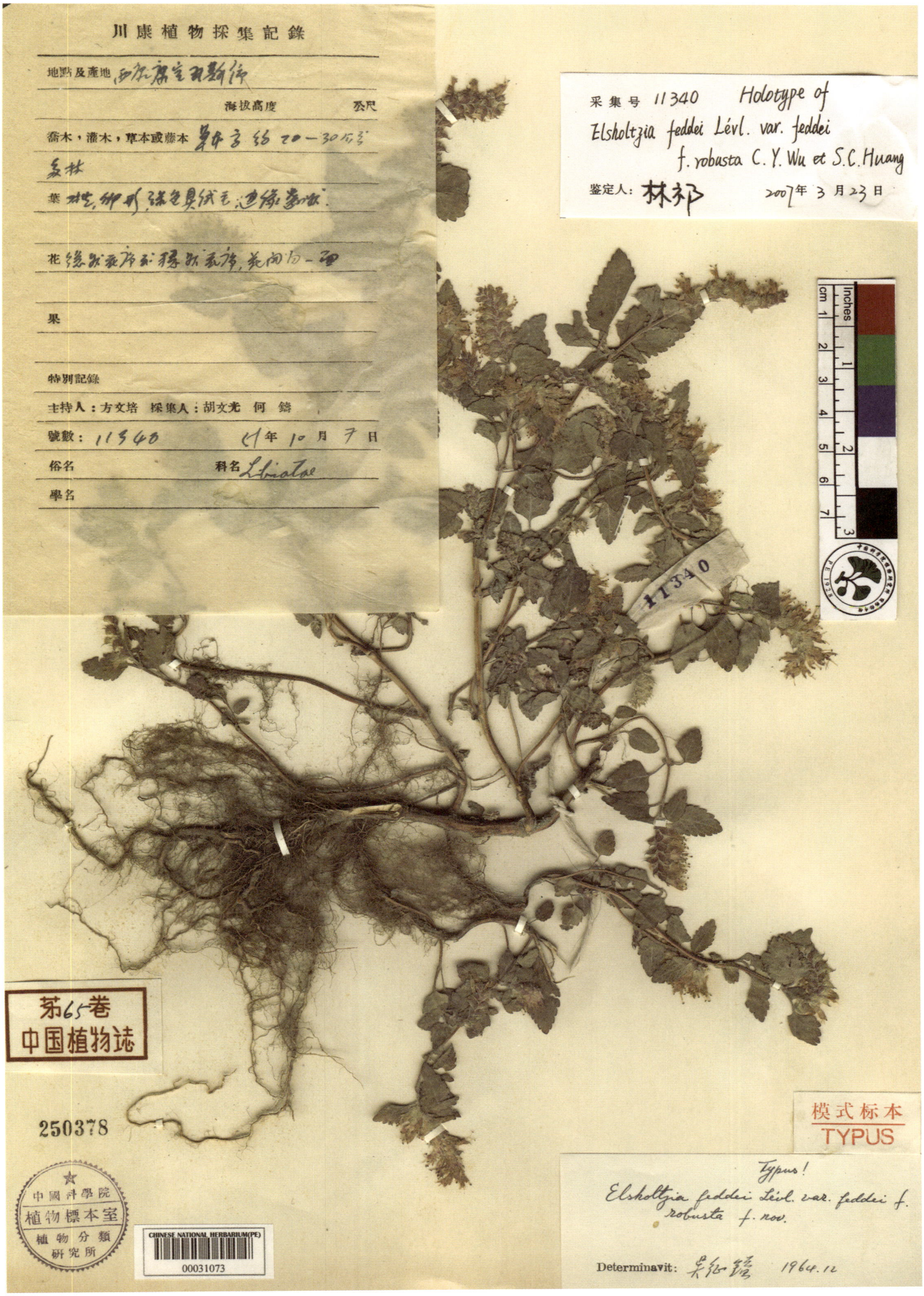

高原香薷粗壮变型 ***Elsholtzia feddei*** Lévl. f. ***robusta*** C. Y. Wu & S. C. Huang in Acta Phytotax. Sin. 12(3): 345. 1974.
Holotype: China. Sichuan: Kangding, 1951-10-07, W. K. Hu & Z. He 11340.

鸡骨柴光叶变种 ***Elsholtzia fruticosa*** (D. Don) Rehd. var. ***glabrifolia*** C. Y. Wu & S. C. Huang in Acta Phytotax. Sin. 12(3): 338. 1974. **Holotype:** China. Sichuan: Songpan, alt. 3 200 m, 1937-09-22, K. T. Fu 1906.

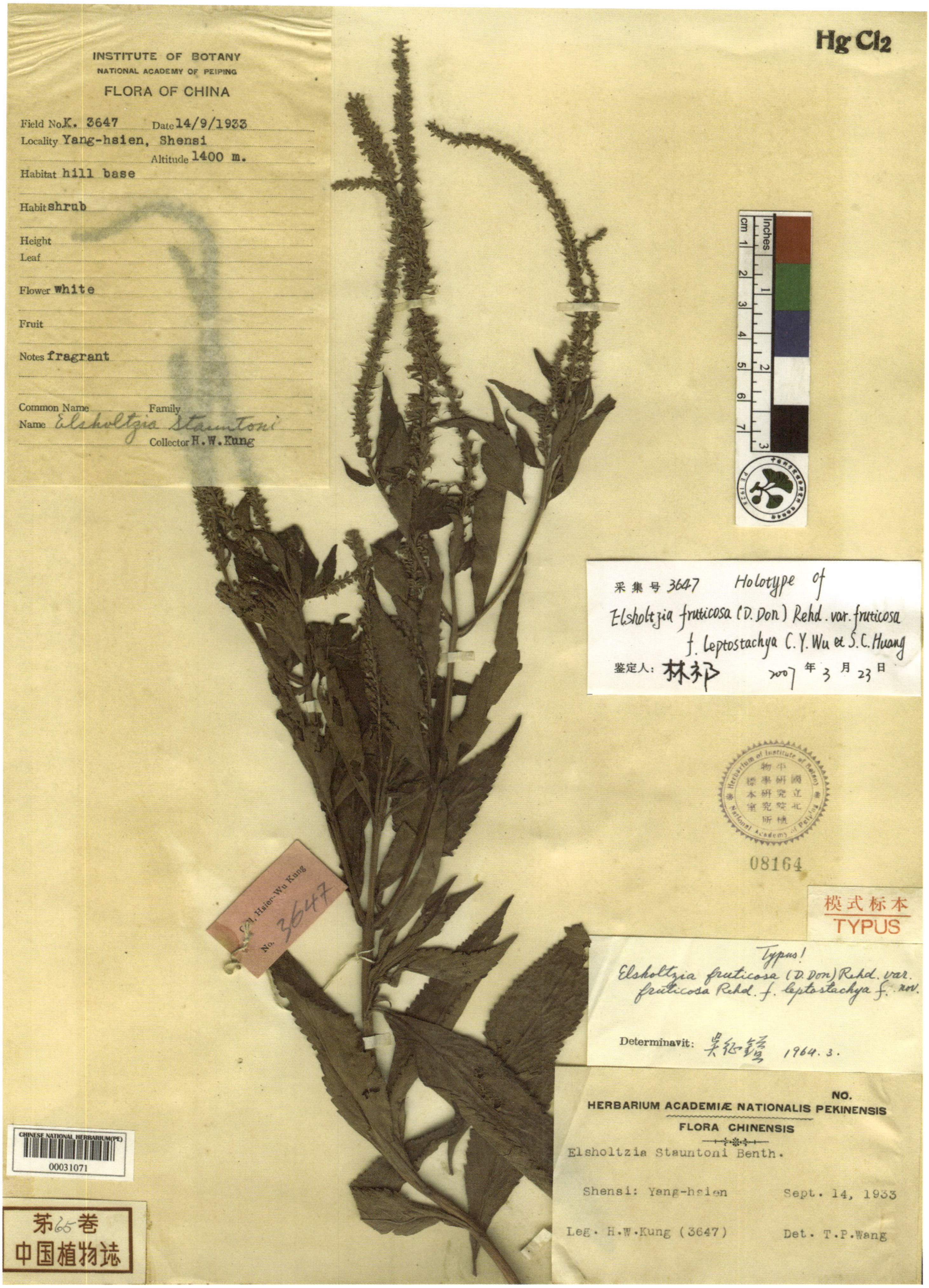

鸡骨柴长穗变型 ***Elsholtzia fruticosa*** (D. Don) Rehd. var. ***fruticosa*** (D. Don) Rehd. f. ***leptostachya*** C. Y. Wu & S. C. Huang in Acta Phytotax. Sin. 12(3): 337. 1974. **Holotype:** China. Shaanxi: Yang Xian, alt. 1 400 m, 1933-09-14, H. W. Kung 3647.

鸡骨柴藏蕊变型 ***Elsholtzia fruticosa*** (D. Don) Rehd. f. ***inclusa*** Sun in Acta Phytotax. Sin. 11(1): 46, pl. 6, f. 7-8. 1966. **Isotype:** China. Yunnan: Menghua (=Weishan), alt. 2 320 m, 1934-10-17, M. Chen 3008.

鸡骨柴小叶变种 ***Elsholtzia fruticosa*** (D. Don) Rehd. var. ***parvifolia*** C. Y. Wu & S. C. Huang in Acta Phytotax. Sin. 12(3): 338. 1974. **Holotype:** China. Yunnan: Dêqên, alt. 3 800 m, 1937-08-08, T. T. Yu 9425.

光香薷 ***Elsholtzia glabra*** C. Y. Wu & S. C. Huang in Acta Phytotax. Sin. 12(3): 338, pl. 68. 1974. **Holotype:** China. Yunnan: Binchuan, 1946-10-18, T. N. Liou 21761.

亮叶香薷 ***Elsholtzia lamprophylla*** C. L. Xiang & E. D. Liu in J. Syst. Evol. 50(6): 578. 2012. **Isotype:** China. Sichuan: Xiangcheng, alt. 2819 m, 2010-08-03, E. D. Liu, C. L. Xiang & X. Nong 2697.

海州香薷 ***Elsholtzia splendens*** Nakai ex F. Maekawa in Bot. Mag. Tokyo. 48: 50, f. 20. 1934. **Isoparatype:** Korea. Nanzandô: Precise locality not known, 1900-10-10, T. Uchiyama s. n.

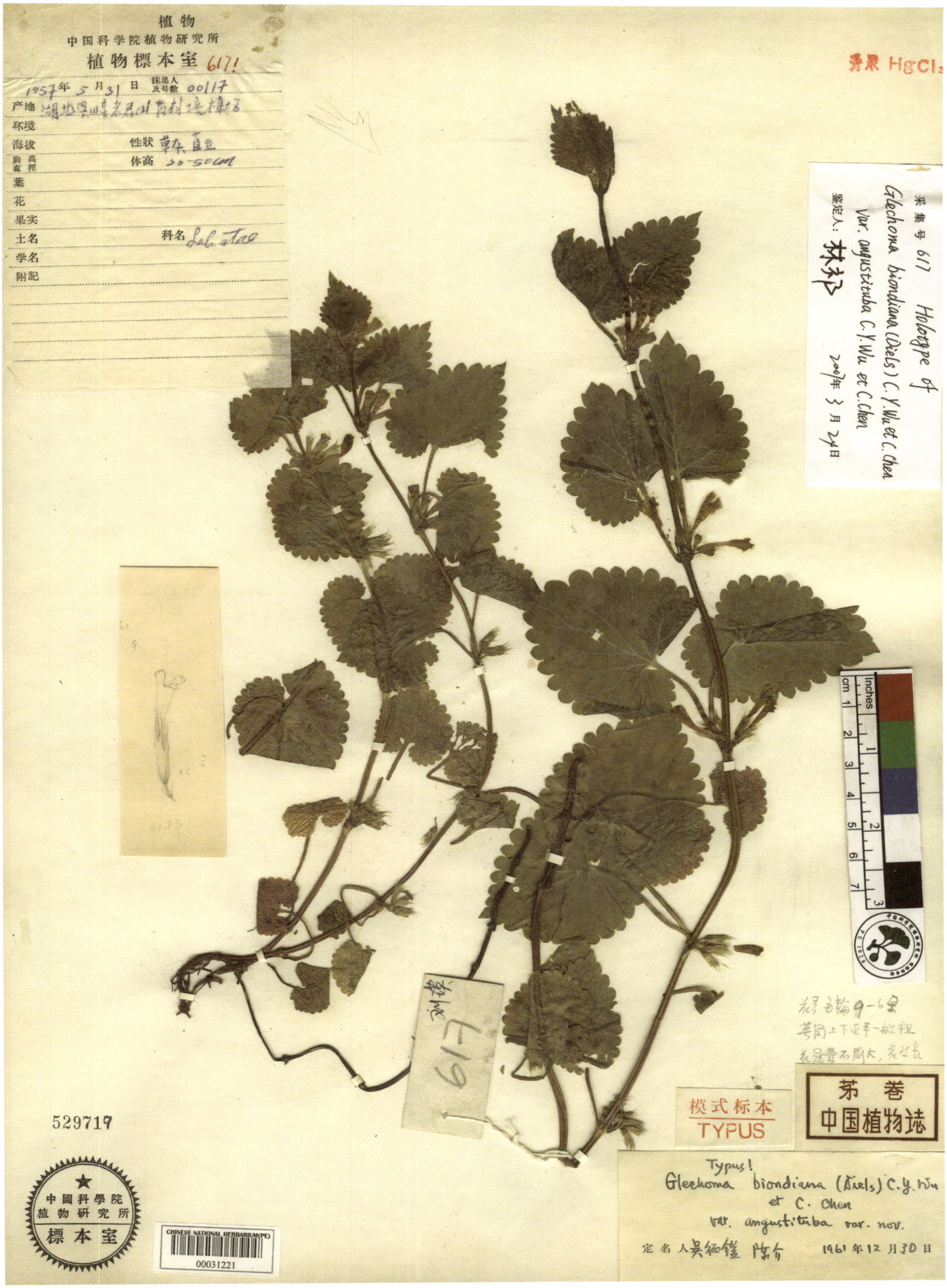

白透骨消狭萼变种 ***Galeobdolon biondiana*** (Diels) C. Y. Wu & C. Chen var. ***angustituba*** C. Y. Wu & C. Chen in Acta Phytotax. Sin. 12(1): 31, pl. 9, f. 1-3. 1974. **Holotype:** China. Hubei: Xingshan, 1957-05-31, Y. Liu 617.

假野芝麻近无毛变种 ***Galeobdolon chinense*** (Benth.) C. Y. Wu var. ***subglabrum*** C. Y. Wu in Acta Phytotax. Sin. 10(2): 158. 1965. **Holotype:** China. Zhejiang: Anji, Tongshan, C. S. Chang s. n.

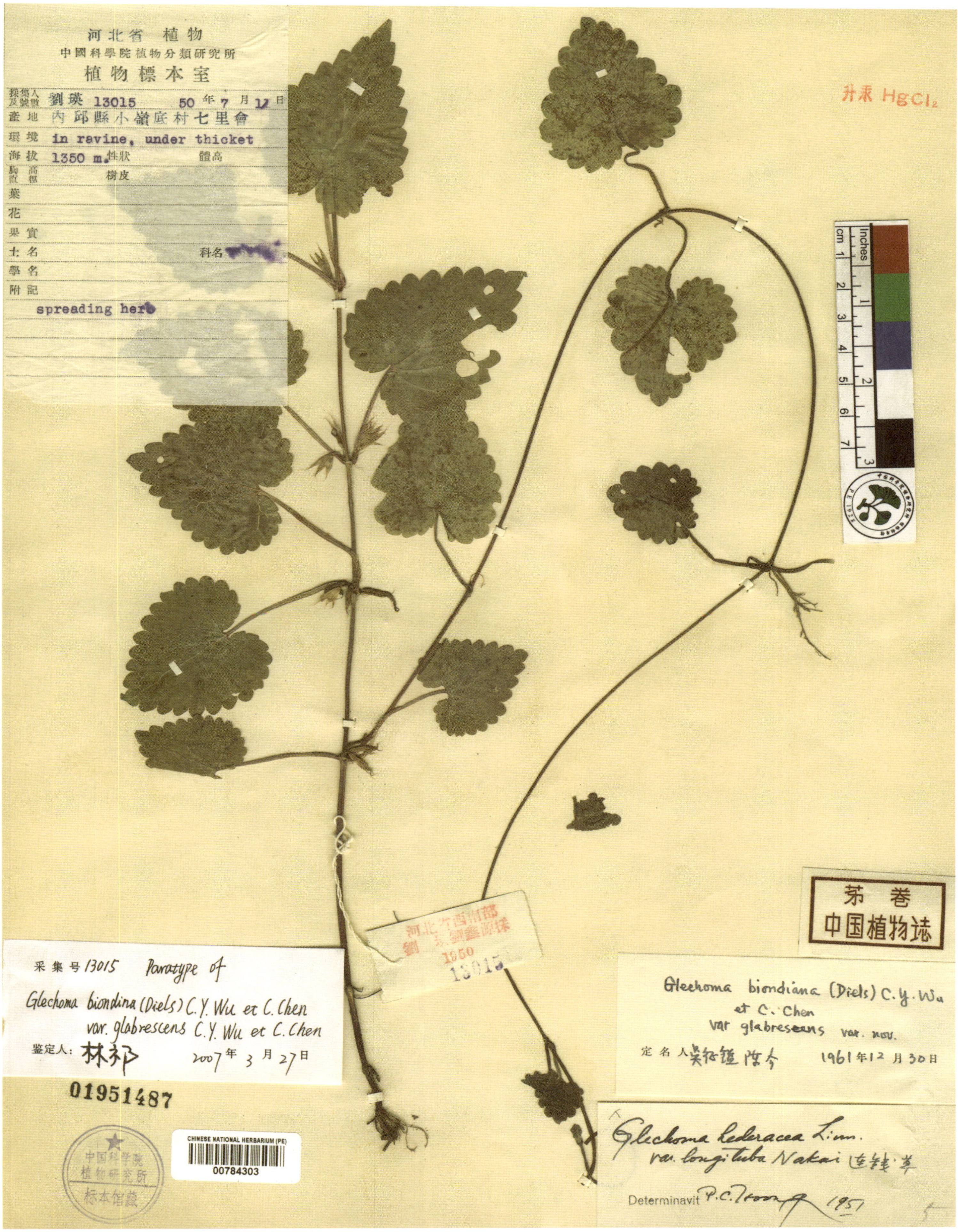

白透骨消无毛变种 ***Glechoma biondiana*** (Diels) C. Y. Wu & C. Chen var. ***glabrescens*** C. Y. Wu & C. Chen in Acta Phytotax. Sin. 12(1): 31, pl. 9, f. 4-6. 1974. **Paratype:** China. Hebei: Neiqiu, alt. 1 350 m, 1950-07-11, Y. Liu & al. 13015.

大花活血丹 ***Glechoma sino-grandis*** C. Y. Wu in Acta Phytotax. Sin. 8(1): 7, pl. 1. 1959. **Holotype:** China. Yunnan: Weixi, alt. 2 000 m, 1940-05-08, K. M. Feng 3719.

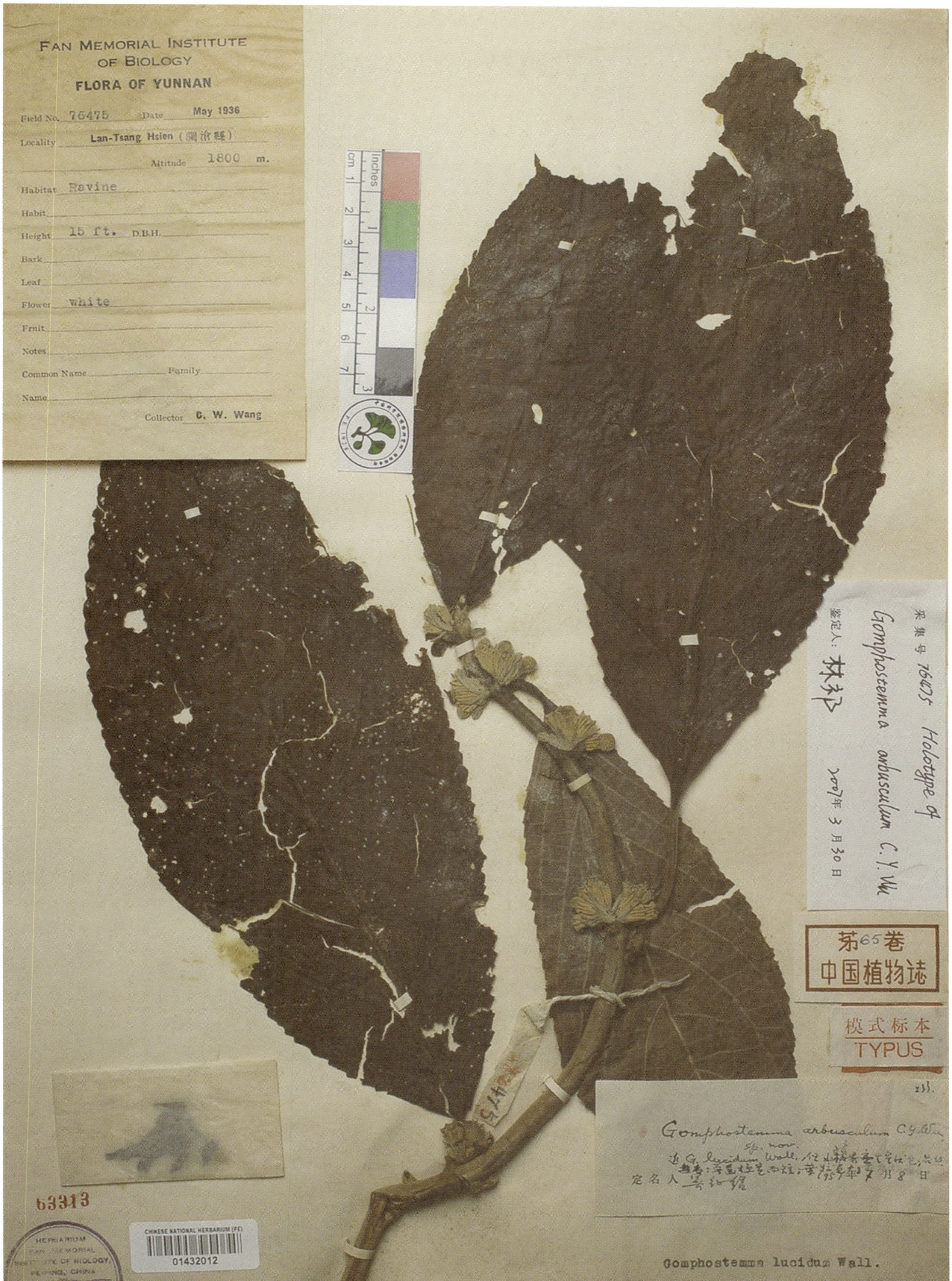

木锥花 ***Gomphostamma arbusculum*** C. Y. Wu in Acta Phytotax. Sin. 10(2): 146, pl. 32. 1965. **Holotype:** China. Yunnan: Lan-Tsang (=Lancang), alt. 1 800 m, 1936-05-??, C. W. Wang 76475.

三角齿锥花 ***Gomphostemma deltodon*** C. Y. Wu in Acta Phytotax. Sin. 10(2): 143, pl. 29. 1965. **Holotype:** China. Yunnan: Che-li (=Jinghong), alt. 950 m, 1936-08-??, C. W. Wang 75545.

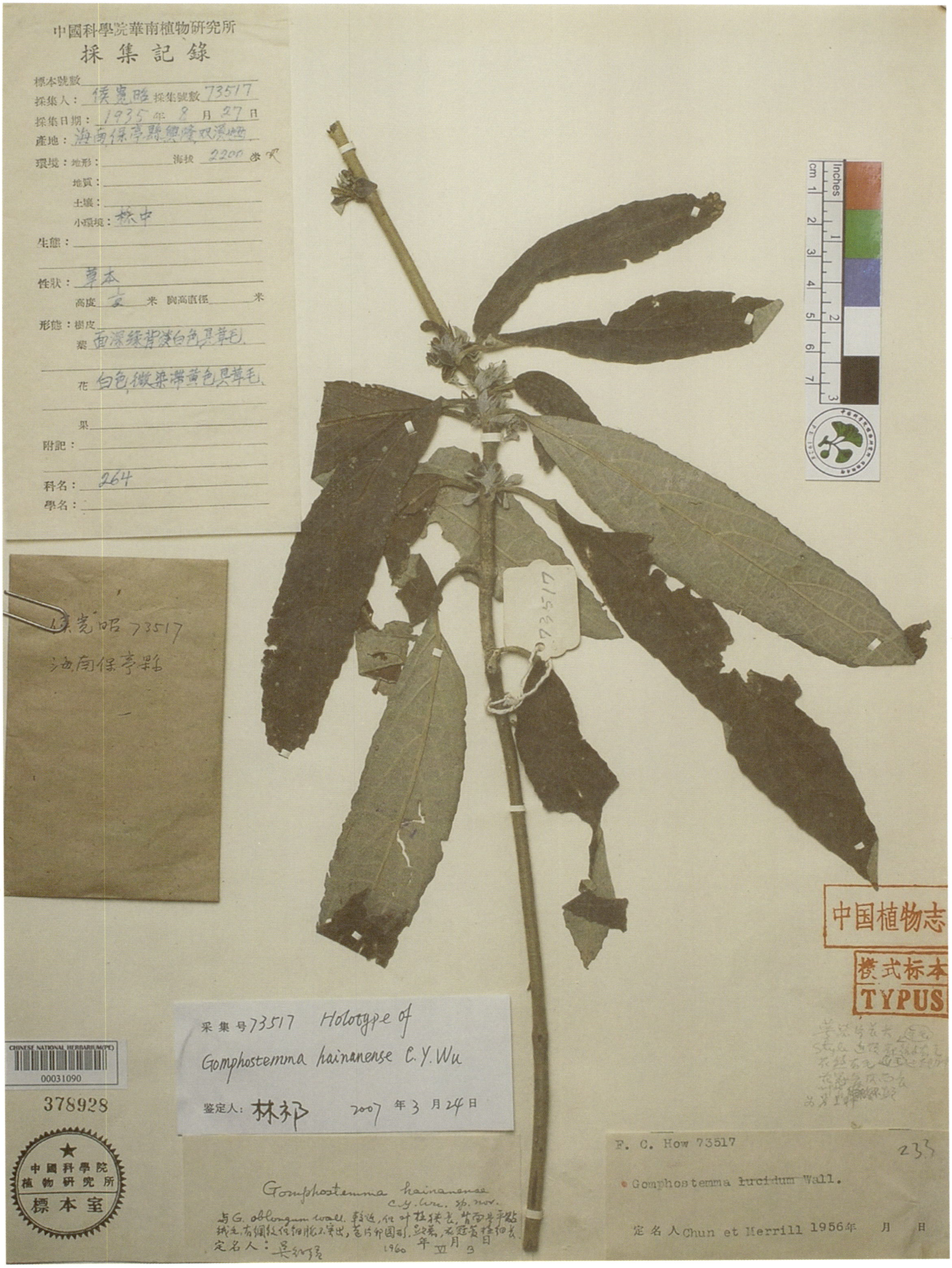

海南锥花 ***Gomphostemma hainanense*** C. Y. Wu in Acta Phytotax. Sin. 10(2): 145, pl. 31. 1965. **Holotype:** China. Hainan: Baoting, alt. 700 m, 1935-08-27, F. C. How 73517.

宽叶锥花 ***Gomphostemma latifolium*** C. Y. Wu in Acta Phytotax. Sin. 10(2): 147, pl. 33. 1965. **Holotype:** China. Yunnan: Che-li (=Jinghong), alt. 950 m, 1936-08-??, C. W. Wang 75550.

拟长毛锥花 ***Gomphostemma pseudo-crinitum*** C. Y. Wu in Acta Phytotax. Sin. 10(2): 144, pl. 30. 1965. **Holotype:** China. Guangxi: Lingyun, Tsin-lung-shan (=Qinglongshan), alt. 1 040 m, 1926-08-12, R. C. Ching 6851.

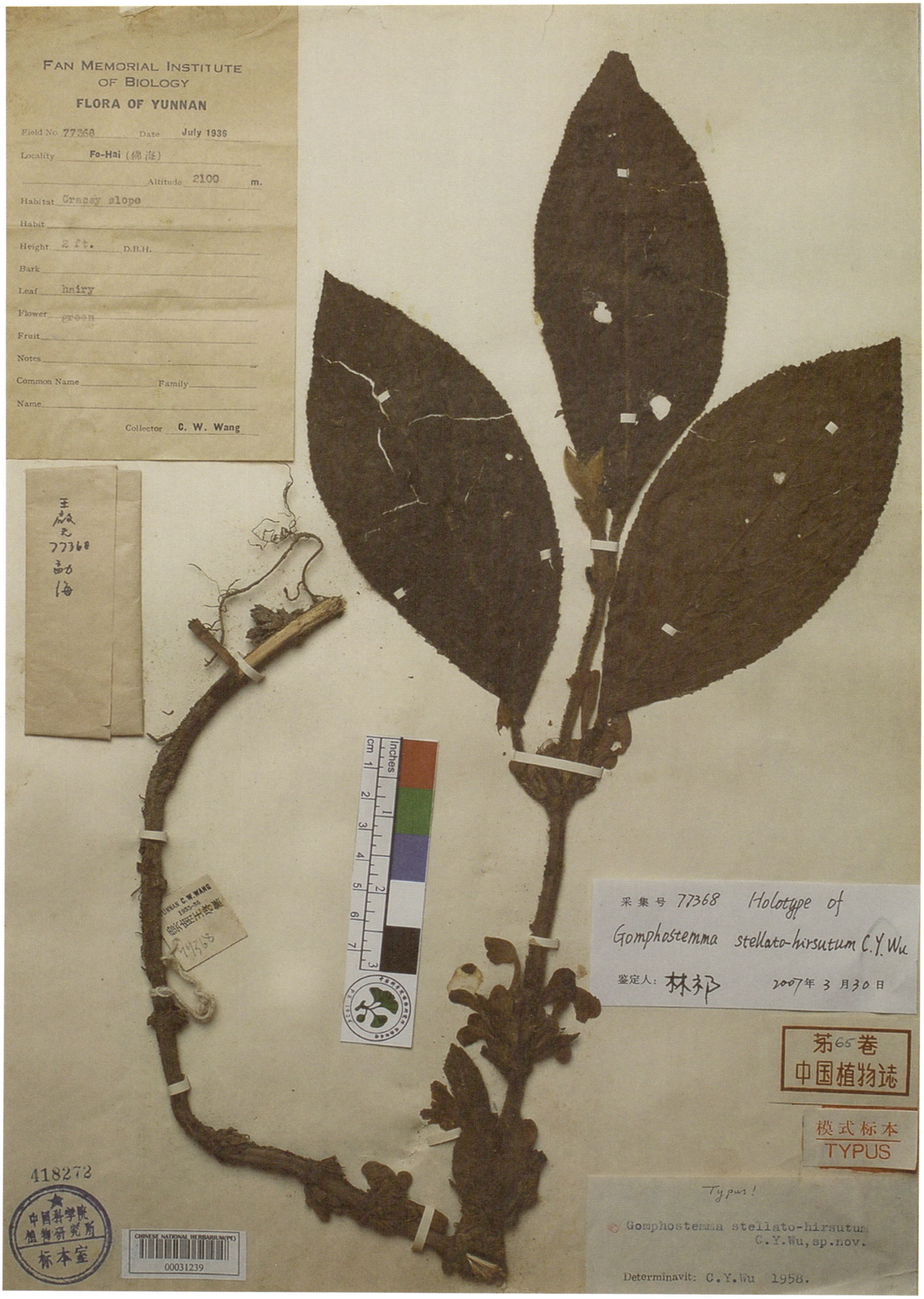

硬毛锥花 ***Gomphostemma stellato-hirsutum*** C. Y. Wu in Acta Phytotax. Sin. 10(2): 148, pl. 34. 1965. **Holotype:** China. Yunnan: Fo-hai (= Menghai), alt. 2 100 m, 1936-07-??, C. W. Wang 77368.

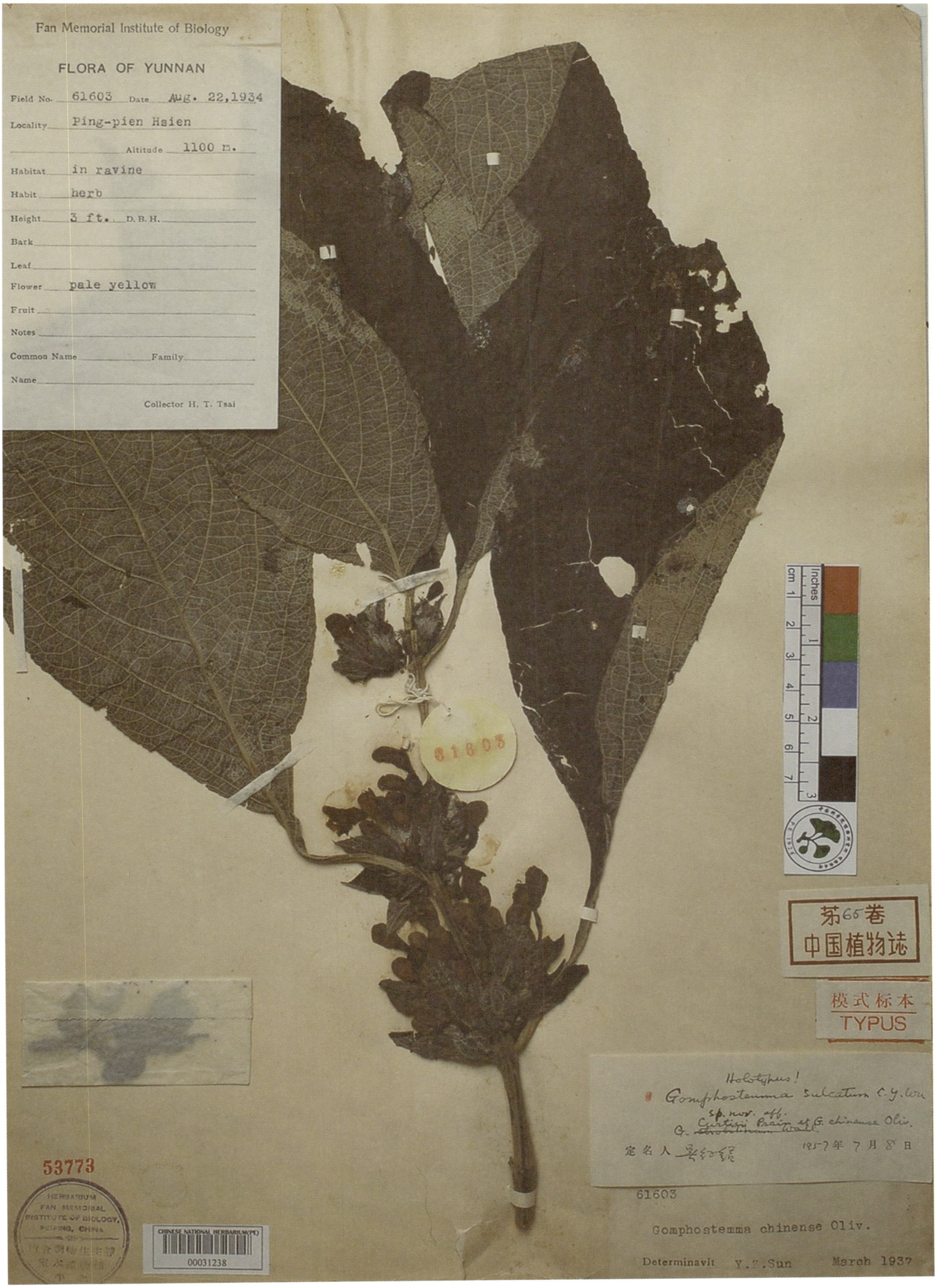

槽茎锥花 ***Gomphostemma sulcatum*** C. Y. Wu in Acta Phytotax. Sin. 10(2): 149, pl. 35. 1965. **Holotype:** China. Yunnan: Ping-pien (=Pingbian), alt. 1 100 m, 1934-08-22, H. T. Tsai 61603.

出蕊汉史草 ***Hanceola exserta*** Sun ex C. Y. Wu in Acta Phytotax. Sin. 8(1): 59, pl. 6, f. 7-15. 1959. **Holotype:** China. Zhejiang: Yunhe, 1934-10-26, Y. Y. Ho 3516.

块茎汉史草 ***Hanceola tuberifera*** Sun ex C. Y. Wu in Acta Phytotax. Sin. 8(1): 60, pl. 6, f. 1-6. 1959. **Holotype:** China. Chongqing: Nanchuan, Jinfoshan, 1939-??-??, M. Zeng 685.

南方香简草 ***Keiskea australis*** C. Y. Wu & H. W. Li, Fl. Reip. Pop. Sin. 66: 362, 585, pl. 75. 1977. **Holotype:** China. Guangdong: Xinfeng, alt. 650 m, 1958-10-11, L. Deng 8015.

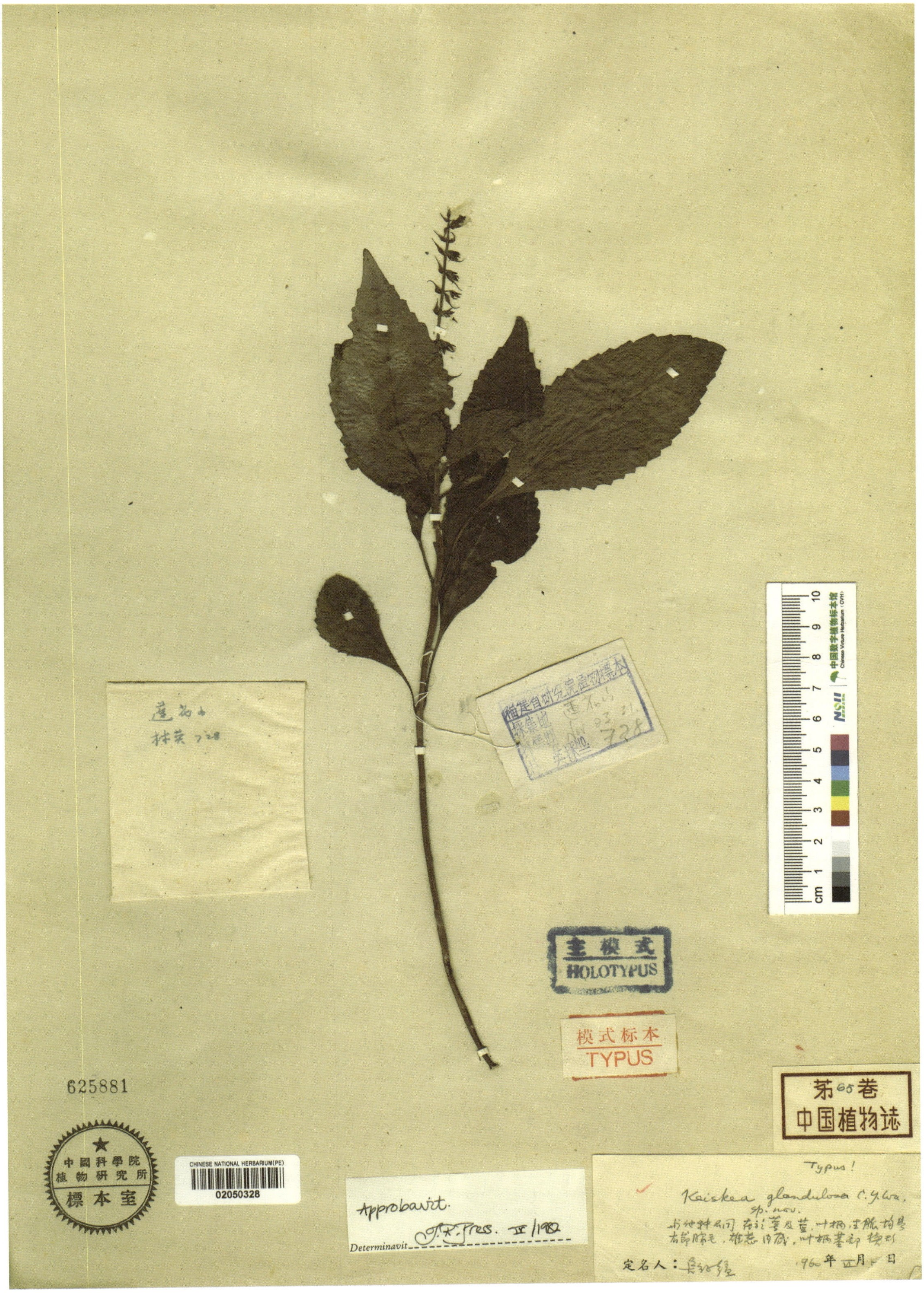

腺毛霜柱 ***Keiskea glandulosa*** C. Y. Wu in Acta Phytotax. Sin. 10(3): 236, pl. 44. 1965. **Holotype:** China. Fujian: Precise locality not known, Lianhuashan, 1931-11-23, Y. Lin 728.

动蕊花镰叶变型 ***Kinostemon ornatum*** (Hemsl.) Kudo f. ***falcatum*** C. Y. Wu & S. Chow in Acta Phytotax. Sin. 10(3): 246, pl. 46, f. 8. 1965. **Holotype:** China. Chongqing: Nanchuan, alt. 1 200 m, 1957-07-06, J. H. Xiong & Z. L. Zhou 91833.

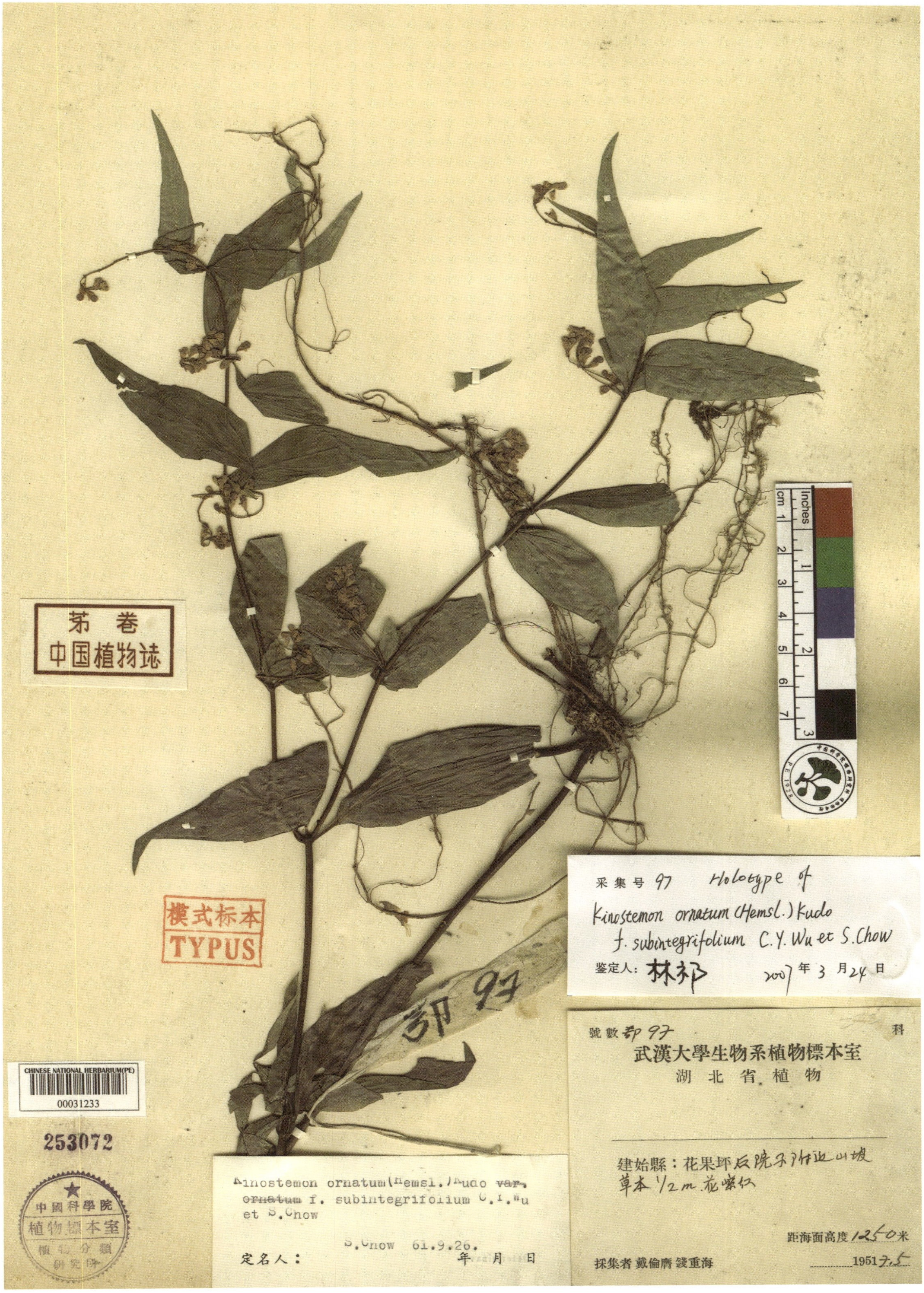

动蕊花全叶变型 ***Kinostemon ornatum*** (Hemsl.) Kudo f. ***subintegrifolium*** C. Y. Wu & S. Chow in Acta Phytotax. Sin. 10(3): 246, pl. 46, f. 7. 1965. **Holotype:** China. Hubei: Jianshi, alt. 1 250 m, 1951-07-05, L. Y. Dai & Z. H. Qian 97.

阿勒泰兔唇花 ***Lagochilus altaicus*** C. Y. Wu & Hsuan in Acta Phytotax. Sin. 10(3): 215, pl. 41, f. 1-6. 1965. **Holotype:** China. Xinjiang: Altai, 1955-07-??, Academia Agriculturae Sinkiangensis 22363.

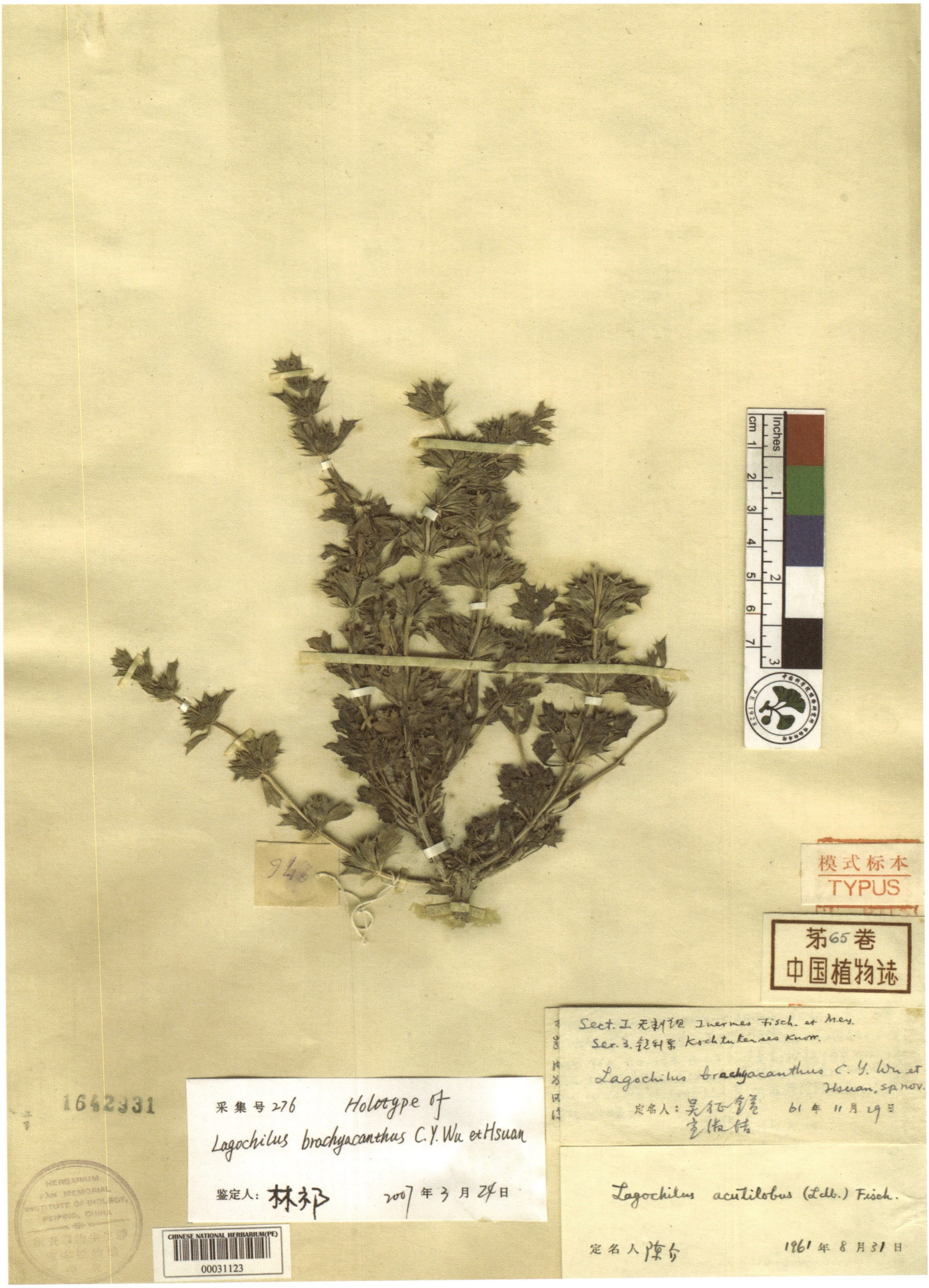

短刺兔唇花 ***Lagochilus brachyacanthus*** C. Y. Wu & Hsuan in Acta Phytotax. Sin. 10(3): 216, pl. 41, f. 7-13. 1965. **Holotype:** China. Xinjiang: Precise locality not known, Anonymous 276.

仁昌兔唇花 ***Lagochilus chingii*** C. Y. Wu & Hsuan in Acta Phytotax. Sin. 10(3): 219, pl. 42, f. 10-11. 1965. **Holotype:** China. Xinjiang: Fuyun, alt. 1 100 m, 1956-08-09, R. C. Ching 1753.

大花兔唇花 ***Lagochilus grandiflorus*** C. Y. Wu & Hsuan in Acta Phytotax. Sin. 10(3): 217, pl. 42, f. 6-7. 1965. **Holotype:** China. Xinjiang: Tekesi, 1956-06-17, Academia Agriculture Sinkiangensis 26710.

宽齿兔唇花 ***Lagochilus iliensis*** C. Y. Wu & Hsuan in Acta Phytotax. Sin. 10(3): 219, pl. 41, f. 14-16. 1965. **Holotype:** China. Xinjiang: Ili, alt. 1 900 m, Academia Agriculture Sinkiangensis 100.

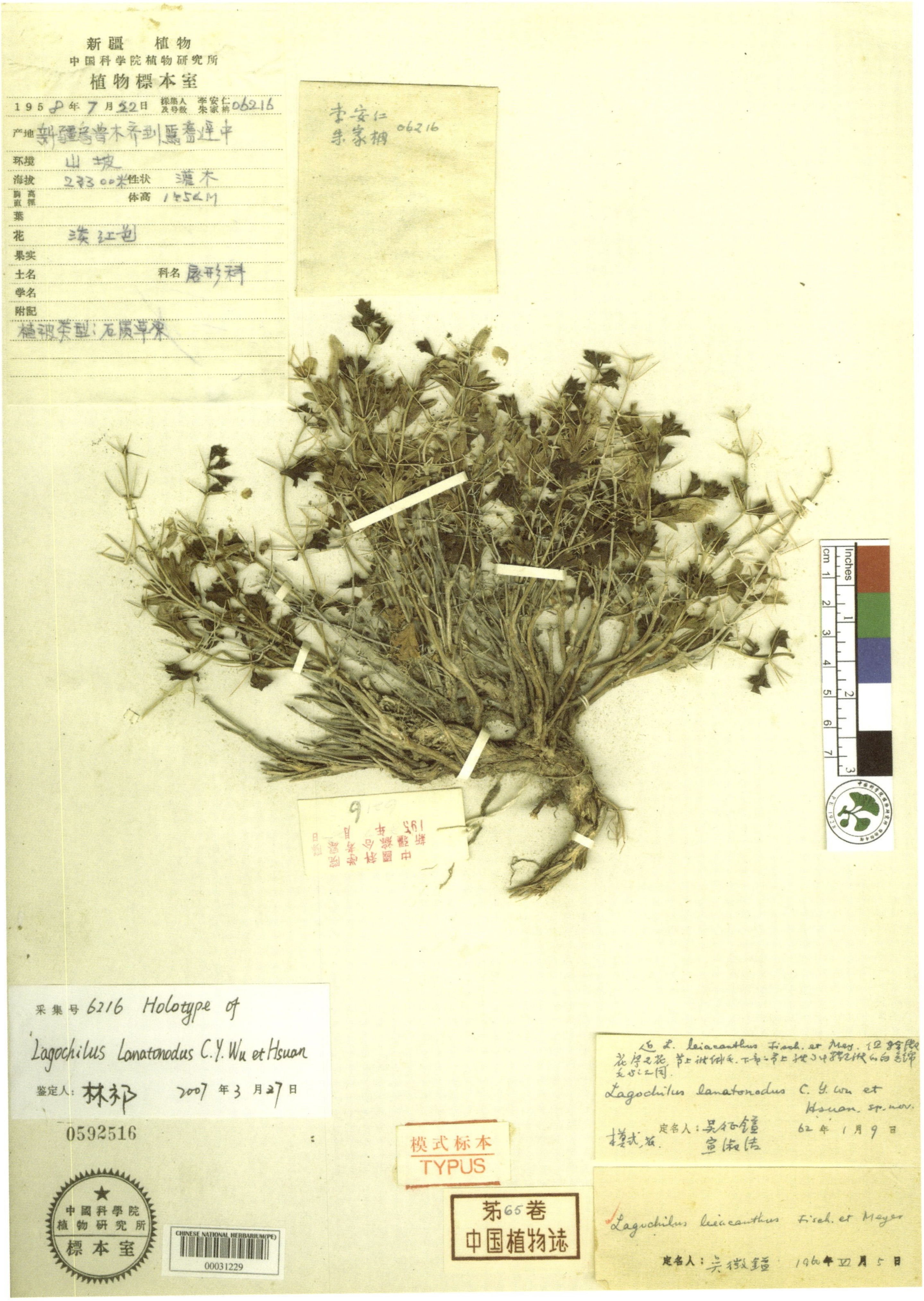

毛节兔唇花 ***Lagochilus lanatonodus*** C. Y. Wu & Hsuan in Acta Phytotax. Sin. 10(3): 216, pl. 42, f. 1-5. 1965. **Holotype:** China. Xinjiang: Urumqi, alt. 2 300 m, 1958-07-22, A. R. Li & C. N. Chu 6216.

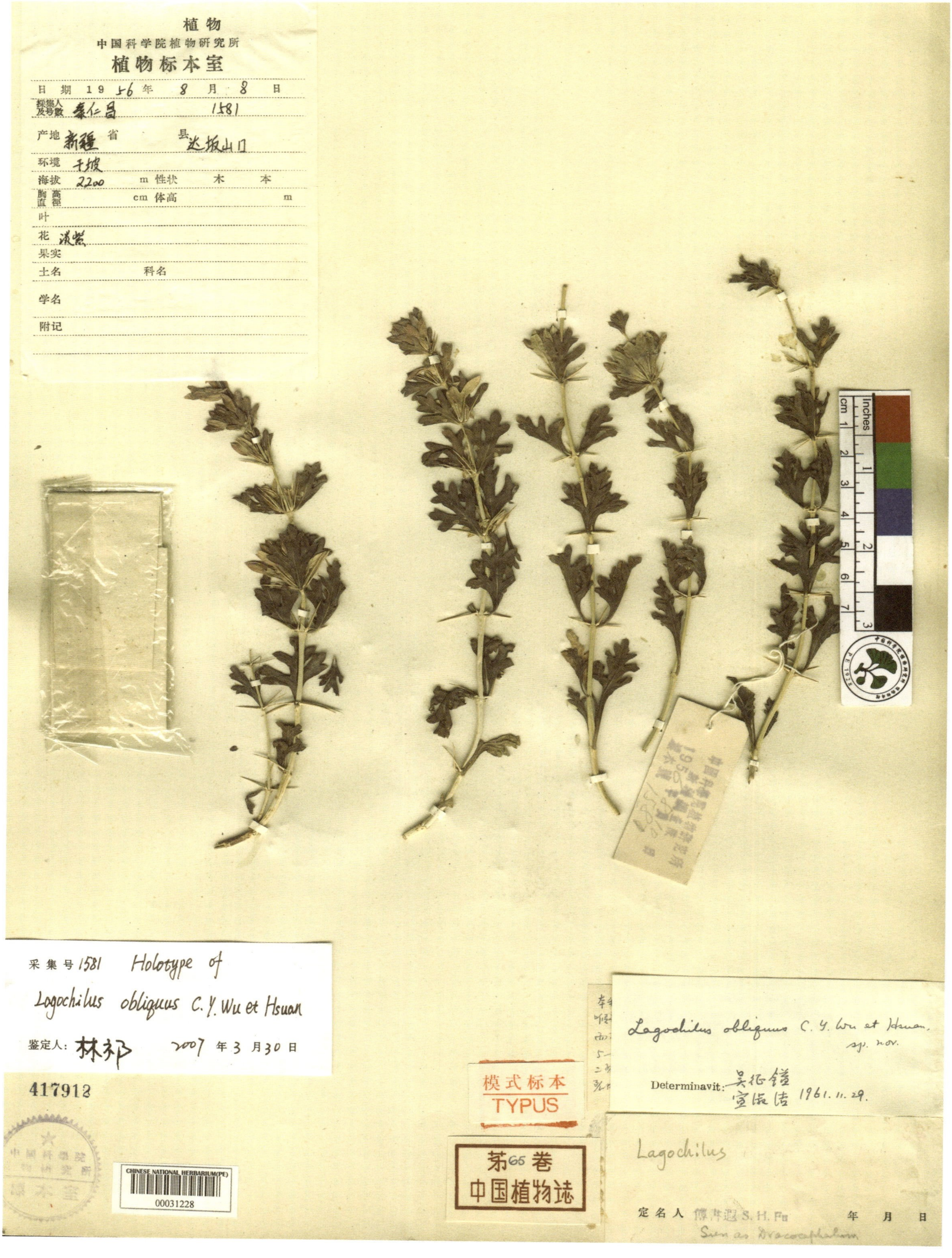

斜喉兔唇花 ***Lagochilus obliquus*** C. Y. Wu & Hsuan in Acta Phytotax. Sin. 10(3): 218, pl. 42, f. 8-9. 1965. **Holotype:** China. Xinjiang: Precise locality not known, alt. 2 200 m, 1956-08-08, R. C. Ching 1581.

野芝麻硬毛变种 ***Lamium barbatum*** Sieb. & Zucc. var. ***hirsutum*** C. Y. Wu & Hsuan in Acta Phytotax. Sin. 10(2): 156. 1965. **Holotype:** China. Jilin: Weihuling, alt. 5 500 m, 1931-06-15, H. W. Kung 1549.

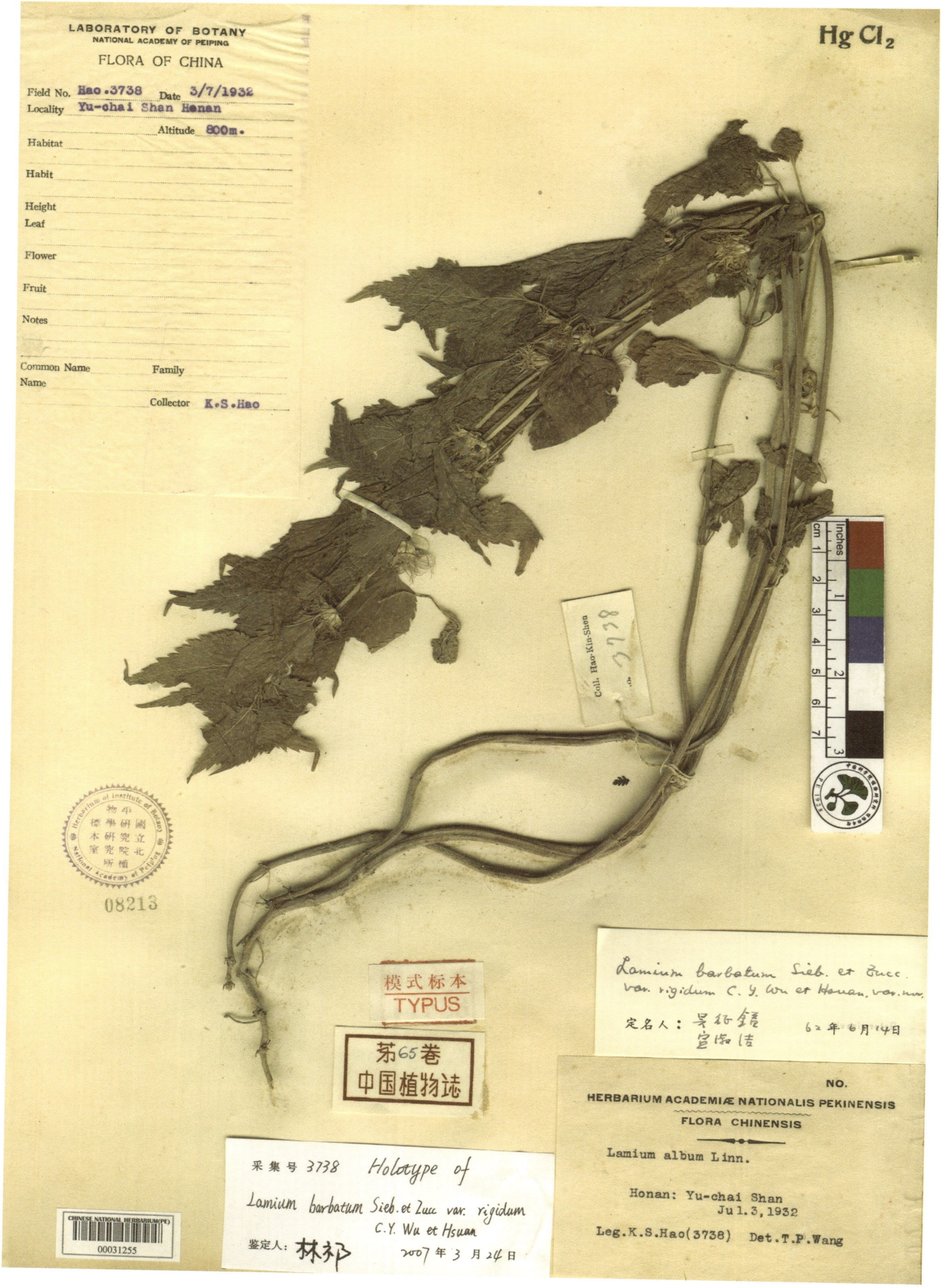

野芝麻坚硬变种 ***Lamium barbatum*** Sieb. & Zucc. var. ***rigidum*** C. Y. Wu & Hsuan in Acta Phytotax. Sin. 10(2): 156. 1965. **Holotype:** China. Henan: Yu-chai Shan, alt. 800 m, 1932-07-03, K. S. Hao 3738.

紫花野芝麻甘肃变种 ***Lamium maculatum*** L. var. ***kansuense*** C. Y. Wu & Hsuan in Acta Phytotax. Sin. 10(2): 157. 1965.
Holotype: China. Gansu: Minqin, alt. 2 700 m, 1936-06-20, T. P. Wang 4675.

蒙古益母草 ***Leonurus mongolicus*** Kreez. & Kupr. in Not. Syst. Herb. Inst. Bot. Nom. Kom. Acad. Sci. URSS. 11: 137. 1949. **Isotype:** Mongolia. Ssaischi, 1897-06-27, E. Klementz. s. n.

五台山益母草 ***Leonurus wutaishanicus*** C. Y. Wu & H. W. Li in Acta Phytotax. Sin. 10(2): 164. 1965. **Holotype:** China. Shanxi: Wutaishan, alt. 1 983 m, 1929-07-18, W. Y. Hsia 1372.

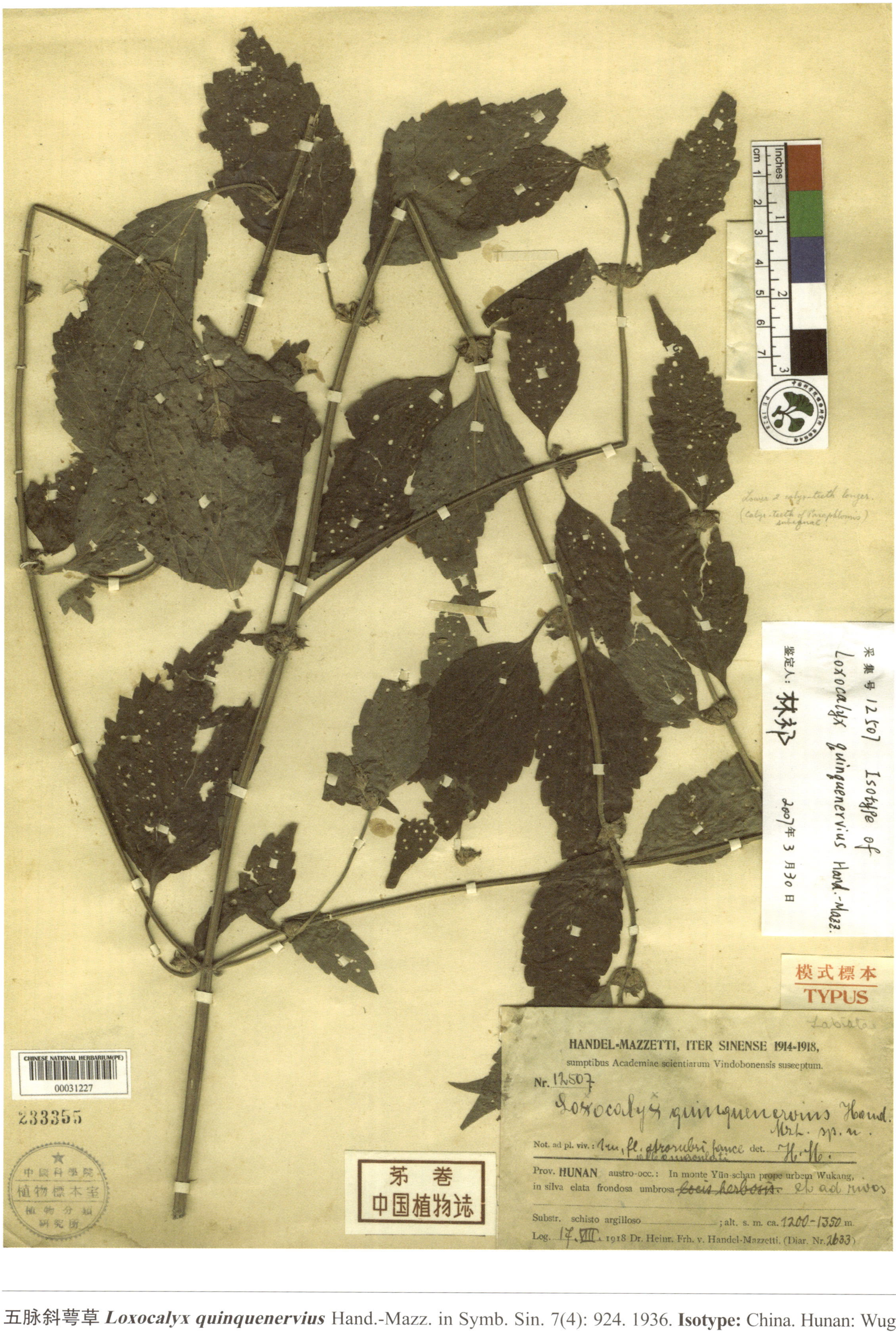

五脉斜萼草 ***Loxocalyx quinquenervius*** Hand.-Mazz. in Symb. Sin. 7(4): 924. 1936. **Isotype:** China. Hunan: Wugang, Yunshan, alt. 1 200~1 350 m, 1918-08-17, Handel-Mazzetti 12507.

云南蜜蜂花 ***Melissa yunnanensis*** C. Y. Wu & Y. C. Huang in Acta Phytotax. Sin. 10(3): 228. 1965. **Holotype:** China. Yunnan: Bijiang, alt. 3 200 m, 1934-09-04, H. T. Tsai 58356.

云南冠唇花钝齿变种 ***Microtoena delavayi*** Prain var. ***amblyodon*** C. Y. Wu & Hsuan in Acta Phytotax. Sin. 10(1): 48. 1965. **Holotype:** China. Yunnan: Lanping, alt. 2 900 m, 1933-08-25, H. T. Tsai 54088.

长萼冠唇花 ***Microtoena longisepala*** C. Y. Wu ex Hsuan in Acta Phytotax. Sin. 10(1): 55, pl. 15. 1965. **Isotype:** China. Sichuan: Butuo, alt. 2 300 m, 1959-08-24, Sichuan Econ. Pl. Exped. (Liang) 5842.

大萼冠唇花 ***Microtoena megacalyx*** C. Y. Wu in Acta Phytotax. Sin. 8(1): 48, pl. 5: 1–9. 1959. **Holotype:** China. Yunnan: Wenshan, alt. 2000~2200 m, 1947-08-19, K. M. Feng 11344.

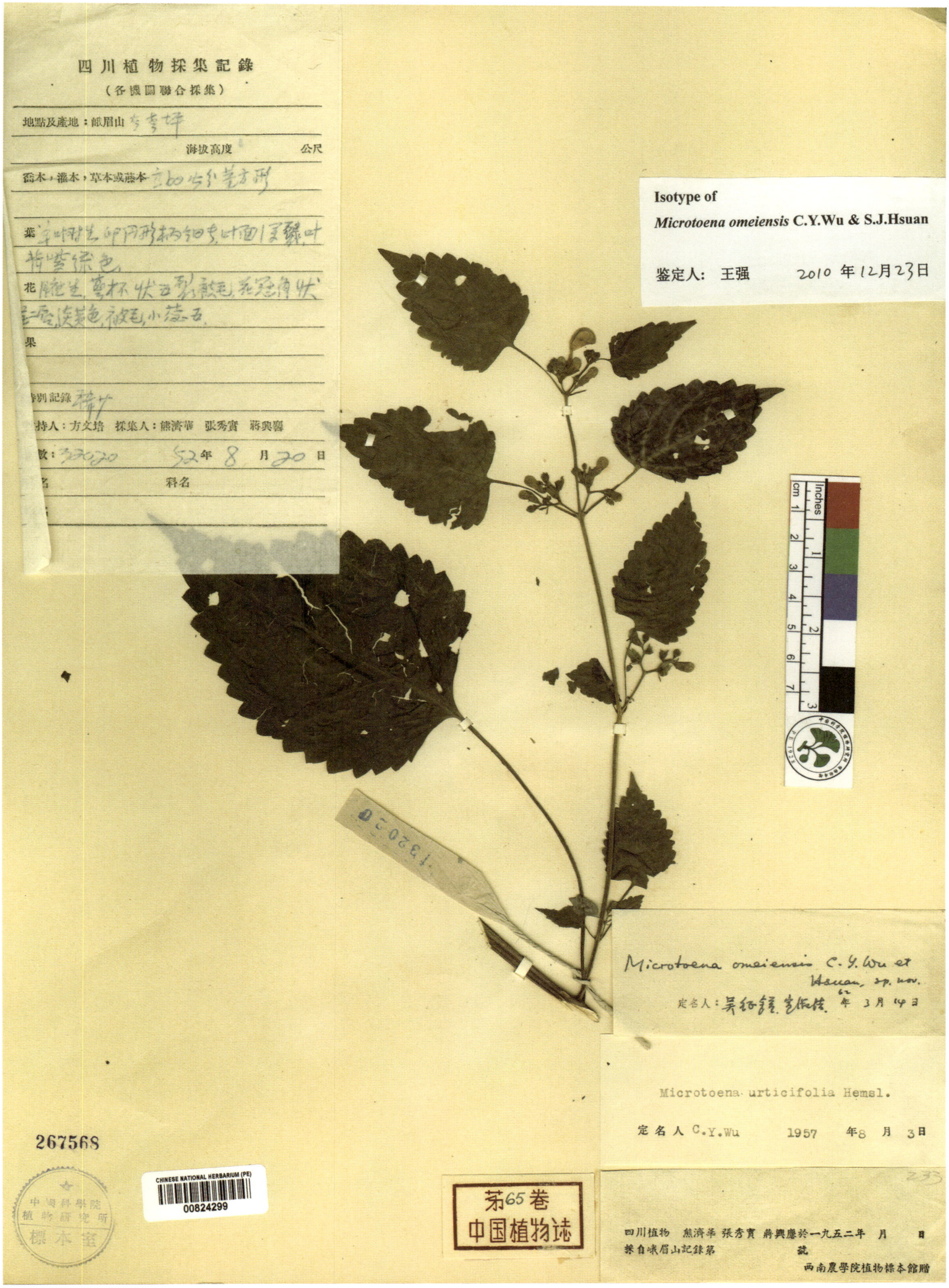

峨眉冠唇花 ***Microtoena omeiensis*** C. Y. Wu & Hsuan ex Hsuan in Acta Phytotax. Sin. 10(1): 51. 1965. **Isotype:** China. Sichuan: Emei, Emeishan, 1952-08-20, G. H. Hsiung, S. C. Chang & S. L. Tsiang 32020.

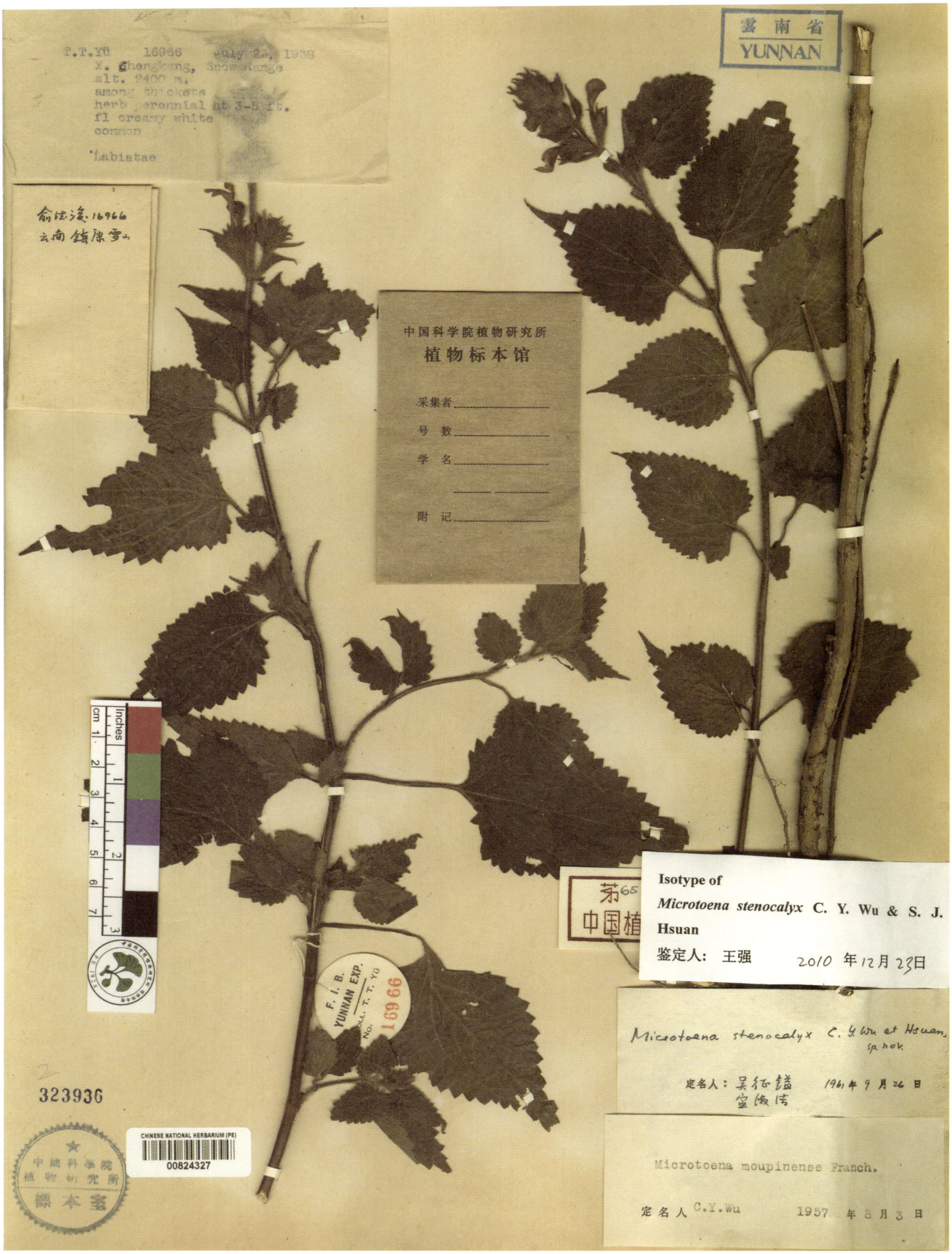

狭萼冠唇花 ***Microtoena stenocalyx*** C. Y. Wu & Hsuan ex Hsuan in Acta Phytotax. Sin. 10(1): 49. 1965. **Isotype:** China. Yunnan: Zhenkang, alt. 2400 m, 1938-07-25, T. T. Yu 16966.

细花冠唇花 ***Microtoena tenuiflora*** C. Y. Wu in Acta Phytotax. Sin. 8(1): 47, pl. 5, f. 10-20. 1959. **Holotype:** China. Yunnan: Precise locality not known, 1933-09-08, Y. Tsiang 11884.

短梗麻叶冠唇花 ***Microtoena urticifolia*** Hemsl. var. ***brevipedunculata*** C. Y. Wu & Hsuan ex Hsuan in Acta Phytotax. Sin. 10(1): 54. 1965. **Holotype:** China. Hunan: Qianyang, Xuefengshan, 1954-08-09, Z. T. Lee 2985.

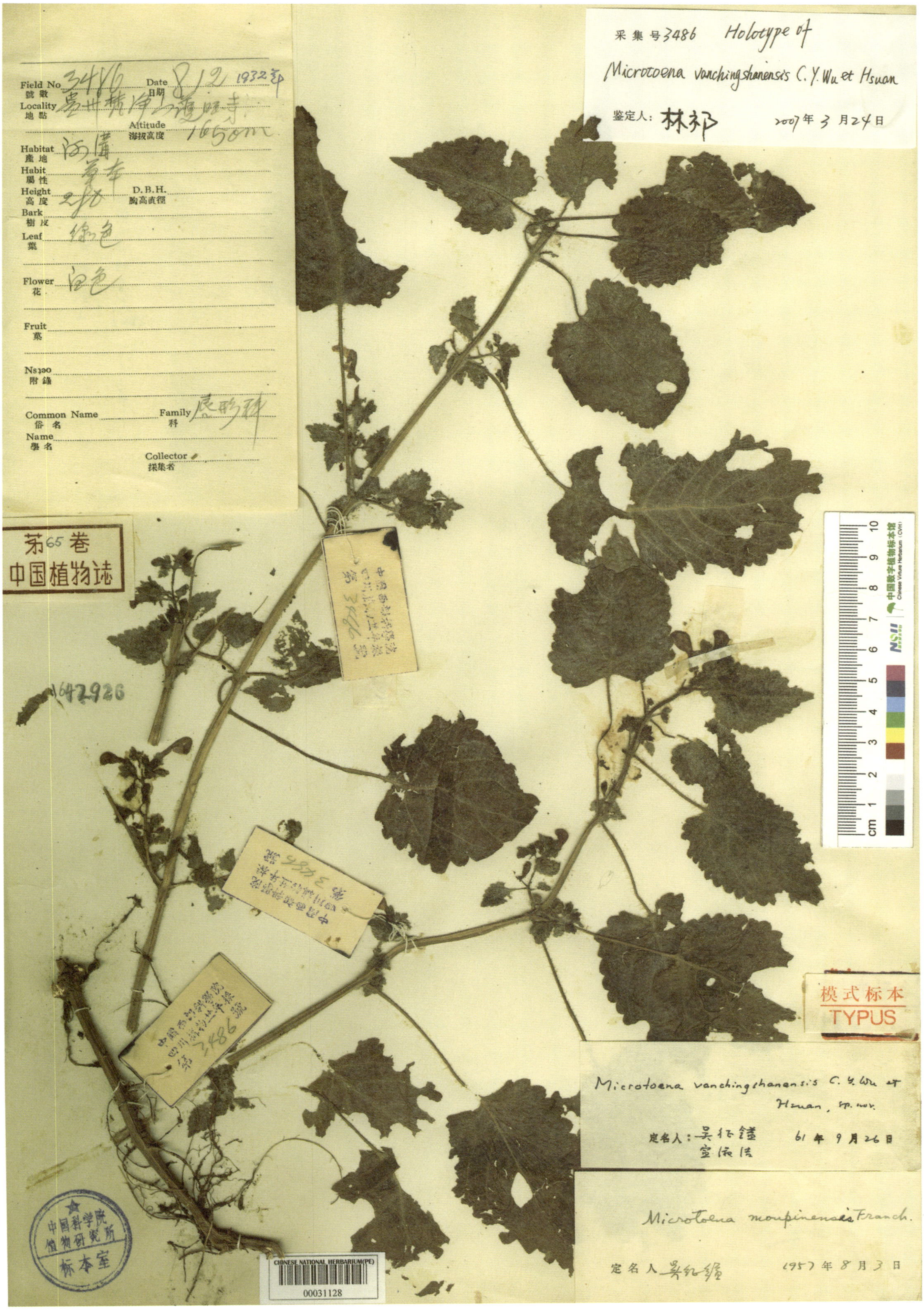

梵净山冠唇花 ***Microtoena vanchingshanensis*** C. Y. Wu & Hsuan in Acta Phytotax. Sin. 10(1): 52, pl. 14. 1965. **Holotype:** China. Guizhou: Fanjingshan, alt. 1650 m, 1932-08-12, Academia Occidentalis Sinicae 3486.

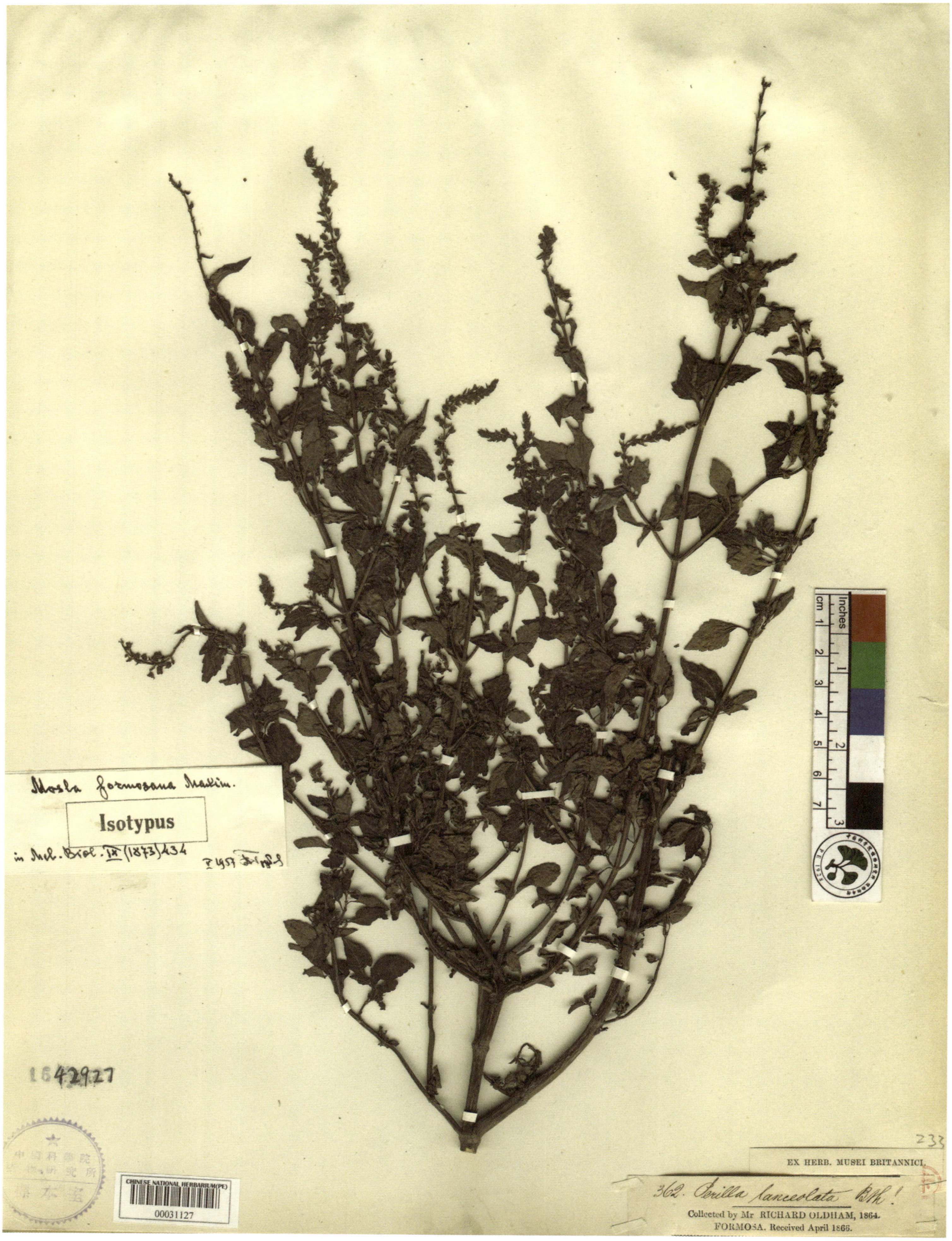

台湾荠苎 ***Mosla formosana*** Maxim. in Bull. Acad. Imp. Sci. St.-Petersb. 20: 459. 1874. **Isotype:** China. Taiwan: Precise locality not known, 1864-??-??, R. Oldham s. n.

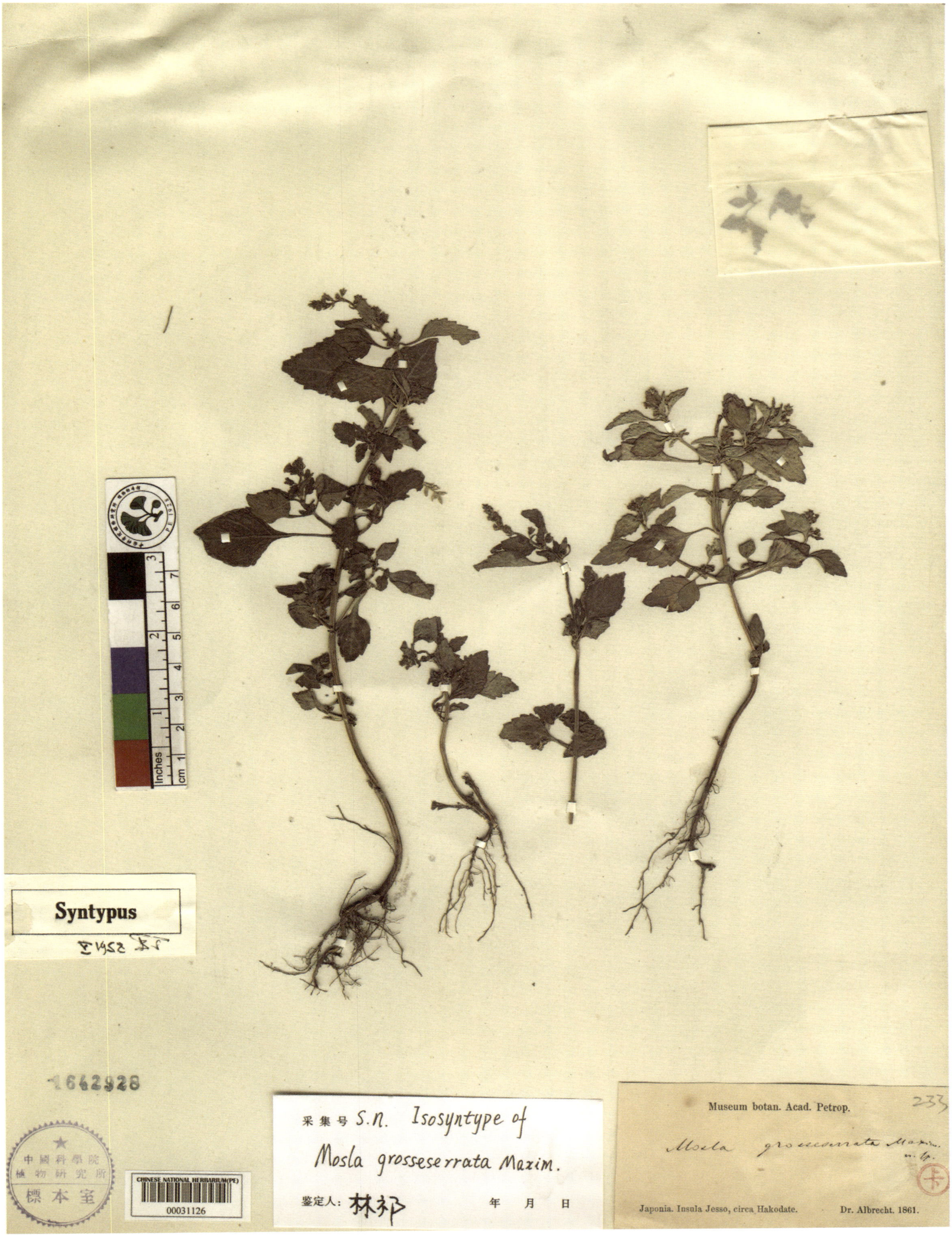

荠苎 ***Mosla grosseserrata*** Maxim. in Bull. Acad. Imp. Sci. St.-Petersb. 20: 458. 1874. **Isosyntype:** Japan. Insula Jesso, 1861-??-??, Albrecht s. n.

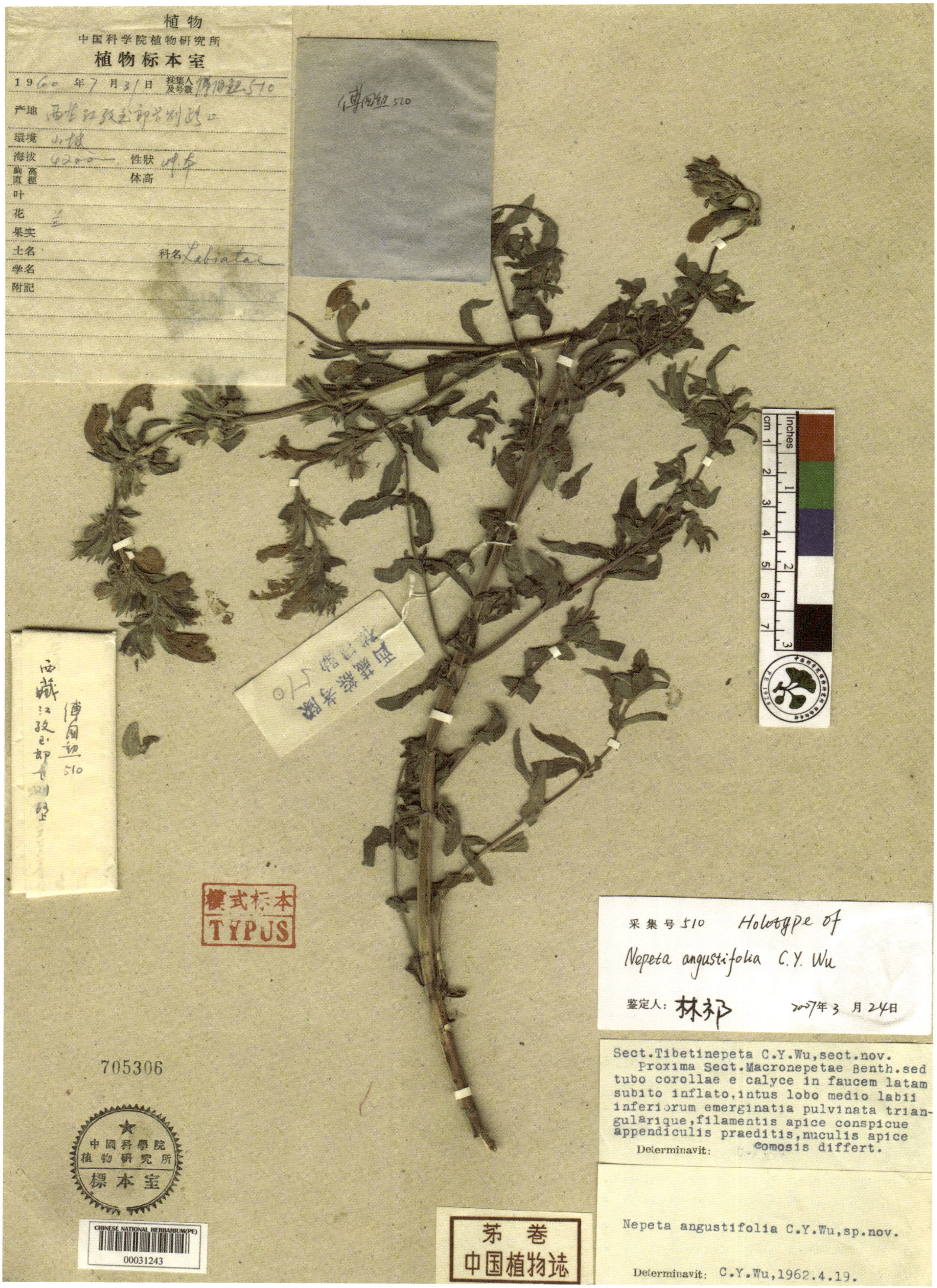

藏荆芥 ***Nepeta angustifolia*** C. Y. Wu, Fl. Reip. Pop. Sin. 65(2): 296, 588. 1977. **Holotype:** China. Xizang: Gyangzê, alt. 4 200 m, 1960-07-31, G. X. Fu 510.

黑绿荆芥 ***Nepeta atroviridis*** C. Y. Wu & Hsuan, Fl. Reip. Pop. Sin. 65(2): 303, 589. 1977. **Holotype:** China. Xizang: Zharang, alt. 3 700 m, 1960-08-16, G. X. Fu 555.

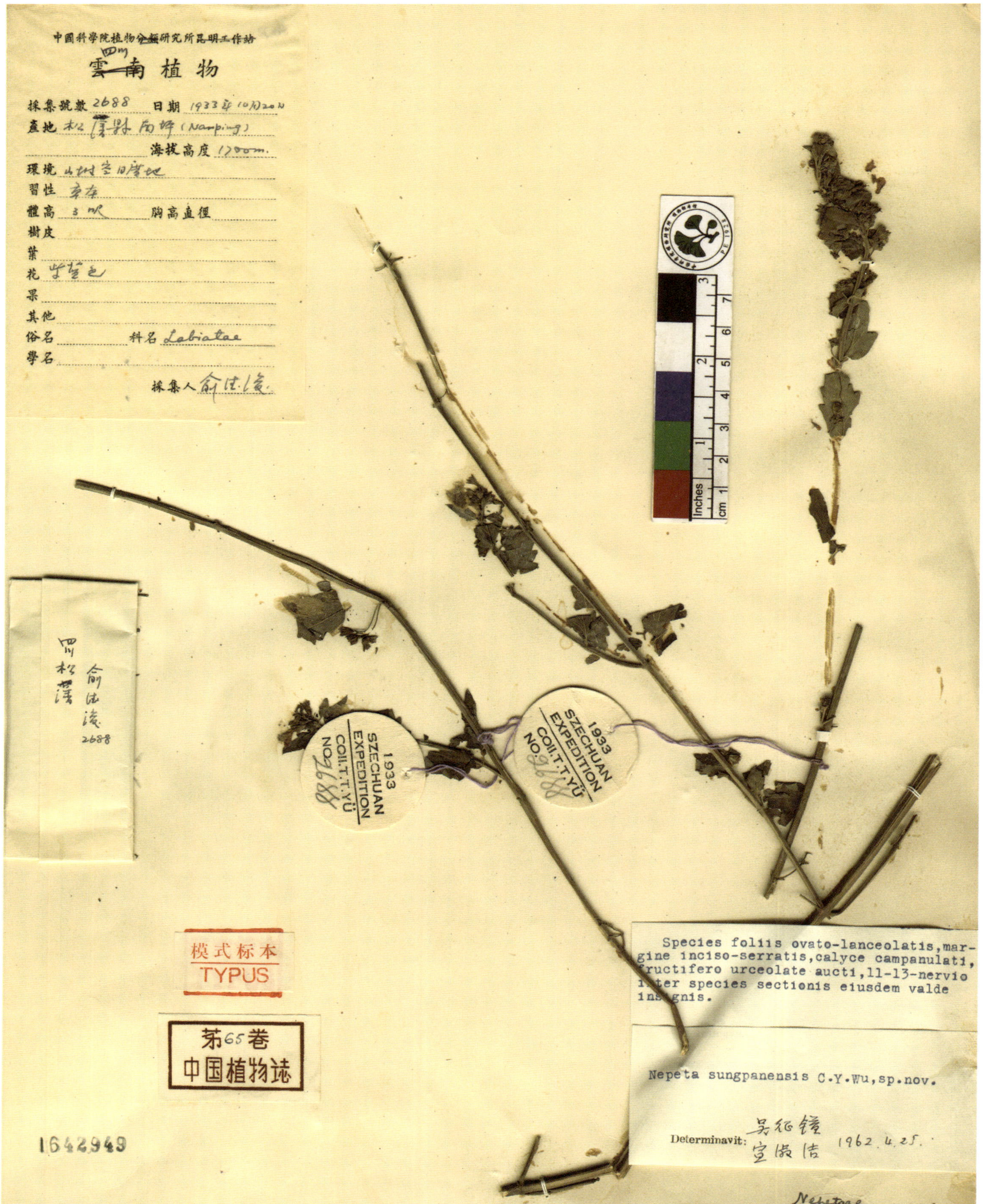

松潘荆芥 ***Nepeta sungpanensis*** C. Y. Wu, Fl. Reip. Pop. Sin. 65(2): 306, 590, pl. 60. 1977. **Holotype:** China. Sichuan: Songpan, alt. 1 700 m, 1933-10-20, T. T. Yu 2688.

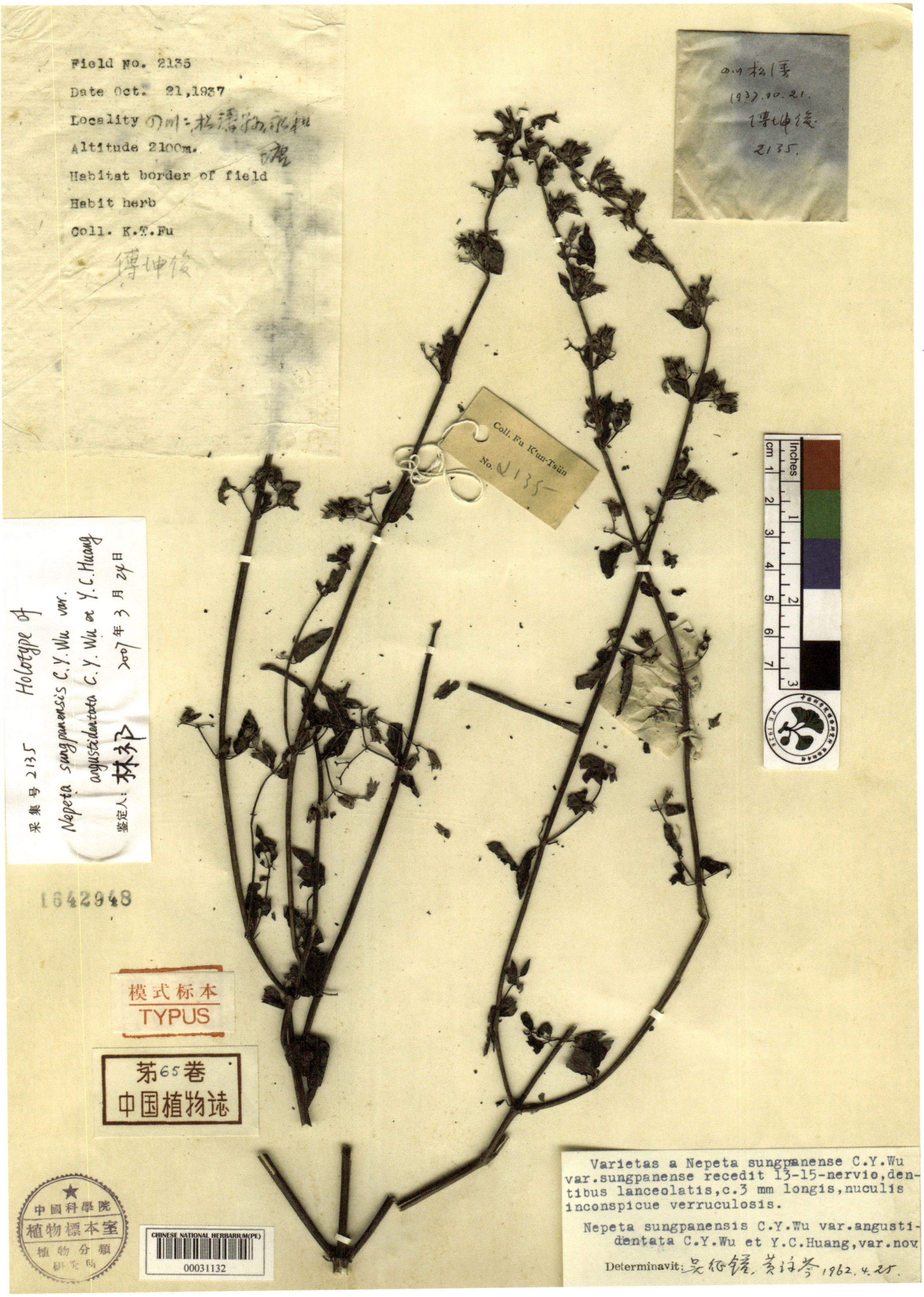

松潘荆芥狭齿变种 ***Nepeta sungpanensis*** C. Y. Wu var. ***angustidentata*** C. Y. Wu & Y. C. Huang, Fl. Reip. Pop. Sin. 65(2): 306, 590. 1977. **Holotype:** China. Sichuan: Songpan, alt. 2 100 m, 1937-10-21, K. T. Fu 2135.

帚枝荆芥 ***Nepeta virgata*** C. Y. Wu & Hsuan, Fl. Reip. Pop. Sin. 65(2): 310, 590. 1977. **Holotype:** China. Xinjiang: Zhaosu, 1957-08-12, K. C. Kuan 3269.

长刺钩萼 ***Notochaete longiaristata*** C. Y. Wu & H. W. Li in Acta Phytotax. Sin. 10(2): 154, pl. 37. 1965. **Holotype:** China. Yunnan: Gongshan, alt. 2 300 m, 1938-11-07, T. T. Yu 20995.

长苞荠苧 ***Orthodon longibracteatus*** C. Y. Wu & Hsuan in Acta Phytotax. Sin. 10(3): 232. 1965. **Isotype:** China. Zhejiang: Longquan, alt. 480 m, 1934-10-12, Y. Y. Ho 3343.

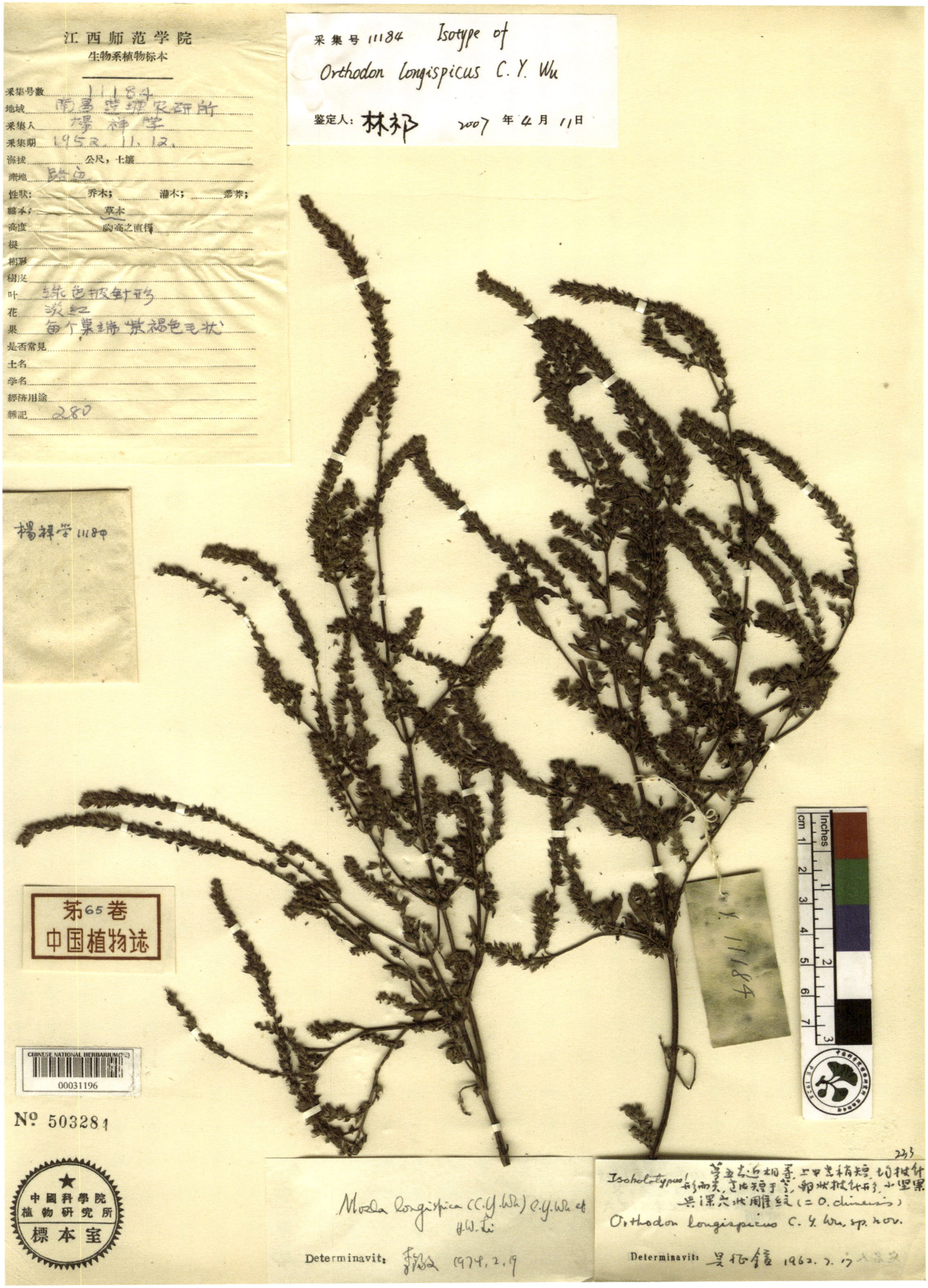

长穗荠苎 ***Orthodon longispicus*** C. Y. Wu in Acta Phytotax. Sin. 10(3): 231. 1965. **Isotype:** China. Jiangxi: Nanchang, 1952-11-12, S. S. Yang 11184.

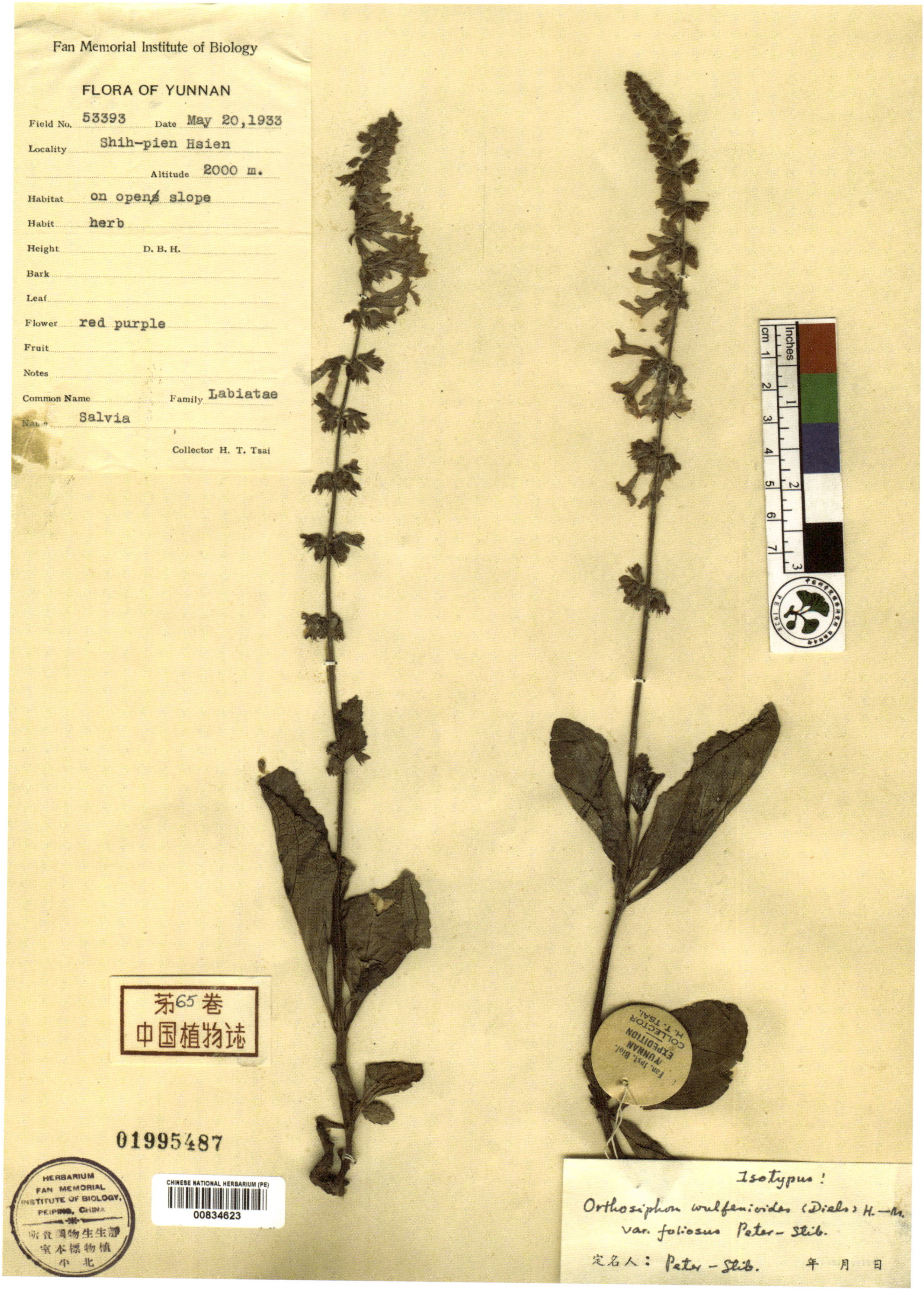

鸡脚参茎叶变种 ***Orthosiphon wulfenioides*** (Diels) Hand.-Mazz. var. ***foliosus*** Pet.-Stib. in Bull. Fan Mem. Inst. Biol., Bot. Ser. 8: 54. 1938. **Isotype:** China. Yunnan: Shiping, alt. 2 000 m, 1933-05-20, H. T. Tsai 53393.

腋疮草 ***Panzeria alaschanica*** Kupr. in Not. Syst. Herb. Inst. Bot. Nom. Kom. Acad. Sci. URSS. 15: 363, pl. 6. 1953.
Isotype: China. Nei Mongol: Alxa Zuoqi, 1871-06-20, N. Przewalski s. n.

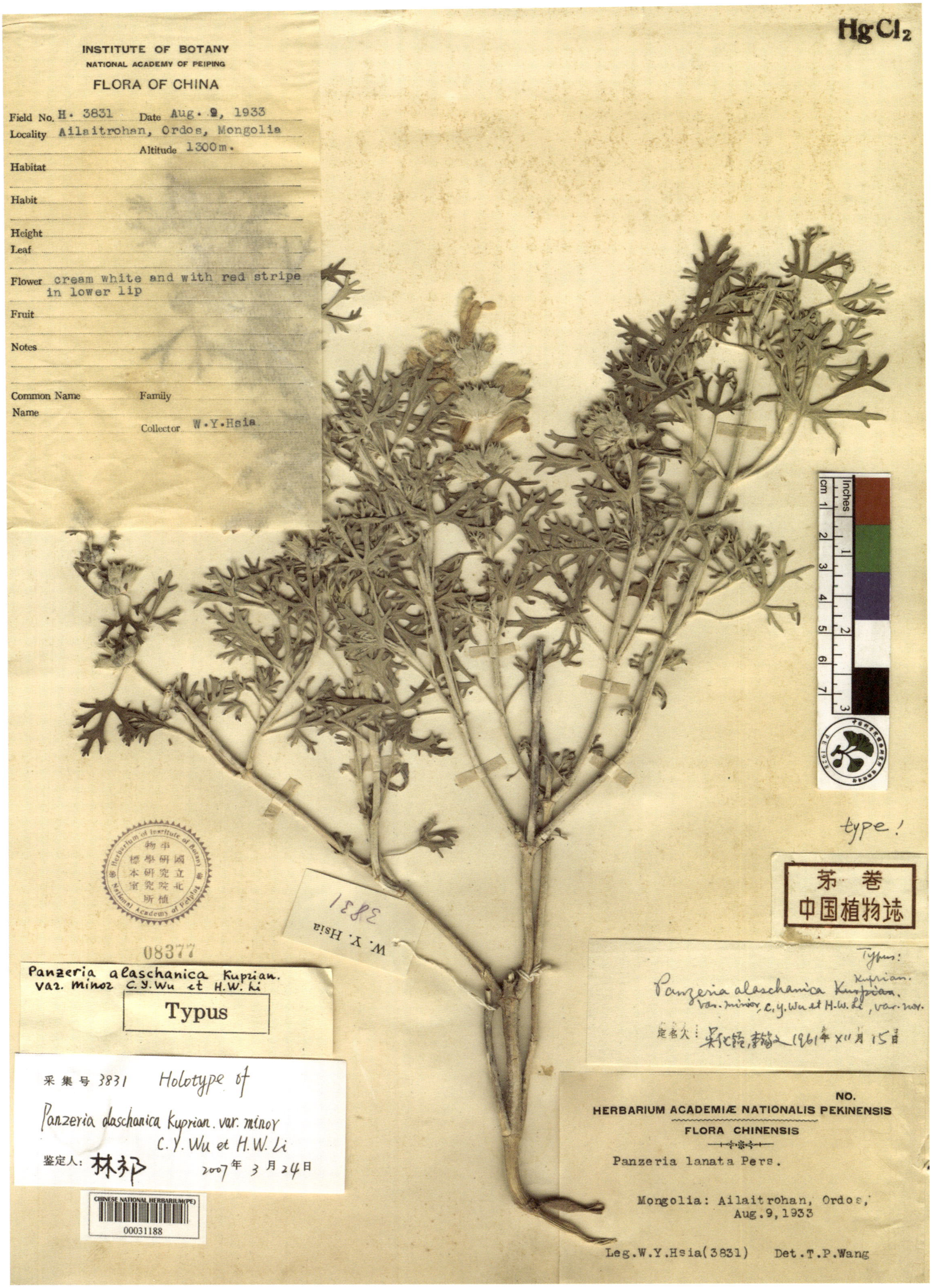

脓疮草较小变种 ***Panzeria alaschanica*** Kupr. var. ***minor*** C. Y. Wu & H. W. Li in Acta Phytotax. Sin. 10(2): 165. 1965.
Holotype: China. Nei Mongol: Ordos, alt. 1 300 m, 1933-08-02, W. Y. Hsia 3831.

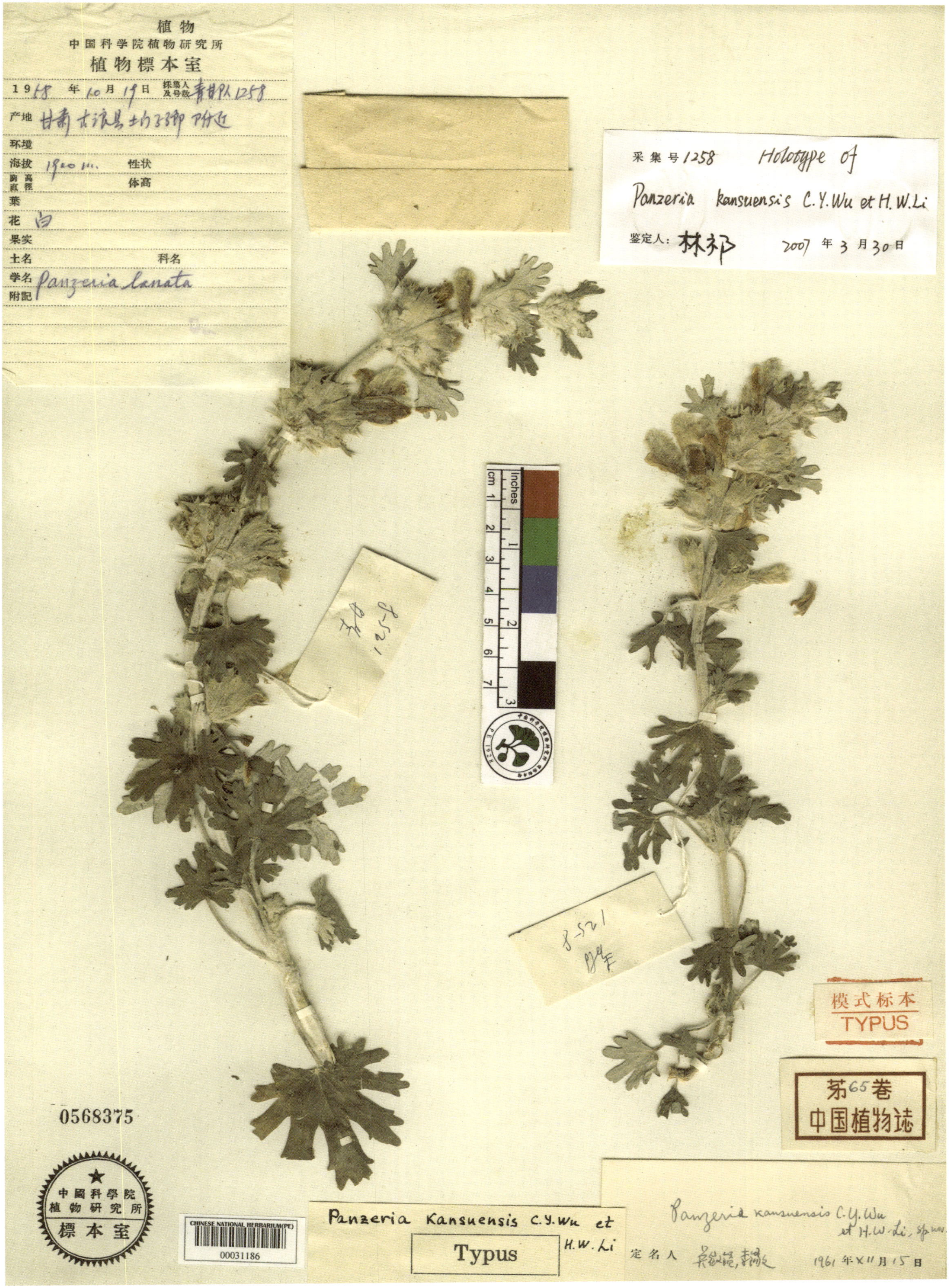

甘肃脓疮草 ***Panzeria kansuensis*** C. Y. Wu & H. W. Li in Acta Phytotax. Sin. 10(2): 165. 1965. **Holotype:** China. Gansu: Gulang, alt. 1 900 m, 1958-10-19, Qinghai-Gansu Exped. 1258.

小花脓疮草 ***Panzeria parviflora*** C. Y. Wu & H. W. Li in Acta Phytotax. Sin. 10(2): 164. 1965. **Holotype:** China. Xinjiang: Precise locality not known, Academia Agriculture Sinkiangensis 2013.

绒毛假糙苏 ***Paraphlomis albo-tomentosa*** C. Y. Wu in Acta Phytotax. Sin. 8(1): 36, pl. 4, f. 1-13. 1959. **Holotype:** China. Hunan: Yongshun, 1953-07-27, Hunan Exped. 330.

中间假糙苏 ***Paraphlomis intermedia*** C. Y. Wu & H. W. Li in Acta Phytotax. Sin. 10(1): 72. 1965. **Paratype:** China. Zhejiang: Longquan, S. Y. Chang 2828.

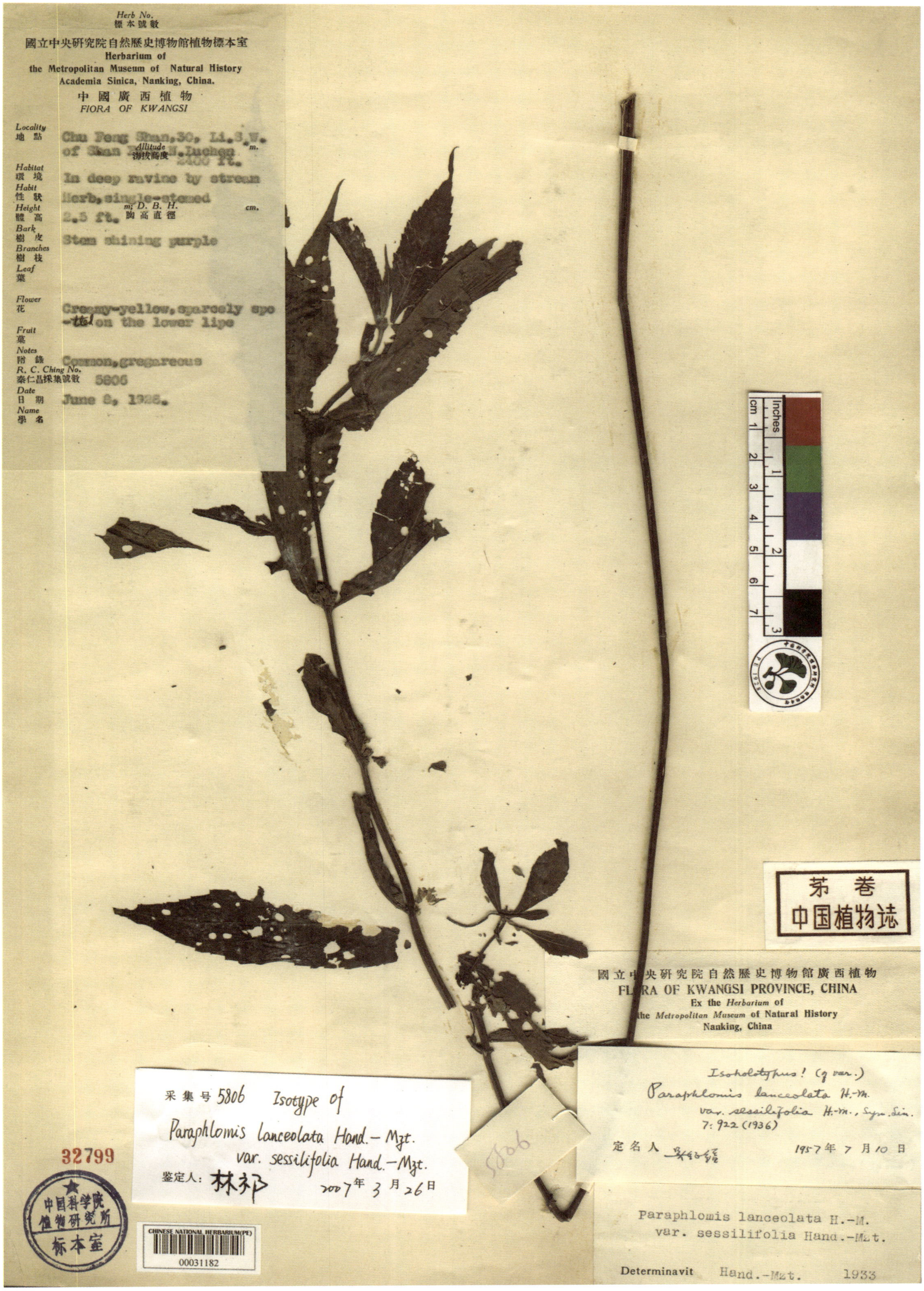

长叶假糙苏无柄变种 ***Paraphlomis lanceolata*** Hand.-Mazz. var. ***sessilifolia*** Hand.-Mazz. in Symb. Sin. 7: 922. 1936.
Isotype: China. Guangxi: Luocheng, alt. 732 m, 1928-06-08, R. C. Ching 5806.

顺昌假糙苏 ***Paraphlomis shunchangensis*** Z. Y. Li & M. S. Li, Fl. Fujian. 4: 601, 633. 1989. **Holotype:** China. Fujian: Shunchang, alt. 306 m, 1986-09-26, M. S. Li & al. 6680.

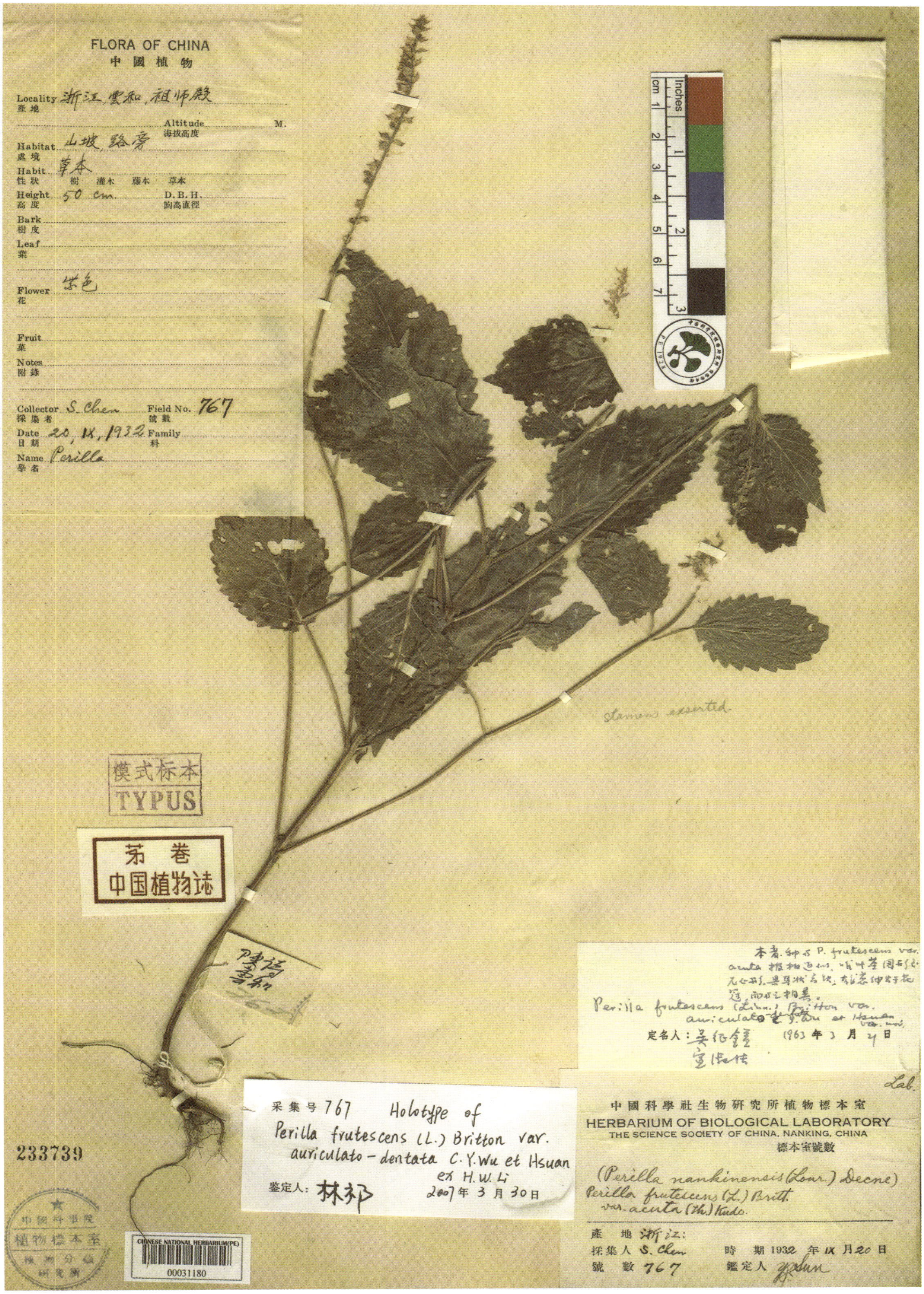

紫苏耳齿变种 ***Perilla frutescens*** (L.) Britton var. ***auriculato-dentata*** C. Y. Wu & Hsuan ex H. W. Li in Acta Phytotax. Sin. 12(2): 228. 1974. **Holotype:** China. Zhejiang: Yunhe, 1932-09-20, S. Chen 767.

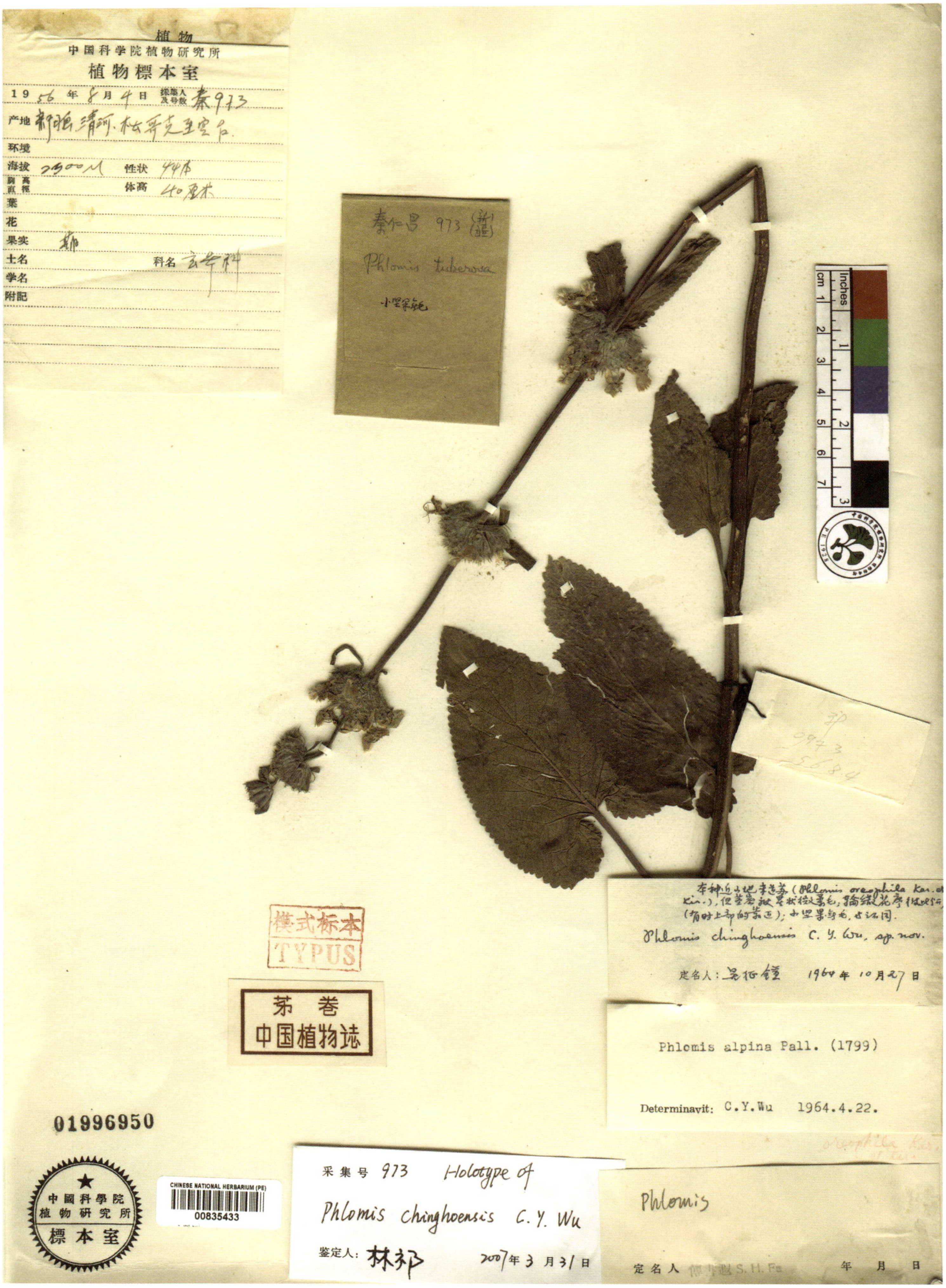

清河糙苏 ***Phlomis chinghoensis*** C. Y. Wu, Fl. Reip. Pop. Sin. 65(2): 437, 594. 1977. **Holotype:** China. Xinjiang: Qinghe, alt. 2 300 m, 1956-08-04, R. C. Ching 973.

假秦艽白花变型 ***Phlomis betonicoides*** Diels f. ***alba*** C. Y. Wu, Fl. Reip. Pop. Sin. 65(2): 440, 594. 1977. **Holotype:** China. Yunnan: Zhongdian(=Shangri-La), 1939-06-09, K. M. Feng 1245.

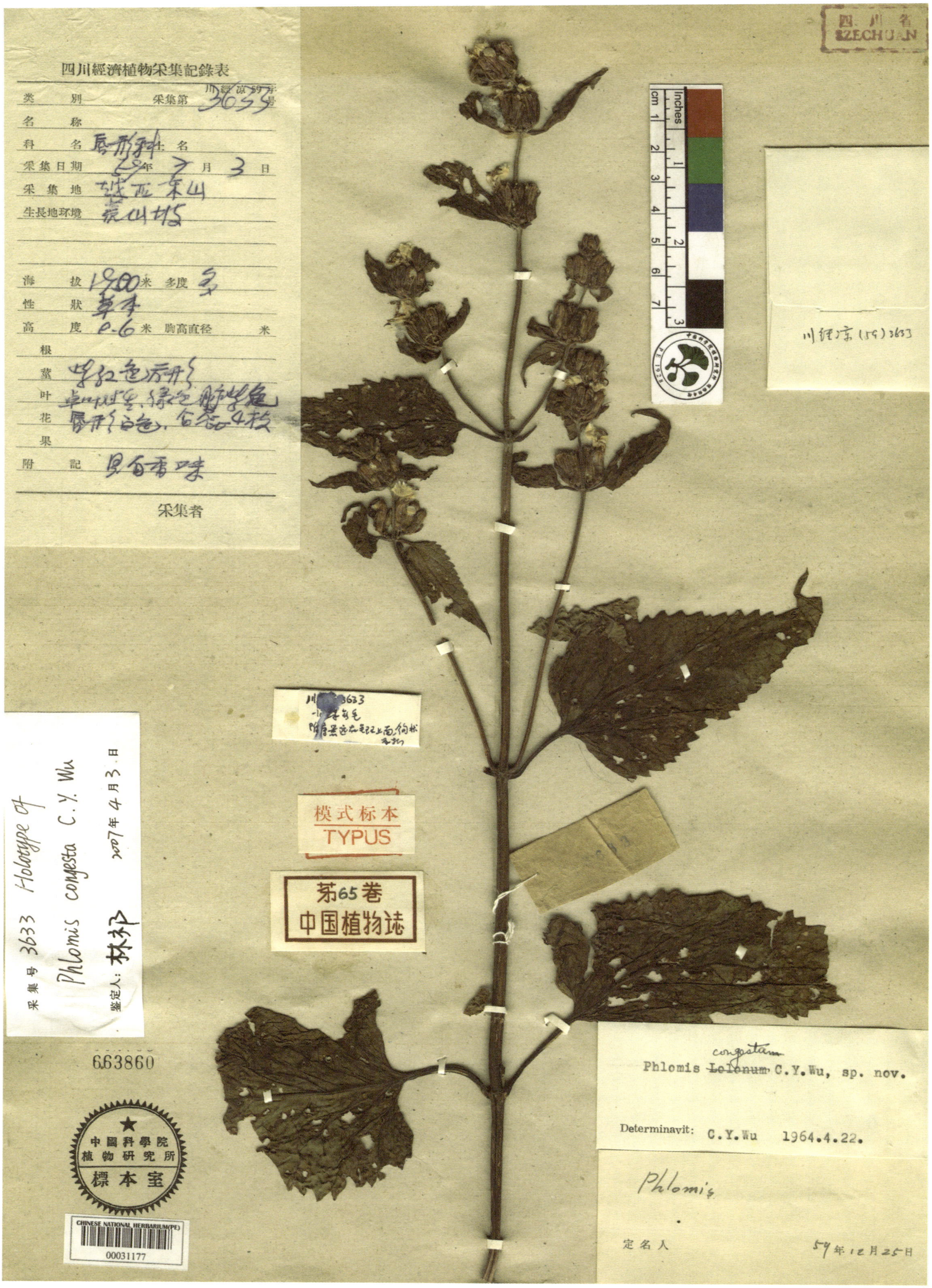

乾精菜 ***Phlomis congesta*** C. Y. Wu, Fl. Reip. Pop. Sin. 65(2): 461, 598, pl. 87, 89: 4. 1977. **Holotype:** China. Sichuan: Yuexi, alt. 1 900 m, 1959-07-03, Sichuan Econ. Pl. Exped. (Liang) 3633.

楔叶糙苏 ***Phlomis cuneata*** C. Y. Wu, Fl. Reip. Pop. Sin. 65(2): 434, 594. 1977. **Holotype:** China. Xizang: Cuijilashan, 1952-09-06, P. C. Tsoong 5335.

裂唇糙苏 ***Phlomis fimbriata*** C. Y. Wu, Fl. Reip. Pop. Sin. 65(2): 452, 596. pl. 84: 8-10. 1977. **Holotype:** China. Yunnan: Gongshan, alt. 3 500 m, 1938-08-07, T. T. Yu 19718.

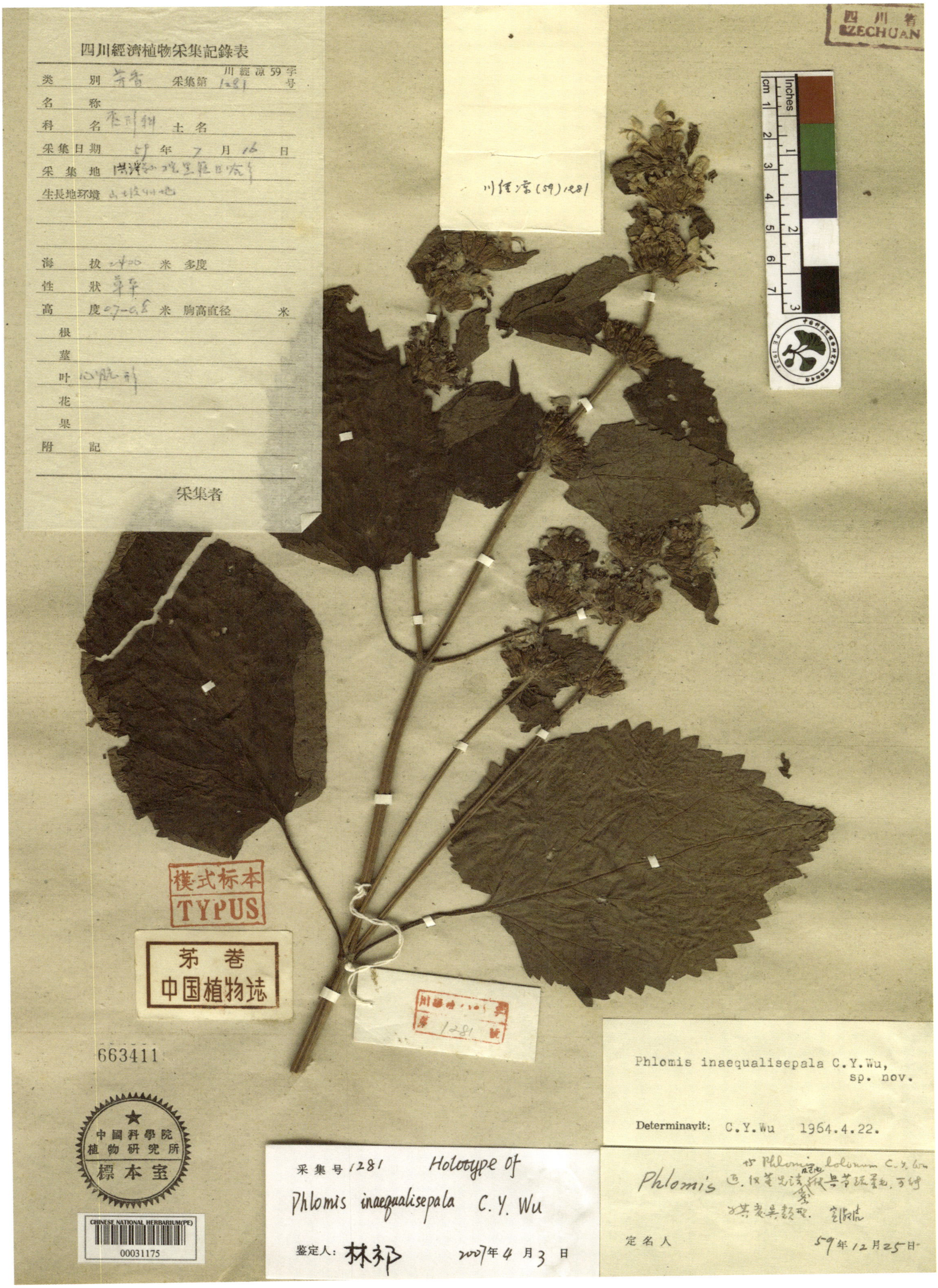

斜萼糙苏 ***Phlomis inaequalisepala*** C. Y. Wu, Fl. Reip. Pop. Sin. 65(2): 462, 598. 1977. **Holotype:** China. Sichuan: Hongxi, alt. 2 400 m, 1959-07-16, Sichuan Econ. Pl. Exped. (Liang) 1281.

丽江糙苏 ***Phlomis likiangensis*** C. Y. Wu, Fl. Reip. Pop. Sin. 65(2): 466, 599. 1977. **Isotype:** China. Yunnan: Lijiang, 1939-07-04, R. C. Ching 20873.

长萼糙苏 ***Phlomis longicalyx*** C. Y. Wu, Fl. Yunnan. 1: 617. 1977. **Isotype:** China. Yunnan: Weixi, H. T. Tsai 57175.

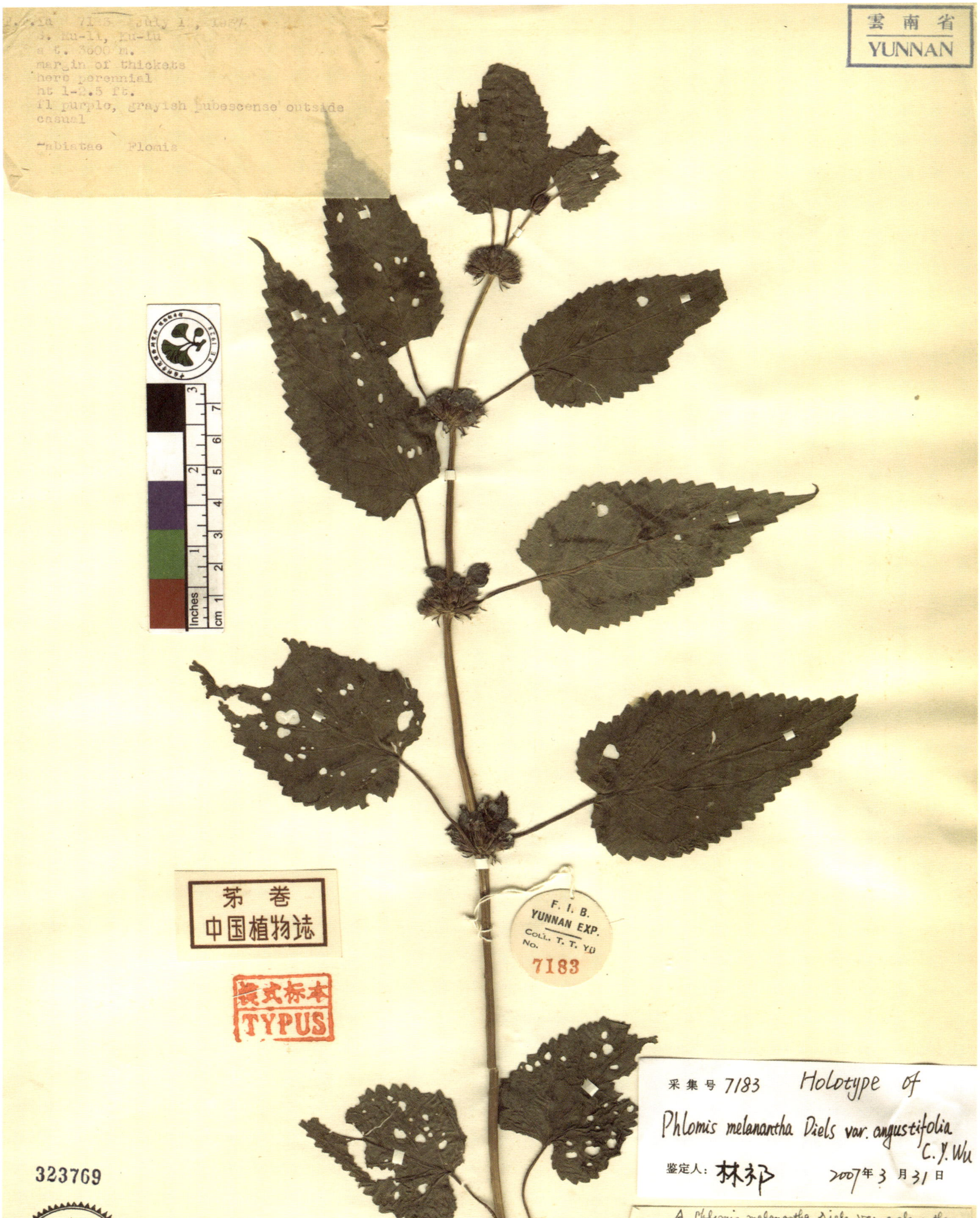

黑花糙苏狭叶变种 ***Phlomis melanantha*** Diels var. ***angustifolia*** C. Y. Wu, Fl. Reip. Pop. Sin. 65(2): 458, 597. 1977. **Holotype:** China. Sichuan: Muli, alt. 3 600 m, 1937-07-26, T. T. Yu 7183.

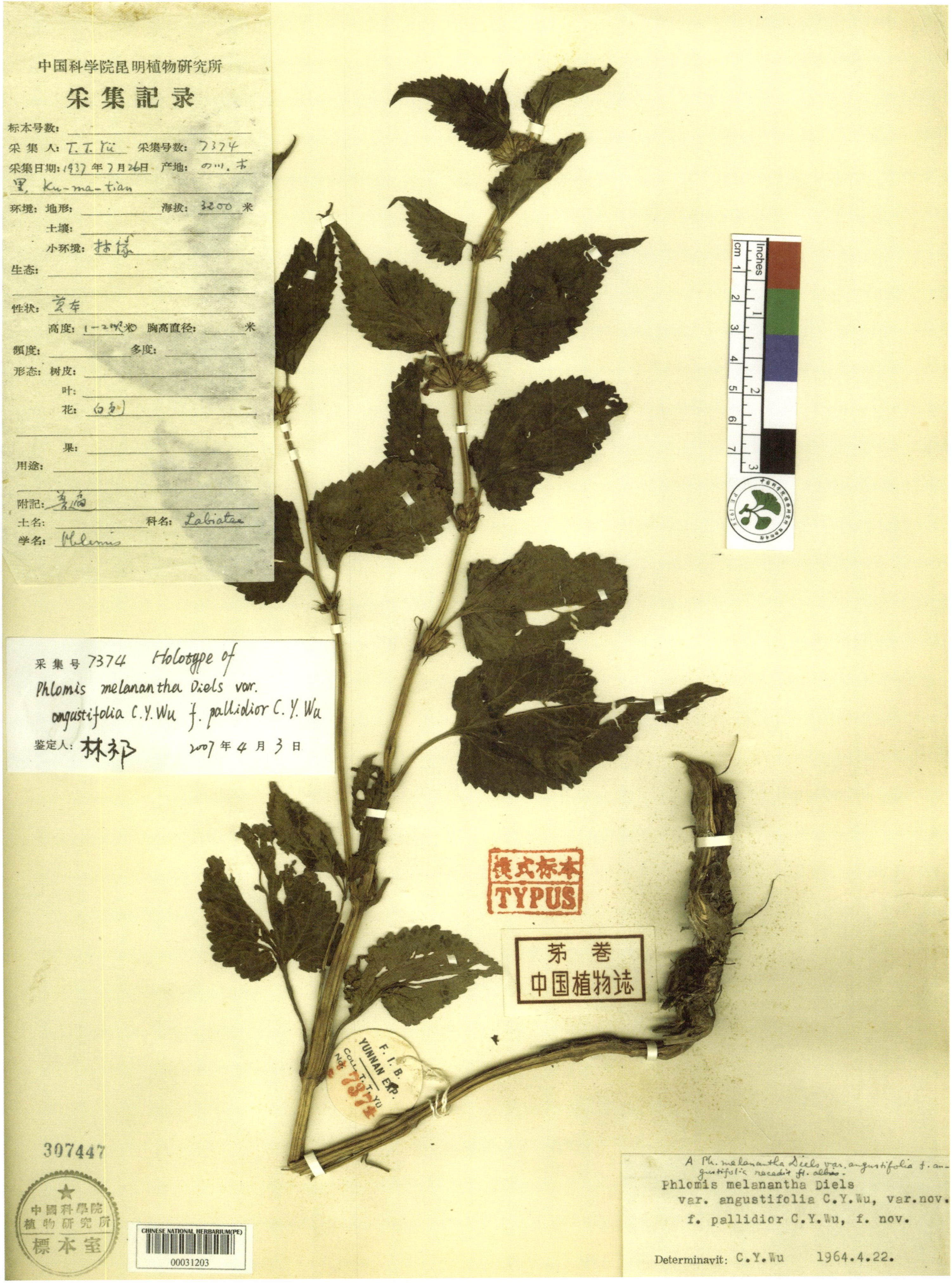

黑花糙苏狭叶变种浅色变型 ***Phlomis melanantha*** Diels var. ***angustifolia*** C. Y. Wu f. ***pallidior*** C. Y. Wu, Fl. Reip. Pop. Sin. 65(2): 458, 597. 1977. **Holotype:** China. Sichuan: Muli, alt. 3 200 m, 1937-07-26, T. T. Yu 7374.

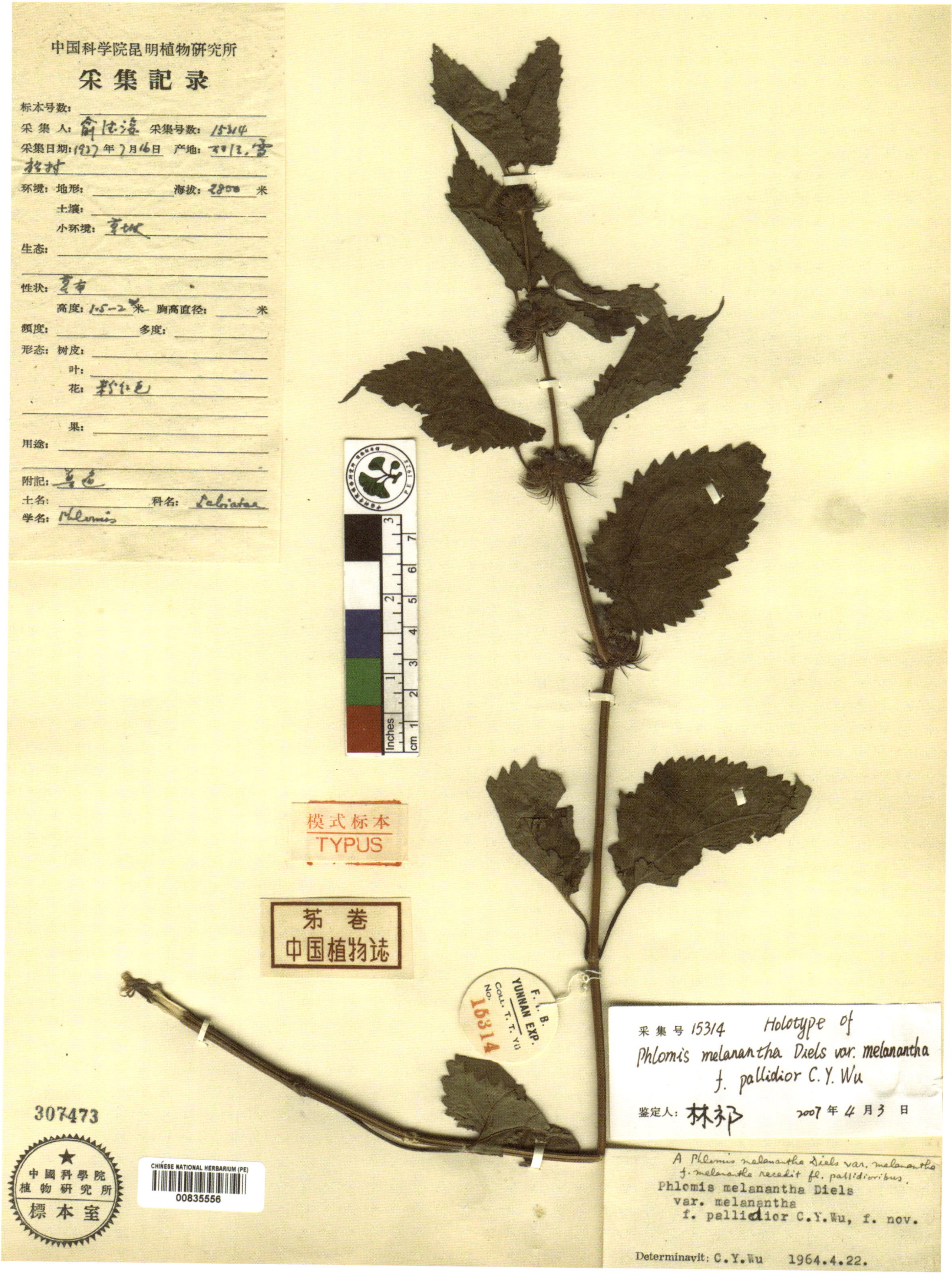

黑花糙苏原变种浅色变型 ***Phlomis melanantha*** Diels var. ***melanantha*** Diels f. ***pallidior*** C. Y. Wu, Fl. Reip. Pop. Sin. 65(2): 458, 597. 1977. **Holotype:** China. Yunnan: Lijiang, alt. 2 800 m, 1937-07-14, T. T. Yu 15314.

大花糙苏少花变种 ***Phlomis megalantha*** Diels var. ***pauciflora*** C. Y. Wu, Fl. Reip. Pop. Sin. 65(2): 456, 597. 1977.
Holotype: China. Shanxi: Fuping, alt. 2 400 m, 1952-07-15, P. C. Kuo 1665.

串铃草大头变种 ***Phlomis mongolica*** Turcz. var. ***macrocephala*** C. Y. Wu, Fl. Reip. Pop. Sin. 65(2): 444, 595. 1977. **Holotype:** China. Nei Mongol: Ih Ju Meng, Anonymous s. n.

木里糙苏 ***Phlomis muliensis*** C. Y. Wu, Fl. Reip. Pop. Sin. 65(2): 472, 600. 1977. **Holotype:** China. Sichuan: Muli, alt. 2 500 m, 1959-10-30, S. K. Wu 2899.

山地糙苏无长毛变种 ***Phlomis oreophila*** Kar. & Kir. var. ***evillosa*** C. Y. Wu, Fl. Reip. Pop. Sin. 65(2): 437, 594. 1977. **Holotype:** China. Xinjiang: Fuhai, alt. 2 080 m, 1957-07-11, S. L. Chen 186.

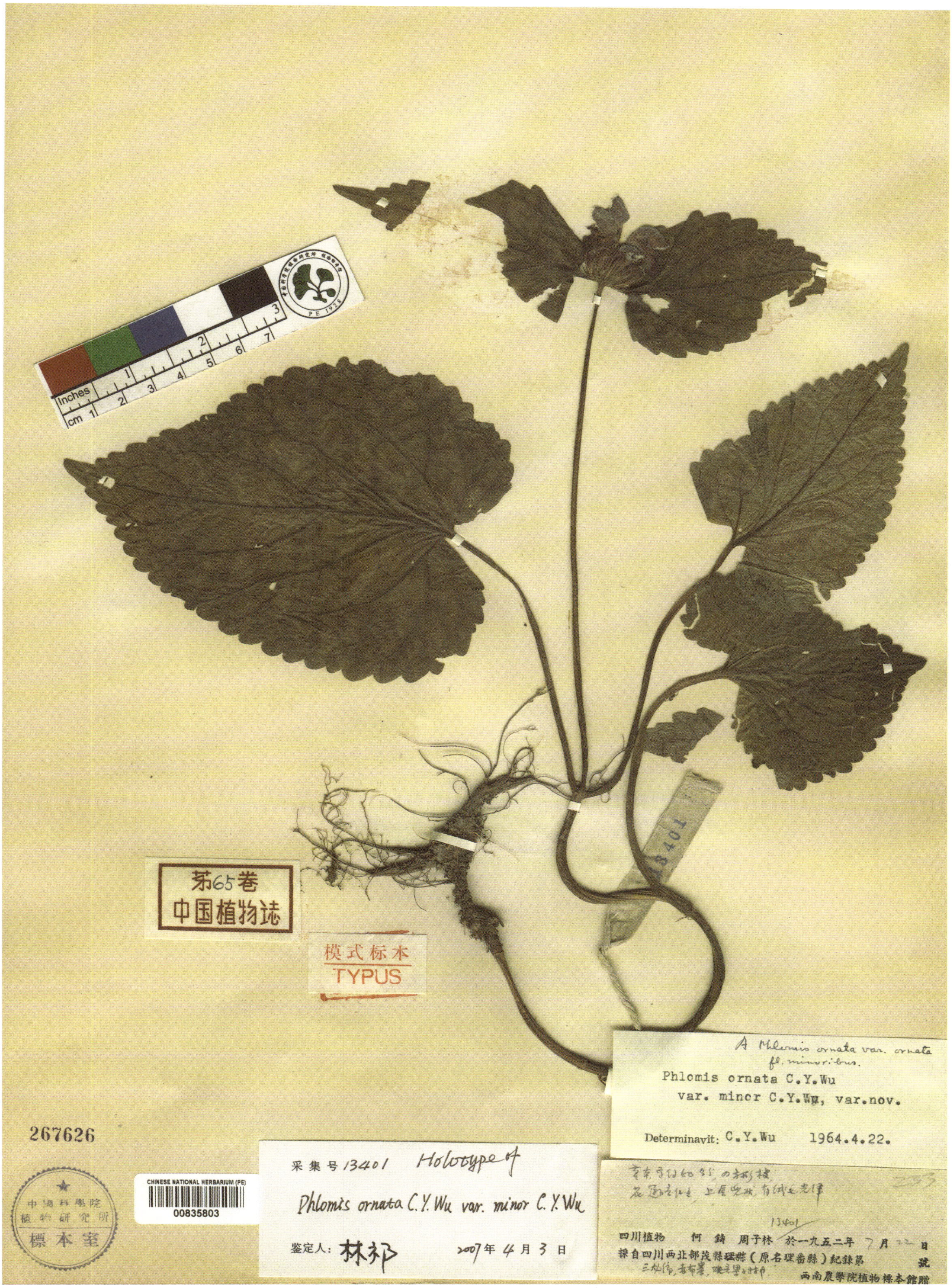

美观糙苏小花变种 ***Phlomis ornate*** C. Y. Wu var. ***minor*** C. Y. Wu, Fl. Reip. Pop. Sin. 65(2): 457, 597. 1977. **Holotype:** China. Sichuan: Mao Xian, 1952-07-22, Z. He & Z. L. Zhou 13401.

宝兴糙苏 ***Phlomis paohsingensis*** C. Y. Wu, Fl. Reip. Pop. Sin. 65(2): 459, 598. 1977. **Holotype:** China. Sichuan: Baoxing, alt. 3 100 m, 1933-07-06, T. T. Yu 2207.

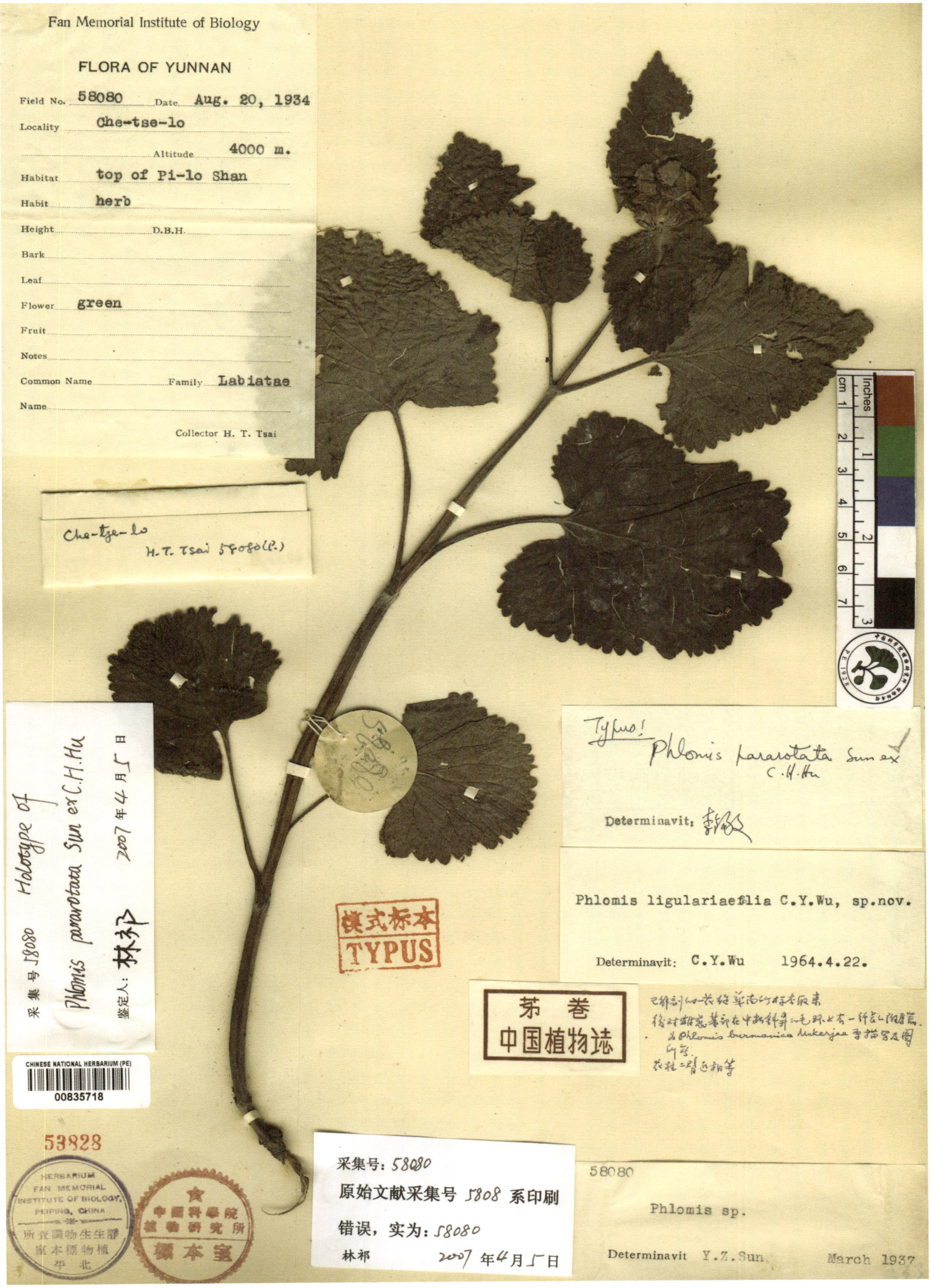

假轮状糙苏 ***Phlomis pararotata*** Sun ex C. H. Hu in Acta Phytotax. Sin. 11(1): 44. 1966. **Holotype:** China. Yunnan: Dêqên, alt. 4 000 m, 1934-08-20, H. T. Tsai 58080.

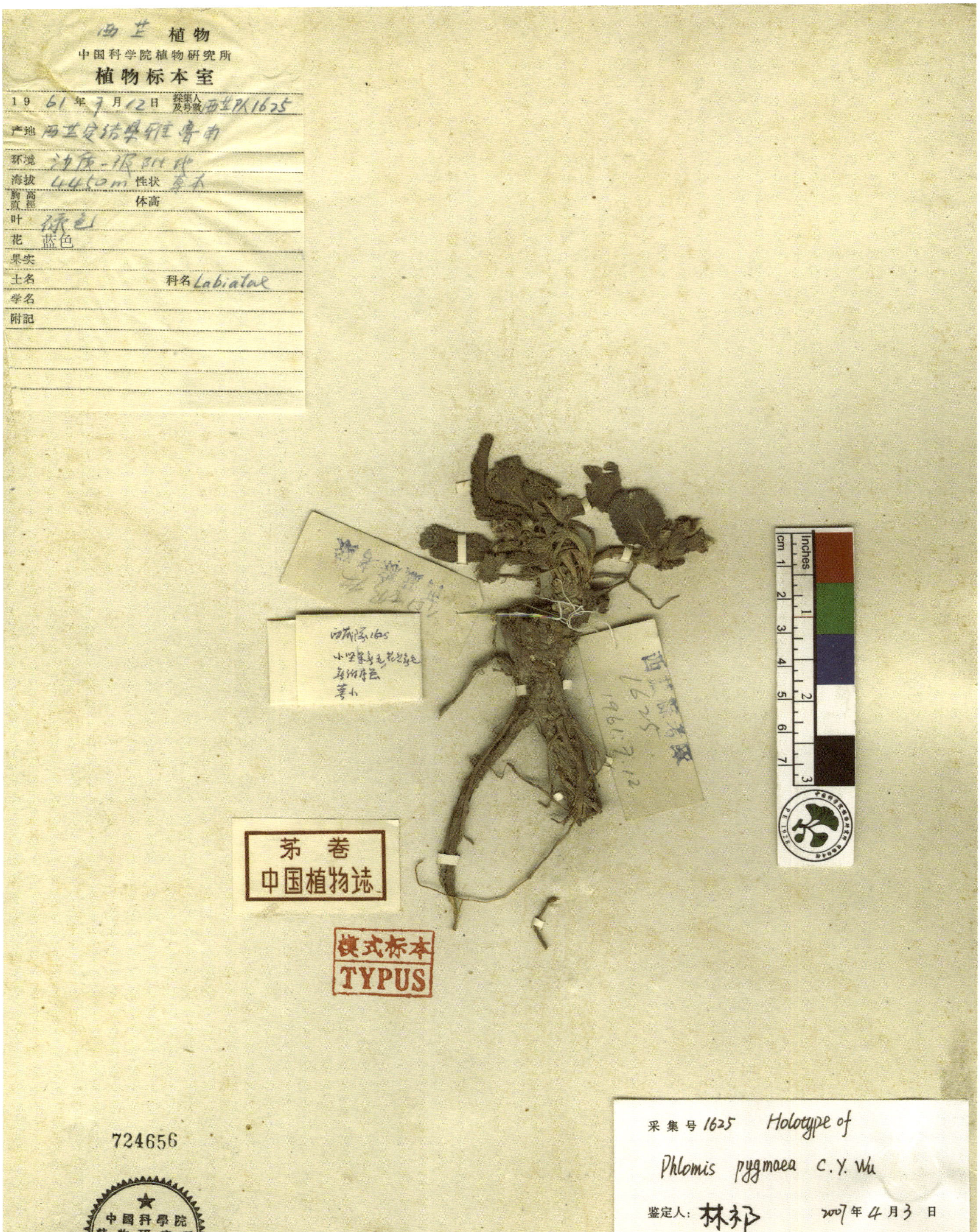

矮糙苏 ***Phlomis pygmaea*** C. Y. Wu, Fl. Reip. Pop. Sin. 65(2): 453, 596. 1977. **Holotype:** China. Xizang: Dingyê, alt. 4 450 m, 1961-07-12, Xizang Exped. 1625.

美观糙苏 ***Phlomis speciosa*** Hand.-Mazz. in Acta Horti Gotoburg. 13: 344. 1939. **Isotype:** China. Sichuan: Kangding, alt. 3 300 m, 1934-07-11, Harry Smith 10435.

糙毛糙苏 ***Phlomis strigosa*** C. Y. Wu, Fl. Reip. Pop. Sin. 65(2): 464, 599, pl. 89: 3. 1977. **Isotype:** China. Yunnan: Heqing, 1940-07-29, R. C. Ching 23428.

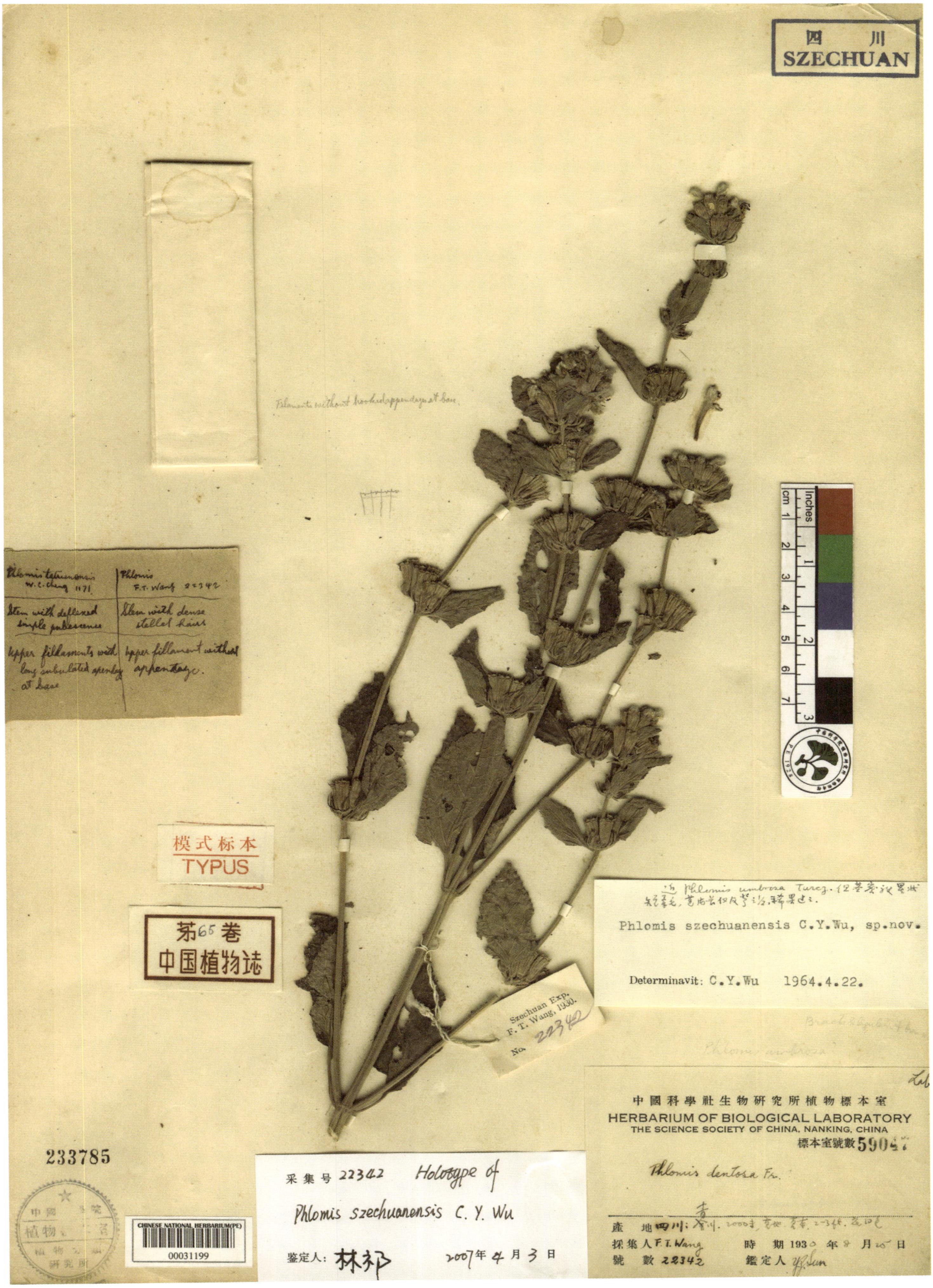

柴续断 ***Phlomis szechuanensis*** C. Y. Wu, Fl. Reip. Pop. Sin. 65(2): 478, 601. 1977. **Holotype:** China. Sichuan: Qingchuan, alt. 2 000 m, 1930-08-25, F. T. Wang 22342.

糙苏卵叶变种 ***Phlomis umbrosa*** Turcz. var. ***ovalifolia*** C. Y. Wu, Fl. Reip. Pop. Sin. 65(2): 478, 601. 1977. **Holotype:** China. Anhui: Chu Xian, 1951-08-02, E China Station 3132.

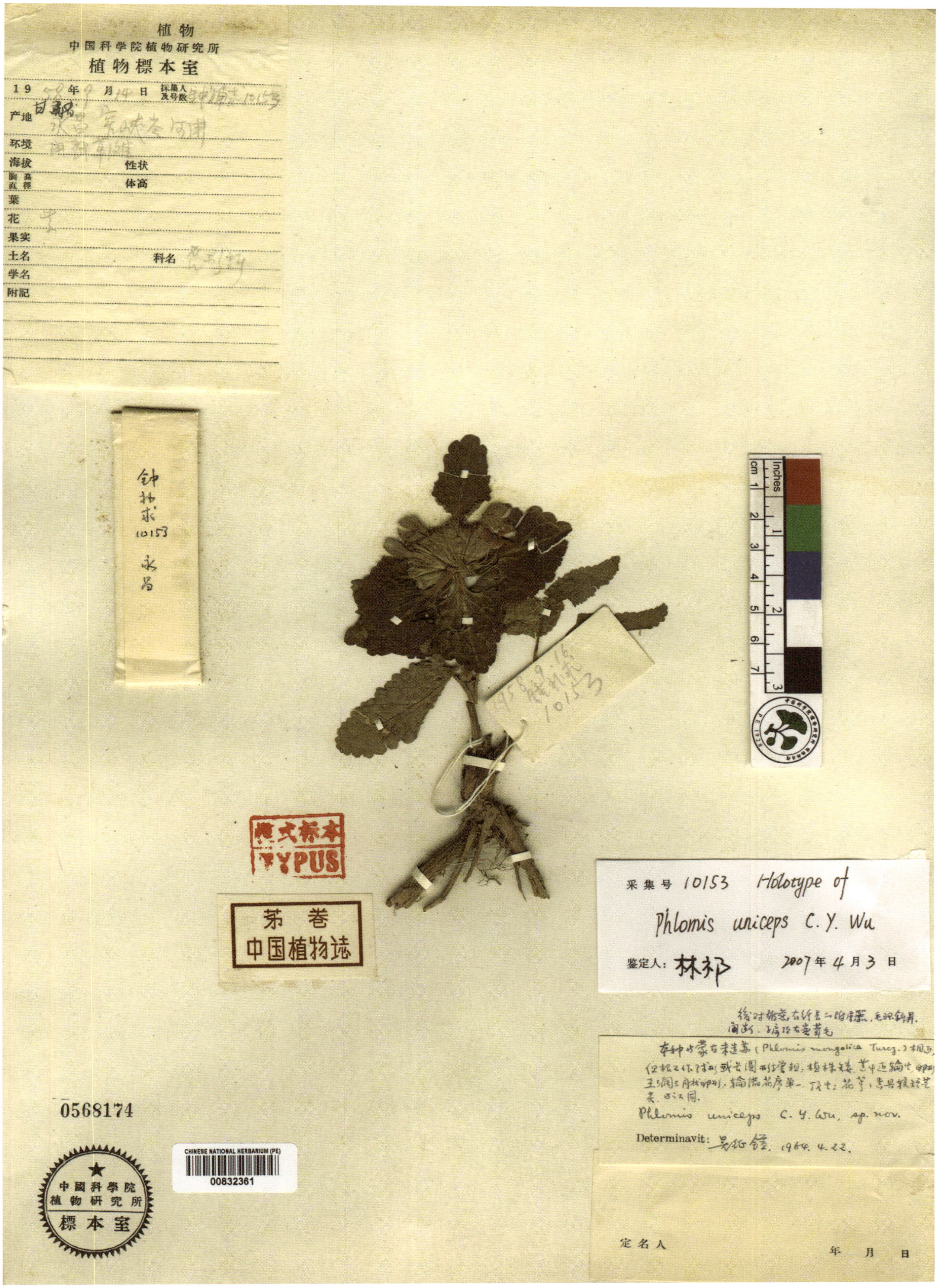

单头糙苏 ***Phlomis uniceps*** C. Y. Wu, Fl. Reip. Pop. Sin. 65(2): 444, 595. 1977. **Holotype:** China. Gansu: Yongchang, 1958-09-16, P. C. Tsoong 10153.

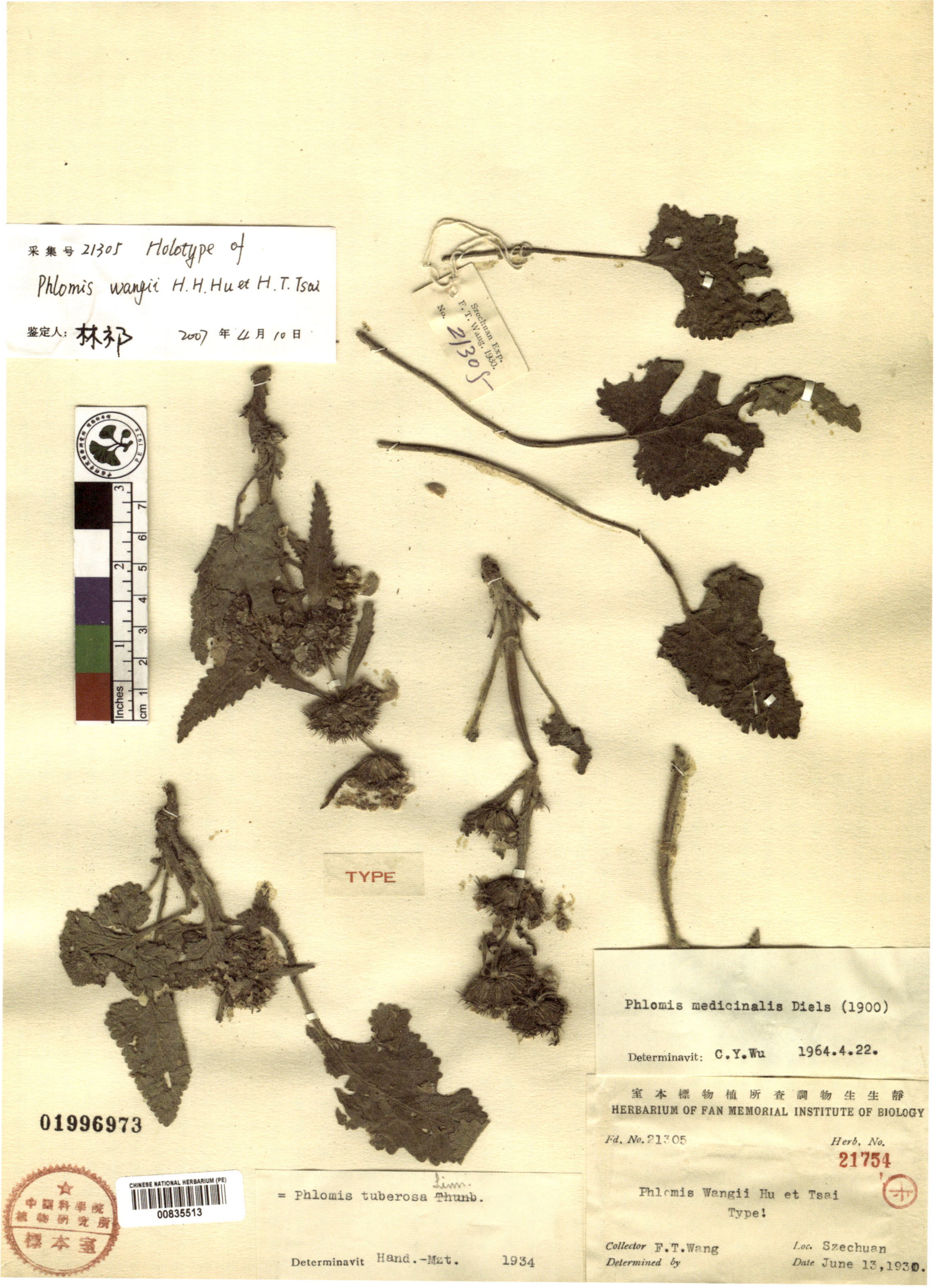

汪氏糙苏 ***Phlomis wangii*** Hu & Tsai in Bull. Fan Mem. Inst. Biol. 2: 261, pl. 2. 1931. **Holotype:** China. Sichuan: Kuantzai, alt. 3 100 m, 1930-06-13, F. T. Wang 21305.

角花 ***Plectranthus calcaratus*** Hemsl. in Hook.'s Icon. Pl. 27: t. 2671. 1900. **Isotype:** China. Yunnan: Simao, alt. 1 373 m, A. Henry 12339.

多穗香茶菜 ***Plectranthus polystachys*** Sun ex C. H. Hu in Acta Phytotax. Sin. 11(1): 54, pl. 7: 40-44. 1966. **Holotype:** China. Sichuan: Precise locality not known, 1930-10-02, W. P. Fang 5347.

马尔康香茶菜 ***Plectranthus smithianus*** Hand.-Mazz. in Acta Horti Gotoburg. 9: 93. 1934. **Isotype:** China. Sichuan: Drogochi, alt. 3 400 m, 1922-09-26, H. Smith 4684.

短冠刺蕊草 ***Pogostemon brevicorollus*** Y. Z. Sun in Acta Phytotax. Sin. 11(1): 49, pl. 6: 16–19. 1966. **Holotype:** China. Yunnan: Yangbi, alt. 1983 m, 1934-11-12, M. Chen 3206.

长苞刺蕊草 ***Pogostemon chinensis*** C. Y. Wu & Y. C. Huang, Fl. Yunnan. 1: 742, pl. 179: 3-4. 1977. **Isotype:** China. Yunnan: Yangbi, 1946-11-06, T. N. Liou 22524.

囊花香茶菜 ***Rabdosia gibbosa*** C. Y. Wu & H. W. Li, Fl. Reip. Pop. Sin. 66: 530, 592, pl. 112: 1-7. 1977. **Holotype:** China. Sichuan: Precise locality not known, 1932-??-??, S. I. W. C. 3841.

康定香茶菜 ***Rabdosia kangtingensis*** C. Y. Wu & H. W. Li, Fl. Reip. Pop. Sin. 66: 521, 590. 1977. **Holotype:** China. Sichuan: Kangding, alt. 3 100 m, 1934-08-16, H. Smith 11116.

昆明香茶菜 ***Rabdosia kunmingensis*** C. Y. Wu & H. W. Li, Fl. Yunnan. 1: 776. 1977. **Isotype:** China. Yunnan: Kunming, alt. 2 200 m, Anonymous 7362.

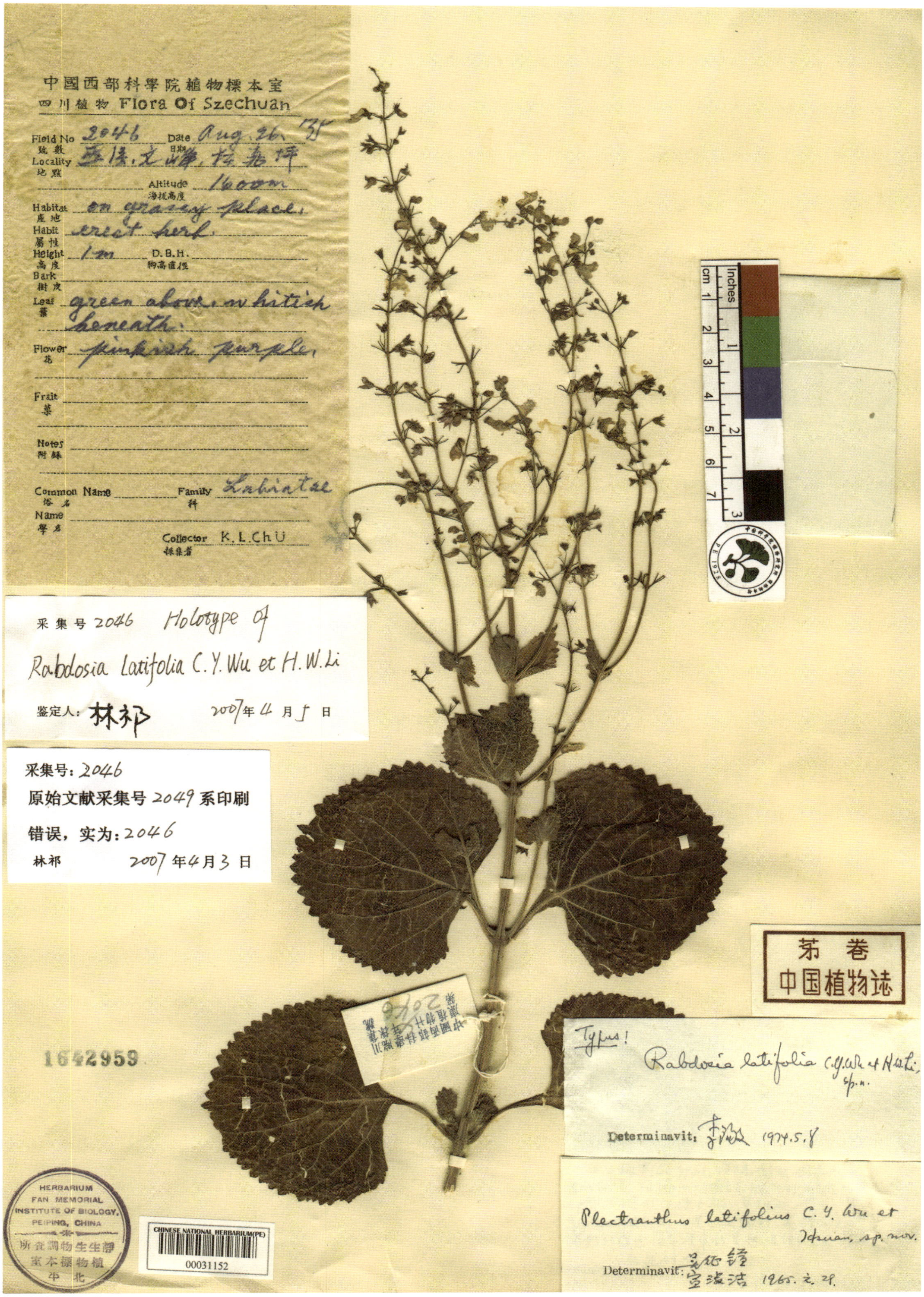

宽叶香茶菜 ***Rabdosia latifolia*** C. Y. Wu, Fl. Reip. Pop. Sin. 66: 524, 591, pl. 110. 1977. **Holotype:** China. Chongqing: Wuxi, alt. 1 600 m, 1935-08-26, K. L. Chu 2046.

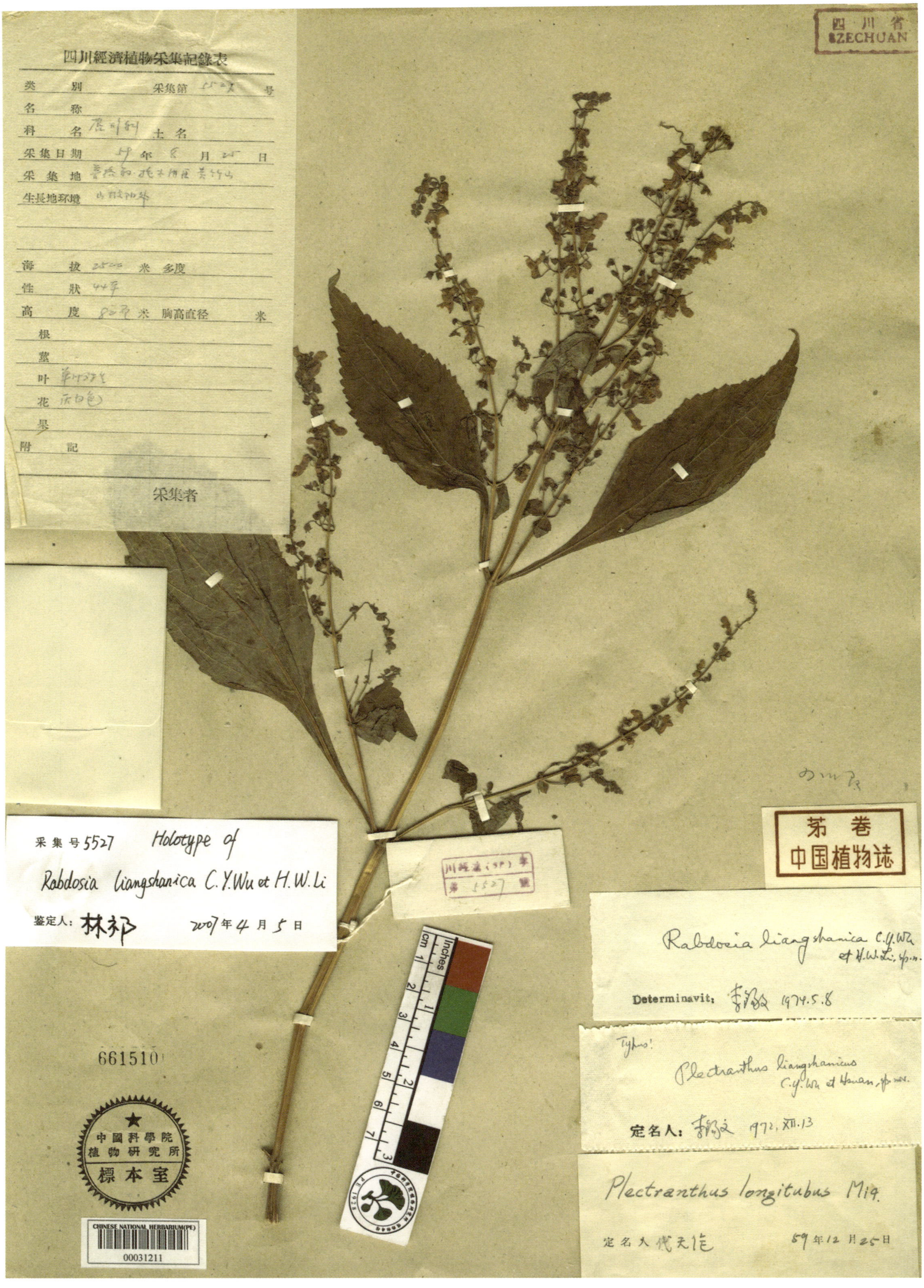

凉山香茶菜 ***Rabdosia liangshanica*** C. Y. Wu & H. W. Li, Fl. Reip. Pop. Sin. 66: 519, 590. 1977. **Holotype:** China. Sichuan: Puge, alt. 2 500 m, 1959-08-25, Sichuan Econ. Pl. Exped. (Liang) 5527.

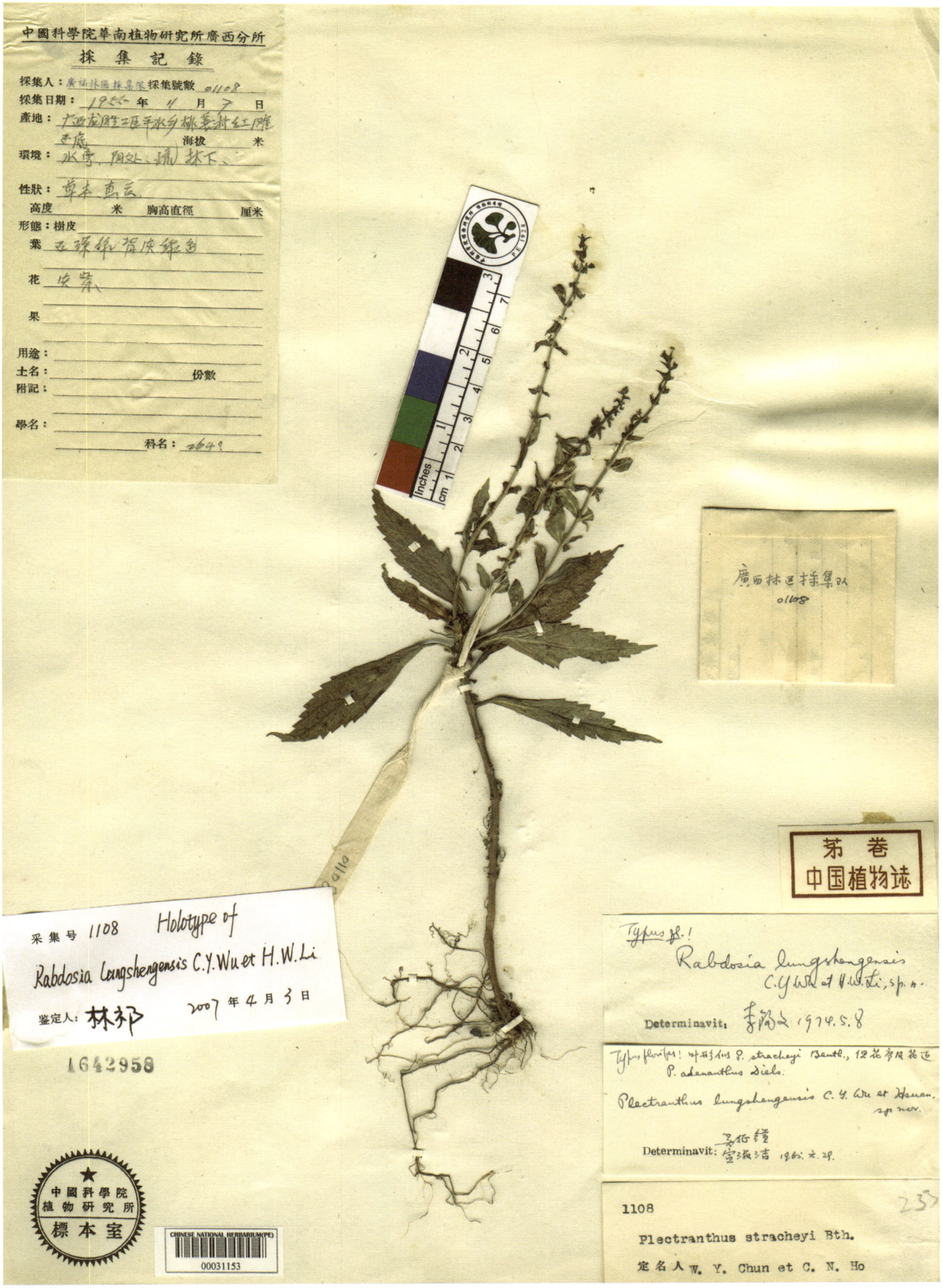

龙胜香茶菜 ***Rabdosia lungshengensis*** C. Y. Wu & H. W. Li, Fl. Reip. Pop. Sin. 66: 532, 592, pl. 112: 8-13. 1977. **Holotype:** China. Guangxi: Longsheng, 1955-11-07, Guangfu For. Exped. 1108.

永胜香茶菜 ***Rabdosia setschwanensis*** (Hand.-Mazz.) Hara var. ***yungshengensis*** C. Y. Wu & H. W. Li, Fl. Yunnan. 1: 778. 1977. **Isotype:** China. Yunnan: Yongsheng, alt. 2 600 m, 1960-07-16, S. Jiang & al. 6213.

波齿香茶菜 ***Rabdosia sinuolata*** C. Y. Wu & H. W. Li, Fl. Reip. Pop. Sin. 66: 454, 586. 1977. **Holotype:** China. Xizang: Tsa-wa-rung (=Zhag'yab), alt. 3 000 m, 1935-09-??, C. W. Wang 66185.

川藏香茶菜阔叶变种 ***Rabdosia pseudo-irrorata*** C. Y. Wu var. ***centellaefolia*** C. Y. Wu, Fl. Reip. Pop. Sin. 66: 463, 588. 1977. **Holotype:** China. Xizang: Lhunzê, alt. 3 800 m, 1960-08-21, J. W. Zhang 1179.

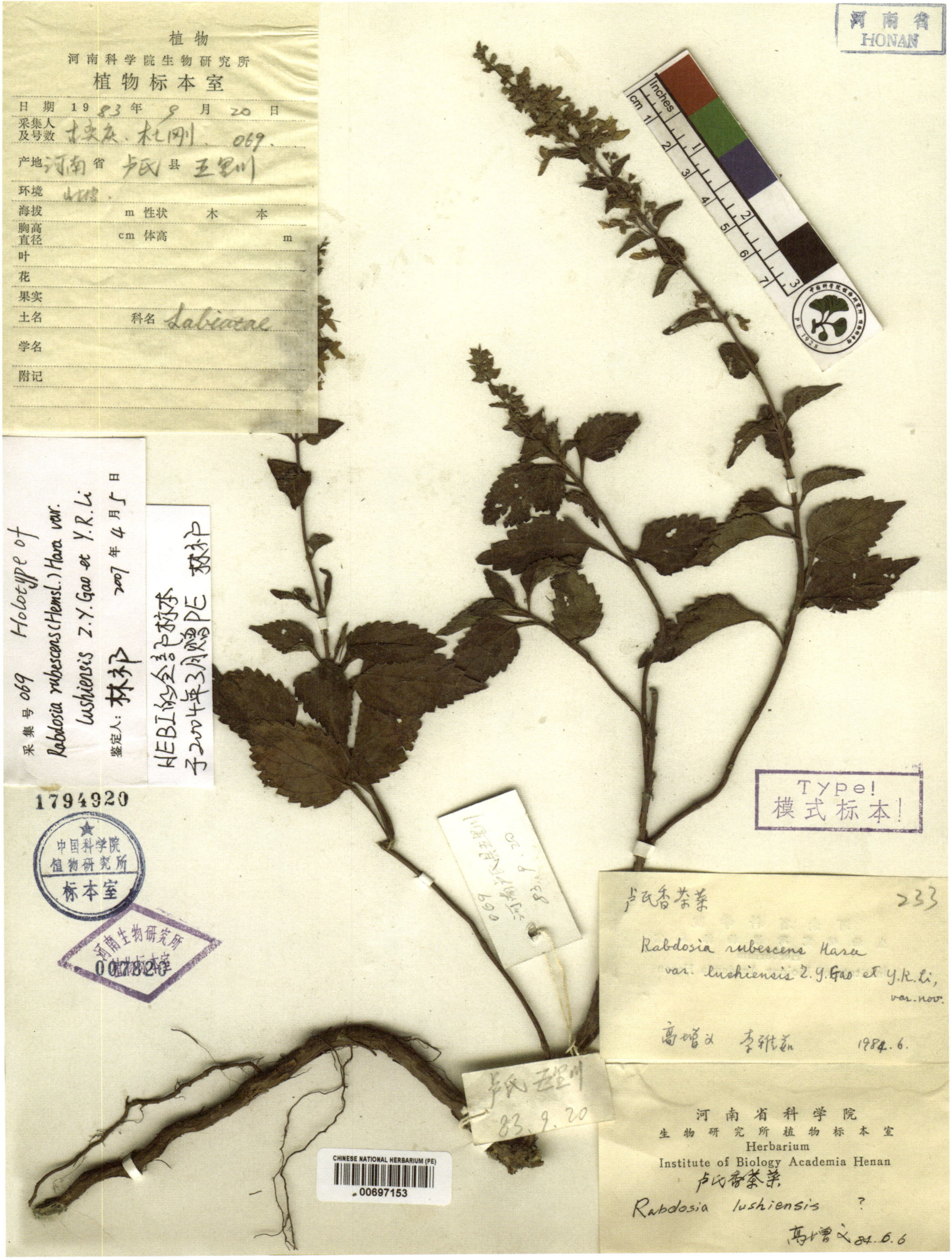

卢氏香茶菜 ***Rabdosia rubescens*** (Hemsl.) Hara var. ***lushiensis*** Z. Y. Gao & Y. R. Li in Acta Phytotax. Sin. 24(1): 16. 1986.

Holotype: China. Henan: Lushi, 1983-09-20, Y. Q. Gu & G. Du 069.

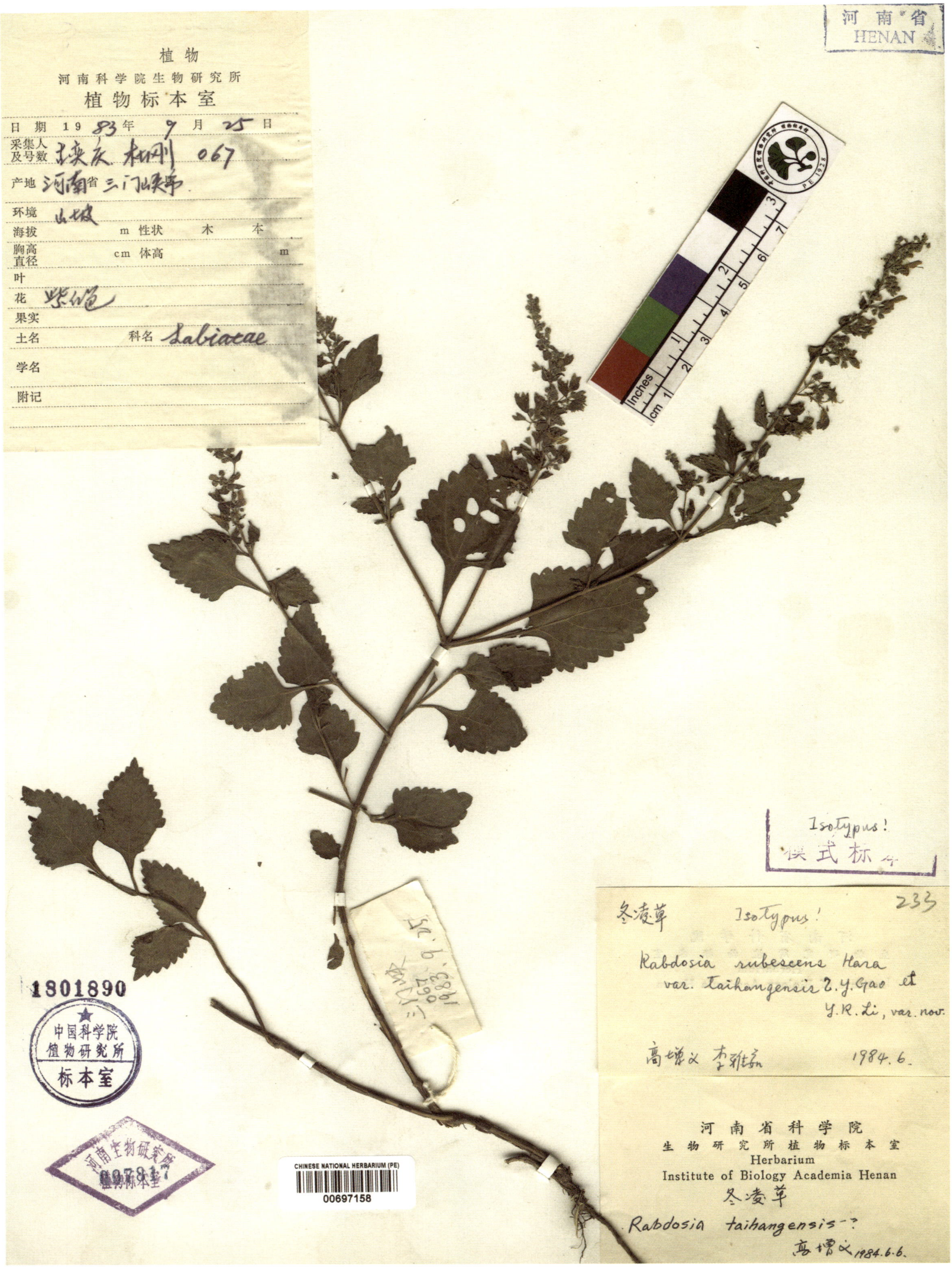

冬凌草 ***Rabdosia rubescens*** (Hemsl.) Hara var. ***taihangensis*** Z. Y. Gao & Y. R. Li in Acta Phytotax. Sin. 24(1): 15. 1986. **Isotype:** China. Henan: Sanmenxia, 1983-09-25, Y. Q. Gu & G. Du 067.

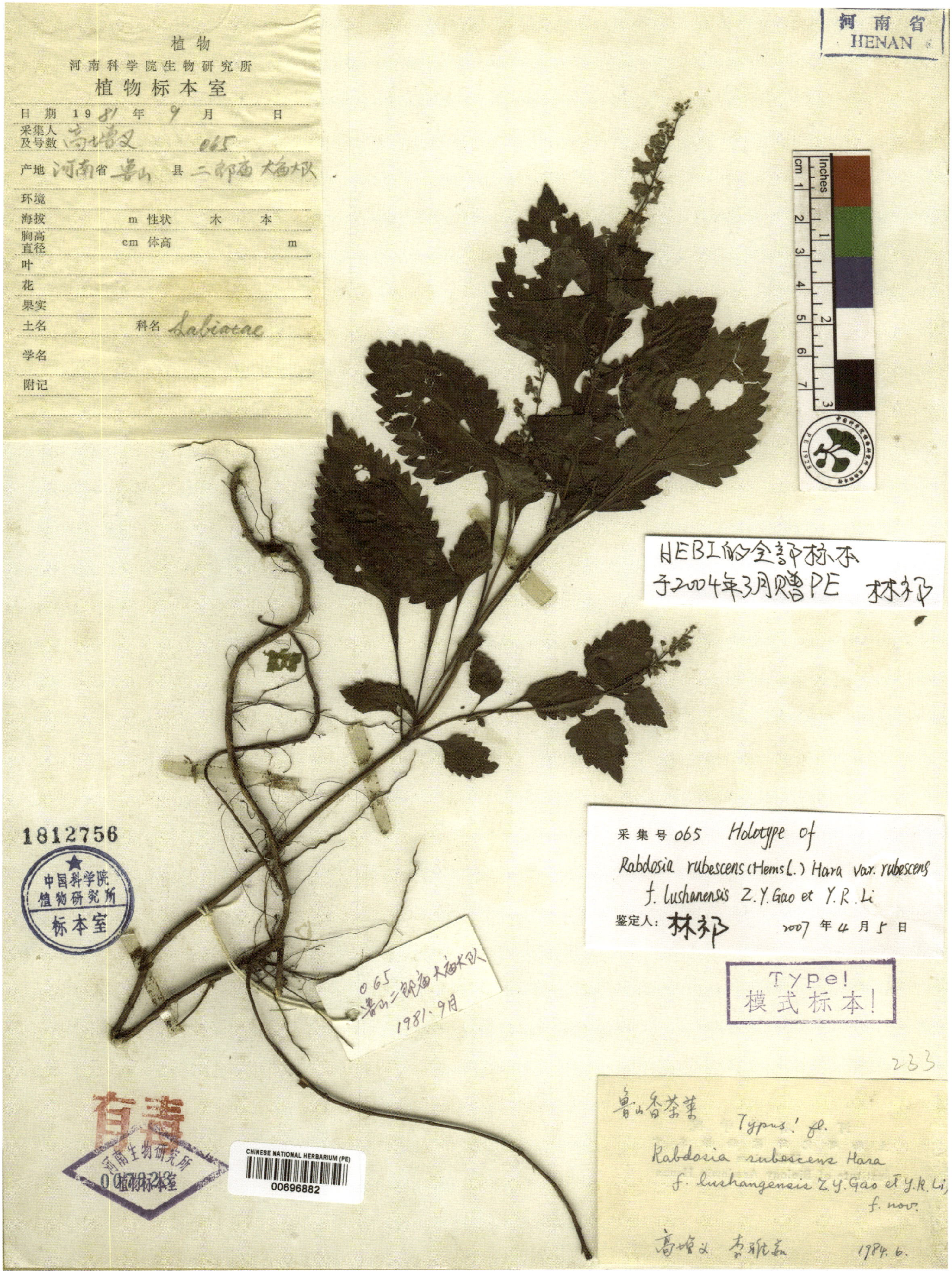

鲁山香茶菜 ***Rabdosia rubescens*** (Hemsl.) Hara var. ***rubescens*** (Hemsl.) Hara f. ***lushanensis*** Z. Y. Gao & Y. R. Li in Acta Phytotax. Sin. 24(1): 15. 1986. **Holotype:** China. Henan: Lushan, 1981-09-??, Z. Y. Gao 065.

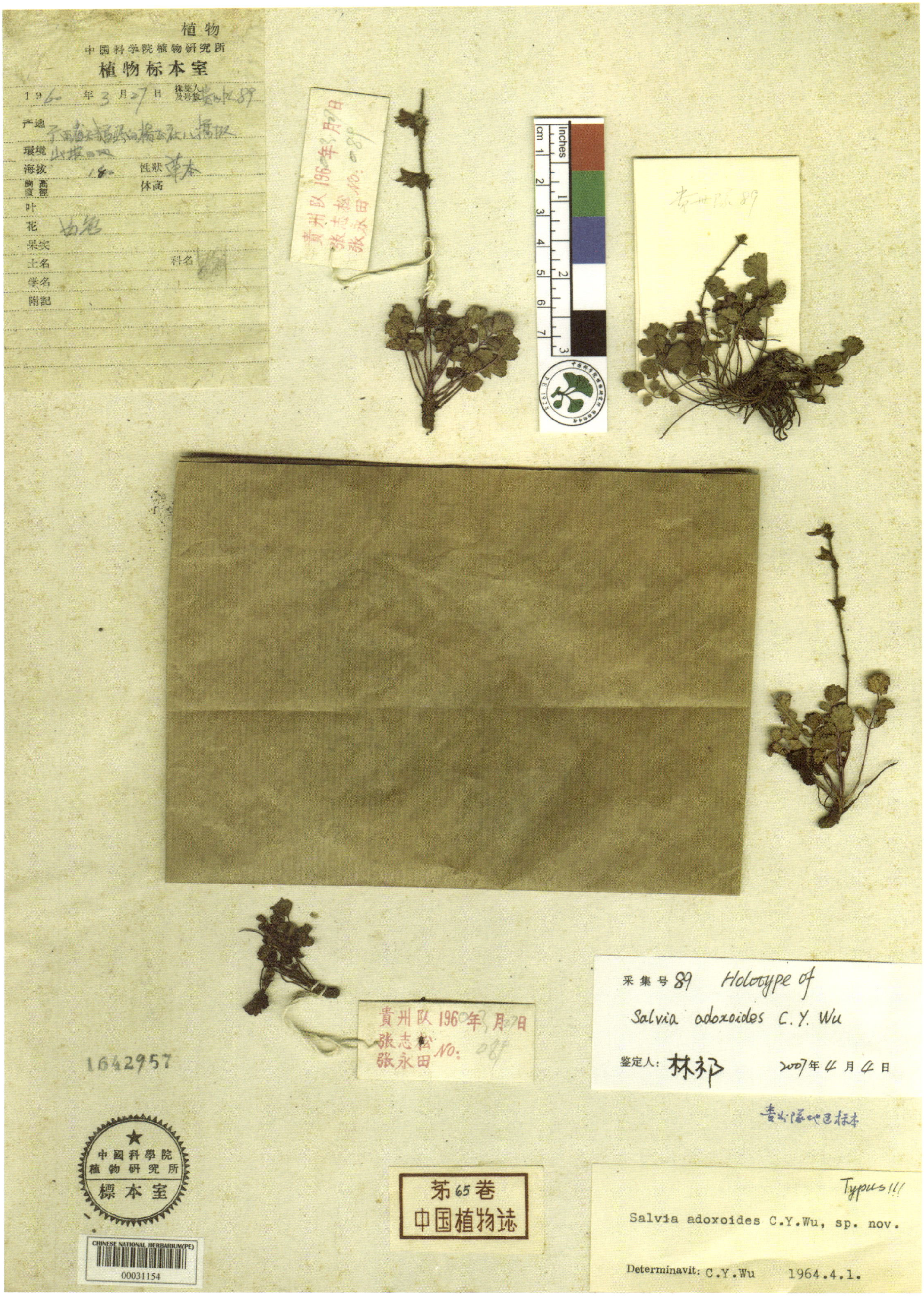

五福花鼠尾草 ***Salvia adoxoides*** C. Y. Wu, Fl. Reip. Pop. Sin. 66: 184, 584, pl. 42. 1977. **Holotype:** China. Guangxi: Tiane, alt. 180 m, 1960-03-27, Z. S. Zhang & Y. T. Chang 89.

翅叶鼠尾草 ***Salvia alatipetiolata*** Sun in Journ. Nanjing Coll. Pharm. 5: 63. 1960. **Isotype:** China. Sichuan: Baoxing, 1933-07-13, T. T. Yu 2283.

开萼鼠尾 ***Salvia bifidocalyx*** C. Y. Wu & Y. C. Huang, Fl. Yunnan. 1: 675. 1977. **Isotype:** China. Yunnan: Chungtien (=Shangri-La), alt. 3 500 m, 1937-07-26, T. T. Yu 12463.

黄山鼠尾草 ***Salvia chienii*** Stib. in Acta Horti Gotoburg. 10: 62. 1935. **Isotype:** China. Anhui: Huangshan, 1926-07-28, S. S. Chien 1213.

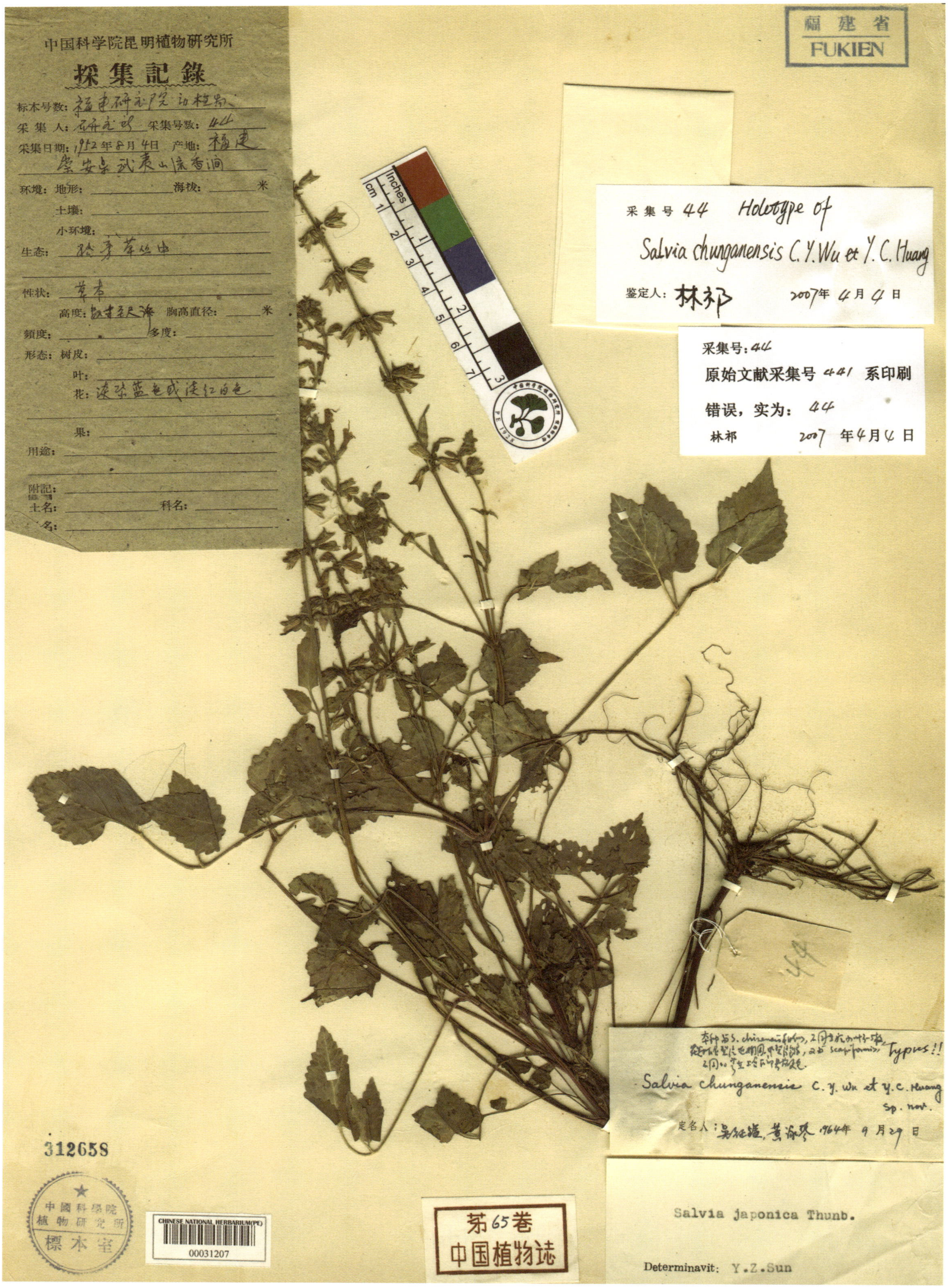

崇安鼠尾草 ***Salvia chunganensis*** C. Y. Wu & Y. C. Huang, Fl. Reip. Pop. Sin. 66: 182, 584, pl. 41. 1977. **Holotype:** China. Fujian: Chongan, Wuyishan, 1952-08-04, Inst. Fujian 44.

圆苞鼠尾草 ***Salvia cyclostegia*** Stib. in Acta Horti Gotoburg. 9: 118. 1934. **Isotype:** China. Yunnan: Lijiang, alt. 3 300 m, 1915-06-13, Hand.-Mazz. 6727.

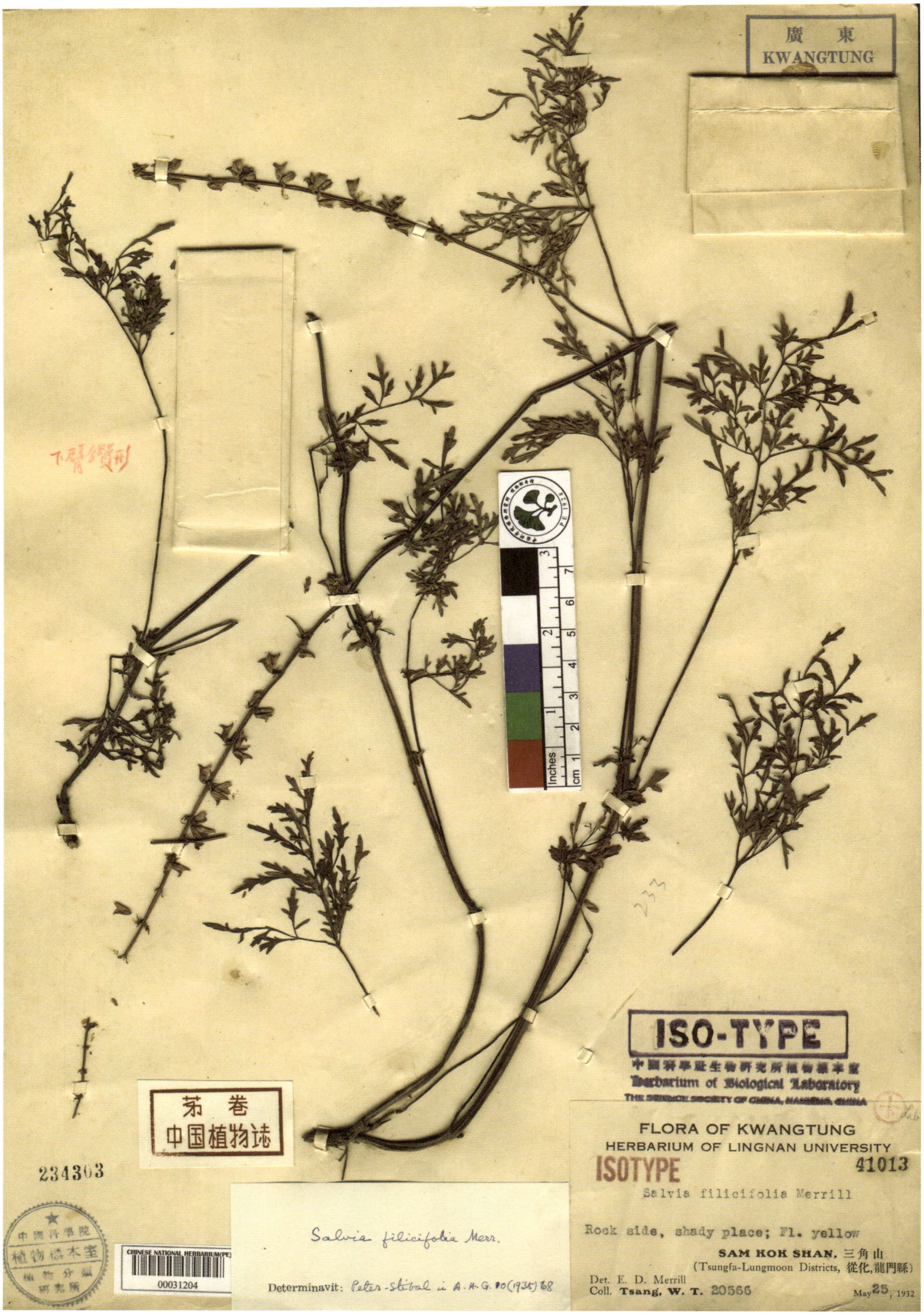

蕨叶鼠尾草 ***Salvia filicifolia*** Merr. in Lingnan Sci. Journ. 13(1): 47, pl. 7. 1934. **Isotype:** China.Guangdong: Conghua, Sam Kok Shan = (Sanjiaoshan), 1932-05-25, W. T. Tsang 20566.

木里鼠尾草 ***Salvia handelii*** Stib. in Acta Horti Gotoburg. 9: 129, f. 2. 1934. **Isotype:** China. Sichuan: Muli, alt. 3 800~3 950 m, 1915-07-24, Hand. -Mazz. 7174.

鼠尾草多小叶变种 ***Salvia japonica*** Thunb. var. ***multifoliolata*** Stib. in Acta Horti Gotoburg. 10: 68. 1935. **Isoparatype:** China. Sichuan: Kuanxian (= Dujiangyan), 1928-07-06, W. P. Fang 2059.

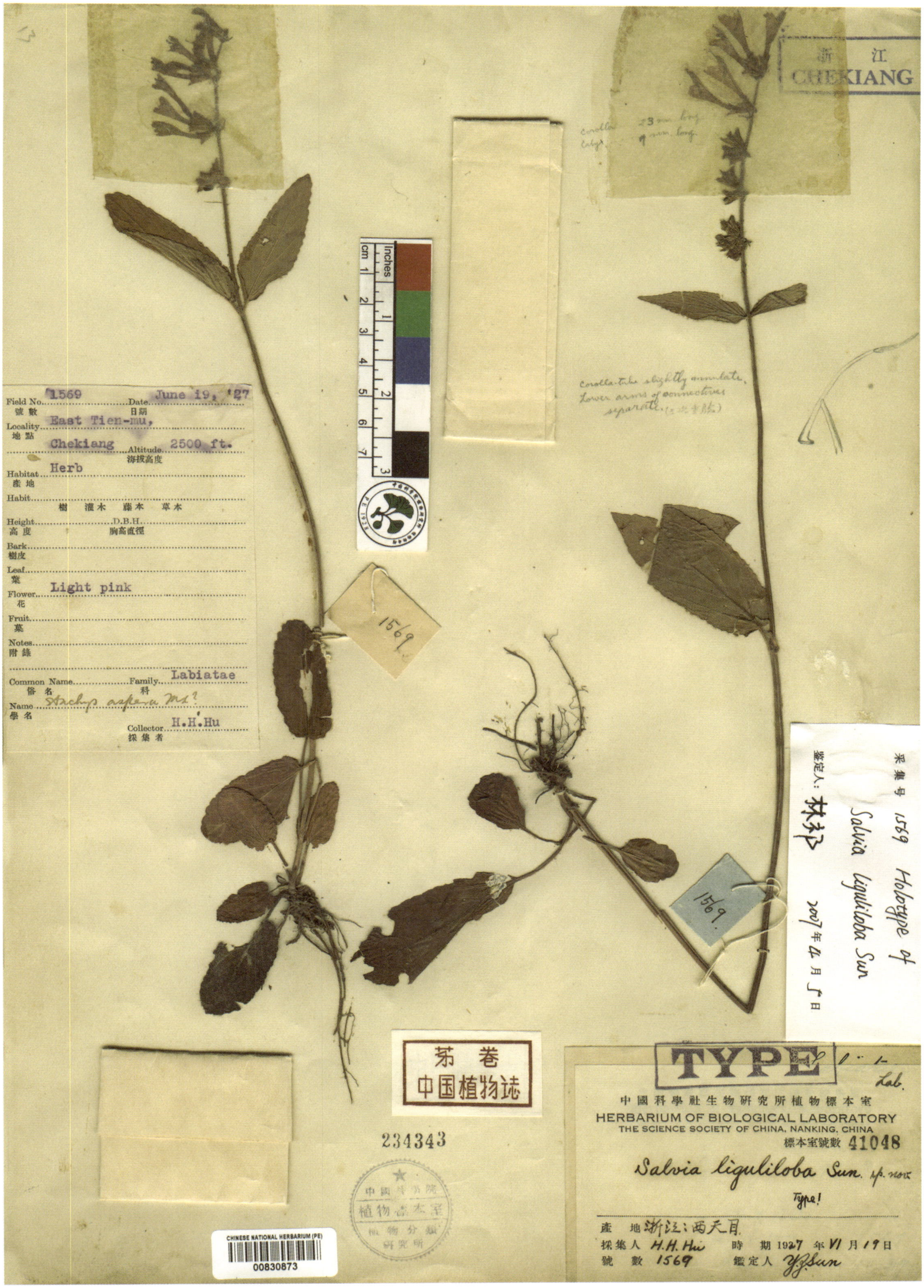

舌瓣鼠尾草 ***Salvia liguliloba*** Sun in Contr. Biol. Lab. Sci. Soc. China, Bot. Ser. 10: 29, f. 5. 1935. **Holotype:** China. Zhejiang: Linan, Tianmushan, alt. 800 m, 1927-06-19, H. H. Hu 1569.

鄂西鼠尾草多花变种 ***Salvia maximowicziana*** Hemsl. var. ***floribunda*** Stib. in Acta Horti Gotoburg. 9: 116. 1934. **Isotype:** China. Sichuan: Songpan, alt. 3 800 m, 1922-07-23, H. Smith 3778.

南川鼠尾草 ***Salvia nanchuanensis*** Sun, Fl. Reip. Pop. Sin. 66: 162, 582. 1977. **Holotype:** China. Chongqing: Nanchuan, alt. 1 800 m, 1957-07-24, J. H. Xiong & Z. L. Zhou 92260.

南川鼠尾草蕨叶变种 ***Salvia nanchuanensis*** Sun var. ***pteridifolia*** Sun, Fl. Reip. Pop. Sin. 66: 164, 583, pl. 37: 8. 1977.
Holotype: China. Sichuan: Kai Xian, 1932-06-06, W. P. Fang 10169.

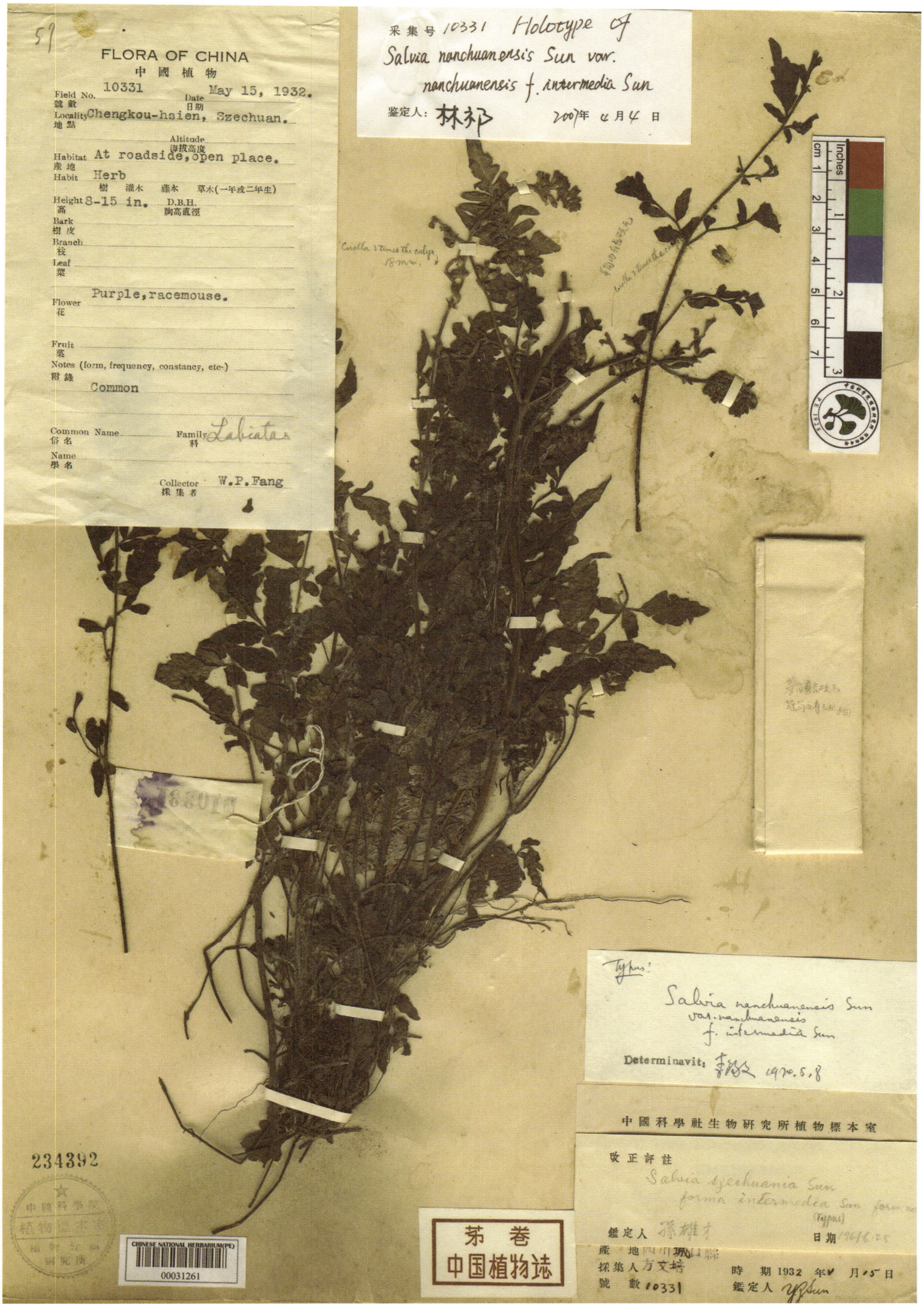

南川鼠尾草原变种居间变型 ***Salvia nanchuanensis*** Sun var. ***nanchuanensis*** Sun f. ***intermedia*** Sun, Fl. Reip. Pop. Sin. 66: 164, 583. 1977. **Holotype:** China. Chongqing: Chengkou, 1932-05-15, W. P. Fang 10331.

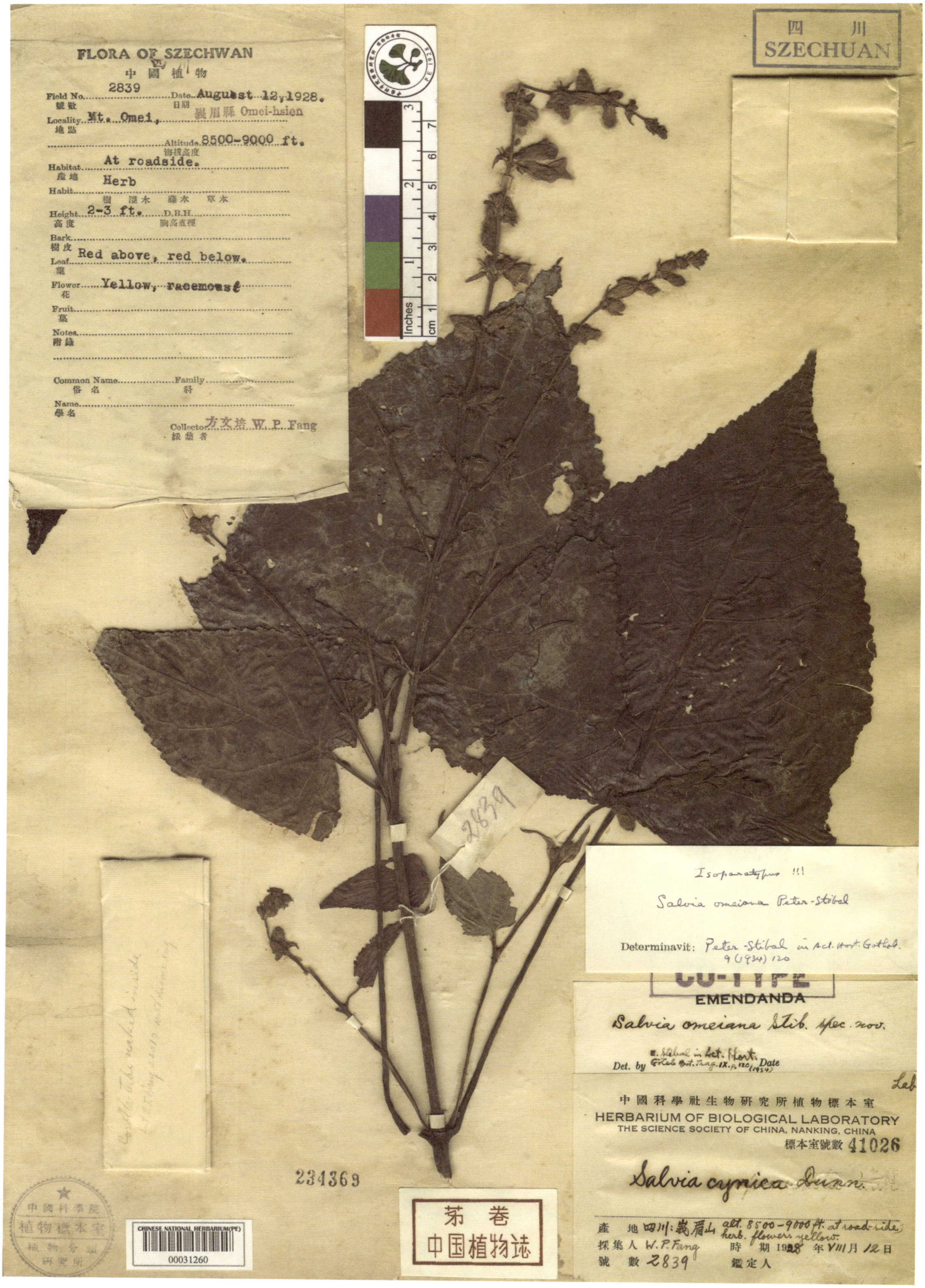

峨眉鼠尾草 ***Salvia omeiana*** Stib. in Acta Horti Gotoburg. 9: 119. 1934. **Isoparatype:** China. Sichuan: Emei, Emeishan, alt. 2 593~2 745 m, 1928-08-12, W. P. Fang 2839.

甘西鼠尾草少毛变种 ***Salvia przewalskii*** Maxim. var. ***glabrescens*** Stib. in Acta Horti Gotoburg. 9: 115. 1934. **Isosyntype:** China. Yunnan: Gongshan, alt. 2 250~2 850 m, 1916-06-06, Hand.-Mazz. 8827.

橙香鼠尾草 ***Salvia smithii*** Stib. in Acta Horti Gotoburg. 9: 131, t. 2. 1934. **Isotype:** China. Sichuan: Drogochi, alt. 3 500 m, 1922-09-26, H. Smith 4657.

蔡氏鼠尾草 ***Salvia tsaiana*** Pet.-Stib. in Bull. Fan Mem. Inst. Biol., Bot. 8: 53. 1937. **Isotype:** China. Yunnan: Cheng-hsiung (=Chengjiang), alt. 1 500 m, 1932-06-19, H. T. Tsai 52245.

莸状黄芩 ***Scutellaria caryopteroides*** Hand.-Mazz. in Oester. Bot. Zeitschr. 85: 219. 1936. **Isotype:** China. Shanxi: Zhongnanshan, 1933-06-18, H. W. Kung 2914.

尾叶黄芩 ***Scutellaria caudifolia*** Sun ex C. H. Hu in Acta Phytotax. Sin. 11(1): 42. 1966. **Holotype:** China. Sichuan: Yingjing, 1938-07-04, C. W. Yao 2093.

河南黄芩 ***Scutellaria honanensis*** C. Y. Wu & H. W. Li, Fl. Reip. Pop. Sin. 65(2): 214, 584. 1977. **Holotype:** China. Henan: Xinyang, Jigongshan, alt. 450 m, 1960-05-28, K. C. Kuan & T. L. Dai 202.

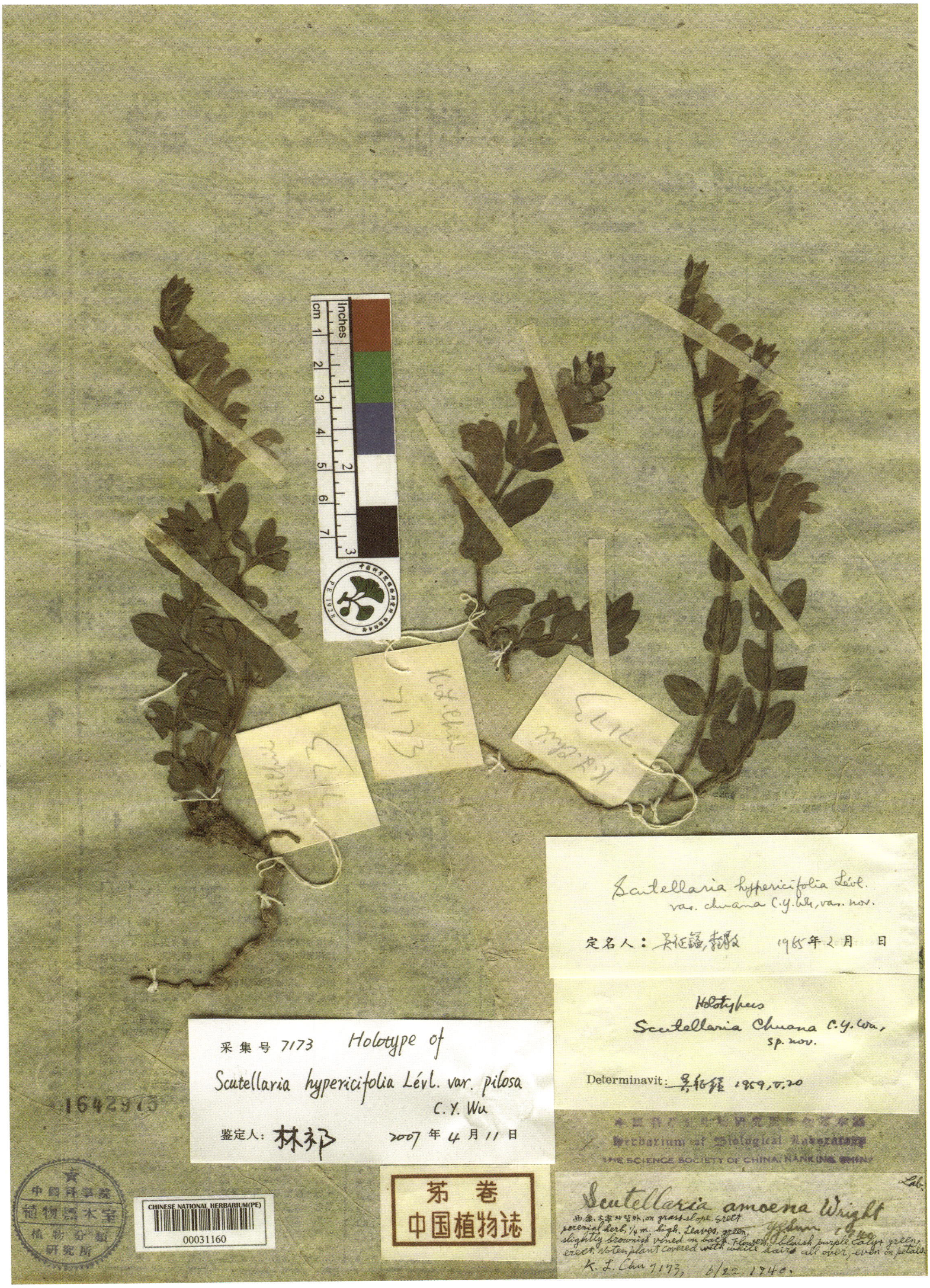

连翘叶黄芩多毛变种 ***Scutellaria hypericifolia*** Lévl. var. ***pilosa*** C. Y. Wu, Fl. Reip. Pop. Sin. 65(2): 200, 582. 1977. **Holotype:** China. Sichuan: Taining, 1940-06-22, K. L. Chu 7173.

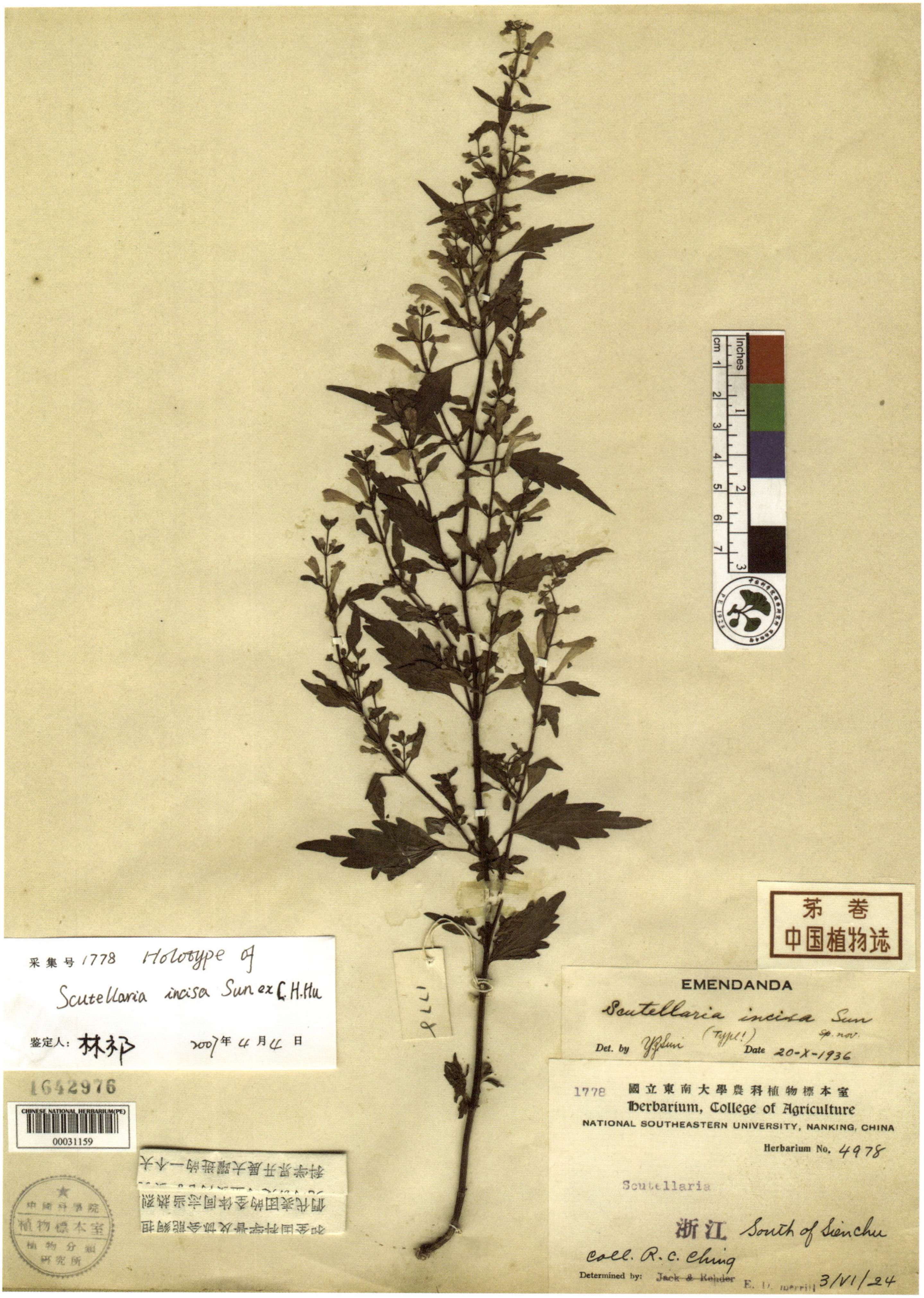

刻叶黄芩 ***Scutellaria incise*** Sun ex C. H. Hu in Acta Phytotax. Sin. 11(1): 39. 1966. **Holotype:** China. Zhejiang: Xianju, alt. 545 m, 1924-06-03, R. C. Ching 1778.

韩信草近无茎变型 ***Scutellaria indica*** L. f. ***subacaulis*** Sun ex C. H. Hu in Acta Phytotax. Sin. 11(1): 40. 1966. **Holotype:** China. Guangdong: Yingde, 1924-06-26, K. P. To & W. T. Tsang 12586.

蓝田黄芩 ***Scutellaria lantienensis*** Hand.-Mazz. in Symb. Sin. 7: 913, pl. 13, f. 13-14. 1936. **Isotype:** China. Hunan: Lantian (= Lianyuan), alt. 150 m, 1918-05-06, Hand.-Mazz. 11744.

罗甸黄芩 ***Scutellaria lotienensis*** C. Y. Wu & S. Chow, Fl. Reip. Pop. Sin. 65(2): 206, 583, pl. 33: 1-3. 1977. **Holotype:** China. Guizhou: Luodian, alt. 700 m, 1959-04-05, S Guangzhou Exped. 182.

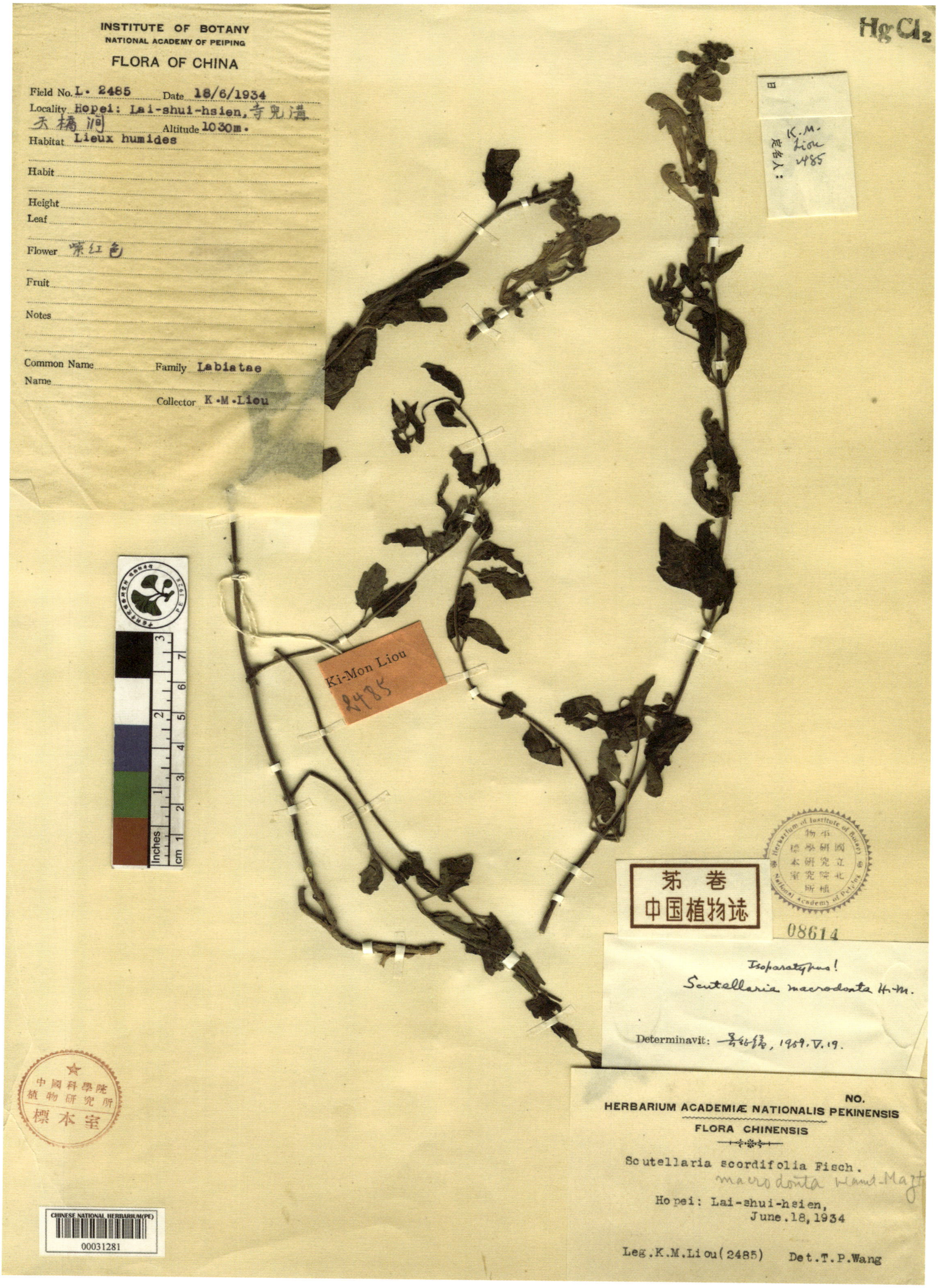

大齿黄芩 ***Scutellaria macrodonta*** Hand.-Mazz. in Oester. Bot. Zeitschr. 85: 218. 1936. **Isoparatype:** China. Hebei: Laishui, alt. 1 030 m, 1934-06-18, K. M. Liou 2485.

毛叶黄芩 ***Scutellaria mollifolia*** C. Y. Wu & H. W. Li, Fl. Reip. Pop. Sin. 65(2): 150, 578. 1977. **Holotype:** China. Sichuan: Emei, Emeishan, alt. 1 200 m, 1940-05-21, S. L. Sun 2129.

变黑黄芩 ***Scutellaria nigricans*** C. Y. Wu, Fl. Reip. Pop. Sin. 65(2): 152, 578. 1977. **Holotype:** China. Chongqing: Nanchuan, Jinfoshan, alt. 1 650 m, 1957-06-01, J. H. Xiong & Z. L. Zhou 91129.

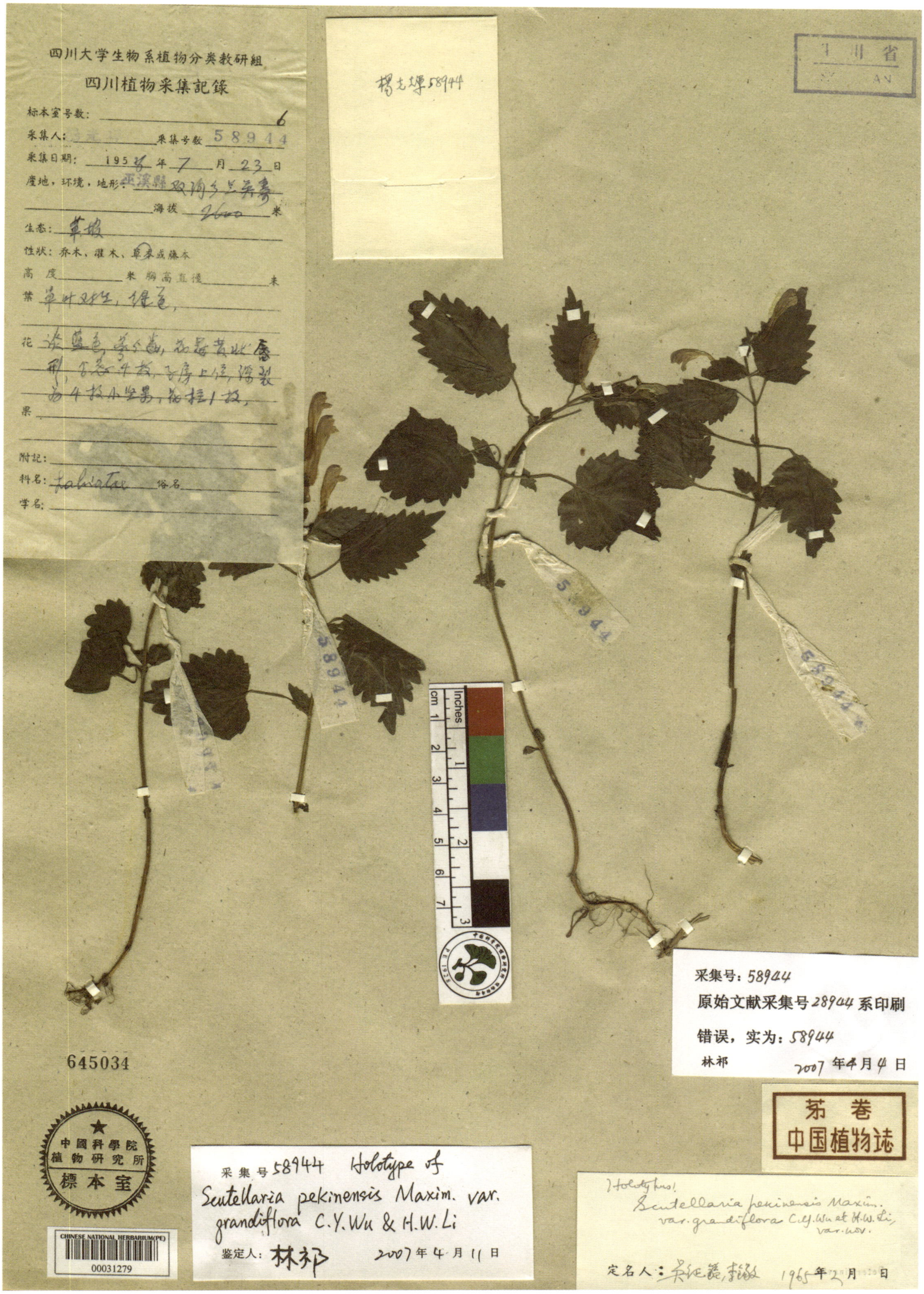

京黄芩大花变种 ***Scutellaria pekinensis*** Maxim. var. ***grandiflora*** C. Y. Wu & H. W. Li, Fl. Reip. Pop. Sin. 65(2): 183, 580. 1977. **Holotype:** China. Chongqing: Wuxi, alt. 2 600 m, G. H .Yang 58944.

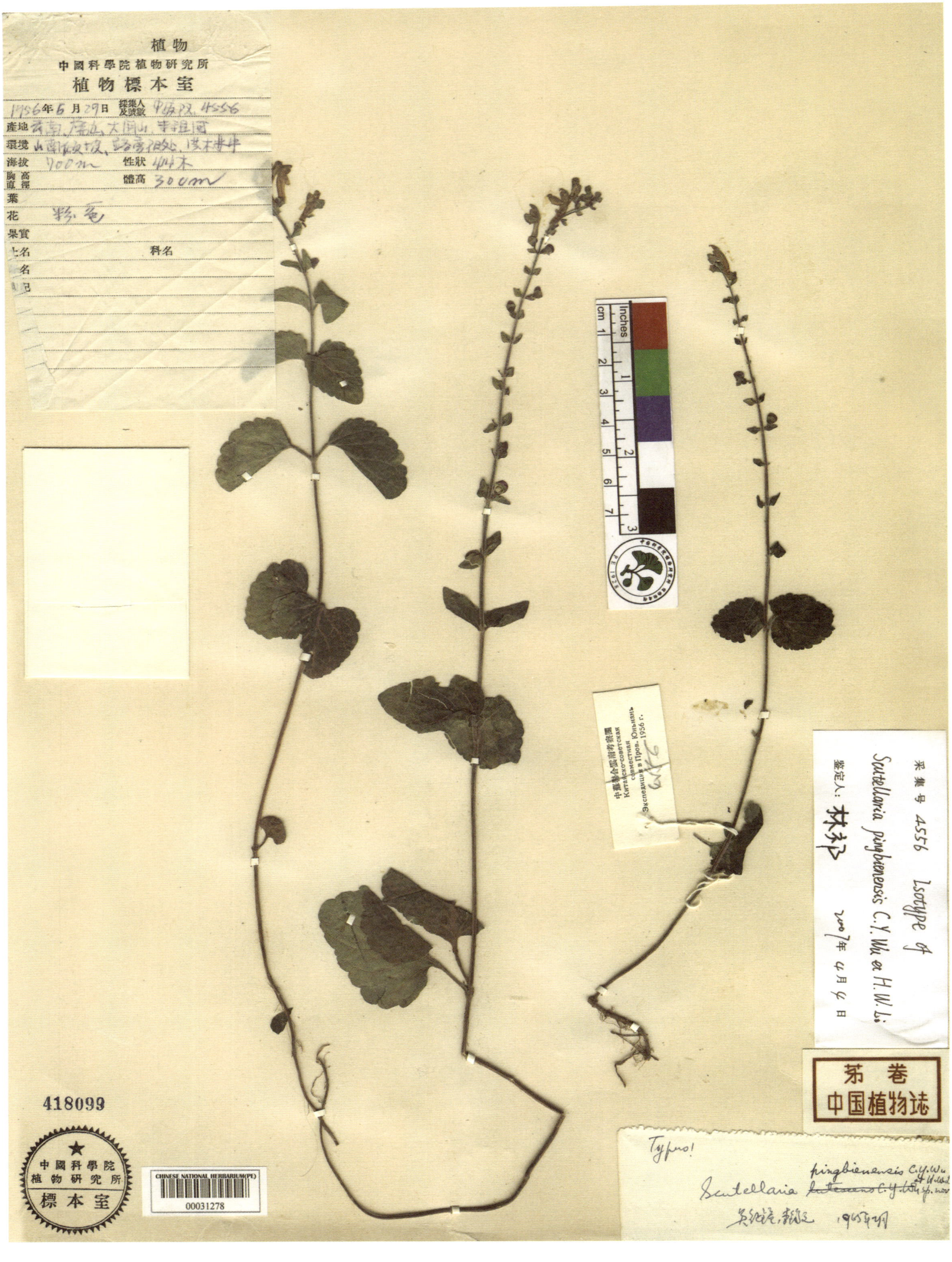

屏边黄芩 ***Scutellaria pingbienensis*** C. Y. Wu & H. W. Li, Fl. Yunnan. 1: 548, pl. 132: 11-13. 1977. **Isotype:** China. Yunnan: Pingbian, alt. 700 m, 1956-06-29, Sino-Russia Yunnan Exped. 4556.

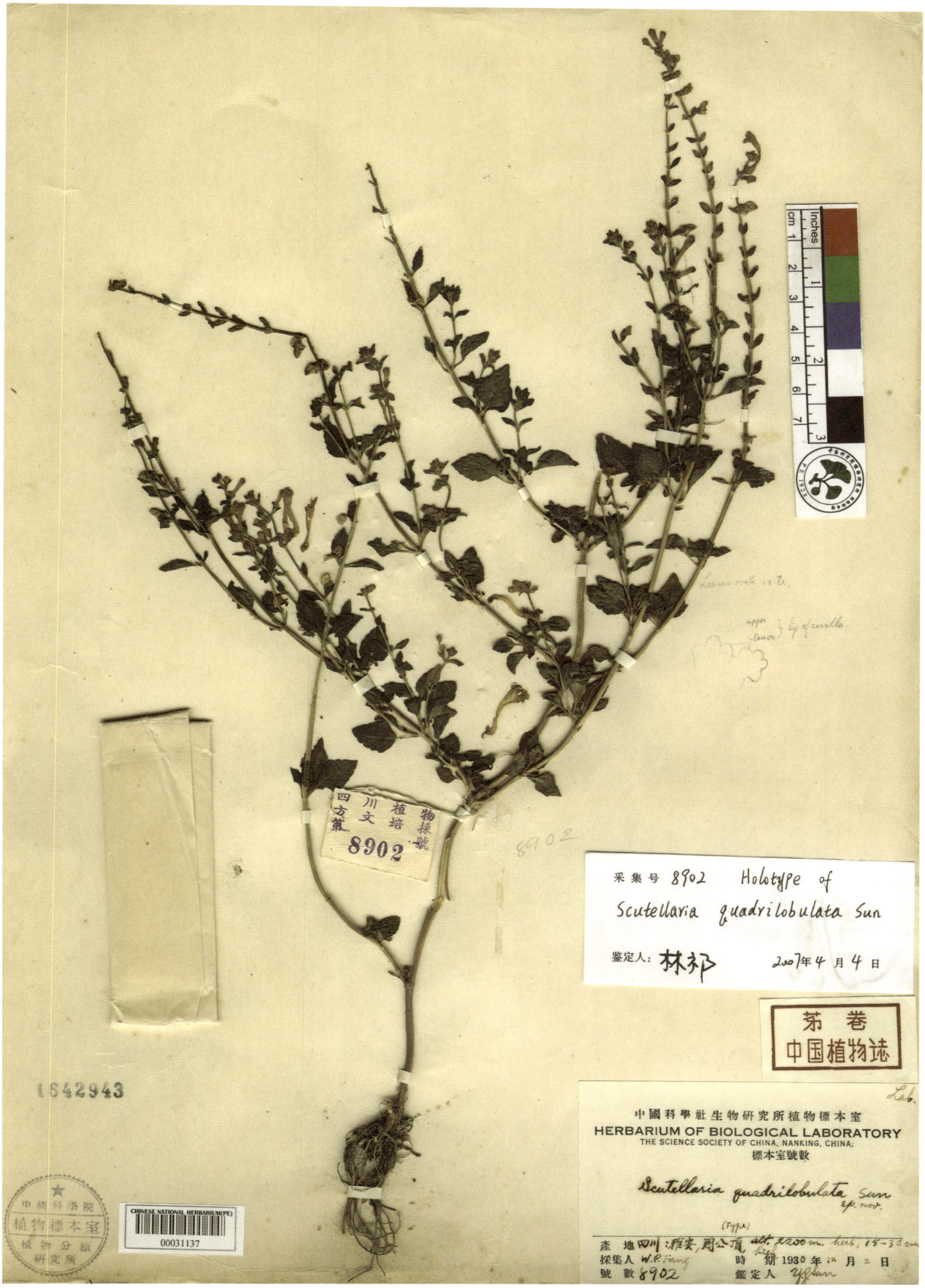

四裂花黄芩 ***Scutellaria quadrilobulata*** Sun ex C. H. Hu in Acta Phytotax. Sin. 11(1): 41, pl. 6, f. 4-6. 1966. **Holotype:** China. Sichuan: Yaan, alt. 2 200 m, 1930-09-02, W. P. Fang 8902.

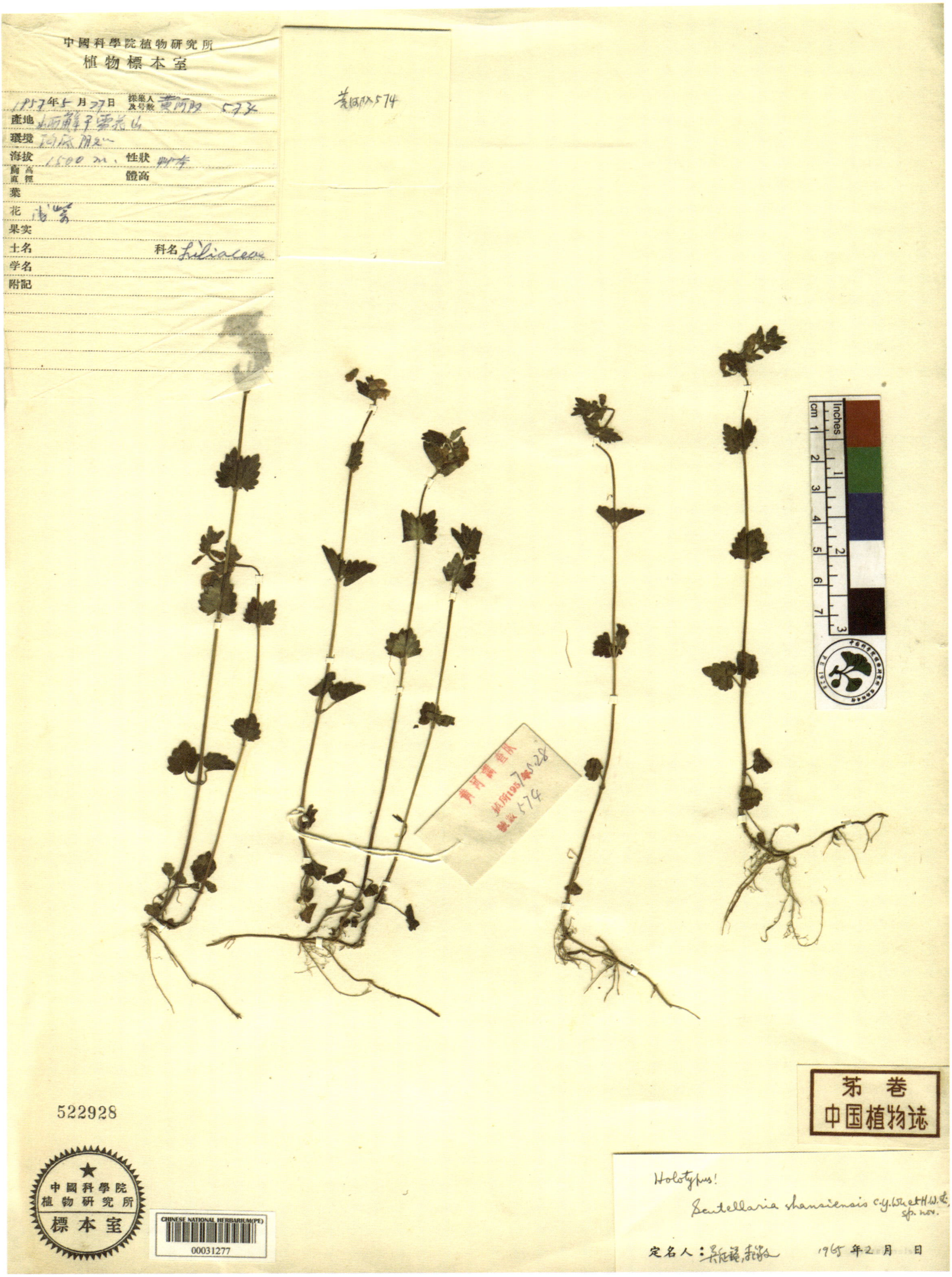

山西黄芩 ***Scutellaria shansiensis*** C. Y. Wu & H. W. Li, Fl. Reip. Pop. Sin. 65(2): 228, 586. 1977. **Holotype:** China. Shanxi: Xieyu, Xuehuashan, alt. 1 500 m, 1957-05-27, Yellow River Exped. 574.

台湾黄芩 ***Scutellaria taiwanensis*** C. Y. Wu, Fl. Reip. Pop. Sin. 65(2): 177, 580, pl. 40: 15-21. 1977. **Holotype:** China. Taiwan: Alishan, 1930-04-08, Y. Kudo & K. Mori s. n.

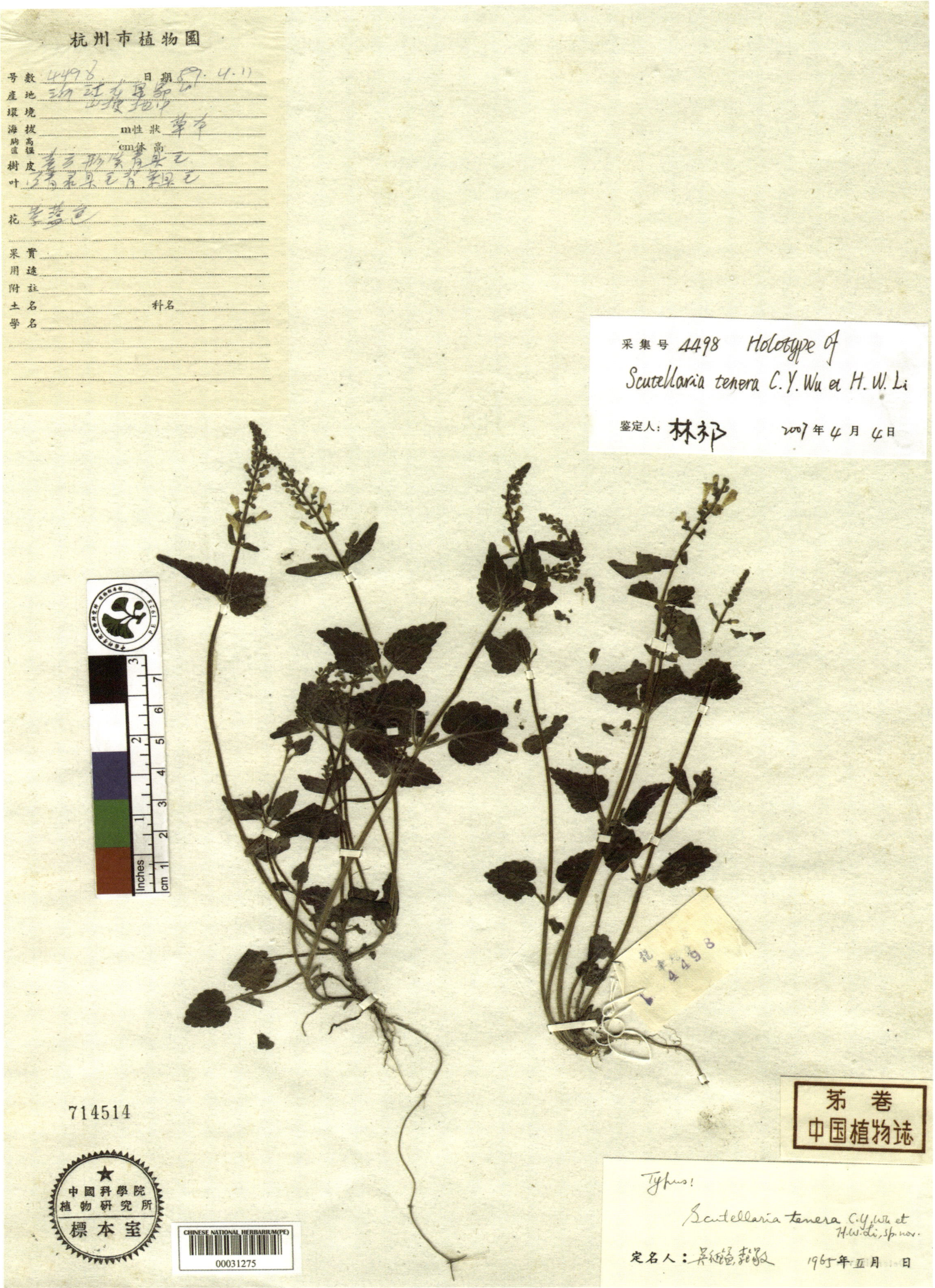

柔弱黄芩 ***Scutellaria tenera*** C. Y. Wu & H. W. Li, Fl. Reip. Pop. Sin. 65(2): 188, 581. 1977. **Holotype:** China. Zhejiang: Longquan, 1959-04-11, S. Y. Zhang 4498.

地蚕 ***Stachys geobombycis*** C. Y. Wu in Acta Phytotax. Sin. 10(3): 222. 1965. **Holotype:** China. Zhejiang: Longquan, 1930-05-19, K. K. Tsoong 495.

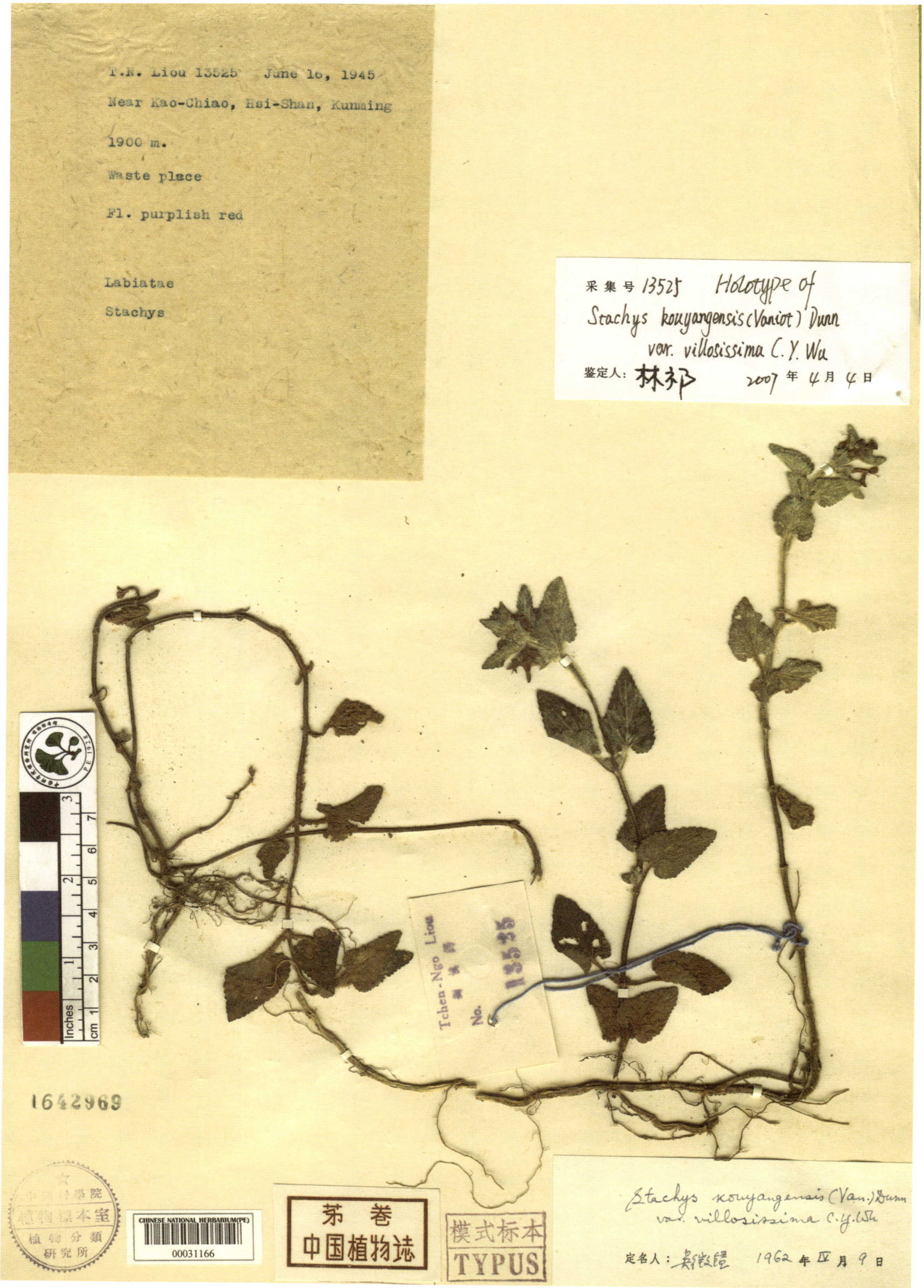

西南水苏柔毛变种 ***Stachys kouyangensis*** (Vaniot) Dunn var. ***villosissima*** C. Y. Wu in Acta Phytotax. Sin. 10(3): 228. 1965.
Holotype: China. Yunnan: Kunming, alt. 1 900 m, 1945-06-16, T. N. Liou 13525.

狭齿水苏 ***Stachys pseudophlomis*** C. Y. Wu in Acta Phytotax. Sin. 10(3): 226. 1965. **Lectotype** (designated by Q. Lin & al. in Bull. Bot. Res., Harbin 28: 539. 2008.): China. Sichuan: Hongya, 1931-07-21, T. H. Tu 361.

草石蚕近无毛变种 ***Stachys sieboldi*** Miq. var. ***glabrescens*** C. Y. Wu in Acta Phytotax. Sin. 10(3): 222. 1965. **Holotype:** China. Hubei: Zigui, alt. 2 400 m, 1939-08-31, T. P. Wang 11803.

西南水苏具瘤变种 ***Stachys sieboldi*** Miq. var. ***tuberculata*** Hand.-Mazz. in Acta Horti Gotoburg. 13: 348. 1939. **Isotype:** China. Yunnan: Lanping, alt. 2 400 m, 1933-09-08, H. T. Tsai 56065.

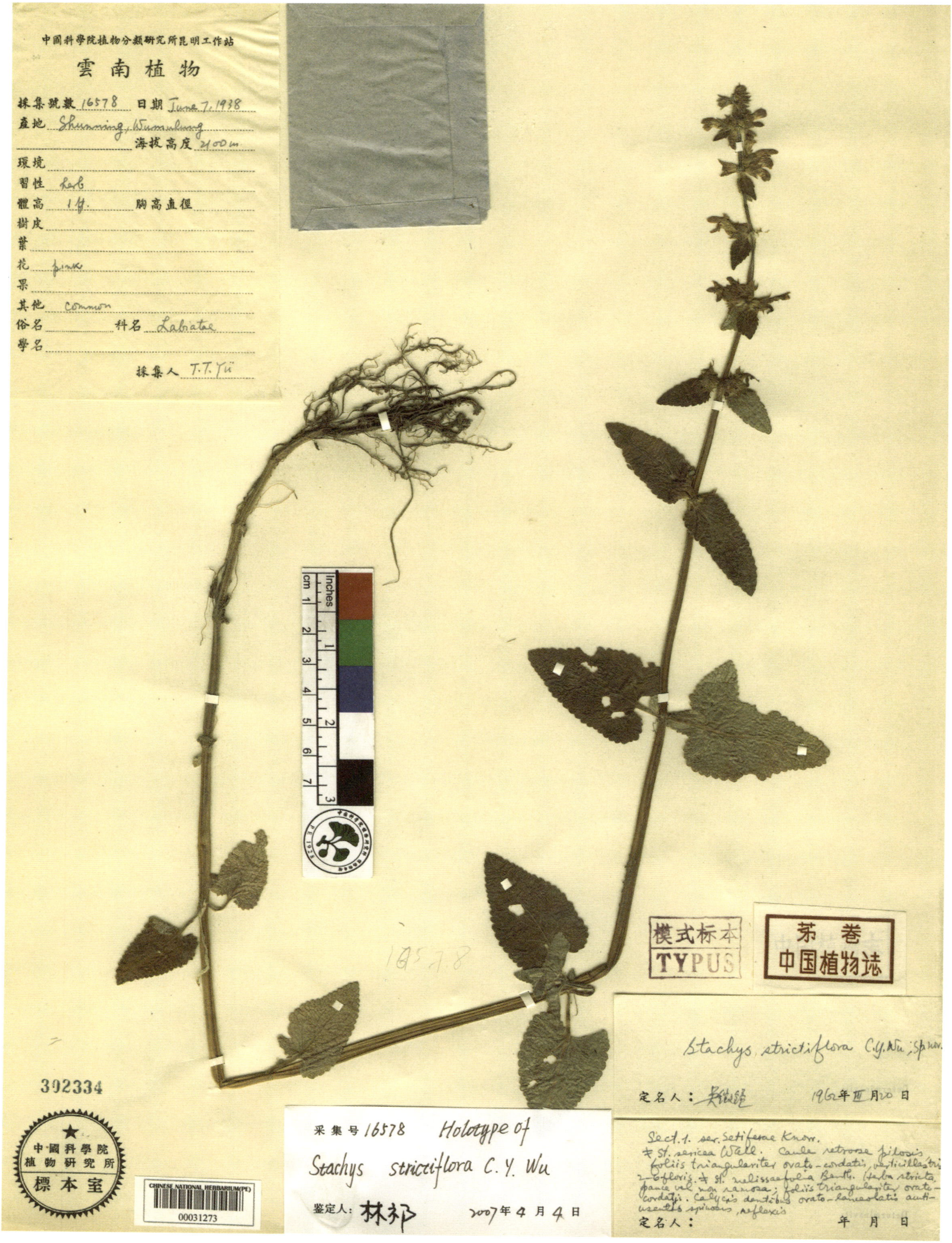

直花水苏 ***Stachys strictiflora*** C. Y. Wu in Acta Phytotax. Sin. 10(3): 220. 1965. **Holotype:** China. Yunnan: Shunning (=Fengqing), alt. 2 100 m, 1938-06-07, T. T. Yu 16578.

大理水苏 ***Stachys taliensis*** C. Y. Wu in Acta Phytotax. Sin. 10(3): 225. 1965. **Isotype:** China. Yunnan: Dali, 1940-06-19, R. C. Ching 22978.

黄花水苏 ***Stachys xanthantha*** C. Y. Wu in Acta Phytotax. Sin. 10(3): 224. 1965. **Isotype:** China. Chongqing: Nanchuan, Jinfoshan, alt. 2 150 m, 1957-06-18, K. F. Li 62280.

穗花香科崇明变种 ***Teucrium japonicum*** Willd. var. ***tsungmingense*** C. Y. Wu & S. Chow in Acta Phytotax. Sin. 10(4): 334, pl. 68, f. 8. 1965. **Holotype:** China. Jiangsu: Chongming, 1926-07-21, C. L. Tso 1491.

大唇香科 ***Teucrium labiosum*** C. Y. Wu & S. Chow in Acta Phytotax. Sin. 10(4): 342, pl. 71, f. 1-7. 1965. **Holotype:** China. Guizhou: Guiyang, 1958-08-04, Z. Y. Cao 158.

巍山香科 ***Teucrium manghuaense*** Sun ex S. Chow in Acta Phytotax. Sin. 10(4): 339, pl. 72, f. 7-11. 1965. **Holotype:** China. Yunnan: Menghua (=Weishan), alt. 2 900 m, 1933-06-??, Y. Tsiang 11833.

蒙化石蚕 ***Teucrium manghuaense*** Sun ex C. H. Hu in Acta Phytotax. Sin. 11(1): 37. 1966. **Holotype:** China. Yunnan: Menghua (=Weishan), alt. 2 900 m, 1933-06-??, Y. Tsiang 11833.

荆芥叶香科 ***Teucrium nepetaefolium*** Benth. in DC. Prodr. 12: 580. 1868. **Isotype:** China. Precise locality not known, 1845-??-??, Fortune A73.

峨眉香科 ***Teucrium omeiense*** Sun ex S. Chow in Acta Phytotax. Sin. 10(4): 340, pl. 72, f. 1-6. 1965. **Holotype:** China. Sichuan: Emei, Emeishan, alt. 2 100 m, 1930-07-15, W. P. Fang 6633b.

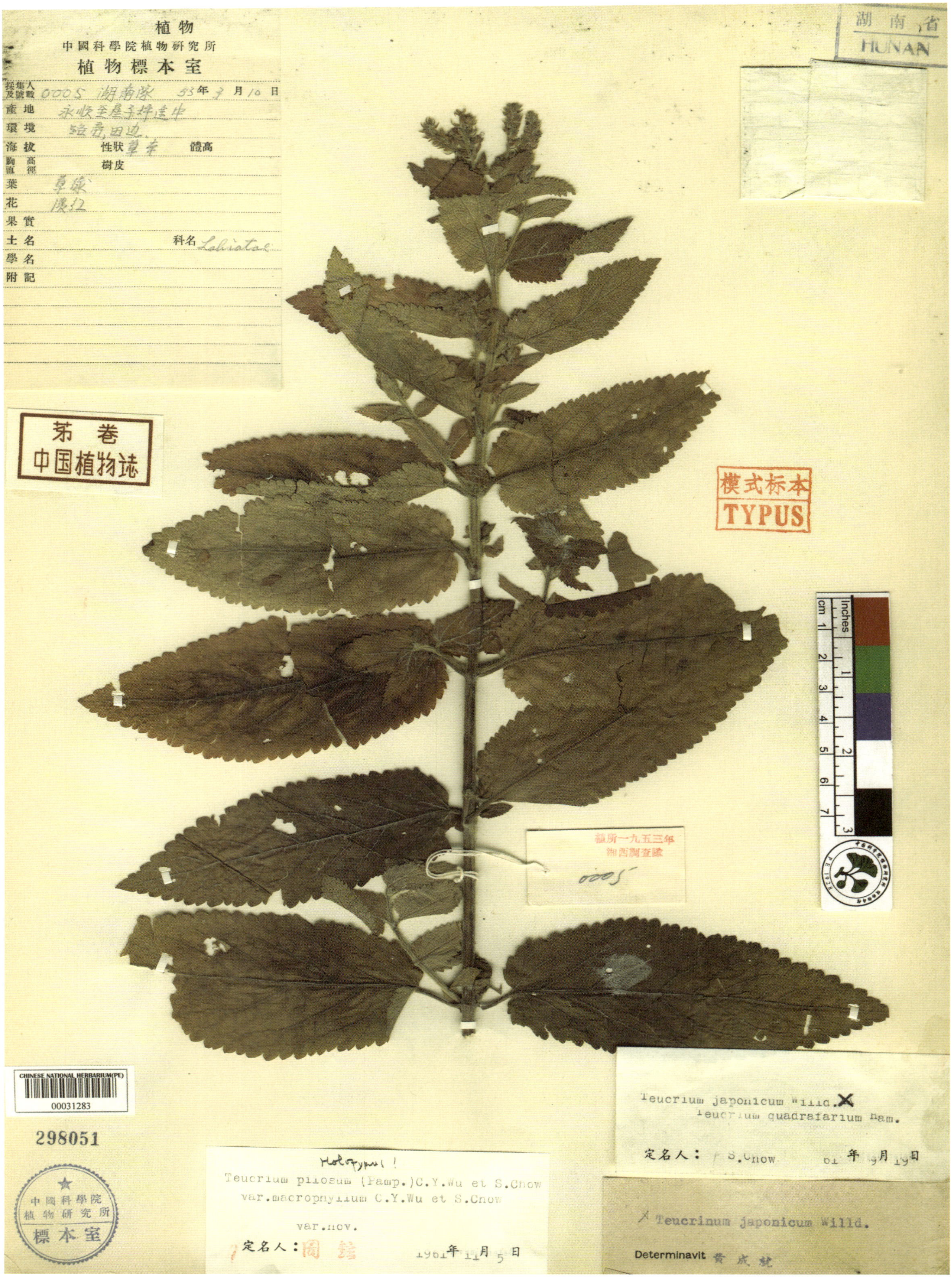

长毛香科大叶变种 ***Teucrium pilosum*** (Pamp.) C. Y. Wu & S. Chow var. ***macrophyllum*** C. Y. Wu & S. Chow in Acta Phytotax. Sin. 10(4): 336. 1965. **Holotype:** China. Hunan: Yongshun, 1953-07-10, Hunan Exped. 5.

秦岭香科紫萼变种 ***Teucrium tsinlingense*** C. Y. Wu & S. Chow var. ***porphyreum*** C. Y. Wu & S. Chow in Acta Phytotax. Sin. 10(4): 335. 1965. **Holotype:** China. Gansu: Kang Xian, alt. 1 900 m, 1939-08-25, W. Y. Hsia 6333.

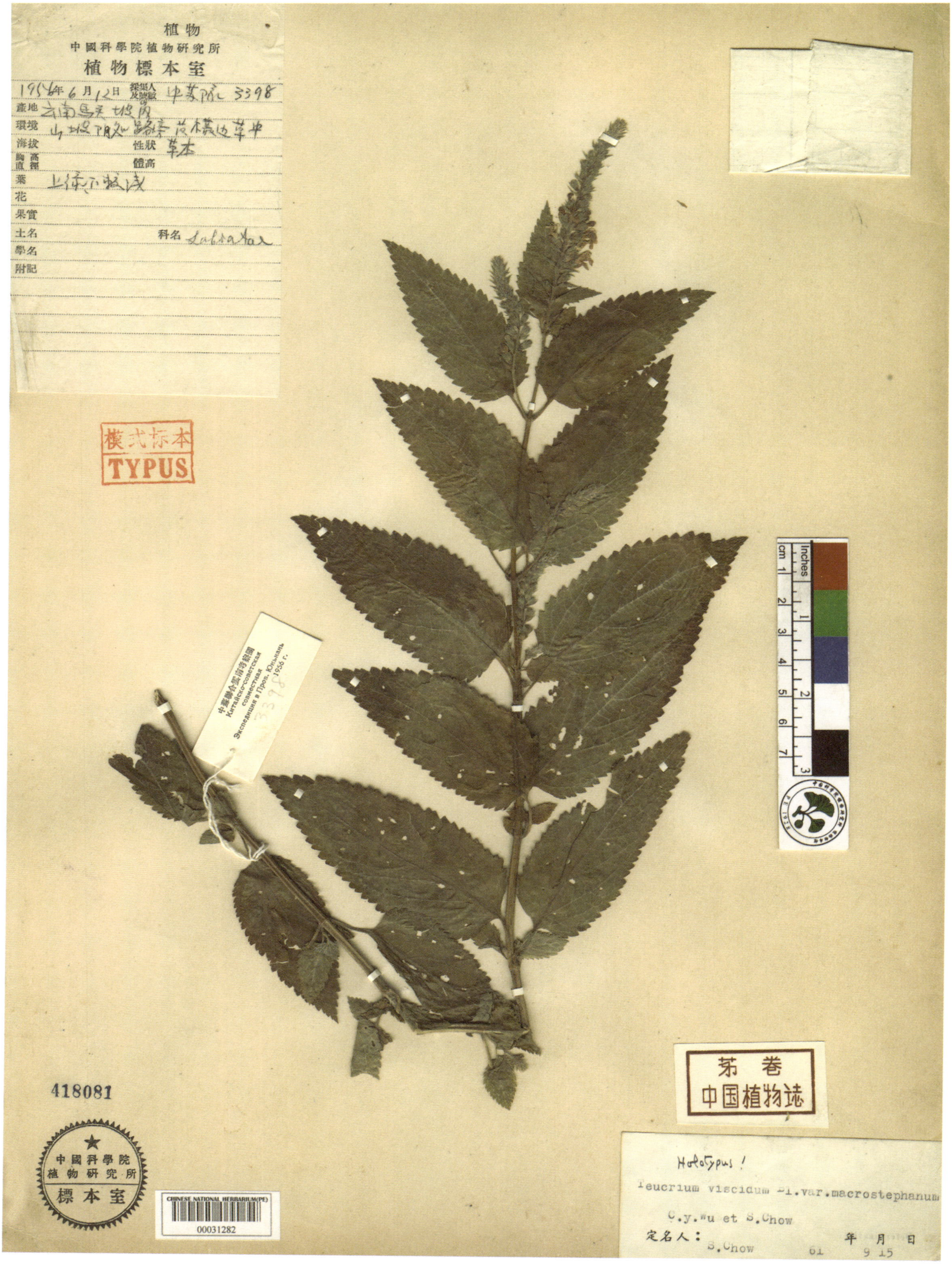

血见愁大唇变种 ***Teucrium viscidum*** Bl. var. ***macrostephanum*** C. Y. Wu & S. Chow in Acta Phytotax. Sin. 10(4): 333. 1965. **Holotype:** China. Yunnan: Maguan, 1956-06-12, Sino-Russia Yunnan Exped. 3398.

安龙香科 ***Teucrium anlungense*** C. Y. Wu & S. Chow in Acta Phytotax. Sin. 10(4): 338, pl. 71, f. 8-13. 1965. **Holotype:** China. Guizhou: Anlong, alt. 550 m, 1930-10-19, Y. Tsiang 7417.

Solanaceae

茄科

qieke

三分三 ***Anisodus acutangulus*** C. Y. Wu & C. Chen ex C. Chen & C. L. Chen in Acta Phytotax. Sin. 15(2): 62, f. 2: 1. 1977.
Paratype: China. Yunnan: Precise locality not known, H. T. Tsai 57718.

黄花山莨菪 ***Anisodus tanguticus*** (Maxim.) Pascher var. ***viridulus*** C. Y. Wu & C. Chen ex C. Chen & C. L. Chen in Acta Phytotax. Sin. 15(2): 65. 1977. **Paratype:** China. Qinghai: Xining, 1974-07-28, A. M. Lu 3.

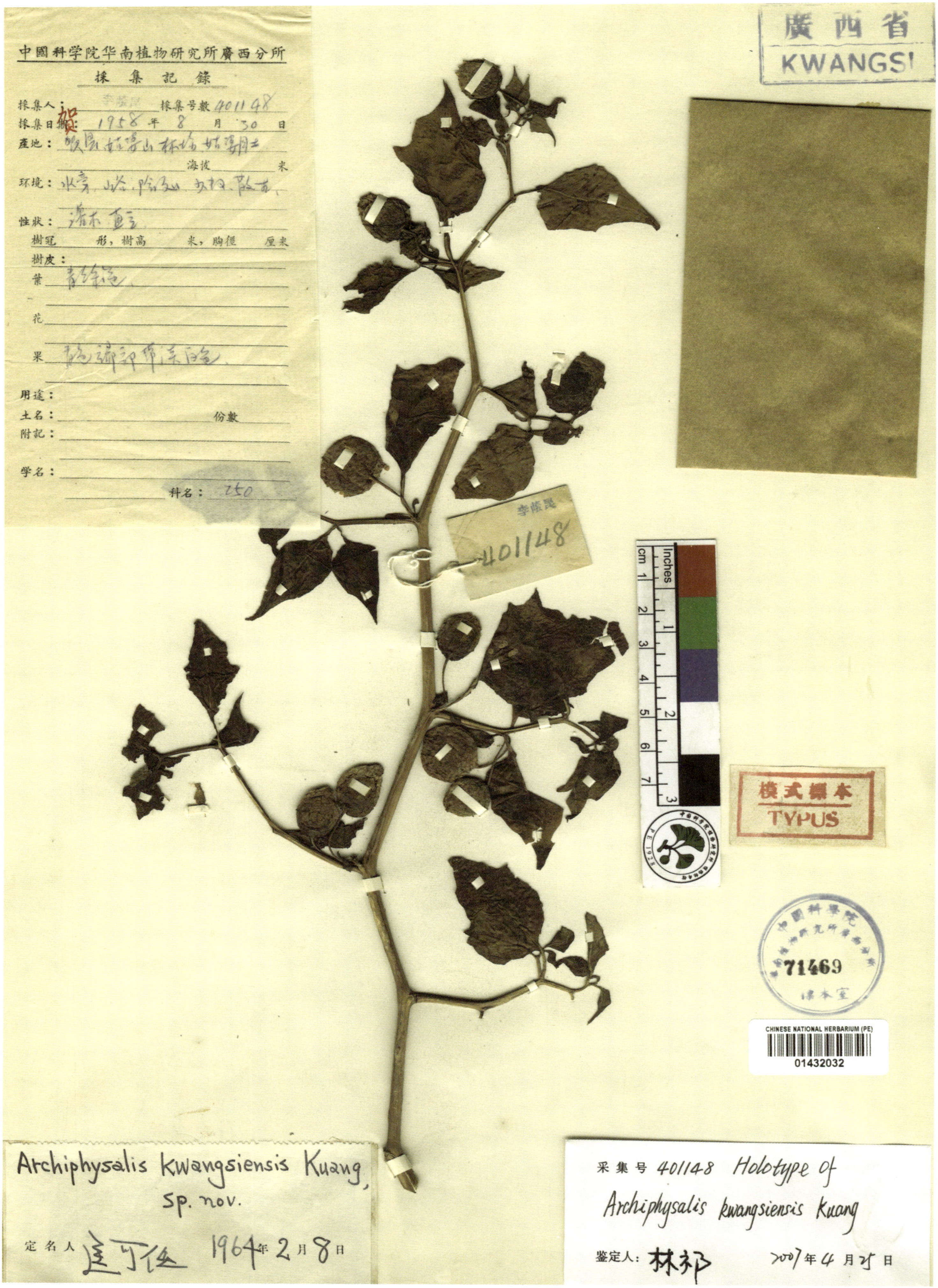

广西地海椒 ***Archiphysalis kwangsiensis*** Kuang in Acta Phytotax. Sin. 11(1): 61, pl. 9, f. 7-9. 1966. **Holotype:** China. Guangxi: Hexian (=Hezhou), 1958-08-30, I. K. Li 401148.

薄萼天仙子 ***Hyoscyamus leptocalyx*** Stapf in Hook.'s Icon. Pl. 5, pl. 2446. 1896. **Isotype:** Iran. Kurdistan: Mardin, 1888-??-??, P. Sintenis 1000.

心叶单花红丝线 ***Lycianthes lysimachioides*** (Wall.) Bitt. var. ***cordifolia*** C. Y. Wu in Acta Phytotax. Sin. 16(2): 79. 1978.
Holotype: China. Sichuan: Emei, Emeishan, 1952-??-??, J. H. Xiong, S. S. Chang & H. L. Tsiang 32197.

紫单花红丝线 ***Lycianthes lysimachioides*** (Wall.) Bitt. var. ***purpuriflora*** C. Y. Wu & S. C. Huang in Acta Phytotax. Sin. 16(2): 79. 1978. **Holotype:** China. Sichuan: Emei, Emeishan, alt. 1 200 m, 1935-06-26, T. H. Tu 418.

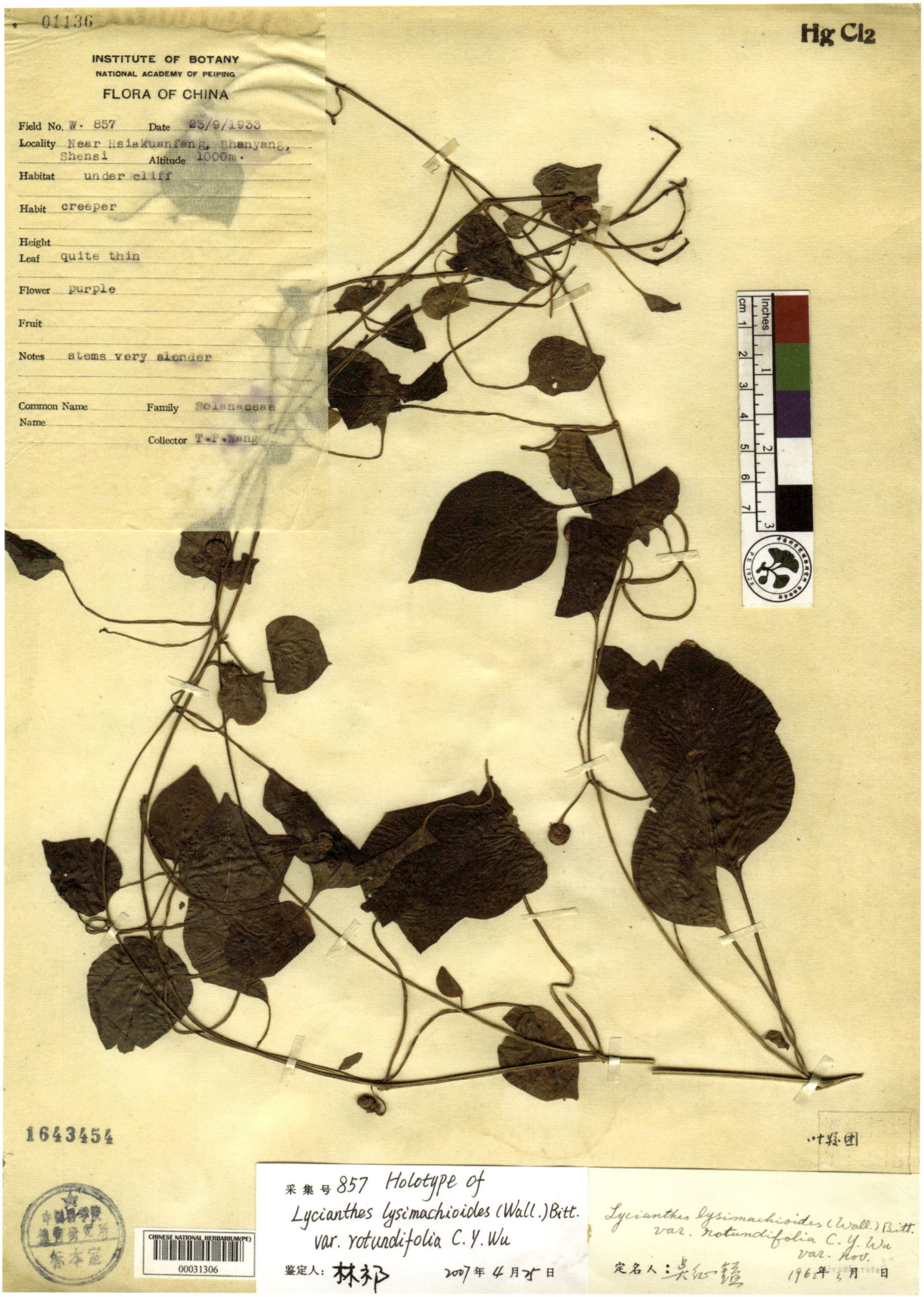

圆叶单花红丝线 ***Lycianthes lysimachioides*** (Wall.) Bitt. var. ***rotundifolia*** C. Y. Wu in Acta Phytotax. Sin. 16(2): 80. 1978.
Holotype: China. Shaanxi: Shanyang, alt. 1 000 m, 1933-09-23, T. P. Wang 857.

疏果截萼红丝线 ***Lycianthes subtruncata*** (Wall.) Bitt. var. ***paucicarpa*** C. Y. Wu & S. C. Huang in Acta Phytotax. Sin. 16(2): 79. 1978. **Isotype:** China. Yunnan: Longling, alt. 1 600 m, 1933-12-21, H. T. Tsai 56685.

黄果枸杞 ***Lycium barbarum*** L. var. ***auranticarpum*** K. F. Ching, Fl. Reip. Pop. Sin. 67(1): 14, 158. 1978. **Holotype:** China. Ningxia: Yinchuan, alt. 1 150 m, 1974-07-17, A. M. Lu 004.

密枝枸杞 ***Lycium barbarum*** L. var. ***implicatum*** T. Y. Chen & X. L. Jiang in Guihaia 32(1): 8, pl. 1: 6-9. 2012. **Holotype:** China. Ningxia: Zhongning, alt. 1188 m, 2010-07-16, X. L. Jiang & Q. S. Li 2010-03.

红枝枸杞 ***Lycium dasystemum*** Pojark. var. ***rubricaulium*** A. M. Lu, Fl. Reip. Pop. Sin. 67(1): 13, 158. 1978. **Holotype:** China. Qinghai: Precise locality not known, alt. 2 900 m, Qinghai-Gansu Exped. 162.

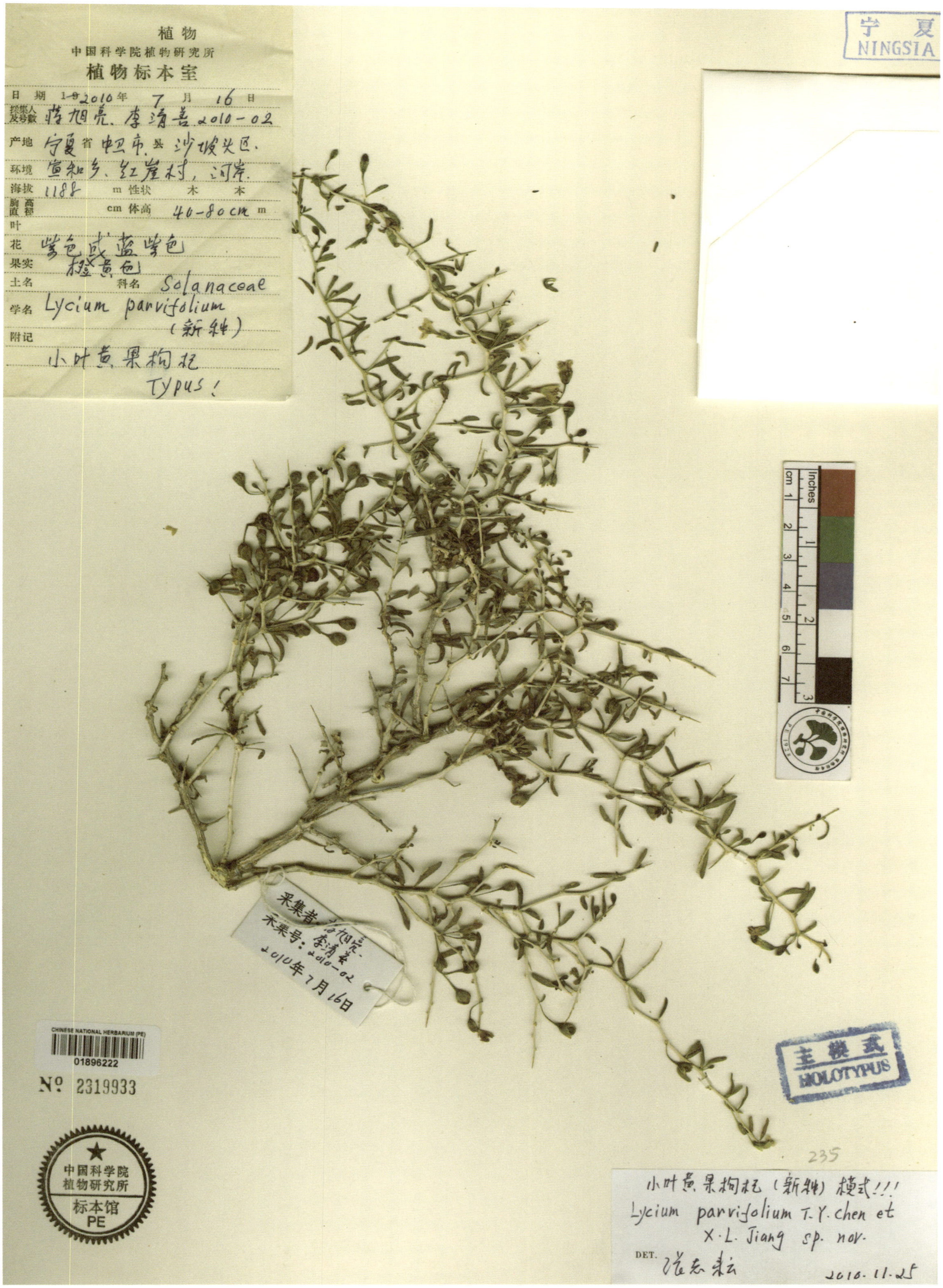

小叶黄果枸杞 ***Lycium parvifolium*** T. Y. Chen & X. L. Jiang in Guihaia 32(1): 6, pl. 1: 1-5. 2012. **Holotype:** China. Ningxia: Zhongning, alt. 1188 m, 2010-07-16, X. L. Jiang & Q. S. Li 2010-02.

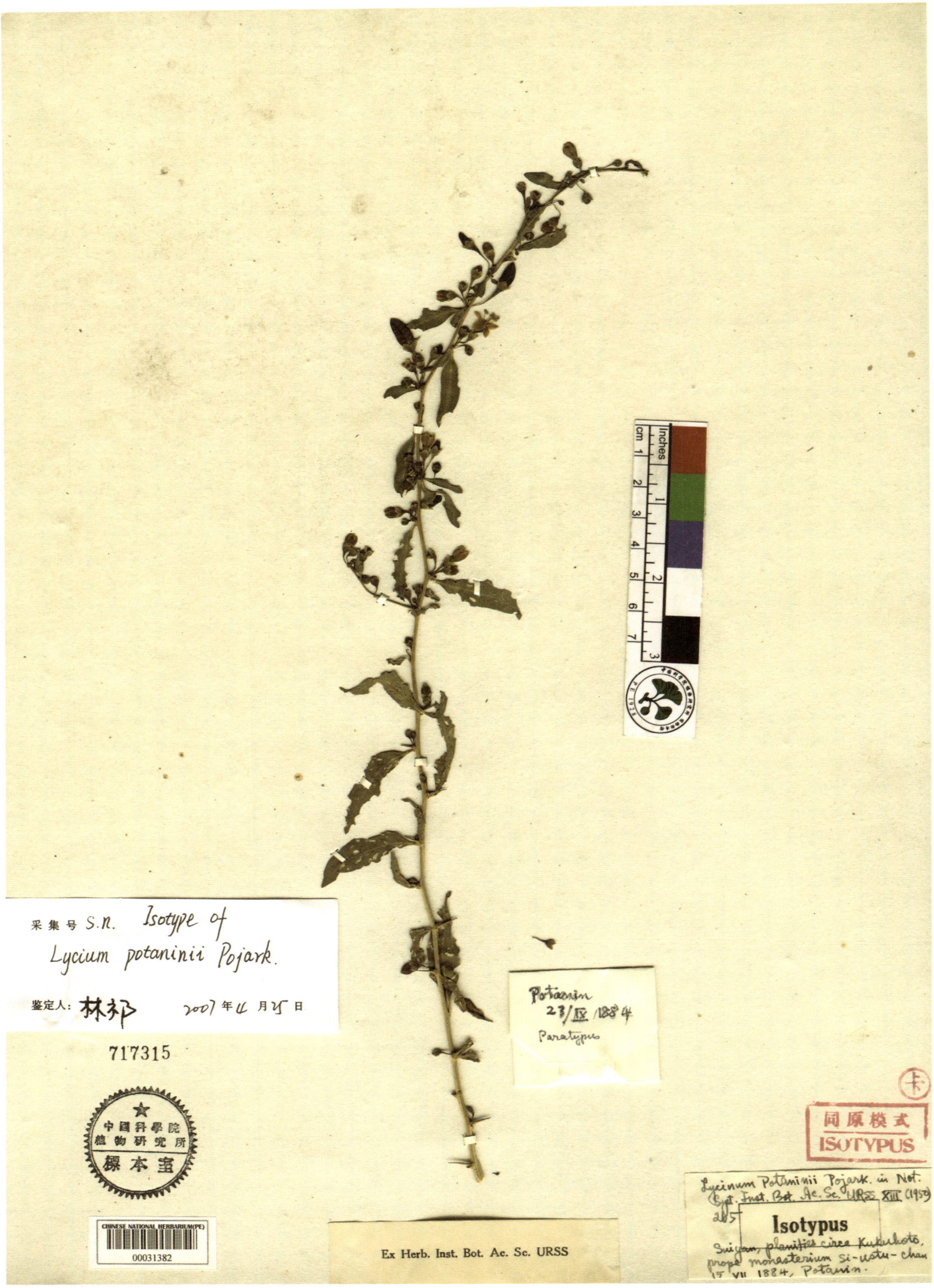

北方枸杞 ***Lycium potaninii*** Pojark. in Not. Syst. Herb. Hort. Bot. URSS. 13: 265, f. 6. 1950. **Isotype:** China. Nei Mongol: Kukuhoto, 1884-07-15, G.N. Potanin s. n.

清水河枸杞 ***Lycium qingshuiheense*** X. L. Jiang & J. N. Li in Guihaia 31(4): 427, f. 1. 2011. **Holotype:** China. Ningxia: Zhongning, alt. 1197 m, 2010-07-16, X. L. Jiang & Q. S. Li 2010-01.

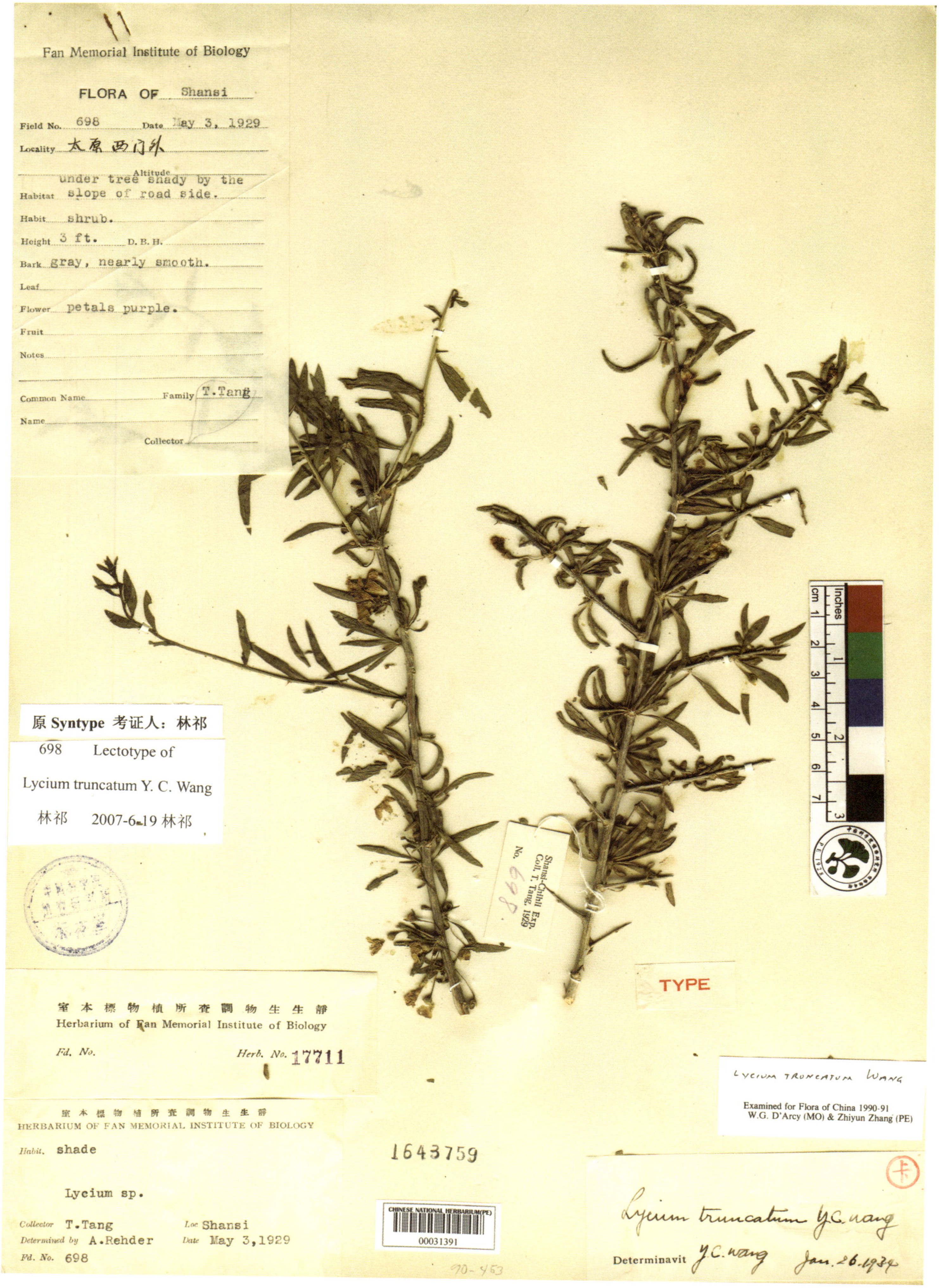

截萼枸杞 ***Lycium truncatum*** Y. C. Wang in Contr. Inst. Bot. Nat. Acad. Peiping 2(4): 103, pl. 3. 1934. **Lectotype** (designated by Q. Lin & al. in Bull. Bot. Res., Harbin 28: 539. 2008.): China. Shanxi: Taiyuan, 1929-05-03, T. Tang 698.

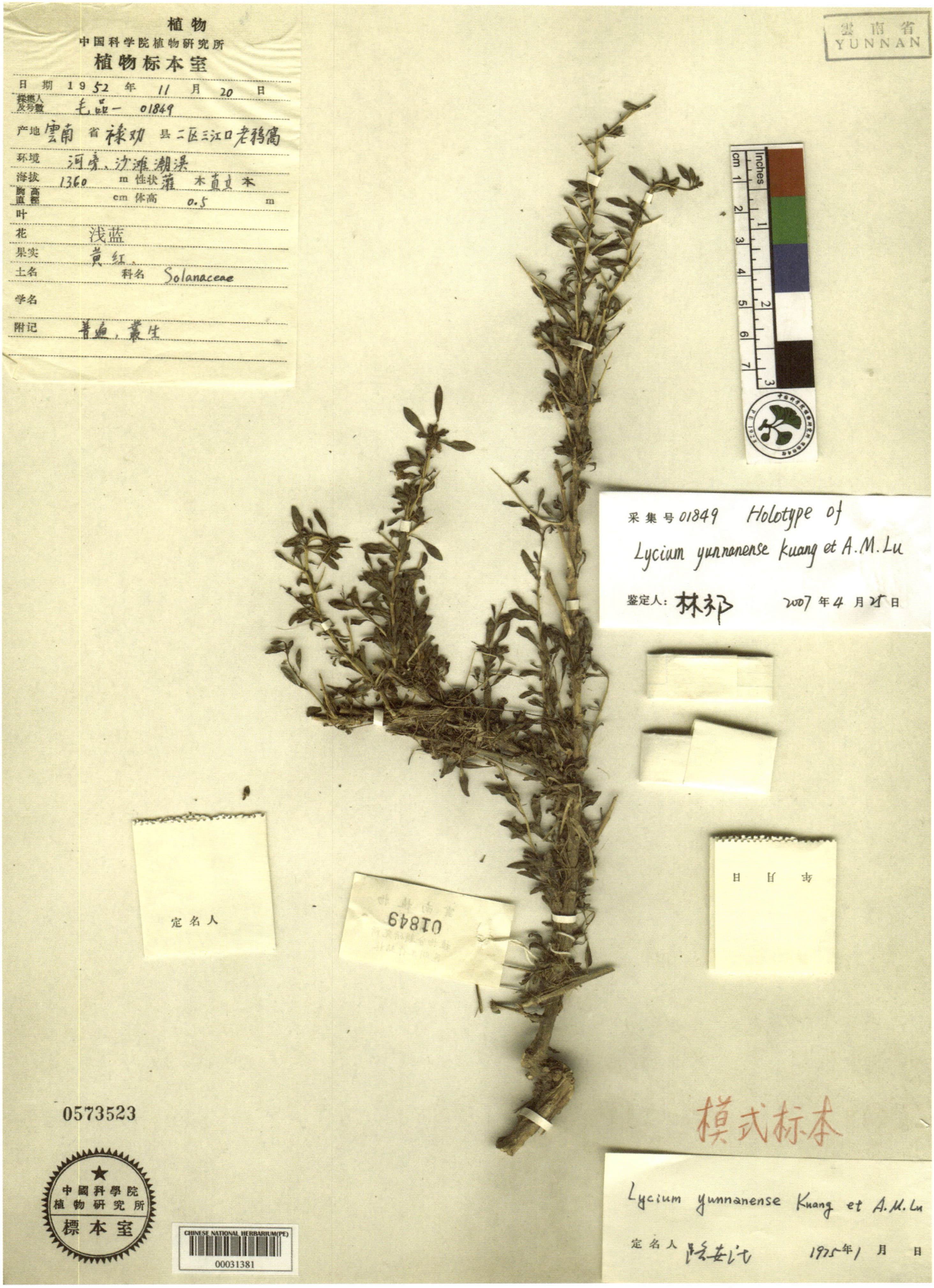

云南枸杞 ***Lycium yunnanense*** Kuang & A. M. Lu, Fl. Reip. Pop. Sin. 67(1): 18, 158, pl. 3: 5-6. 1978. **Holotype:** China. Yunnan: Luquan, alt. 1 360 m, 1952-11-20, P. I Mao 01849.

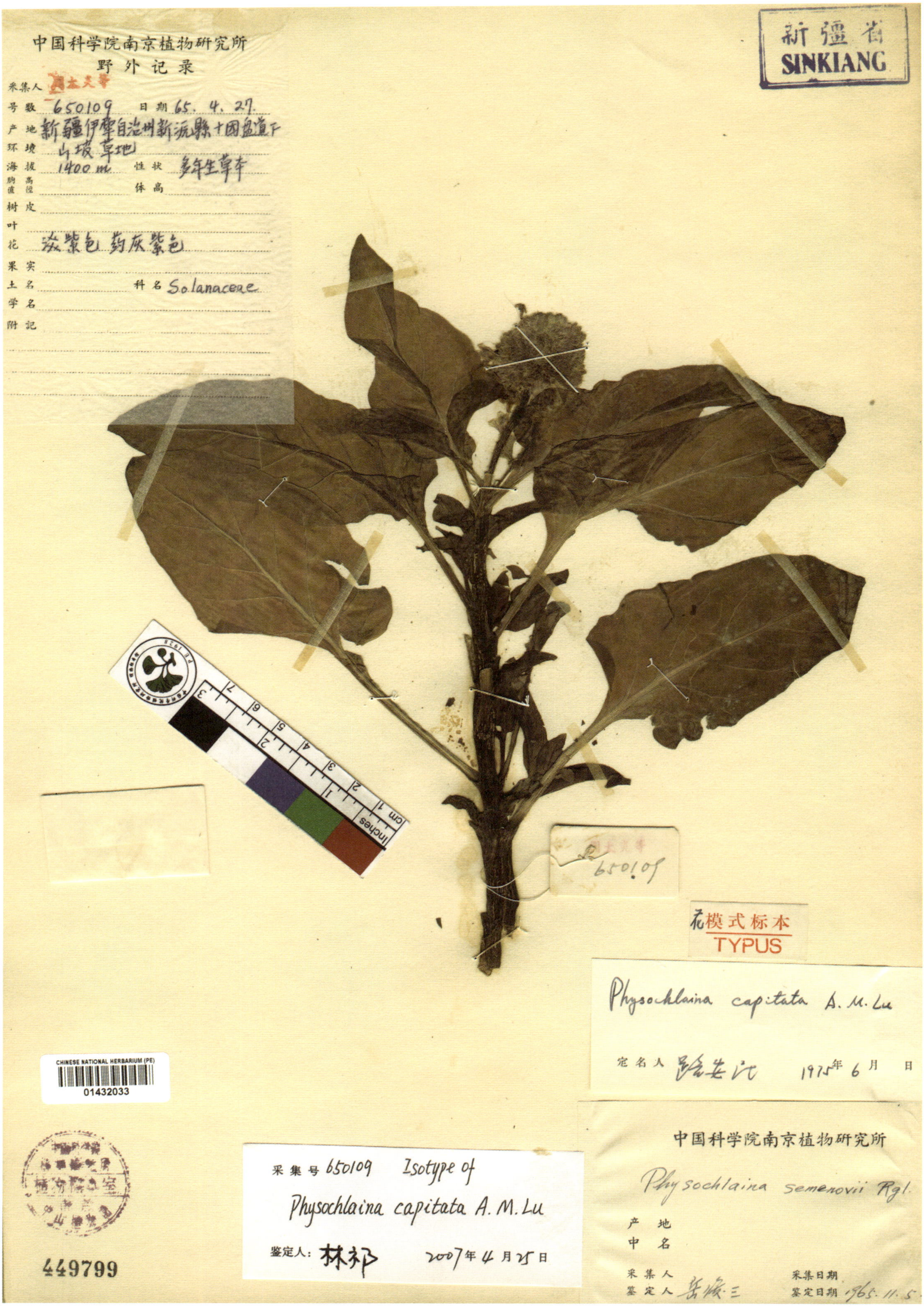

伊犁泡囊草 ***Physochlaina capitata*** A. M. Lu, Fl. Reip. Pop. Sin. 67(1): 40, 159. 1978. **Isotype:** China. Xinjiang: Xinyuan, alt. 1 400 m, 1965-04-27, T. Y. Cheo & al. 650109.

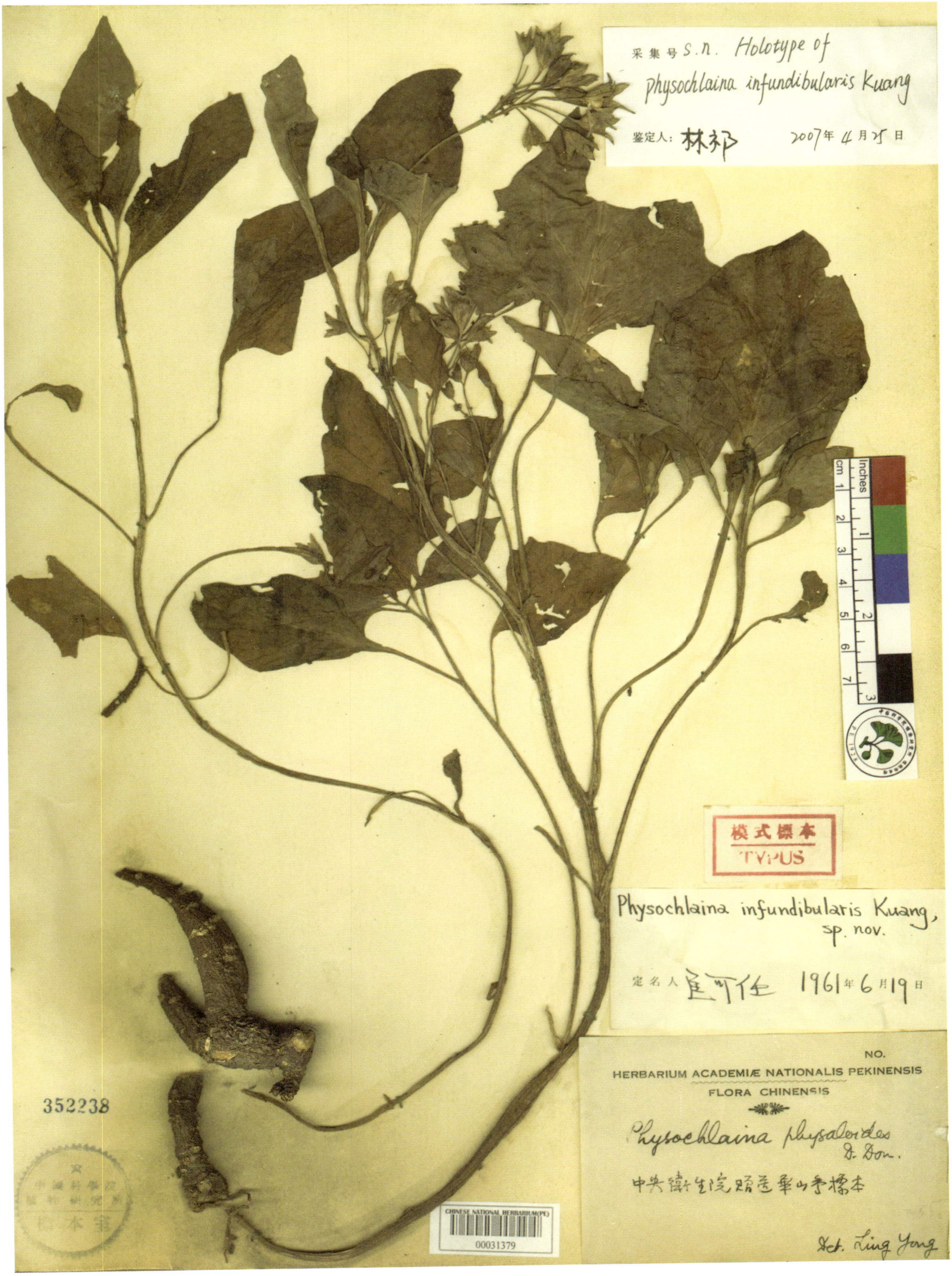

漏斗泡囊草 ***Physochlaina infundibularis*** Kuang in Acta Phytotax. Sin. 12(4): 410. 1974. **Holotype:** China. Shaanxi: Huayin, Huashan, PE Herb. No. 352238.

散血丹 ***Physaliastrum kweichouense*** Kuang & A. M. Lu in Acta Phytotax. Sin. 10(4): 351, pl. 77: 5-8. 1965. **Holotype:** China. Guizhou: Kaili, alt. 750 m, 1959-05-08, S Guizhou Exped. 1396.

华北散血丹 ***Physaliastrum sinicum*** Kuang & A. M. Lu in Acta Phytotax. Sin. 10(4): 352, pl. 78. 1965. **Holotype:** China. Shanxi: Precise locality not known, W. Y. Hsia 4321.

坛萼泡囊草 ***Physochlaina urceolata*** Kuang & A. M. Lu in Acta Phytotax. Sin. 12(4): 409, pl. 79: 1-6. 1974. **Holotype:** China. Xizang: Tingri, alt. 4 380 m, 1961-08-16, Xizang Exped. 1700.

云南散血丹 ***Physaliastrum yunnanense*** Kuang & A. M. Lu in Acta Phytotax. Sin. 10(4): 348, pl. 75. 1965. **Holotype:** China. Yunnan: Shunning (=Fengqing), alt. 1 800 m, 1938-07-15, T. T. Yu 16767.

马尿泡 ***Przewalskia tangutica*** Maxim. in Mélanges. Biol. Bull. Phys.-Math. Acad. Imp. Sci. St.-Pétersbourg 11: 275. 1881.
Isotype: China. Qinghai: Terra Tangutorum (= Qilianshan), alt. 3 600~4 000 m, 1880-05-(17~29), N. M. Przewalski s. n.

赛莨菪 ***Scopolia carniolicoides*** C. Y. Wu & C. Chen in Acta Phytotax. Sin. 15(2): 59, f. 1, 2: 2. 1977. **Isotype:** China. Yunnan: Dêqên, alt. 3 500 m, 1937-07-06, T. T. Yu 8773.

齿叶赛莨菪 ***Scopolia carniolicoides*** C. Y. Wu & C. Chen var. ***dentata*** C. Y. Wu & C. Chen in Acta Phytotax. Sin. 15(2): 60. 1977. **Isotype:** China. Sichuan: Muli, alt. 3 600 m, 1937-06-15, T. T. Yu 6291.

台白英 ***Solanum hidetaroi*** Masamune in Trans. Nat. Hist. Soc. Taiwan. 29: 84. 1939. **Isotype:** China. Taiwan: Taihokusyu, 1931-07-13, G. Masamune & K. Mori 1630.

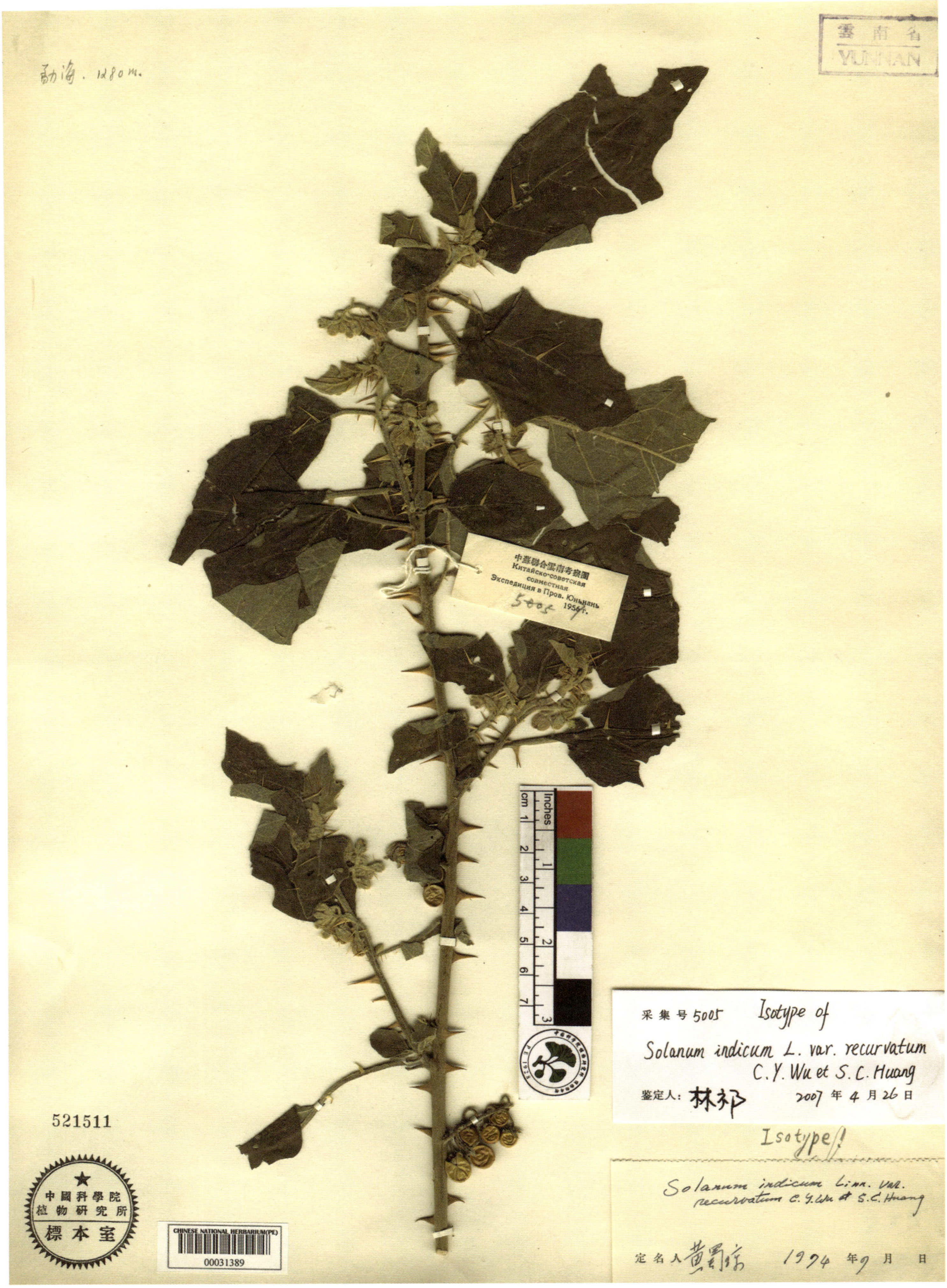

弯柄刺天茄 ***Solanum indicum*** L. var. ***recurvatum*** C. Y. Wu & S. C. Huang in Acta Phytotax. Sin. 16(2): 73. 1978.
Isotype: China. Yunnan: Menghai, alt. 1 280 m, 1957-??-??, Sino-Russia Yunnan Exped. 5005.

疏刺茄 ***Solanum nienkui*** Merr. & Chun in Sunyatsenia. 2(3-4): 318, f. 44. 1935. **Isoparatype:** China. Hainan: Yazhou (= Sanya), alt. 250 m, 1932-12-24, N. K. Chun 44522.

雪山茄 ***Solanum nivalo-montanum*** C. Y. Wu & S. C. Huang in Acta Phytotax. Sin. 16(2): 74, f. 1-2. 1978. **Holotype:** China. Yunnan: Shunning (= Fengqing), alt. 2 100 m, 1938-05-25, T. T. Yu 15962.

疏毛海桐叶白英 ***Solanum pittosporifolium*** Hemsl. var. ***pilosum*** C. Y. Wu & S. C. Huang in Acta Phytotax. Sin. 16(2): 72. 1978. **Isotype:** China. Yunnan: Weixi, alt. 2 500 m, 1940-06-18, K. M. Feng 4840.

卵果青杞 ***Solanum septemlobum*** Bunge var. ***ovoidocarpum*** C. Y. Wu & S. C. Huang in Acta Phytotax. Sin. 16(2): 72. 1978. **Holotype:** China. Beijing: Precise locality not known, 1930-09-25, T. N. Liou 2087a.

单叶青杞 ***Solanum septemlobum*** Bunge var. ***subintegrifolium*** C. Y. Wu & S. C. Huang in Acta Phytotax. Sin. 16(2): 73. 1978. **Holotype:** China. Gansu: Xifeng, 1954-09-27, T. P. Wang 17568.

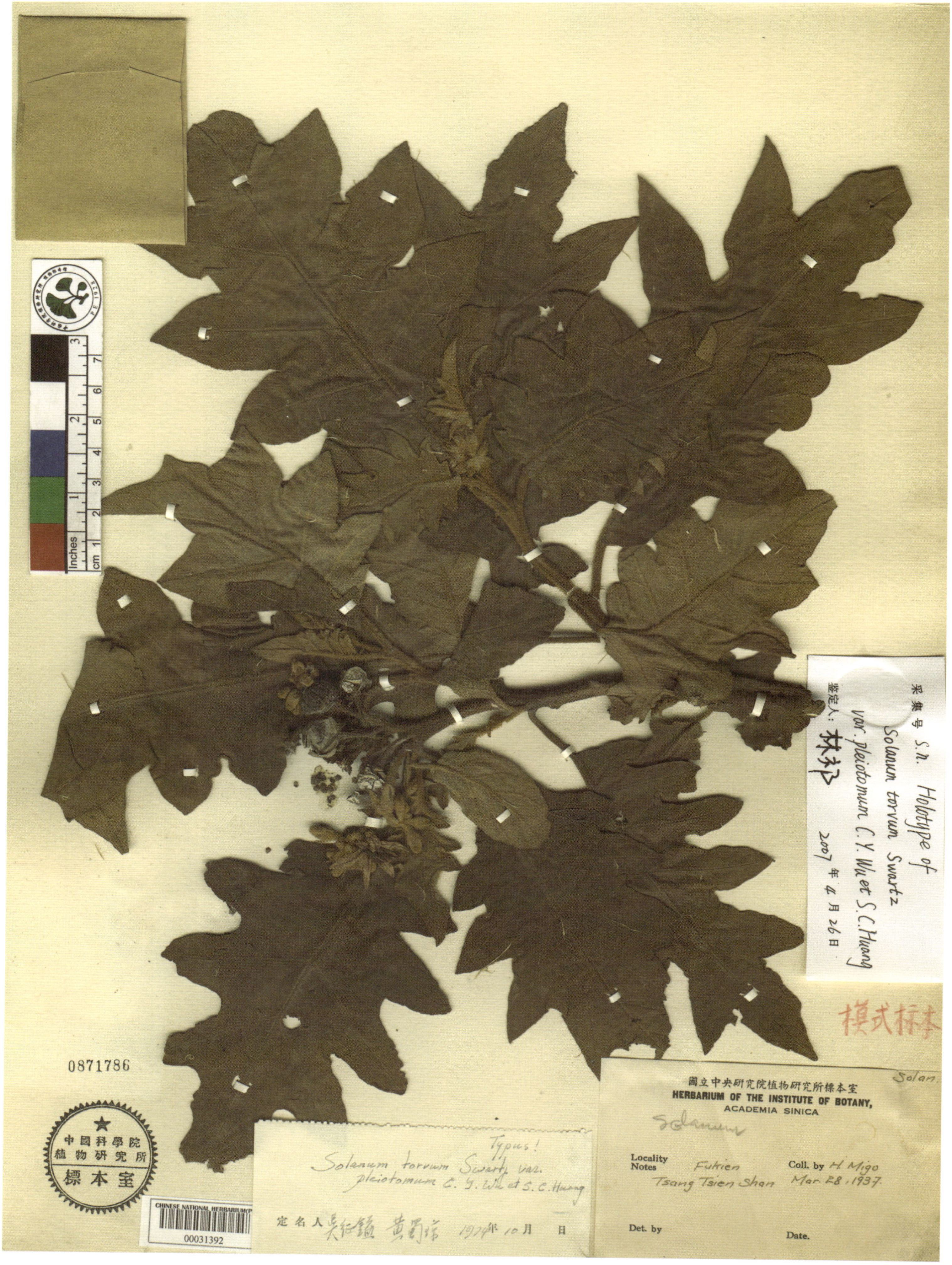

多裂水茄 ***Solanum torvum*** Swartz var. ***pleiotomum*** C. Y. Wu & S. C. Huang in Acta Phytotax. Sin. 16(2): 73. 1978.
Holotype: China. Fujian: Cangqianshan, 1937-03-28, H. Migo s. n.

睡茄 ***Withania kansuensis*** Kuang & A. M. Lu, Fl. Reip. Pop. Sin. 67(1): 59, 159, pl. 16. 1978. **Isotype:** China. Gansu: Wen Xian, alt. 750 m, 1958-10-12, Y. C. Hou 1042.

Scrophulariaceae

玄参科

xuanshenke

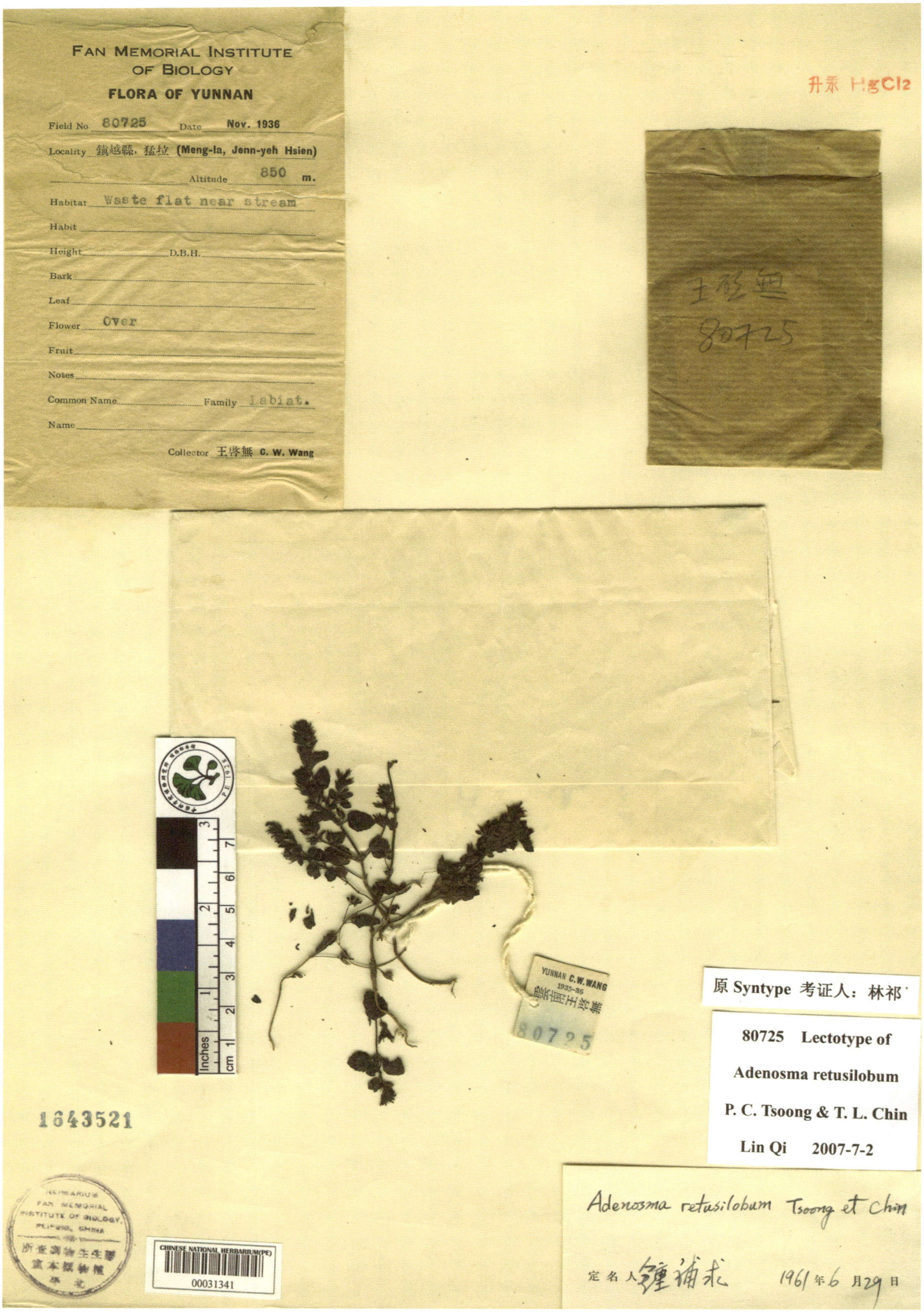

凹裂毛麝香 ***Adenosma retusilobum*** P. C. Tsoong & T. L. Chin, Fl. Reip. Pop. Sin. 67(2): 100, 396, pl. 7: 10-13. 1979. **Lectotype** (designated by S. Q. Bi & al. in Acta Bot. Boreal.-Occident. Sin. 28: 389. 2008.): China. Yunnan: Jenn-Yeh (= Mengla), alt. 850 m, 1936-11-??, C. W. Wang 80725.

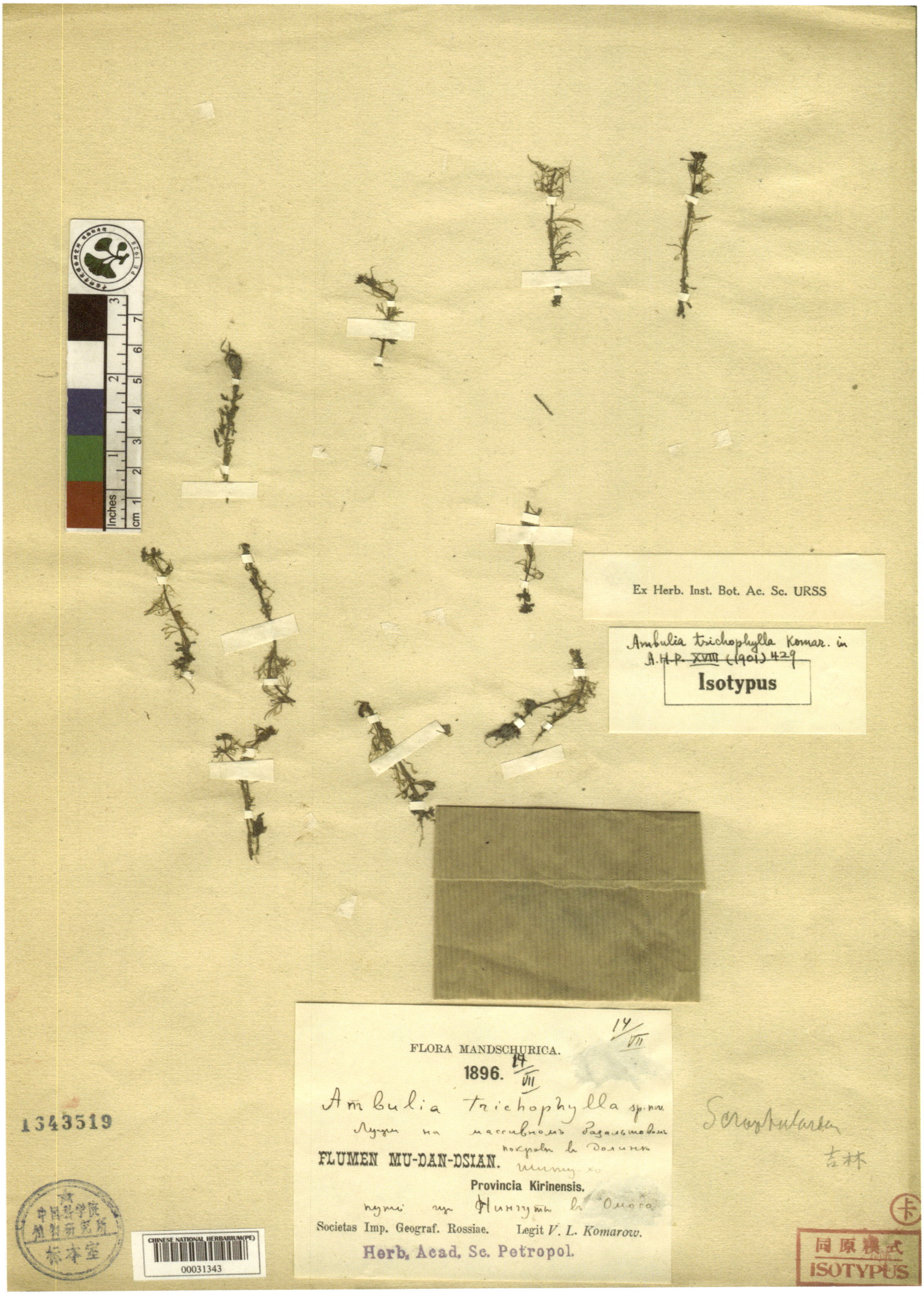

毛叶石龙尾 ***Ambulia trichophylla*** Kom. in Acta Horti Petropol. 18: 429. 1901. **Isotype:** China. Jilin: Precise locality not known, 1896-07-14, V. L. Komarow s. n.

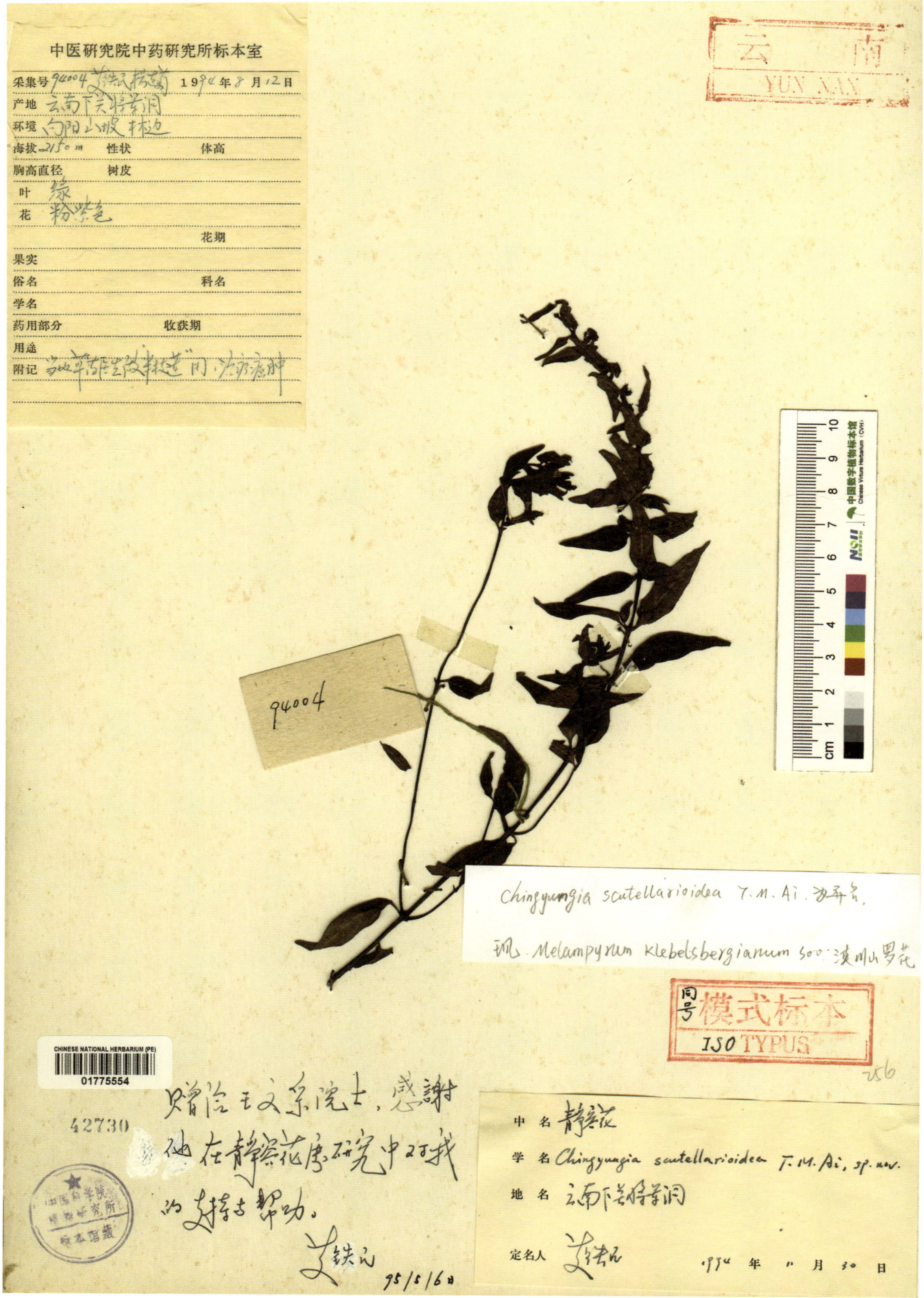

静容花 ***Chingyungia scutellarioidea*** T. M. Ai in Bull. Bot. Res., Harbin 15(2): 182. 1995. **Isotype:** China. Yunnan: Xiaguan (=Dali), 1994-08-12, alt. 2150 m, T. M. Ai & L. J. Yang 94004.

条叶芯苞 ***Cymbaria linearifolia*** Hao in Repert. Sp. Nov. Reg. Veg. 36: 224. 1934. **Lectotype** (designated by S. Q. Bi & al. in Acta Bot. Boreal.-Occident. Sin. 28: 389. 2008.): China. Gansu: Lanzhou, alt. 1 900 m, 1930-07-08, K. S. Hao 714.

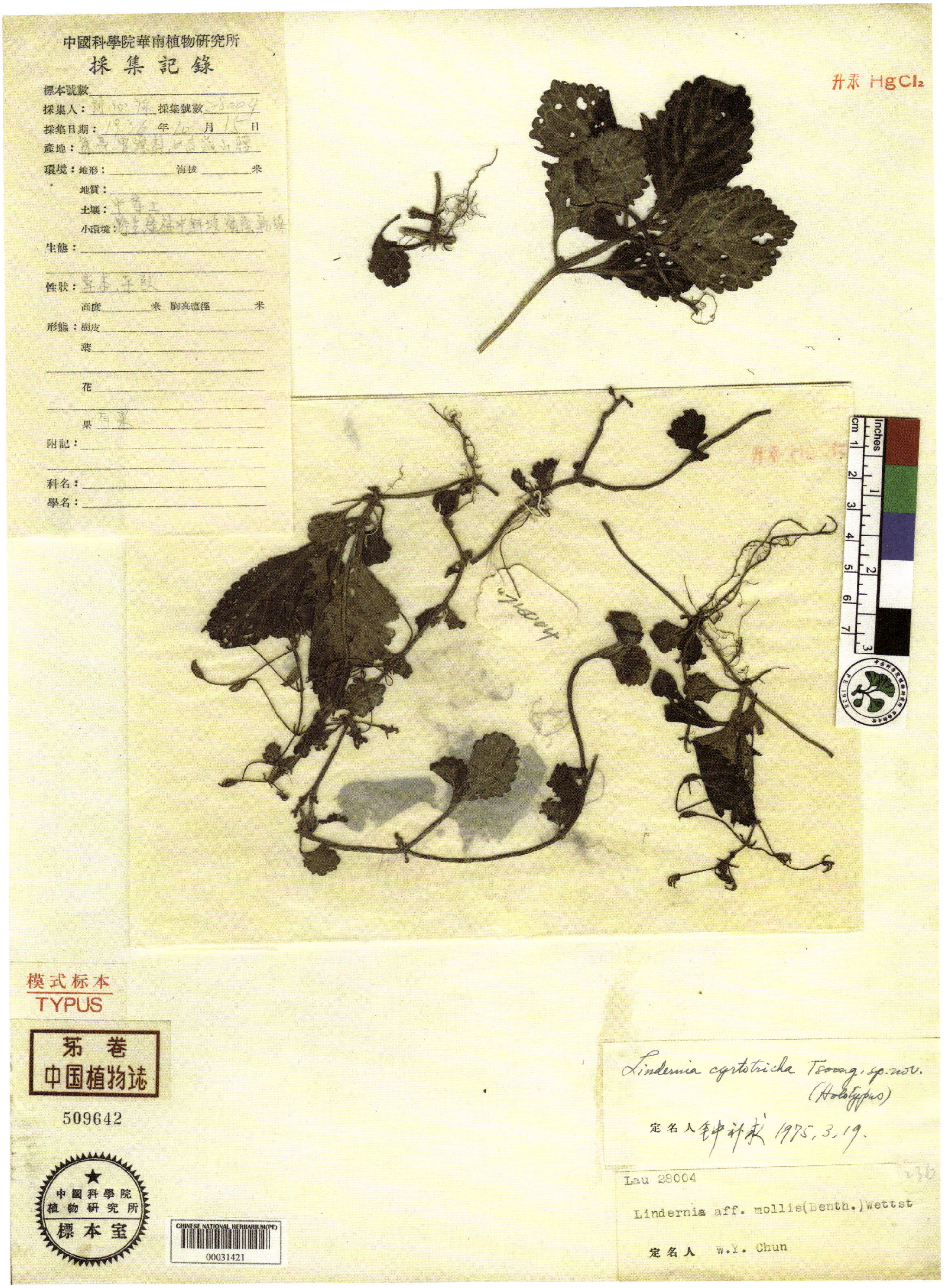

曲毛母草 ***Lindernia cyrtotricha*** P. C. Tsoong & T. C. Ku, Fl. Reip. Pop. Sin. 67(2): 148, 398, pl. 17: 1-2. 1979. **Holotype:** China. Hainan: Baoting, 1936-10-15, S. K. Lau 28004.

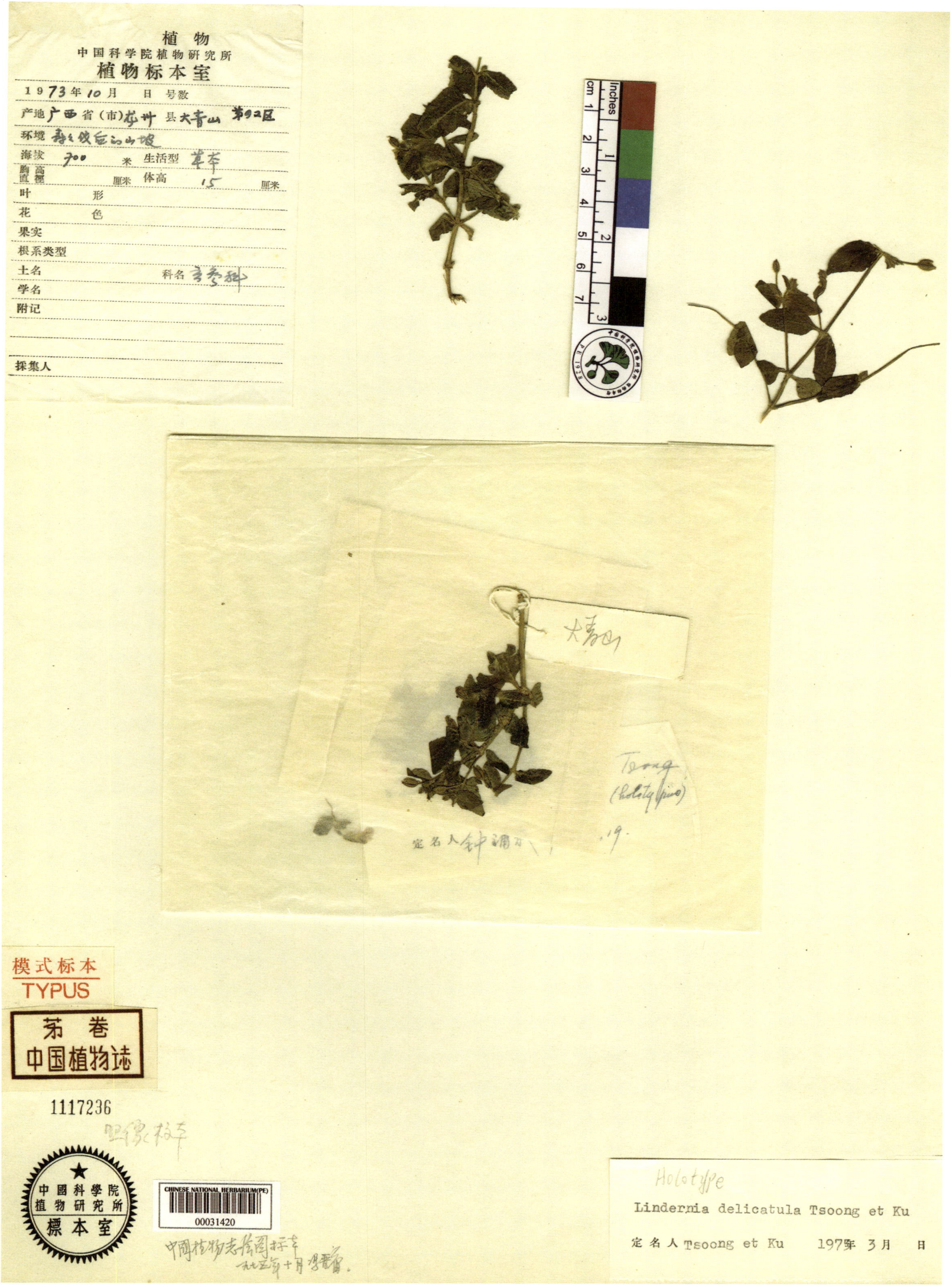

柔弱母草 ***Lindernia delicatula*** P. C. Tsoong & T. C. Ku, Fl. Reip. Pop. Sin. 67(2): 152, 398, pl. 18: 4-6. 1979. **Holotype:** China. Guangxi: Longzhou, alt. 700 m, 1973-10-??, W. L. Chen s. n.

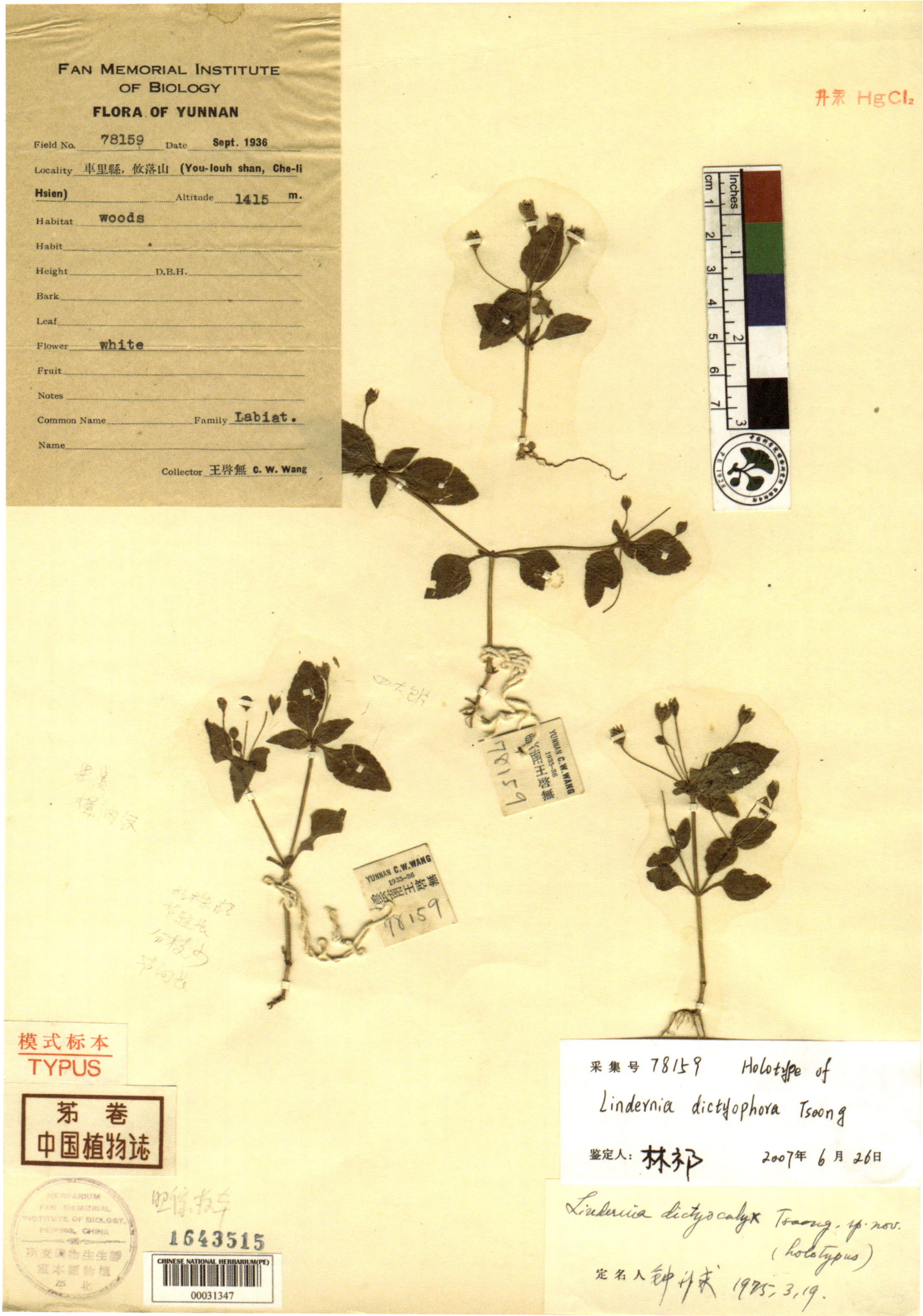

网萼母草 ***Lindernia dictyophora*** P. C. Tsoong, Fl. Reip. Pop. Sin. 67(2): 128, 397, pl. 12: 3-4. 1979. **Holotype:** China. Yunnan: Cheli (= Jinghong), alt. 1 415 m, 1936-09-??, C. W. Wang 78159.

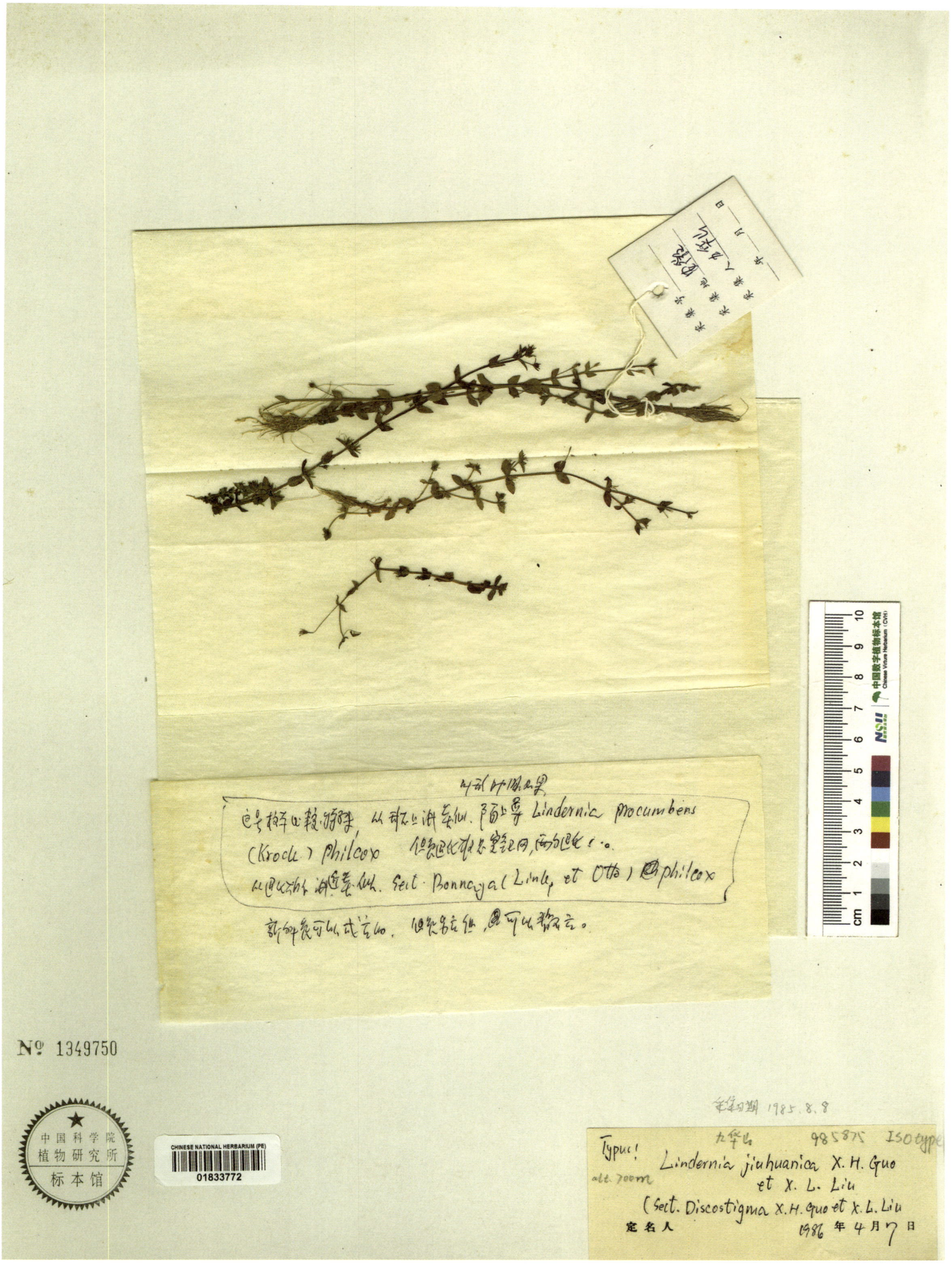

九华山母草 ***Lindernia jiuhuanica*** X. H. Guo & X. L. Liu in Acta Phytotax. Sin. 26(2): 153, f. 1. 1988. **Isotype:** China. Anhui: Qingyang, Jiuhuashan, alt. 700 m, 1985-08-08, X. L. Liu 985875.

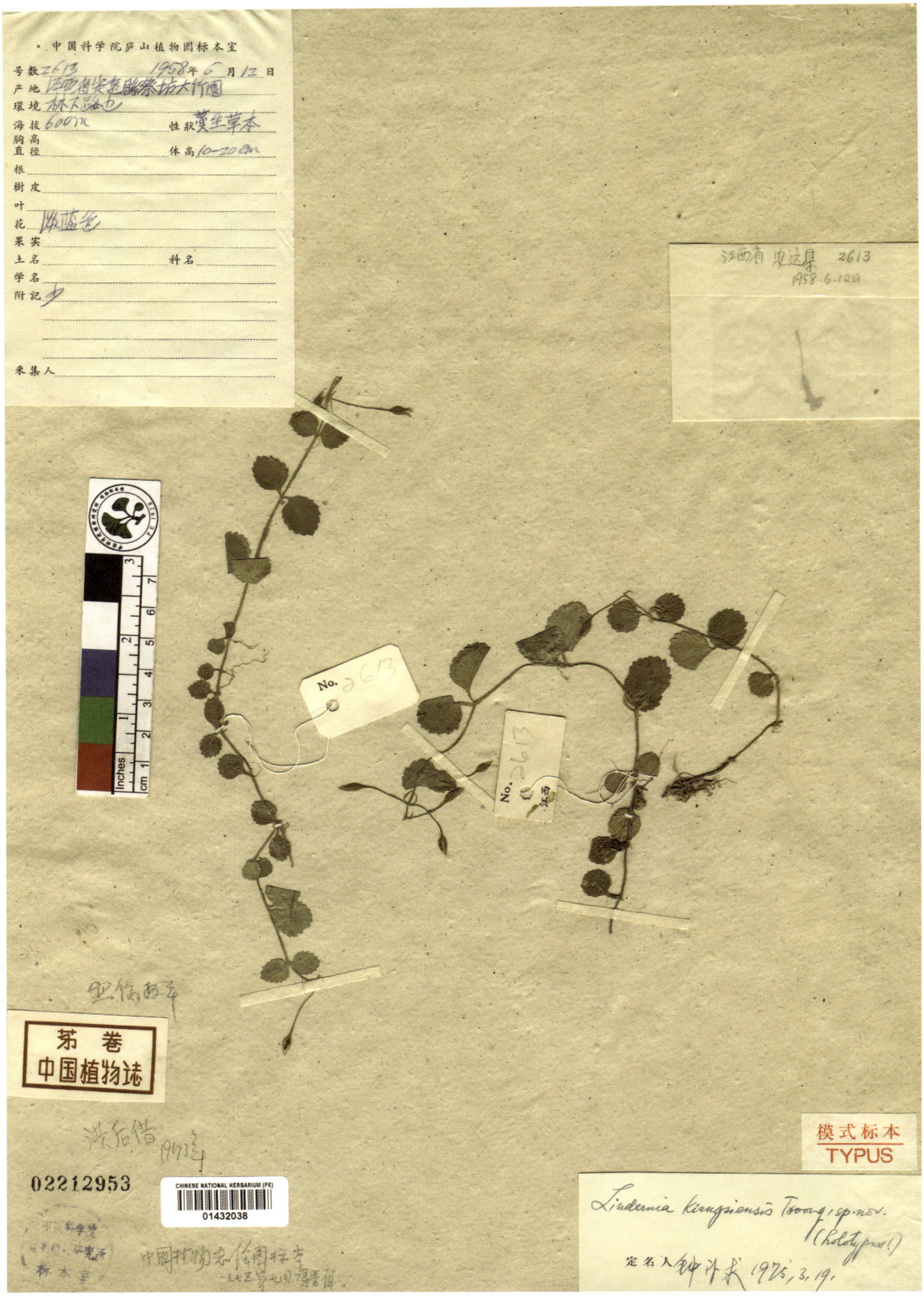

江西母草 ***Lindernia kiangsiensis*** P. C. Tsoong, Fl. Reip. Pop. Sin. 67(2): 138, 396, pl. 14: 5-8. 1979. **Holotype:** China. Jiangxi: Anyuan, alt. 600 m, 1958-06-12, Anonymous 2613.

长序母草 ***Lindernia macrobotrys*** P. C. Tsoong, Fl. Reip. Pop. Sin. 67(2): 135, 396. 1979. **Holotype:** China. Guangdong: Qujiang, 1924-07-04, To & W. T. Tsang 12765.

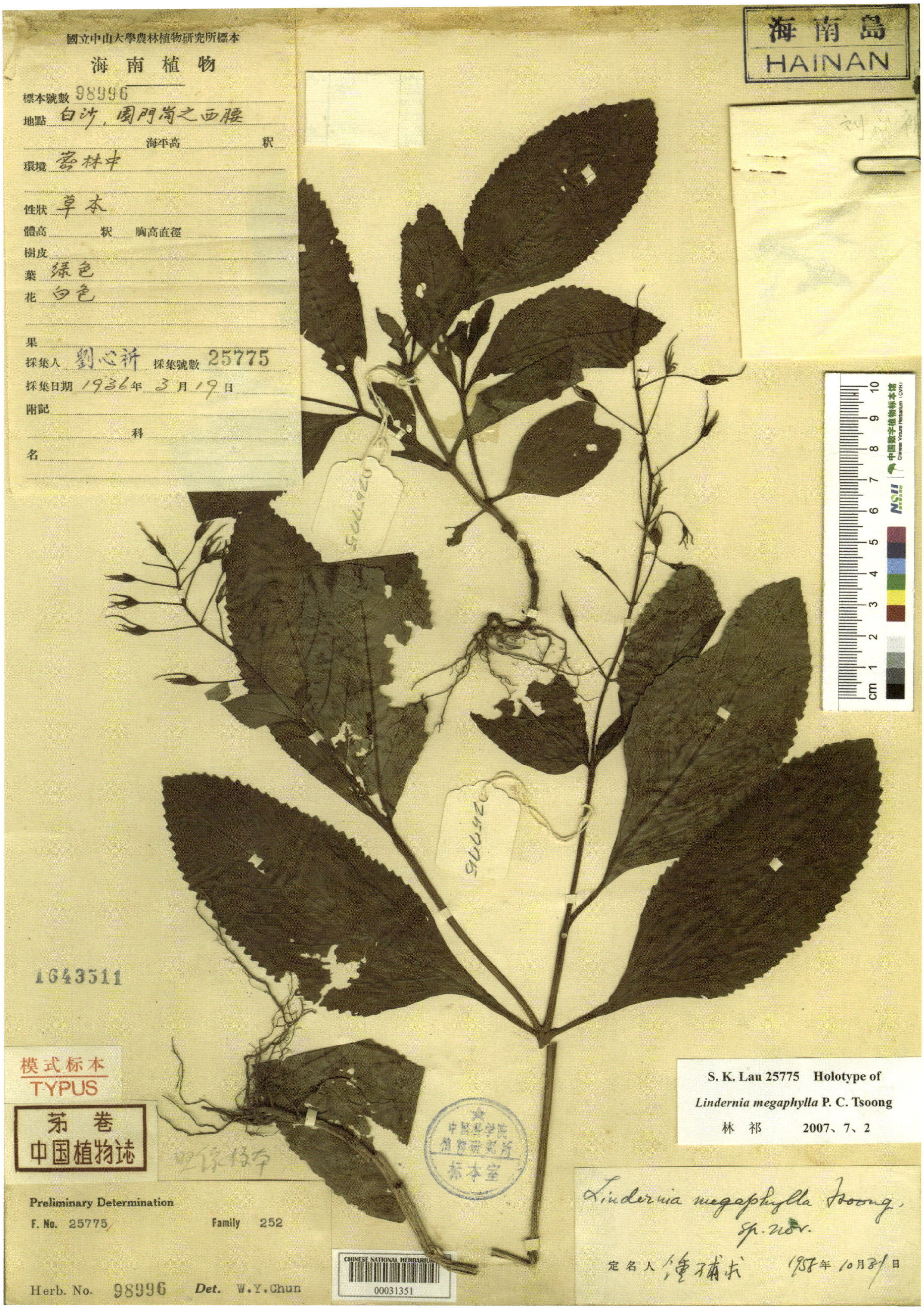

大叶母草 ***Lindernia megaphylla*** P. C. Tsoong in Acta Phytotax. Sin. 8: 67. 1959; C. L. Xiang & H. Peng in Nordic J. Bot. 26(1–2): 41. 2008. **Holotype:** China. Hainan: Baisha, 1936-03-19, S. K. Lau 25775.

坚挺母草 ***Lindernia stricta*** P. C. Tsoong & T. C. Ku, Fl. Reip. Pop. Sin. 67(2): 140, 397, pl. 18: 1-3. 1979. **Holotype:** China. Guangxi: Gui Xian, 1958-10-18, S. Q. Zhong A62596.

瑶山母草 ***Lindernia yaoshanensis*** P. C. Tsoong, Fl. Reip. Pop. Sin. 67(2): 136, 396, pl. 13: 1-2. 1979. **Holotype:** China. Guangxi: Yaoshan, 1934-07-27, Anonymous 23736.

虾子草 ***Mimulicalyx rosulatus*** P. C. Tsoong, Fl. Reip. Pop. Sin. 67(2): 210, 400, f. 57. 1979. **Holotype:** China. Yunnan: Jianshui, 1941-03-15, T. N. Liou 18265.

沼生虾子草 ***Mimulicalyx paludigenus*** P. C. Tsoong, Fl. Reip. Pop. Sin. 67(2): 400. 1979; Q. Lin & al. in Kew Bull. 64: 574. 2009. **Holotype:** China. Yunnan: Mengzi, alt. 1400 m, 1939-09-05, C. W. Wang 81476.

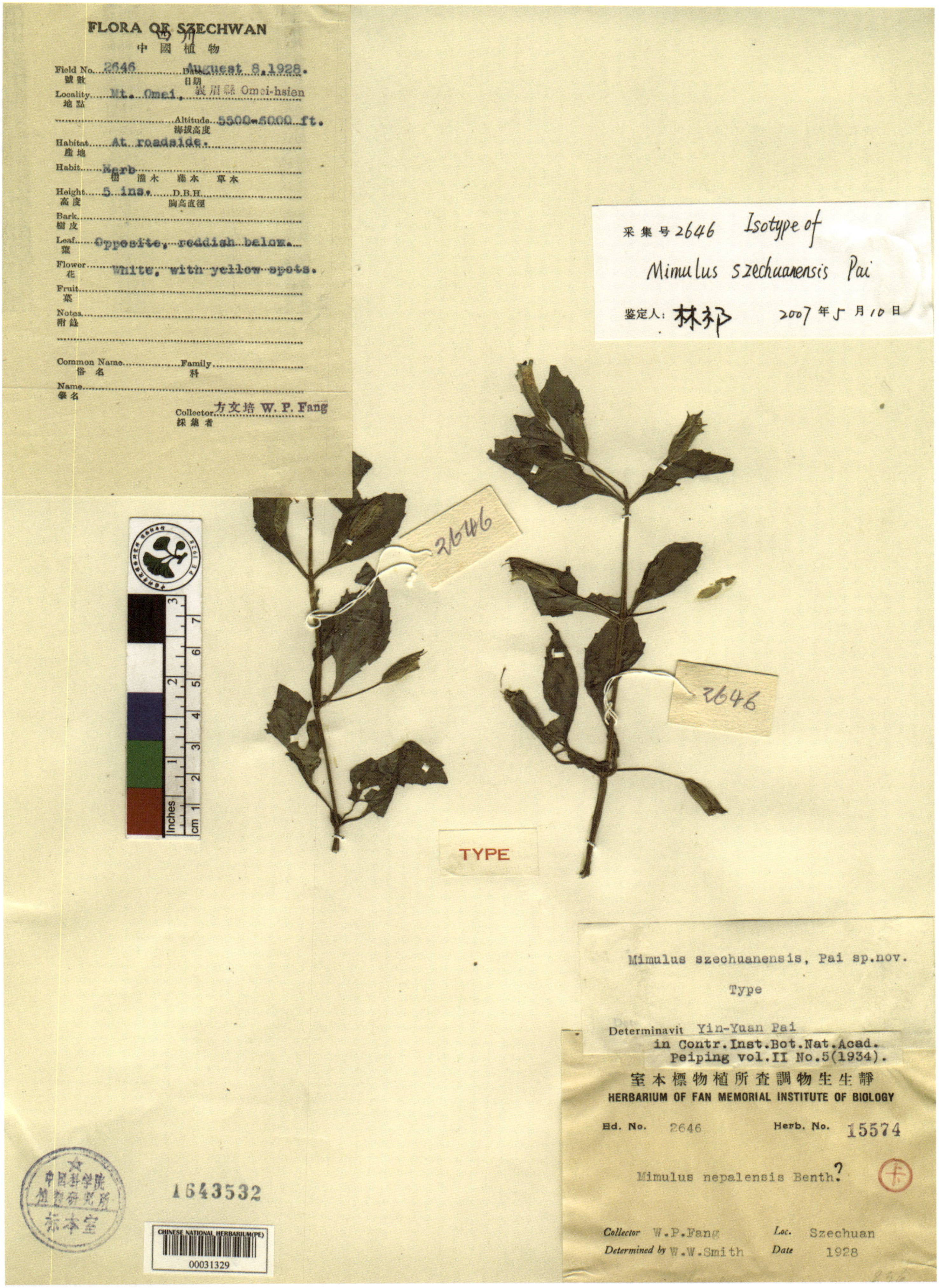

四川沟酸浆 ***Mimulus szechuanensis*** Pai in Contr. Inst. Bot. Natl. Acad. Peiping. 2: 119, pl. 7. 1934. **Isotype:** China. Sichuan: Emei, Emeishan, alt. 1 678~1 830 m, 1928-08-08, W. P. Fang 2646.

狐尾马先蒿毛药变种 ***Pedicularis alopecuros*** Franch. var. ***lasiandra*** P. C. Tsoong, Fl. Reip. Pop. Sin. 68: 285, 416. 1963.
Holotype: China. Sichuan: Precise locality not known, T. T. Yu 3355.

高额马先蒿 ***Pedicularis altifrontalis*** P. C. Tsoong, Fl. Reip. Pop. Sin. 68: 173, 403, pl. 36: 1-3. 1963. **Holotype:** China. Xizang: Qqmdo, alt. 3 508 m, 1938-05-26, F. Ludlow, G. Sherriff & G. Taylor 3863.

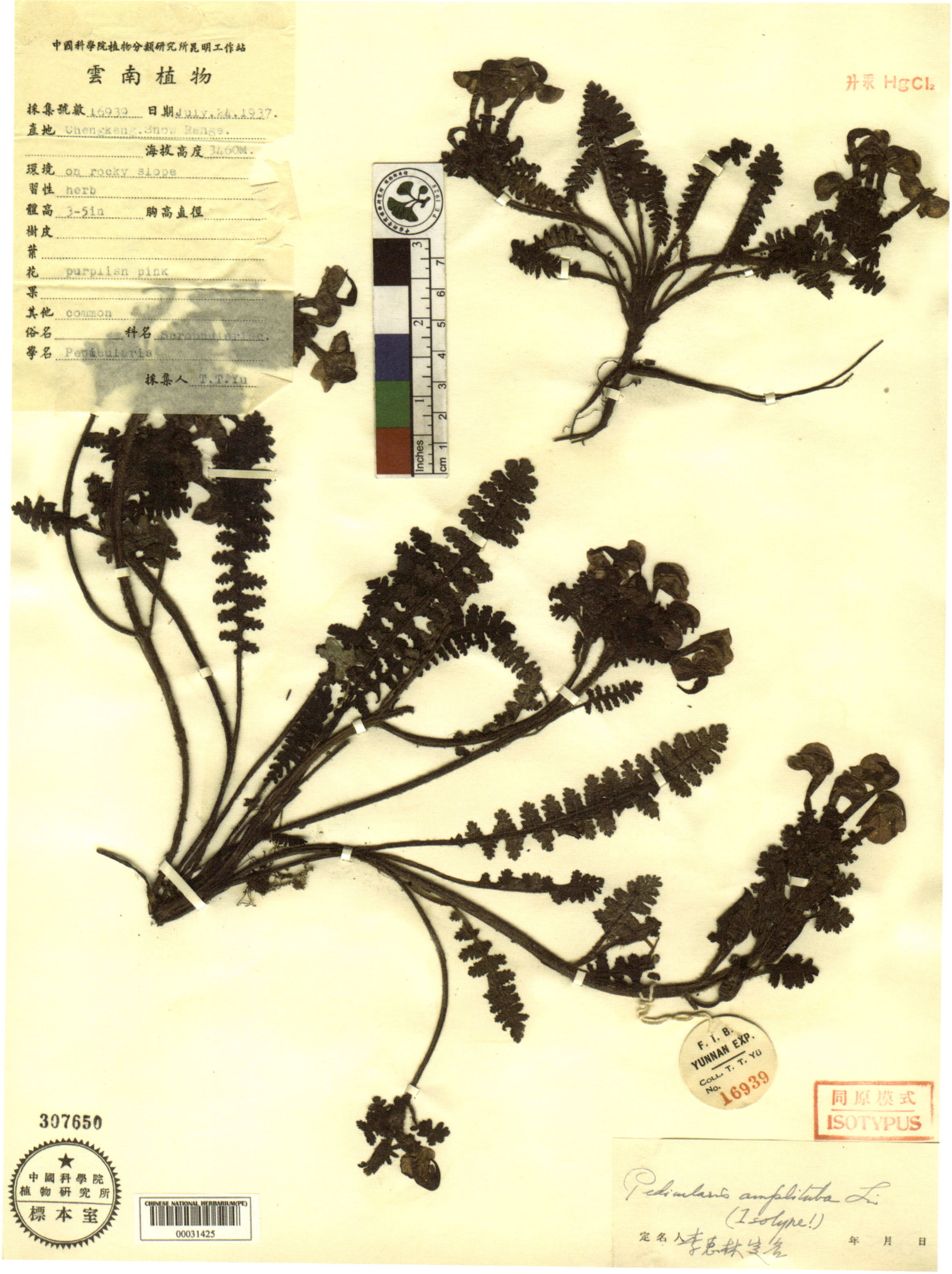

丰管马先蒿 ***Pedicularis amplituba*** H. L. Li in Proc. Acad. Nat. Sci. Philadelphia. 101: 129. 1949. **Isotype:** China. Yunnan: Zhenkang, alt. 3 460 m, 1937-07-24, T. T. Yu 16939.

鸭首马先蒿 ***Pedicularis anas*** Maxim. in Bull. Acad. Imp. Sci. St.-Pétersbourg. 32: 578. 1888. **Isotype:** China. Sichuan: Precise locality not known, 1885-07-25, G. N. Potanin s. n.

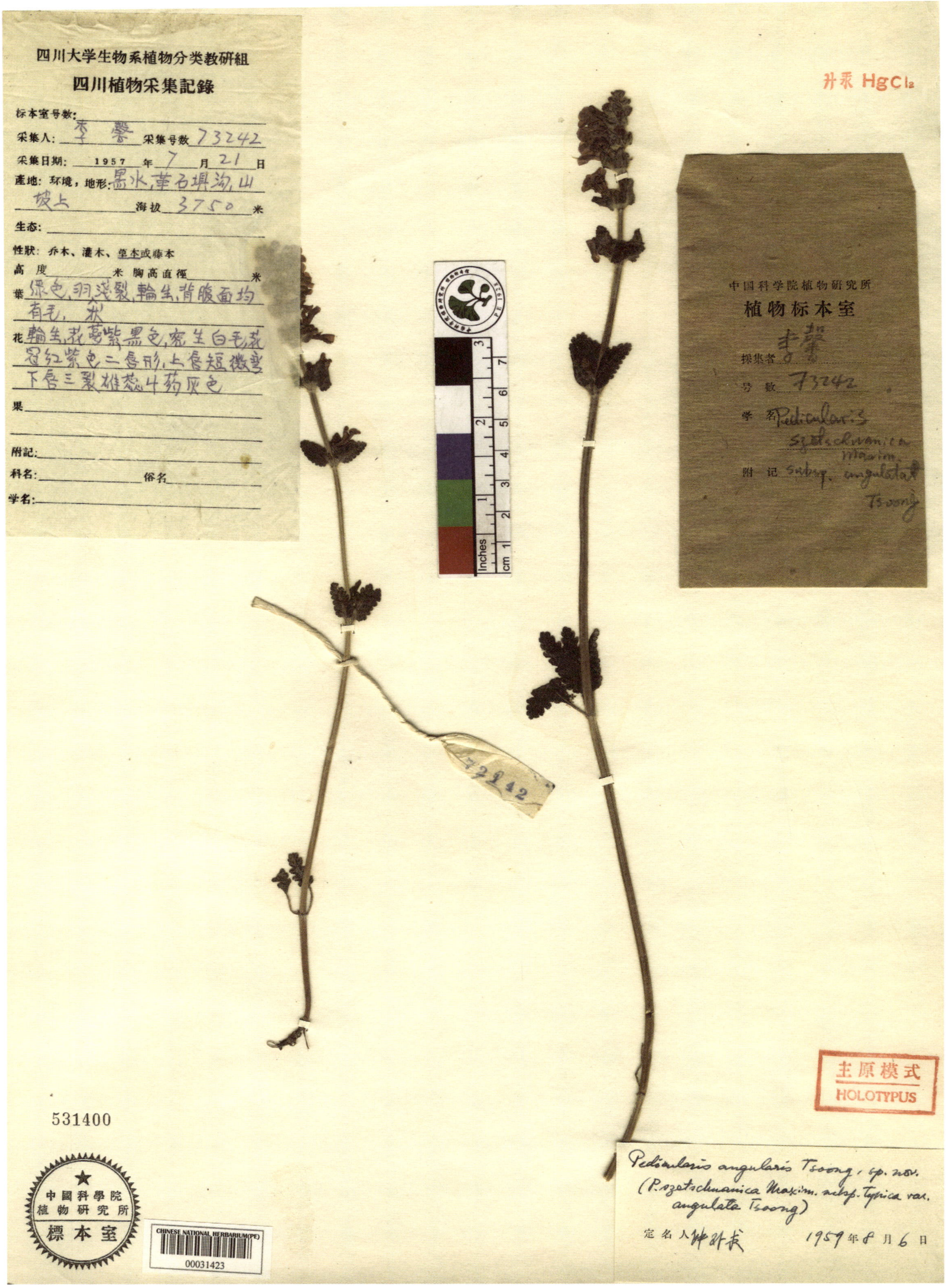

角盔马先蒿 ***Pedicularis angularis*** P. C. Tsoong, Fl. Reip. Pop. Sin. 68: 191, 408, pl. 42: 1-3. 1963. **Holotype:** China. Sichuan: Heishui, alt. 3 750 m, 1957-07-21, H. Li 73242.

狭裂马先蒿 ***Pedicularis angustiloba*** P. C. Tsoong in Acta Phytotax. Sin. 3: 303, 328. 1955. **Isotype:** China. Xizang: Precise locality not known, alt. 3 508 m, 1938-06-22, F. Ludlow, G. Sherriff & G. Taylor 4938.

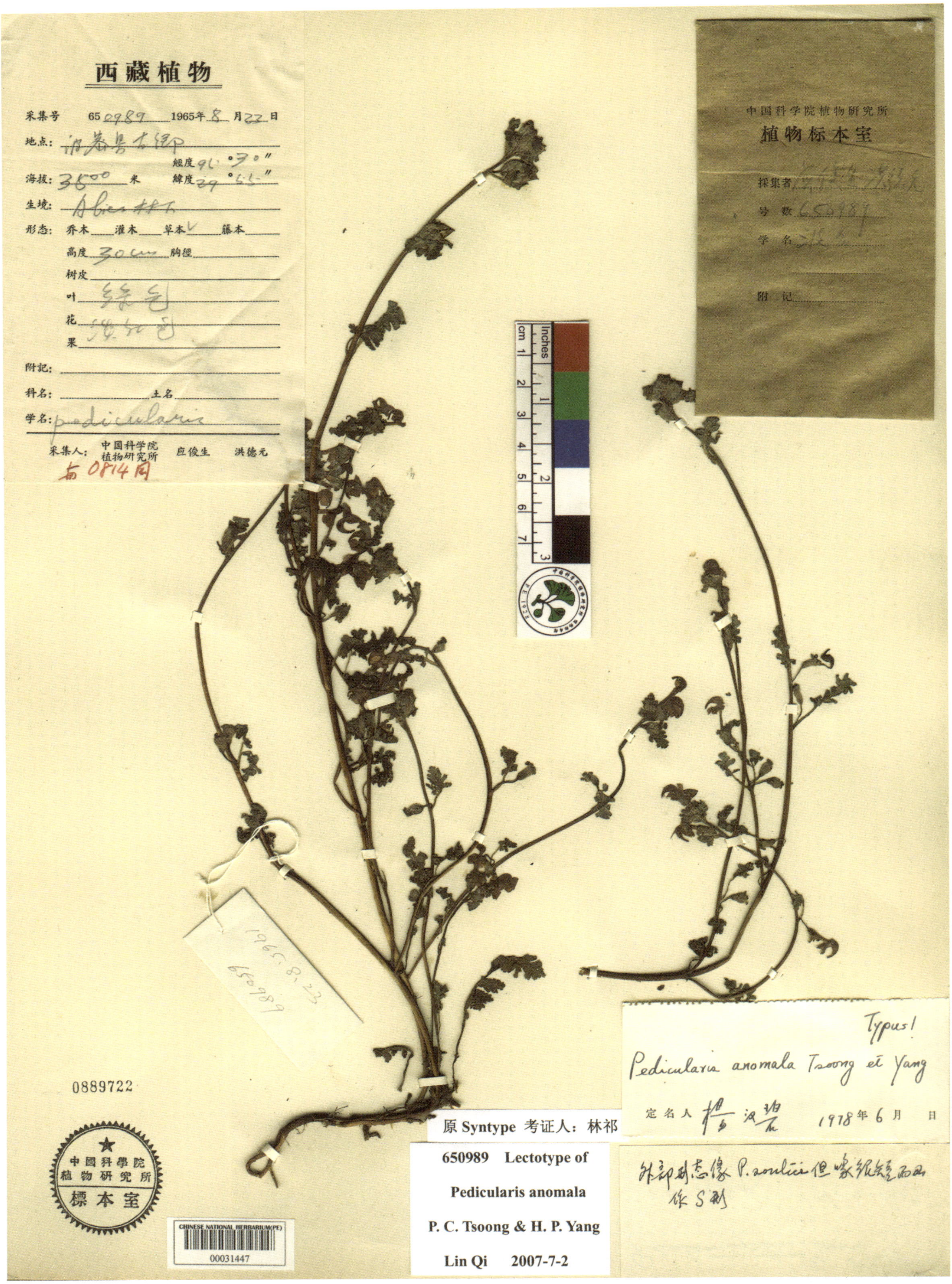

奇异马先蒿 ***Pedicularis anomala*** P. C. Tsoong & H. P. Yang in Acta Phytotax. Sin. 18: 241, f. 3. 1980. **Lectotype** (designated by S. Q. Bi & al. in Acta Bot. Boreal.-Occident. Sin. 28: 389. 2008.): China. Xizang: Bomi, alt. 3 800 m, 1965-08-22, T. S. Ying & D. Y. Hong 650989.

刺齿马先蒿 ***Pedicularis armata*** Maxim. in Bull. Acad. Imp. Sci. St.-Pétersbourg. 24: 56. 1877. **Isotype:** China. Gansu: Terra Tangutorum (= Qilianshan), 1872-07-(14-16), N. M. Przewalski s. n.

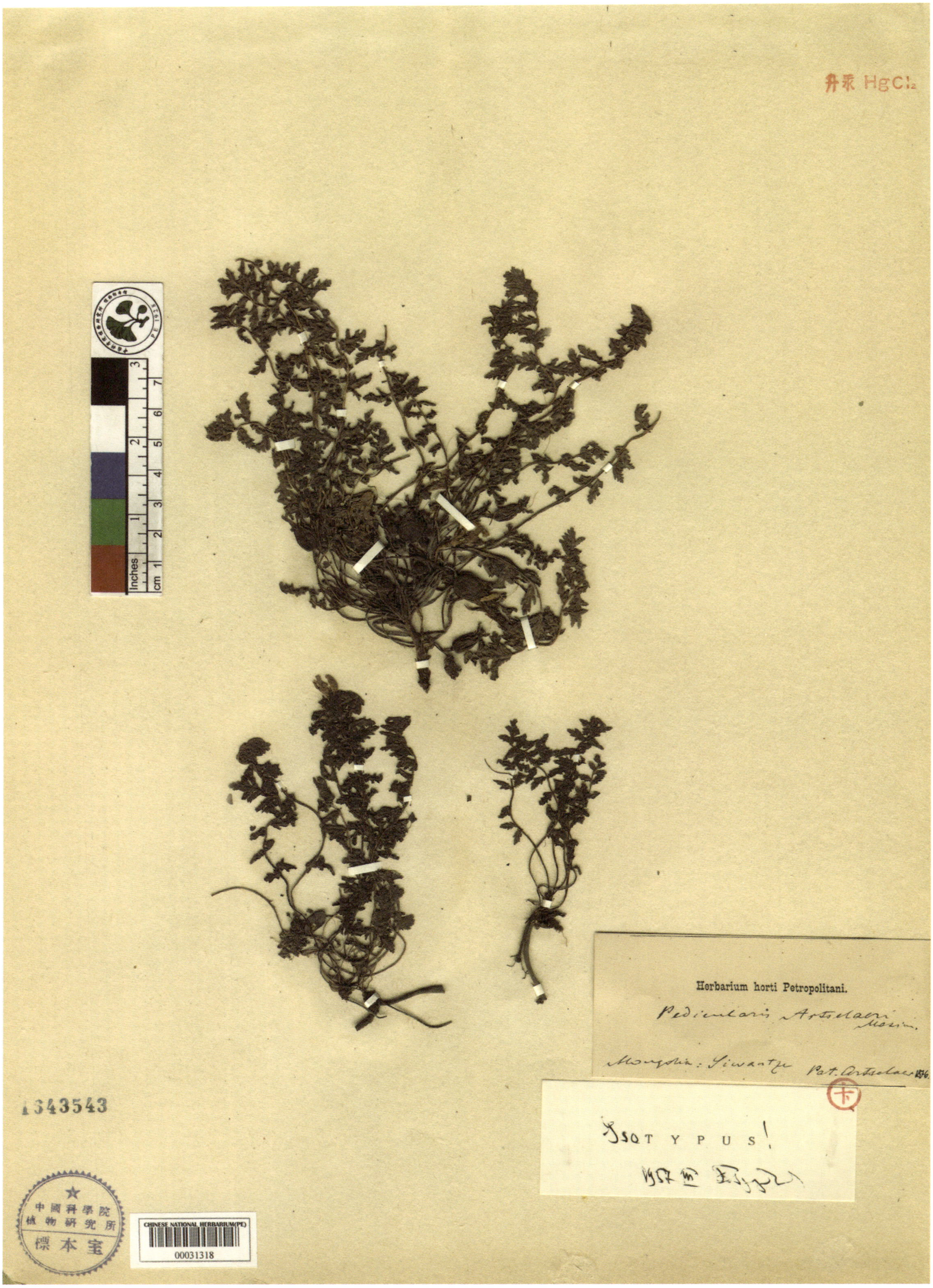

埃氏马先蒿 ***Pedicularis artselareri*** Maxim. in Bull. Acad. Imp. Sci. St.-Pétersbourg. 24: 84. 1877. **Isotype:** China. Precise locality not known, Siwan-tze, 1876-??-??, Artselaer s. n.

波密马先蒿 ***Pedicularis bomiensis*** H. P. Yang in Acta Phytotax. Sin. 18: 241, f. 3. 1980. **Lectotype** (designated by S. Q. Bi & al. in Acta Bot. Boreal.-Occident. Sin. 28: 389. 2008.): China. Xizang: Bomi, alt. 3 200 m, 1965-07-30, T. S. Ying & D. Y. Hong 650813.

鹅首马先蒿 ***Pedicularis chenocephala*** Diels in Notizbl. Bot. Gart. Berlin-Dahlem. 10: 892. 1930. **Isotype:** China. Gansu: Tao River, alt. 3 660 m, 1925-07-05, J. F. Rock. 12607.

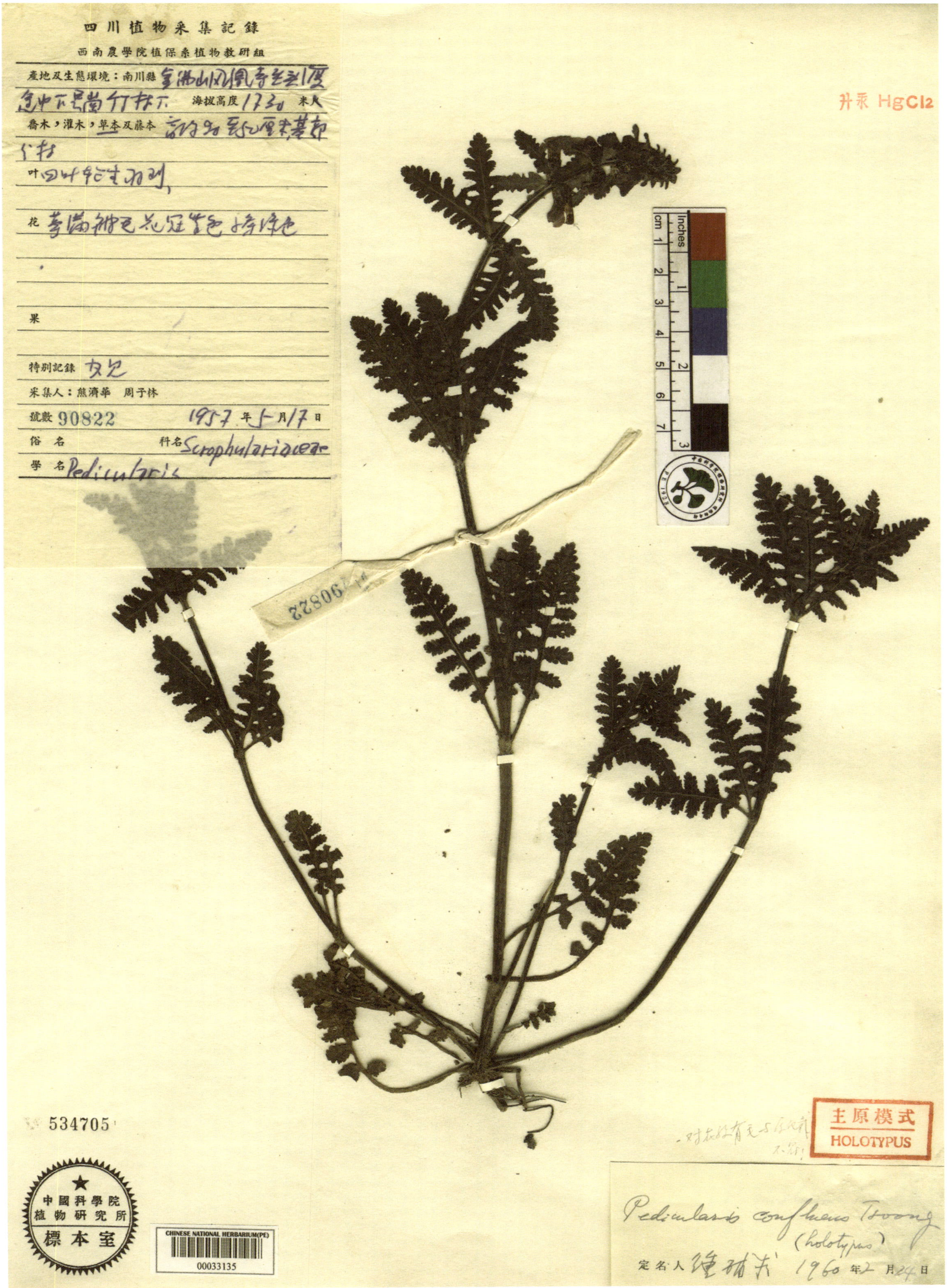

连齿马先蒿 ***Pedicularis confluens*** P. C. Tsoong, Fl. Reip. Pop. Sin. 68: 175, 404, pl. 37: 8-12. 1963. **Holotype:** China. Chongqing: Nanchuan, Jinfoshan, alt. 1 730 m, 1957-05-17, J. H. Xiong & Z. L. Zhou 90822.

伞房马先蒿 ***Pedicularis corymbifera*** H. P. Yang in Acta Phytotax. Sin. 18: 244, f. 7. 1980. **Lectotype** (designated by S. Q. Bi & al. in Acta Bot. Boreal.-Occident. Sin. 28: 390. 2008.): China. Xizang: Bomi, alt. 3 400 m, 1965-07-05, T. S. Ying & D. Y. Hong 650419.

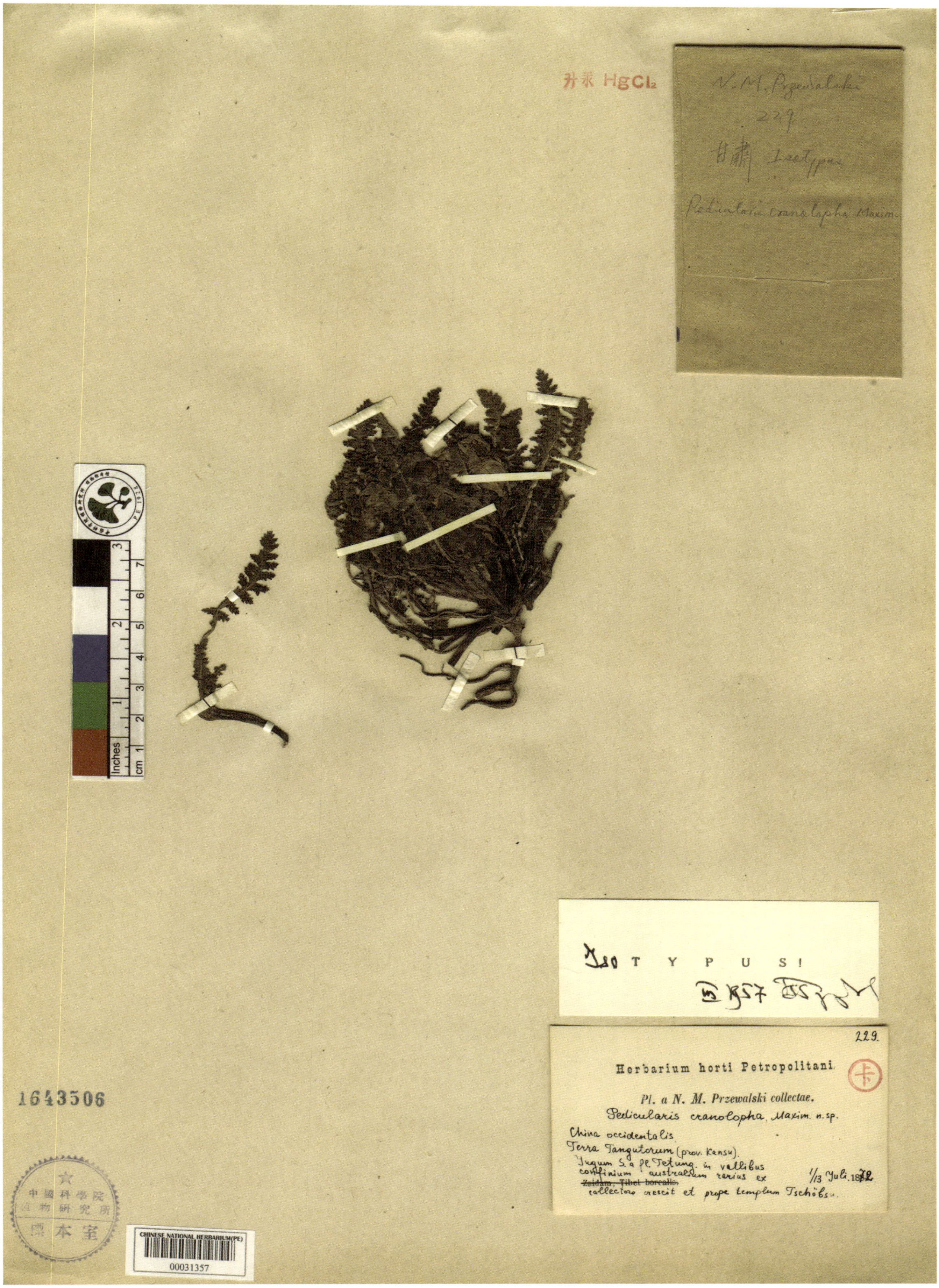

凸额马先蒿 ***Pedicularis cranolopha*** Maxim. in Bull. Acad. Imp. Sci. St.-Pétersbourg 24: 55. 1877. **Isotype:** China. Qinghai: Terra Tangutorum (= Qilianshan), 1872-07-(01~13), N. M. Przewalski s. n.

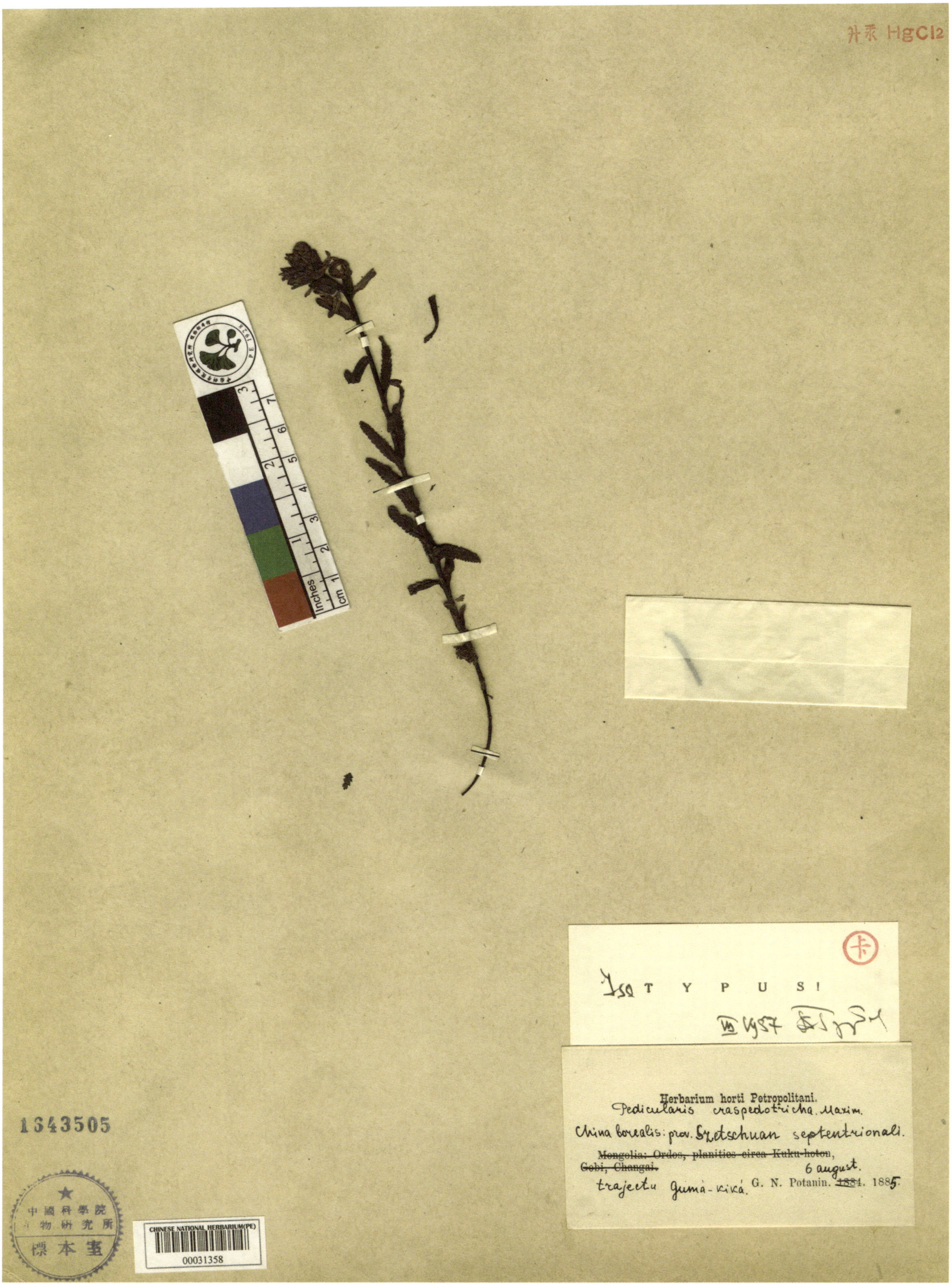

缘毛马先蒿 ***Pedicularis craspedotricha*** Maxim. in Bull. Acad. Imp. Sci. St.-Pétersbourg 32: 564. 1888. **Isotype:** China. Sichuan: NW Sichuan, Precise locality not known, 1885-08-06, G. N. Potanin. s. n.

具冠马先蒿 ***Pedicularis cristatella*** Pennell & H. L. Li in H. L. Li, Proc. Acad. Nat. Sci. Philadelphia 100: 291. 1948. **Isotype:** China. Sichuan: Songpan, 1885-07-27, G. N. Potanin. s. n.

隐花马先蒿直立亚种 ***Pedicularis cryptantha*** Marq. & Shaw subsp. ***erecta*** P. C. Tsoong in Acta Phytotax. Sin. 3: 275, 316. 1955. **Isotype:** China. Xizang: Qamdo, alt. 3 300 m, 1947-05-25, F. Ludlow, G. Sherriff & H. H. Elliot 15060.

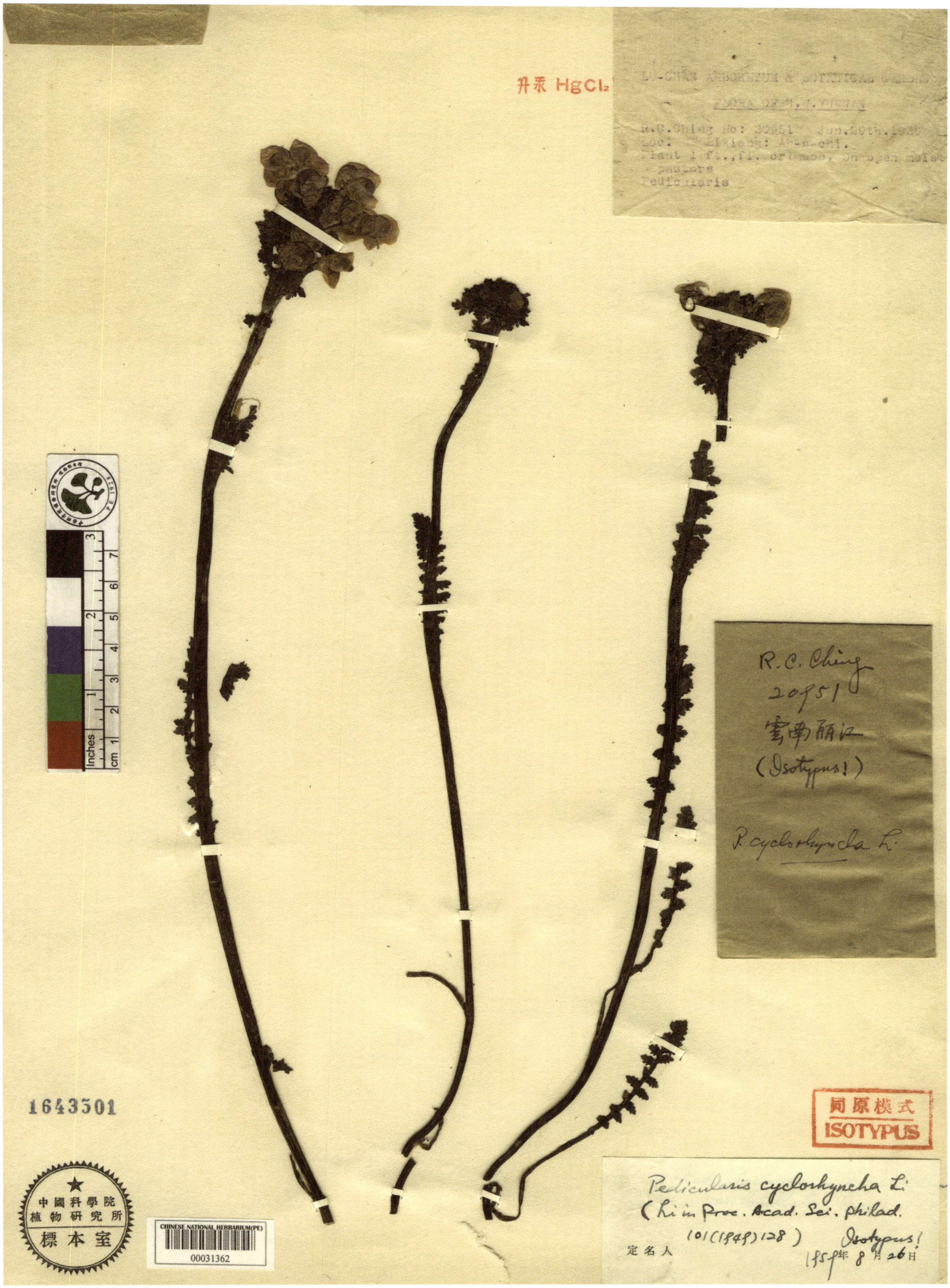

环喙马先蒿 ***Pedicularis cyclorhyncha*** H. L. Li in Proc. Acad. Nat. Sci. Philadelphia 101: 128. 1949. **Isotype:** China. Yunnan: Lijiang, 1939-06-29, R. C. Ching 20951.

大卫氏马先蒿五齿变种 ***Pedicularis davidii*** Franch. var. ***pentodon*** P. C. Tsoong, Fl. Reip. Pop. Sin. 68: 256, 413. 1963. **Holotype:** China. Sichuan: Barkamg, alt. 3 280 m, 1957-06-20, X. Li 71604.

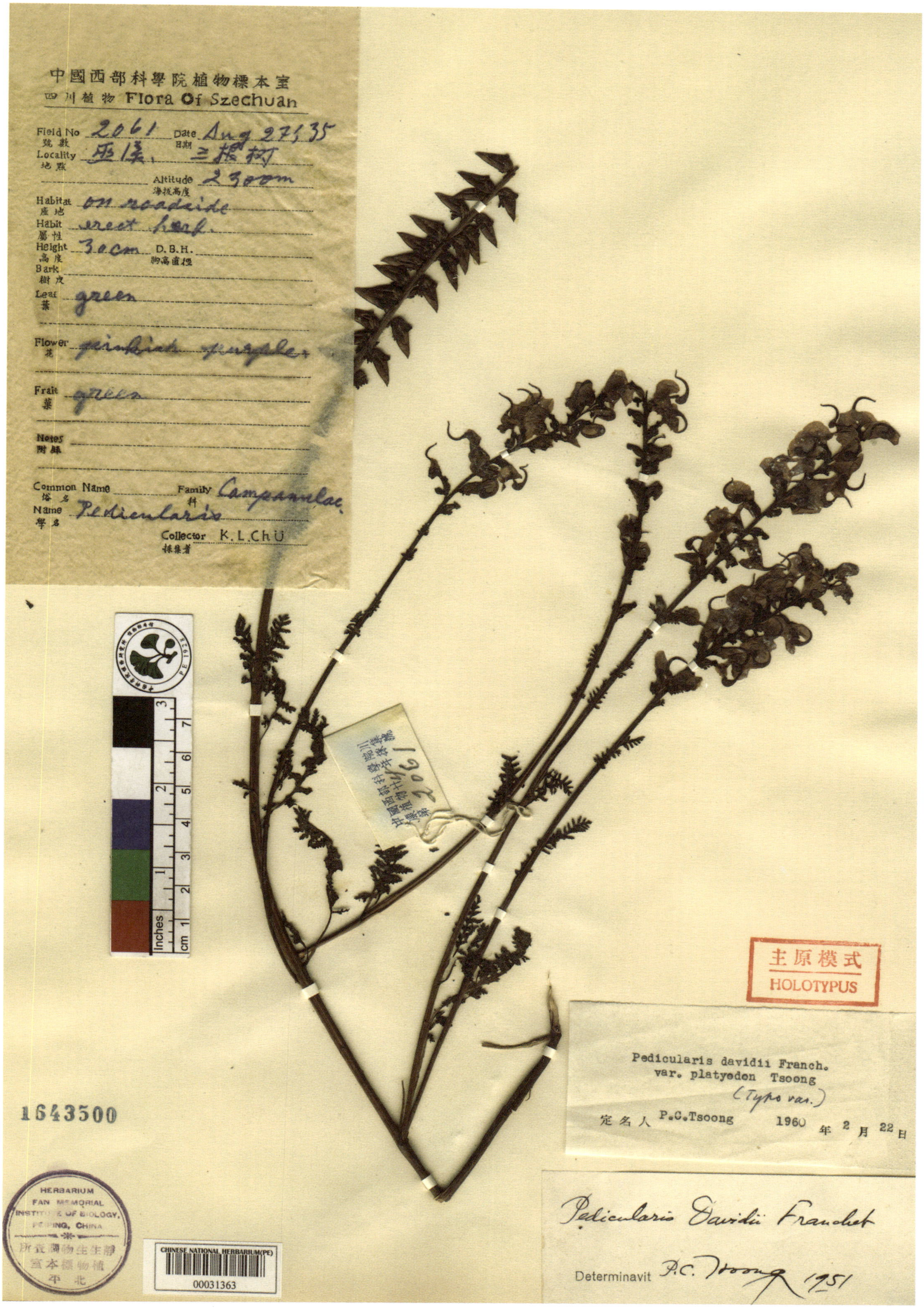

大卫氏马先蒿宽齿变种 ***Pedicularis davidii*** Franch. var. ***platyodon*** P. C. Tsoong, Fl. Reip. Pop. Sin. 68: 256, 413. 1963.
Holotype: China. Chongqing: Wuxi, alt. 2 300 m, 1935-08-27, K. L. Chu 2061.

弱小马先蒿极弱亚种 ***Pedicularis debilis*** Franch. subsp. ***debilior*** P. C. Tsoong, Fl. Reip. Pop. Sin. 68: 288, 416. 1963. **Holotype:** China. Yunnan: Precise locality not known, T. T. Yu 12446.

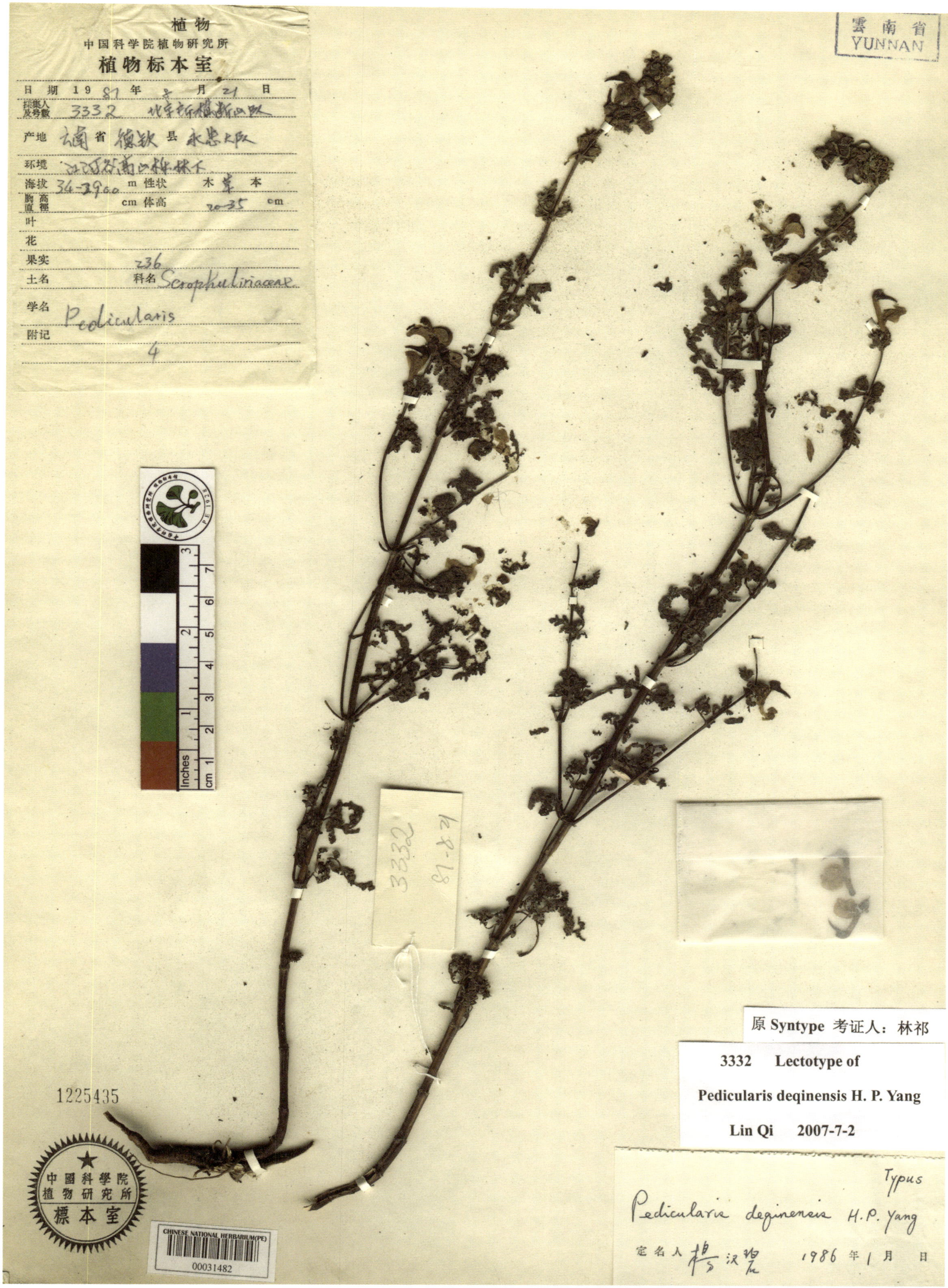

德钦马先蒿 ***Pedicularis deqinensis*** H. P. Yang in Acta Phytotax. Sin. 28: 137, f. 1: 1-3. 1990. **Lectotype** (designated by S. Q. Bi & al. in Acta Bot. Boreal.-Occident. Sin. 28: 390. 2008.): China. Yunnan: Dêqên, alt. 2 900~3 400 m, 1981-08-21, Hengduanshan Exped. 3332.

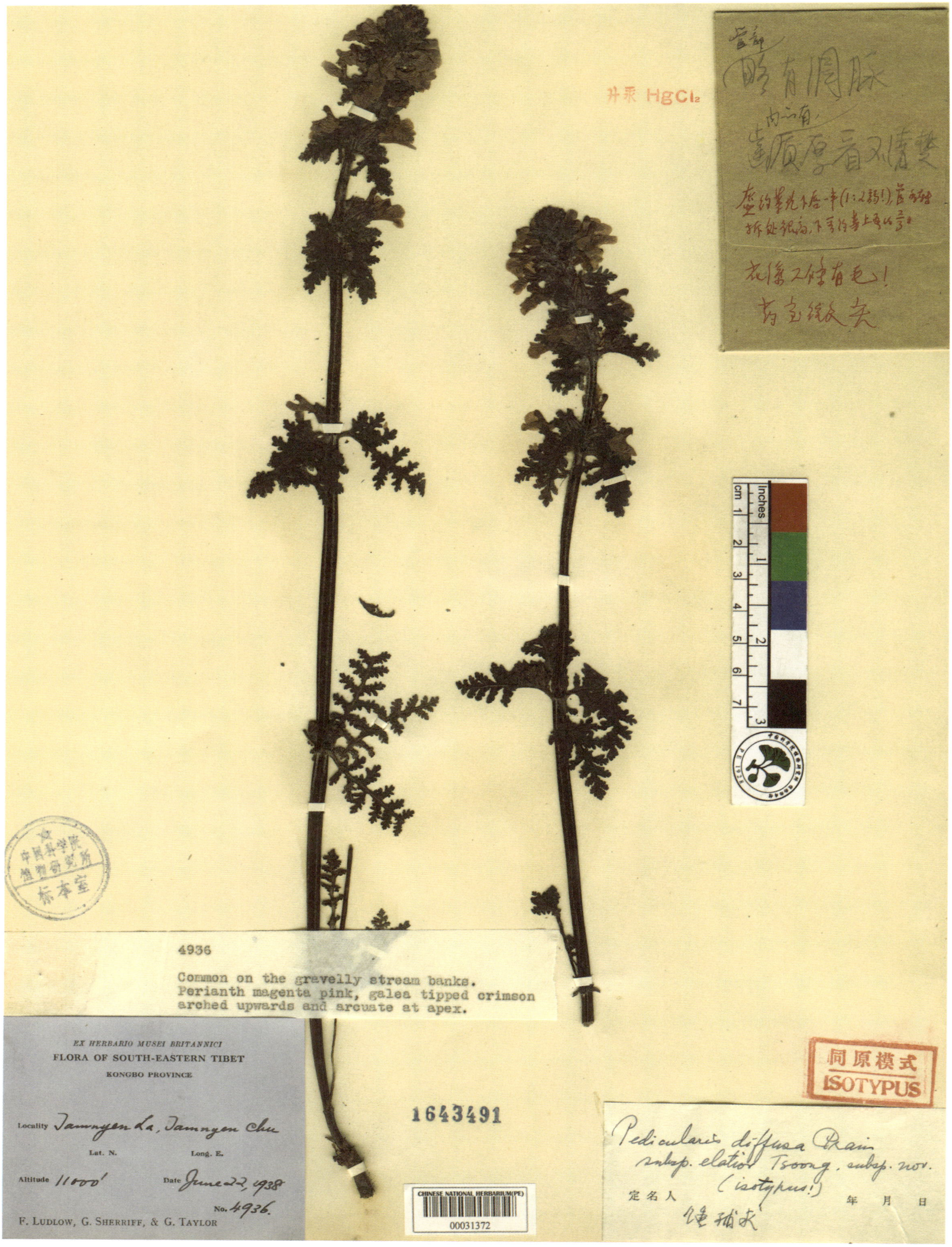

铺散马先蒿高升亚种 ***Pedicularis diffusa*** Prain subsp. ***elatior*** P. C. Tsoong in Acta Phytotax. Sin. 3: 312, 332. 1955. **Isotype:** China. Xizang: Tamnyen La, Tamnyen Chu, alt. 3 355 m, 1938-06-22, F. Ludlow, G. Sherriff & G. Taylor 4936.

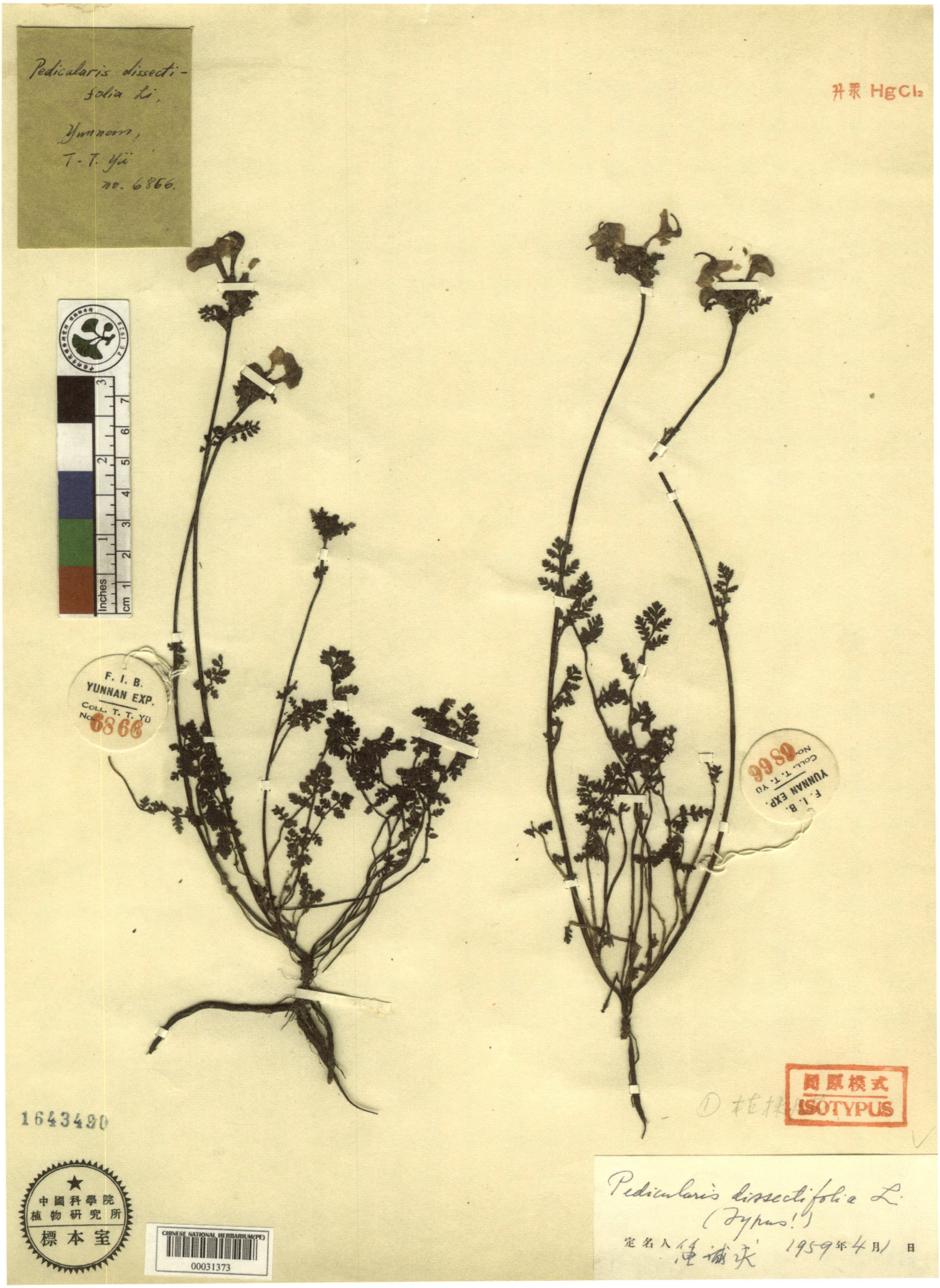

细裂马先蒿 ***Pedicularis dissectifolia*** H. L. Li in Proc. Acad. Nat. Sci. Philadelphia. 101: 119, f. 173. 1949. **Isotype:** China. Yunnan: NW Yunnan, Precise locality not known, T. T. Yu 6866.

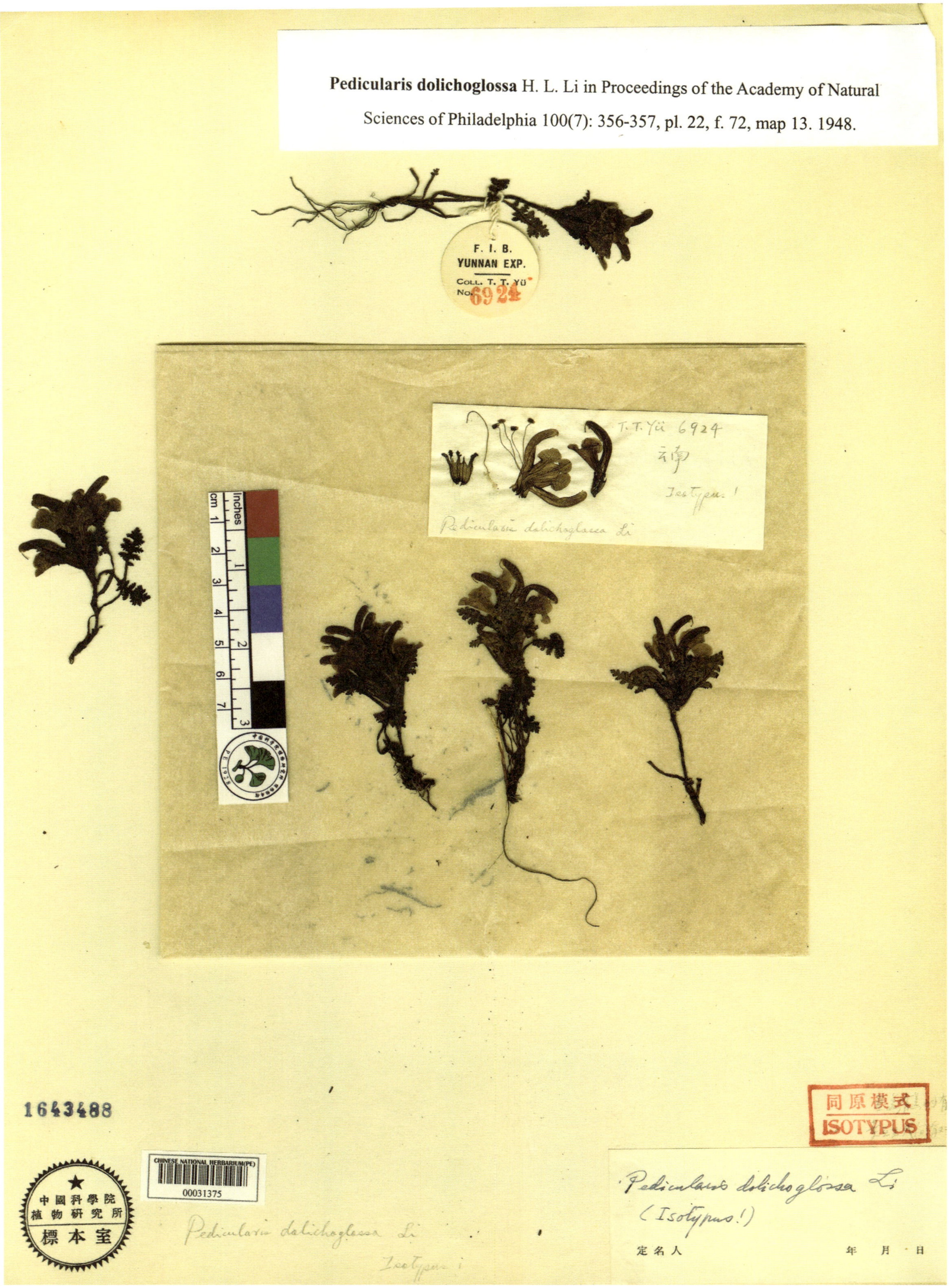

长舌马先蒿 ***Pedicularis dolichoglossa*** H. L. Li in Proc. Acad. Nat. Sci. Philadelphia. 100: 356, f. 72. 1948. **Isotype:** China. Yunnan: NW Yunnan, Precise locality not known, T. T. Yu 6924.

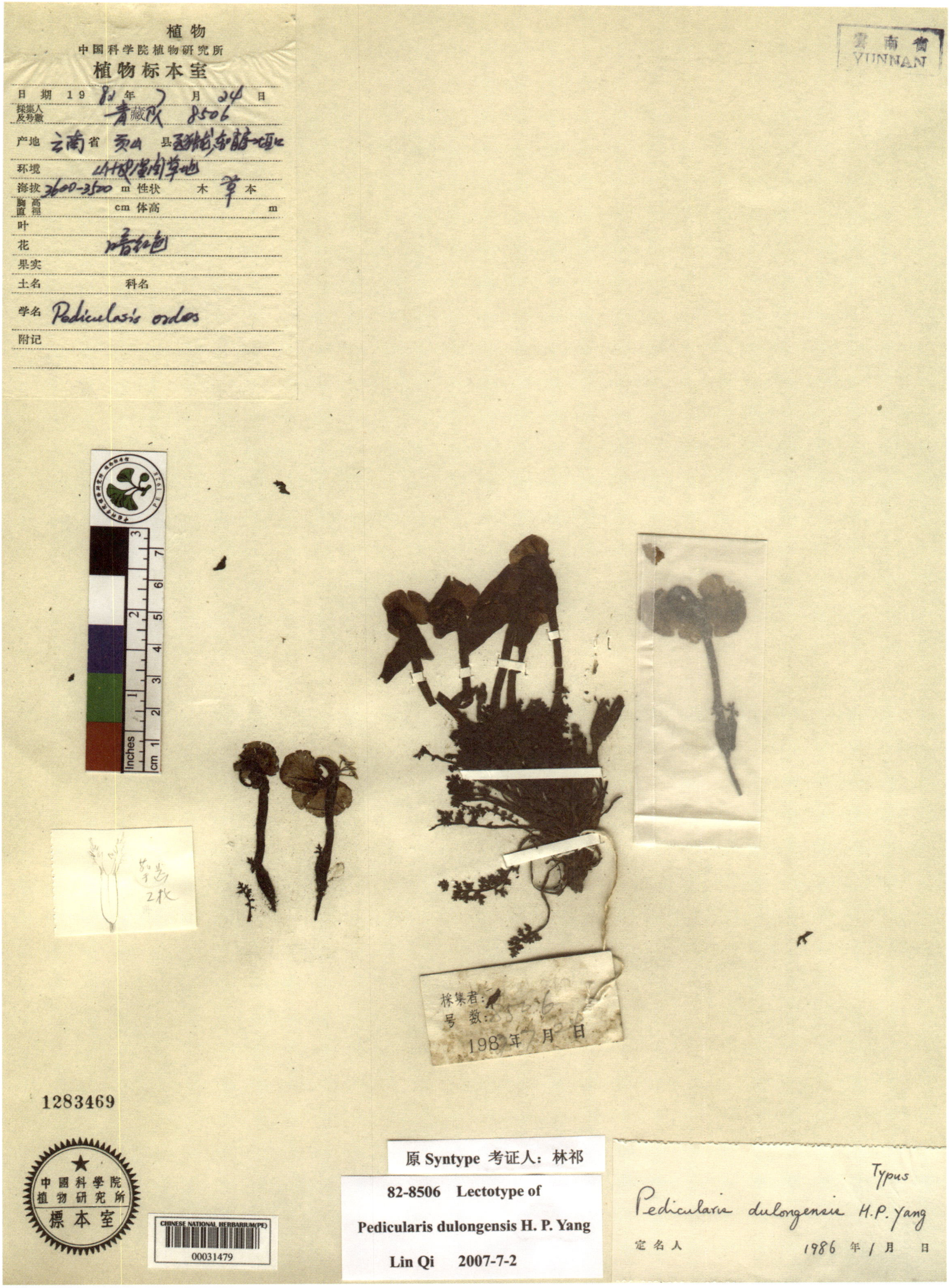

独龙马先蒿 ***Pedicularis dulongensis*** H. P. Yang in Acta Phytotax. Sin. 28: 143, f. 1: 4-5. 1990. **Lectotype** (designated by S. Q. Bi & al. in Acta Bot. Boreal.-Occident. Sin. 28: 390. 2008.): China. Yunnan: Gongshan, alt. 3 500~3 600 m, 1982-07-24, Qinghai-Xizang Exped. 8506.

国楣马先蒿 ***Pedicularis fengii*** H. L. Li in Proc. Acad. Nat. Sci. Philadelphia. 101: 120, f. 174. 1949. **Isotype:** China. Yunnan: NW Yunnan, Haba Snow Range, 1939-08-20, K. M. Feng 2101.

假拟蕨马先蒿长喙变种 ***Pedicularis filiculiformis*** P. C. Tsoong var. ***dolichorhyncha*** P. C. Tsoong in Acta Phytotax. Sin. 3(3): 276, 317. 1955. **Isotype:** Bhutan. Me la, alt. 4 423 m, 1949-06-20, F. Ludlow, G. Sherriff & J. H. Hicks 20380.

阜来氏马先蒿 ***Pedicularis fletcherii*** P. C. Tsoong in Acta Phytotax. Sin. 3(3): 294, 324. 1955. **Paratype:** China. Xizang: Qamdo, alt. 3 813 m, 1947-07-02, F. Ludlow, G. Sherriff & H. H. Elliot 14058.

草莓状马先蒿 ***Pedicularis fragarioides*** P. C. Tsoong, Fl. Reip. Pop. Sin. 68: 192, 409, pl. 43: 1-4. 1963. **Isotype:** China. Sichuan: Songpan, alt. 4 700 m, 1922-08-09, H. Smith 3147.

地管马先蒿 ***Pedicularis geosiphon*** H. Smith & P. C. Tsoong ex P. C. Tsoong, Fl. Reip. Pop. Sin. 68: 102, 400, pl. 18: 1-2. 1963. **Holotype:** China. Sichuan: Songpan, alt. 3 900 m, 1922-07-23, H. Smith 2834.

退毛马先蒿 ***Pedicularis glabrescens*** H. L. Li in Proc. Acad. Nat. Sci. Philadelphia. 100: 317, f. 43. 1948. **Isotype:** China. Yunnan: Dêqên, alt. 3 500 m, 1937-07-06, T. T. Yu 8751.

贡山马先蒿 ***Pedicularis gongshanensis*** H. P. Yang in Acta Phytotax. Sin. 28: 143, f. 2: 1-3. 1990. **Lectotype** (designated by S. Q. Bi & al. in Acta Bot. Boreal.-Occident. Sin. 28: 390. 2008.): China. Yunnan: Gongshan, alt. 3 600 m, 1982-07-22, Qinghai-Xizang Exped. 8458.

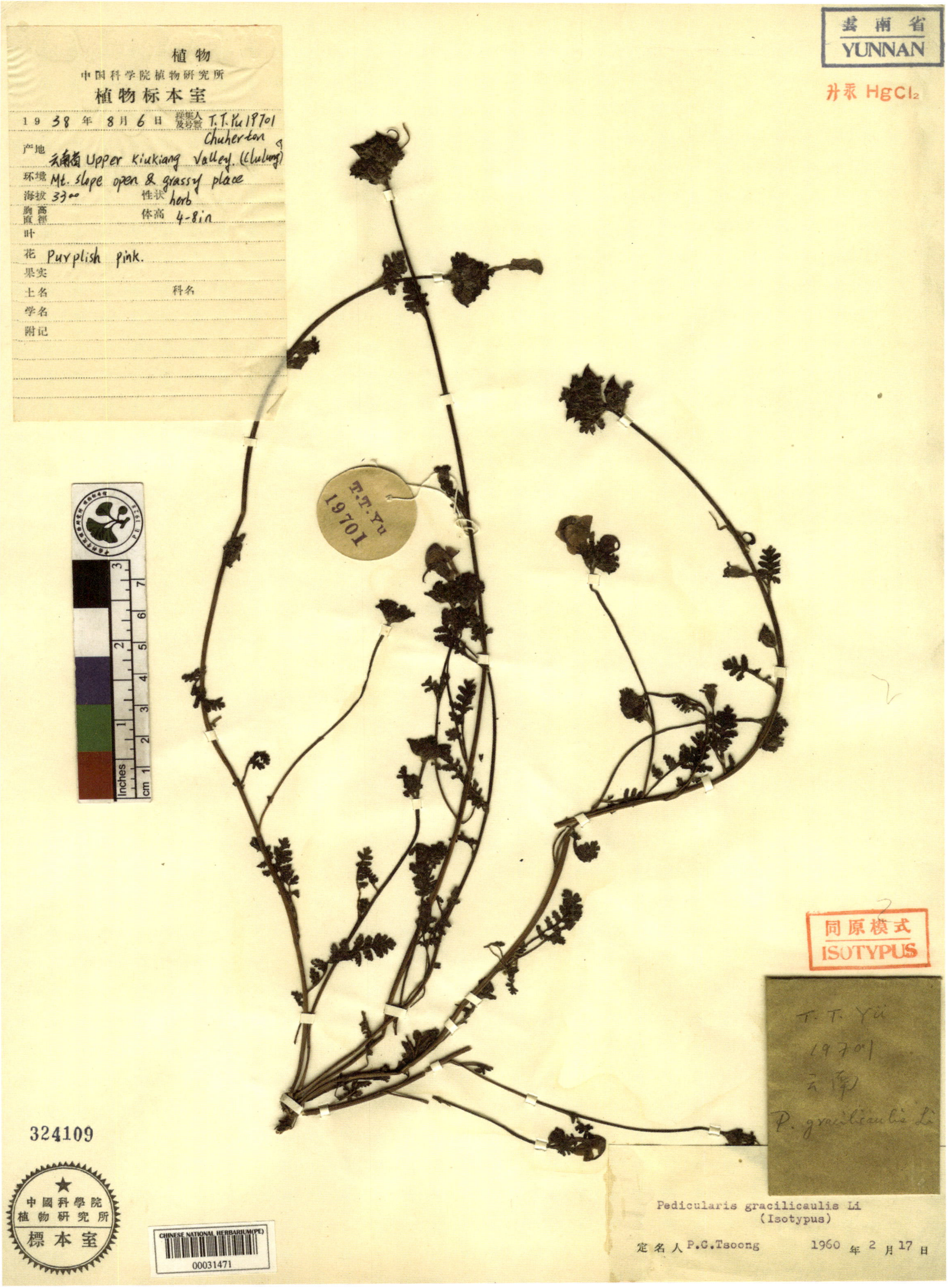

细瘦马先蒿 ***Pedicularis gracilicaulis*** H. L. Li in Proc. Acad. Nat. Sci. Philadelphia. 101: 32, f. 108. 1949. **Isotype:** China. Yunnan: Gongshan, alt. 3 300 m, 1938-08-06, T. T. Yu 19701.

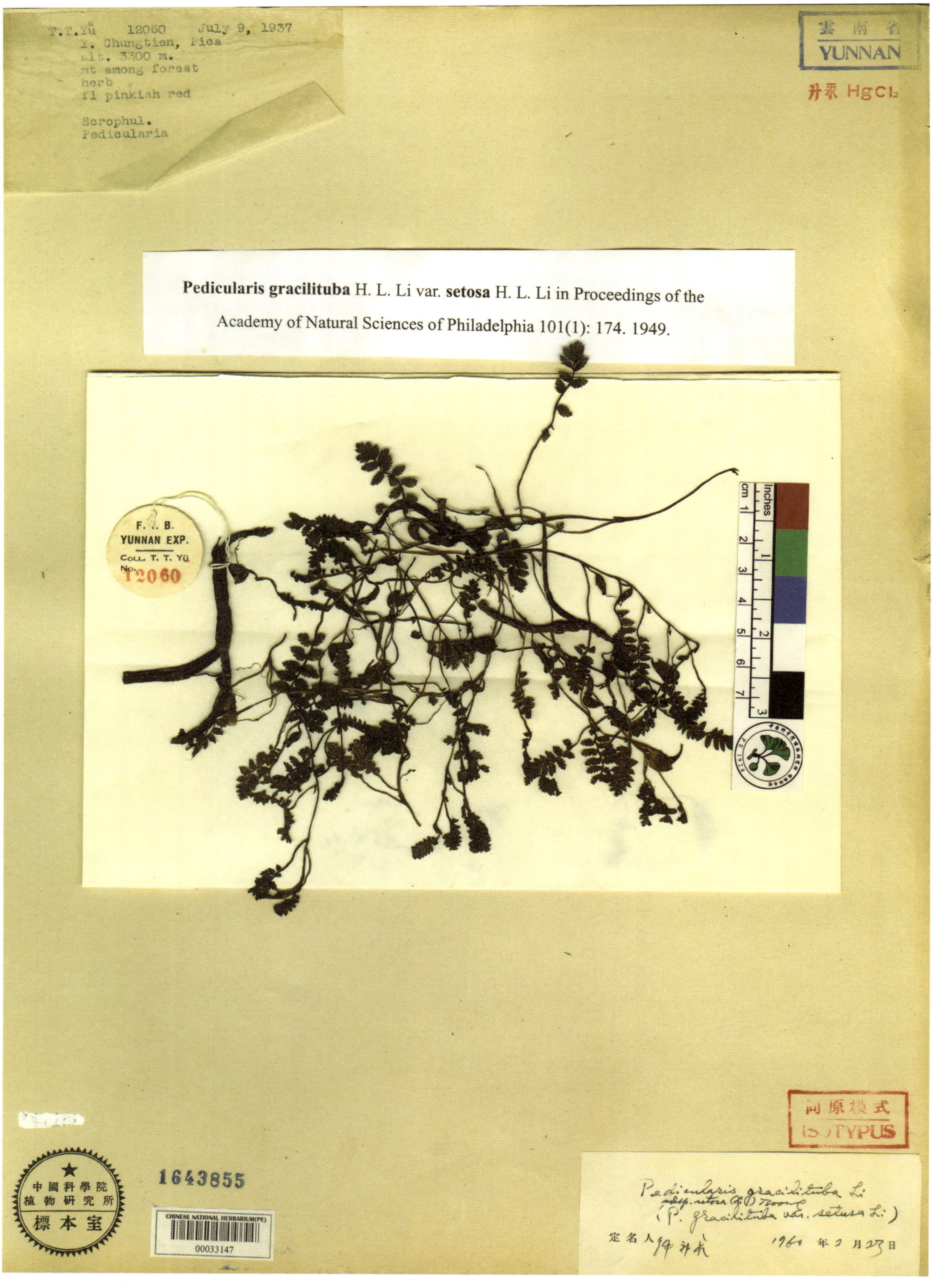

细管马先蒿刺毛亚种 ***Pedicularis gracilituba*** H. L. Li var. ***setosa*** H. L. Li in Proc. Acad. Nat. Sci. Philadelphia. 101: 174. 1949. **Isotype:** China. Yunnan: Zhongdian(=Shangri-La), alt. 3 300 m, 1937-07-09, T. T. Yu 12060.

吉隆马先蒿 ***Pedicularis gyirongensis*** H. P. Yang in Bull. Bot. Res., Harbin 2(4): 138. 1982. **Holotype:** China. Xizang: Gyirong, alt. 2 400 m, 1981-09-16, C. C. Ni & al. 2301.

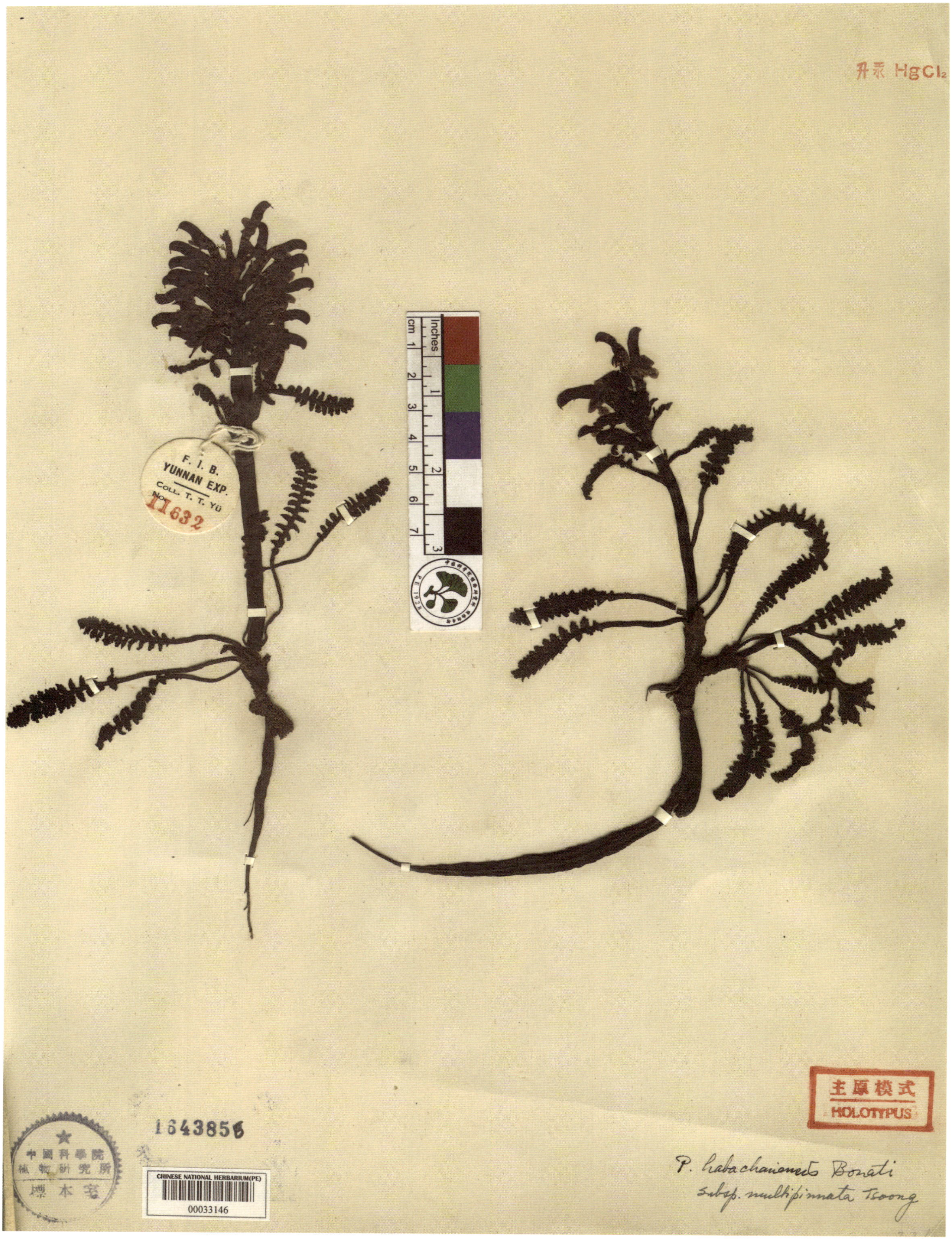

哈巴山马先蒿多羽片亚种 ***Pedicularis habachanensis*** Bonati subsp. ***multipinnata*** P. C. Tsoong, Fl. Reip. Pop. Sin. 68: 339, 419, pl. 77: 4-5. 1963. **Holotype:** China. Yunnan: NW Yunnan, Precise locality not known, T. T. Yu 11632.

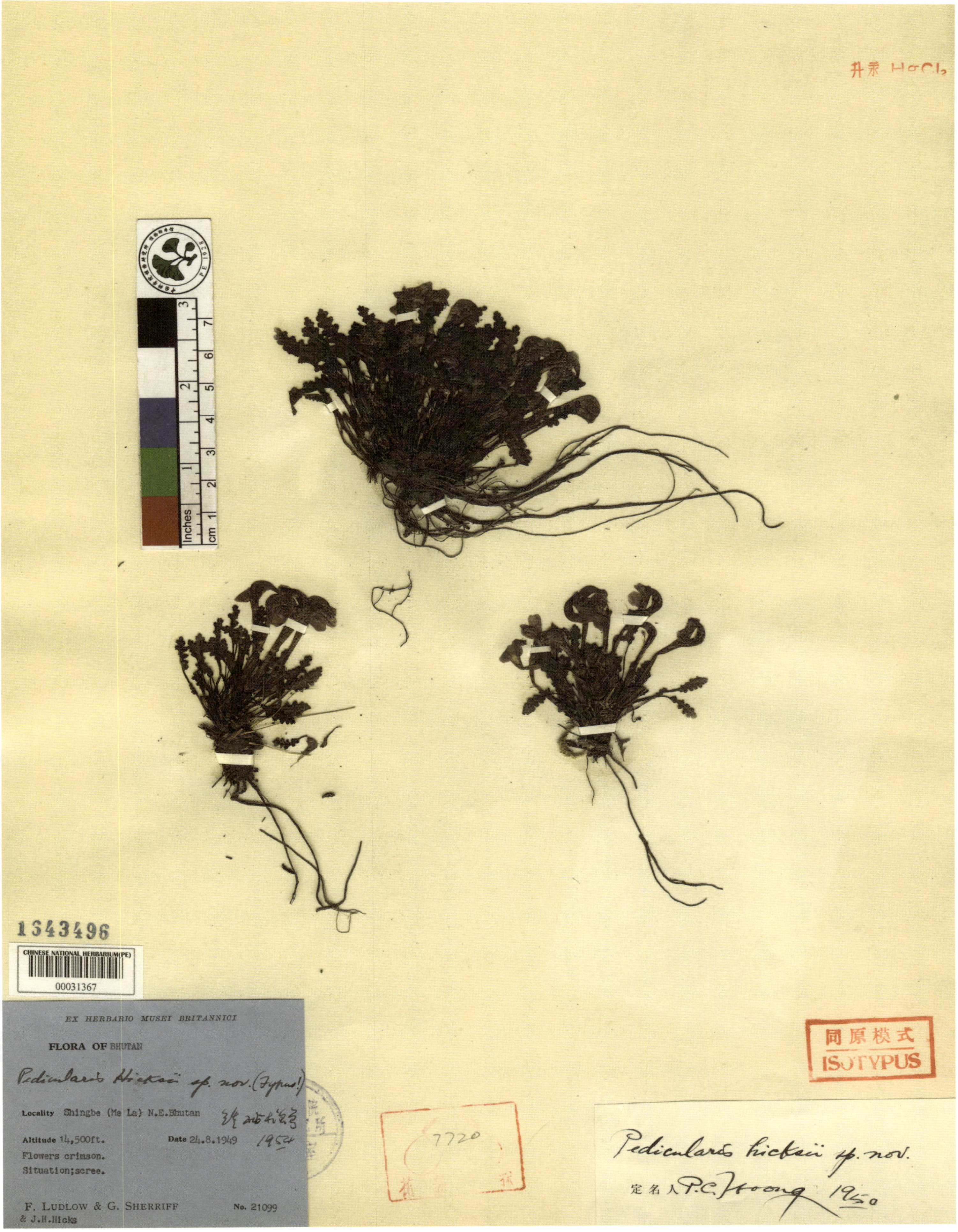

不丹马先蒿 ***Pedicularis hicksii*** P. C. Tsoong in Acta Phytotax. Sin. 3(3): 283, 322. 1955. **Isotype:** Bhutan. Shingbe, alt. 4 423 m, 1949-08-24, F. Ludlow, G. Sherriff & J. H. Hicks 21099.

河南马先蒿 ***Pedicularis honanensis*** P. C. Tsoong, Fl. Reip. Pop. Sin. 68: 258, 413, pl. 58: 4-6. 1963. **Holotype:** China. Henan: Lushi, Laojunshan, 1935-08-12, K. M. Liou 5094.

覆瓦状马先蒿 ***Pedicularis imbricata*** P. C. Tsoong in Acta Phytotax. Sin. 3(3): 301, 328, 1955. **Isotype:** Bhutan. Ju La, alt. 4 270 m, 1949-07-20, F. Ludlow, G. Sherriff , J. H. Hicks 16914.

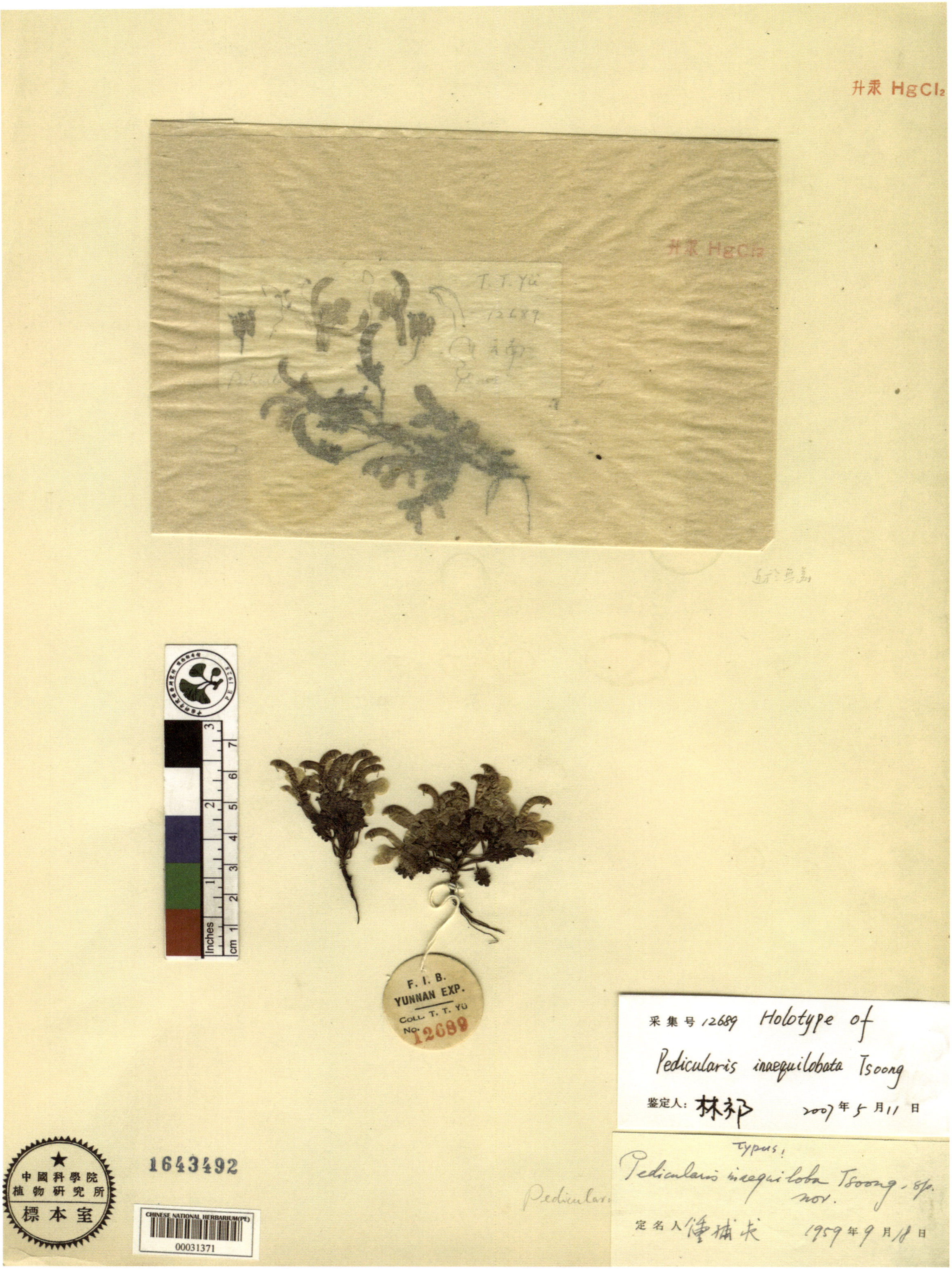

不等裂马先蒿 ***Pedicularis inaequilobata*** P. C. Tsoong, Fl. Reip. Pop. Sin. 68: 273, 415, pl. 61: 4-5. 1963. **Holotype:** China. Yunnan: NW Yunnan, Precise locality not known, T. T. Yu 12689.

屏弱马先蒿 ***Pedicularis infirma*** H. L. Li in Proc. Acad. Nat. Sci. Philadelphia. 101(1): 161, f. 202. 1949. **Isotype:** China. Yunnan: NW Yunnan, Precise locality not known, alt. 3 000 m, T. T. Yu 20060.

康定马先蒿 ***Pedicularis kangtingensis*** P. C. Tsoong, Fl. Reip. Pop. Sin. 68: 69, 398, pl. 9: 6-8. 1963. **Holotype:** China. Sichuan: Kangding, alt. 3 600 m, 1934-07-22, H. Smith 10664.

甘肃马先蒿 ***Pedicularis kansuensis*** Maxim. in Bull. Acad. Imp. Sci. St.-Pétersbourg. 27: 516. 1881. **Isotype:** China. Gansu: Terra Tangutorum (= Qilianshan), 1880-03-28, N. M. Przewalski s. n.

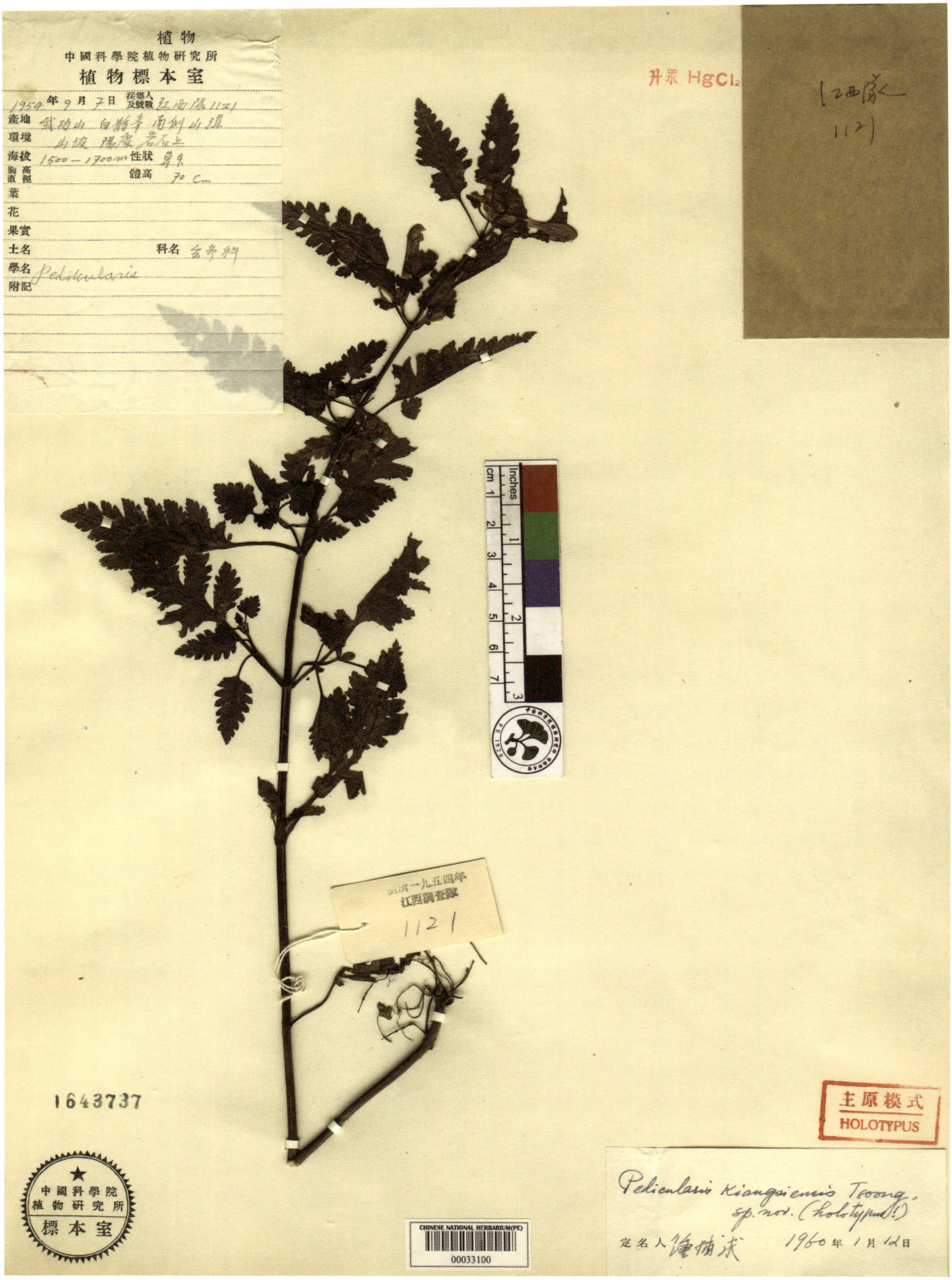

江西马先蒿 ***Pedicularis kiangsiensis*** P. C. Tsoong & S. H. Cheng, Fl. Reip. Pop. Sin. 68: 119, 401, pl. 23: 1-3. 1963.
Holotype: China. Jiangxi: Anfu, Wugongshan, alt. 1 500~1 700 m, 1954-09-07, Jiangxi Exped. 1121.

宫布马先蒿 ***Pedicularis kongboensis*** P. C. Tsoong in Acta Phytotax. Sin. 3: 304, 329. 1955. **Isotype**: China. Xizang: Qamdo, Kongbo, alt. 3 965 m, 1938-07-27, F. Ludlow, G. Sherriff & G. Taylor 5956.

兰坪马先蒿 ***Pedicularis lanpingensis*** H. B. Yang in Acta Bot. Yunnan. 6(3): 278, f. 1: 4-7. 1984. **Holotype**: China. Yunnan: Lanping, alt. 3 800 m, 1981-06-22, Hengduanshan Exped. 764.

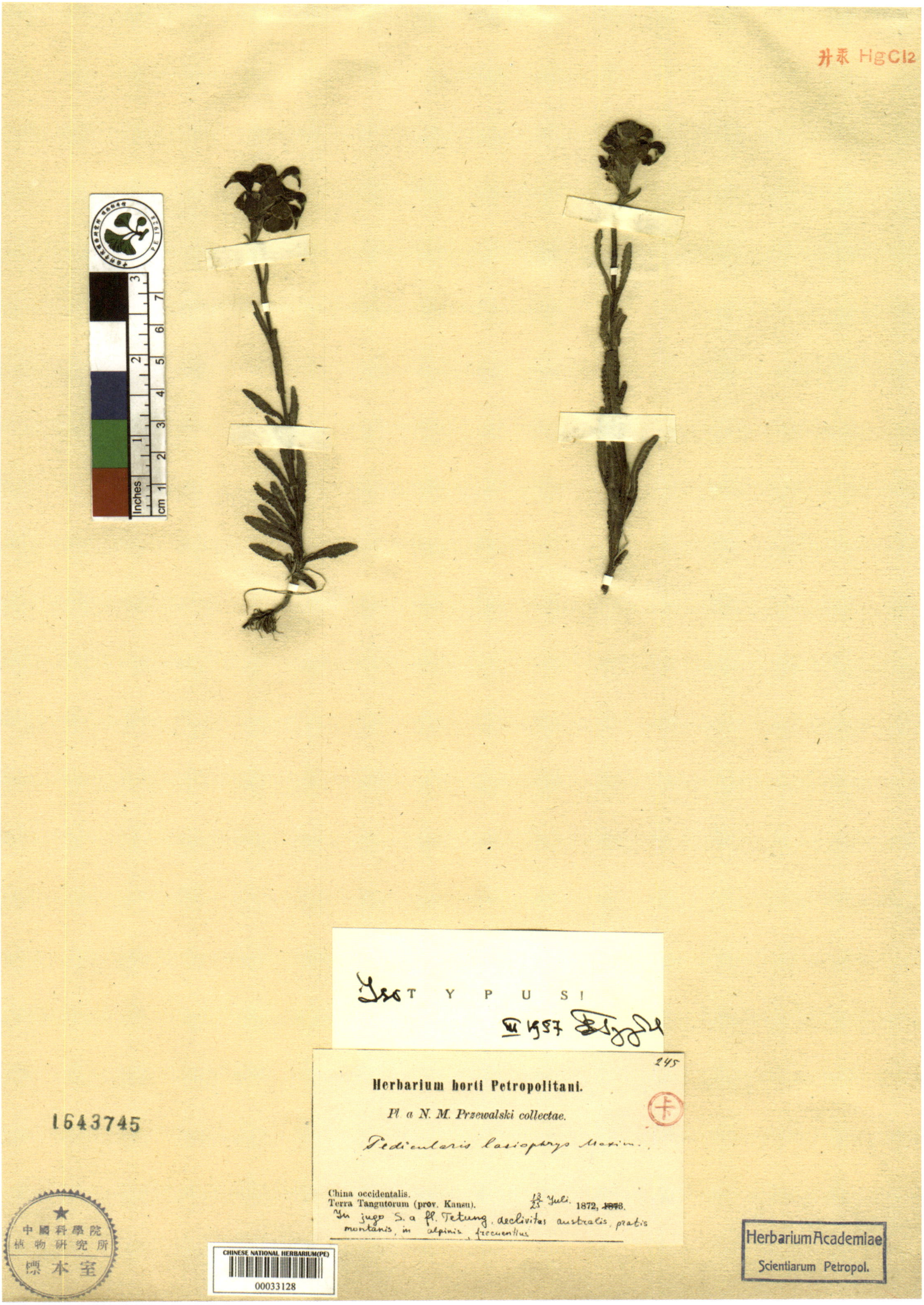

毛颏马先蒿 ***Pedicularis laslophrys*** Maxim. in Bull. Acad. Imp. Sci. St.-Pétersbourg. 24: 68. 1877. **Isotype:** China. Qinghai: Terra Tangutorum (= Qilianshan), 1872-07-(13~25), N. M. Przewalski s. n.

毛颏马先蒿毛背变种 ***Pedicularis lasiophrys*** Maxim. var. ***sinica*** Maxim. in Bull. Acad. Imp. Sci. St.-Pétersbourg. 32: 564. 1888. **Isotype:** China. Sichuan: N Sichuan, Precise locality not known, 1885-??-??, G. N. Potanin. s. n.

宽喙马先蒿 ***Pedicularis latirostris*** P. C. Tsoong, Fl. Reip. Pop. Sin. 68: 197, 411, pl. 45: 1-5. 1963. **Holotype:** China. Gansu: Xiahe, alt. 3 800 m, 1937-07-19, T. P. Wang 7292.

疏穗马先蒿 ***Pedicularis laxispica*** H. L. Li in Proc. Acad. Nat. Sci. Philadelphia 100: 362, f. 77. 1948. **Isotype:** China. Yunnan: NW Yunnan, Precise locality not known, T. T. Yu 12598.

丽江马先蒿美丽亚种 ***Pedicularis likiangensis*** Franch. subsp. ***pulchra*** P. C. Tsoong, Fl. Reip. Pop. Sin. 68: 160, 403. 1963. **Holotype:** China. Yunnan: Dêqên, alt. 3 800~4 100 m, 1940-08-01, K. M. Feng 6125.

长萼马先蒿 ***Pedicularis longicalyx*** H. P. Yang in Acta Phytotax. Sin. 18: 243, f. 6. 1980. **Lectotype** (designated by S. Q. Bi & al. in Acta Bot. Boreal.-Occident. Sin. 28: 391. 2008.): China. Xizang: Bomi, alt. 4 230 m, 1965-08-02, T. S. Ying & D. Y. Hong 650836.

不丹长梗马先蒿 ***Pedicularis longipedicellata*** P. C. Tsoong in Acta Phytotax. Sin. 3(3): 280, 321. 1955. **Isotype:** Bhutan. Kantanang, Tsampa, alt. 4 270 m, 1949-06-10, F. Ludlow, G. Sherriff & J. H. Hicks 19093.

长梗马先蒿 ***Pedicularis longipes*** Maxim. in Bull. Acad. Imp. Sci. St.-Pétersborug. 32: 554. 1888. **Isotype:** China. Sichuan: NW Sichuan, Precise locality not known, 1885-07-25, G. N. Potanin. s. n.

长把马先蒿 ***Pedicularis longistipitata*** P. C. Tsoong, Fl. Reip. Pop. Sin. 68: 151, 402, pl. 30: 8-9. 1963. **Holotype:** China. Xizang: Qamdo, Tou-Pa, 1951-08-22, Y. W. Tsui 5430.

勒德马先蒿 ***Pedicularis ludlowii*** P. C. Tsoong in Bull. Brit. Mus. Bot. 2: 14. 1955. **Isotype:** Bhutan. Dungshinggang, alt. 4 575 m, 1937-06-27, F. Ludlow & G. Sherriff 3323.

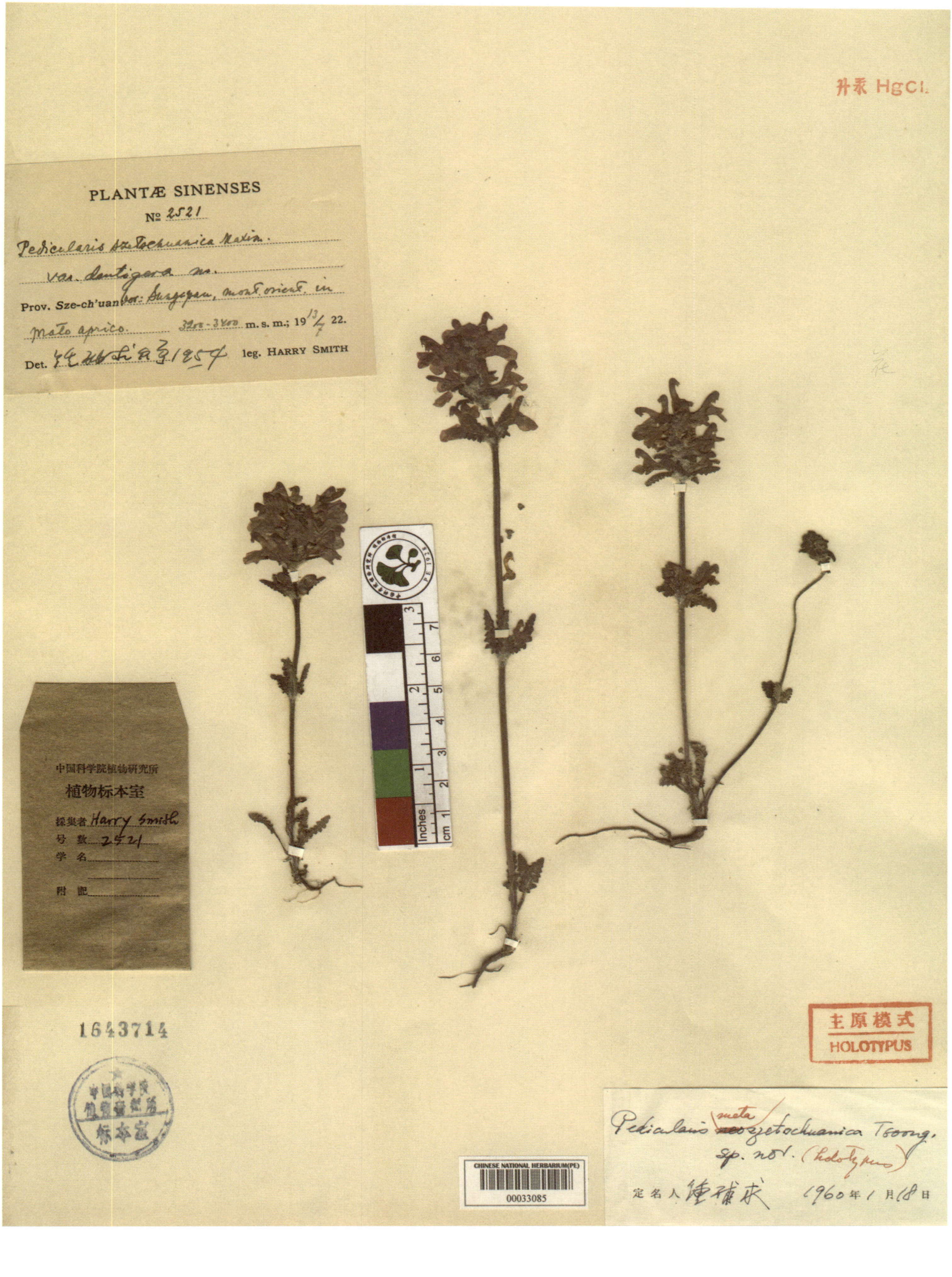

后生四川马先蒿 ***Pedicularis metaszetschuanica*** P. C. Tsoong, Fl. Reip. Pop. Sin. 68: 193, 410. 1963. **Holotype:** China. Sichuan: Songpan, alt. 3 200~3 400 m, 1922-07-13, H. Smith 2521.

微唇马先蒿 ***Pedicularis minutilabris*** P. C. Tsoong, Fl. Reip. Pop. Sin. 68: 187, 407, 41: 1-5. 1963. **Holotype:** China. Sichuan: Barkam, alt. 3 600 m, 1957-06-26, H. Li 71693.

蒙古马先蒿 ***Pedicularis moschata*** Maxim. in Bull. Acad. Imp. Sci. St.-Pétersborug. 27: 516. 1881. **Isotype:** Mongolia. Altai, 1877-07-08, G. N. Potanin s. n.

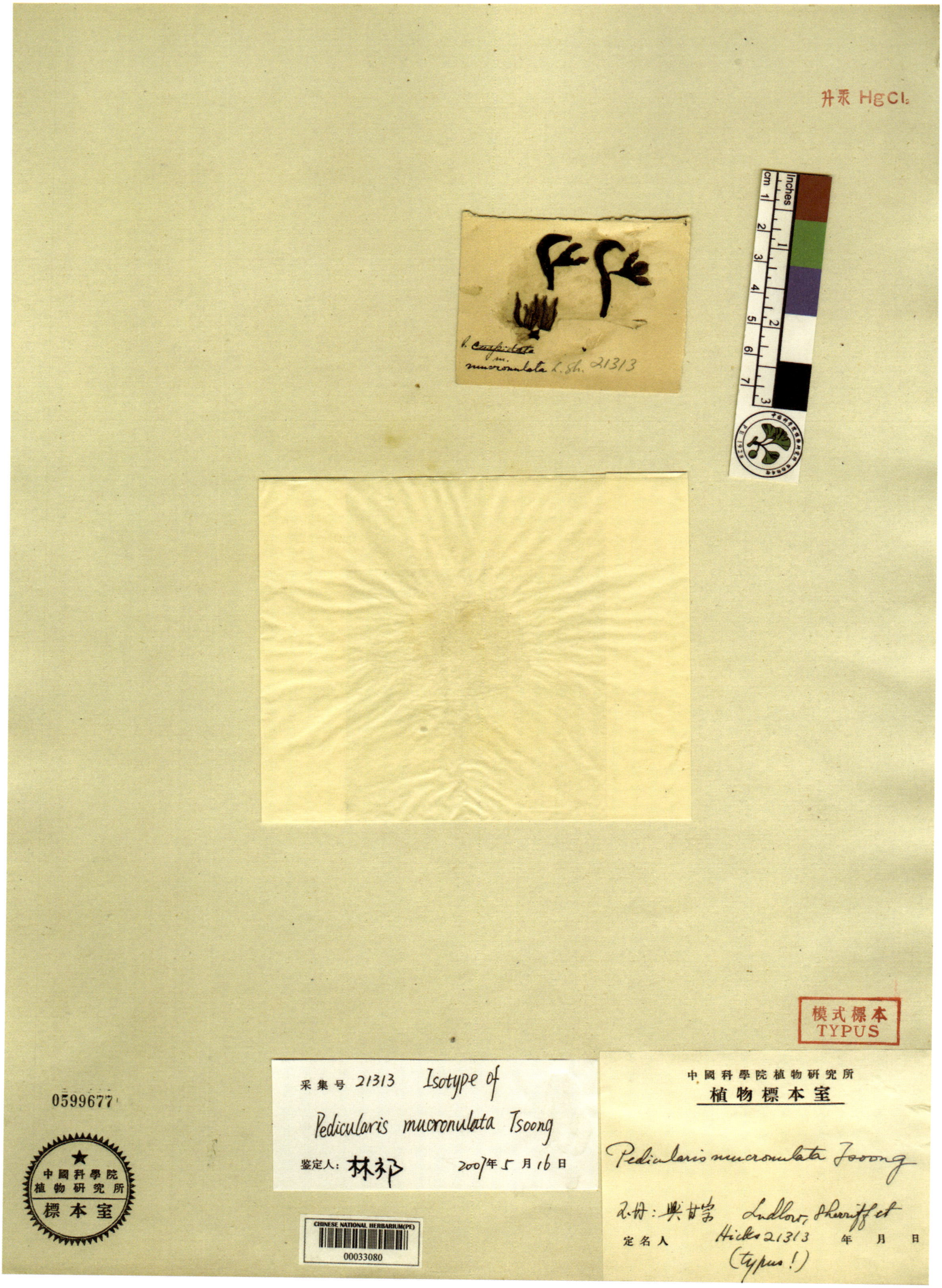

小短尖马先蒿 ***Pedicularis mucronulata*** P. C. Tsoong in Acta Phytotax. Sin. 3(3): 300, 328. 1955. **Isotype:** Bhutan. Below Senghi Dzong, alt. 2 440 m, F. Ludlow, G. Sherriff & H. H. Elliot 21313.

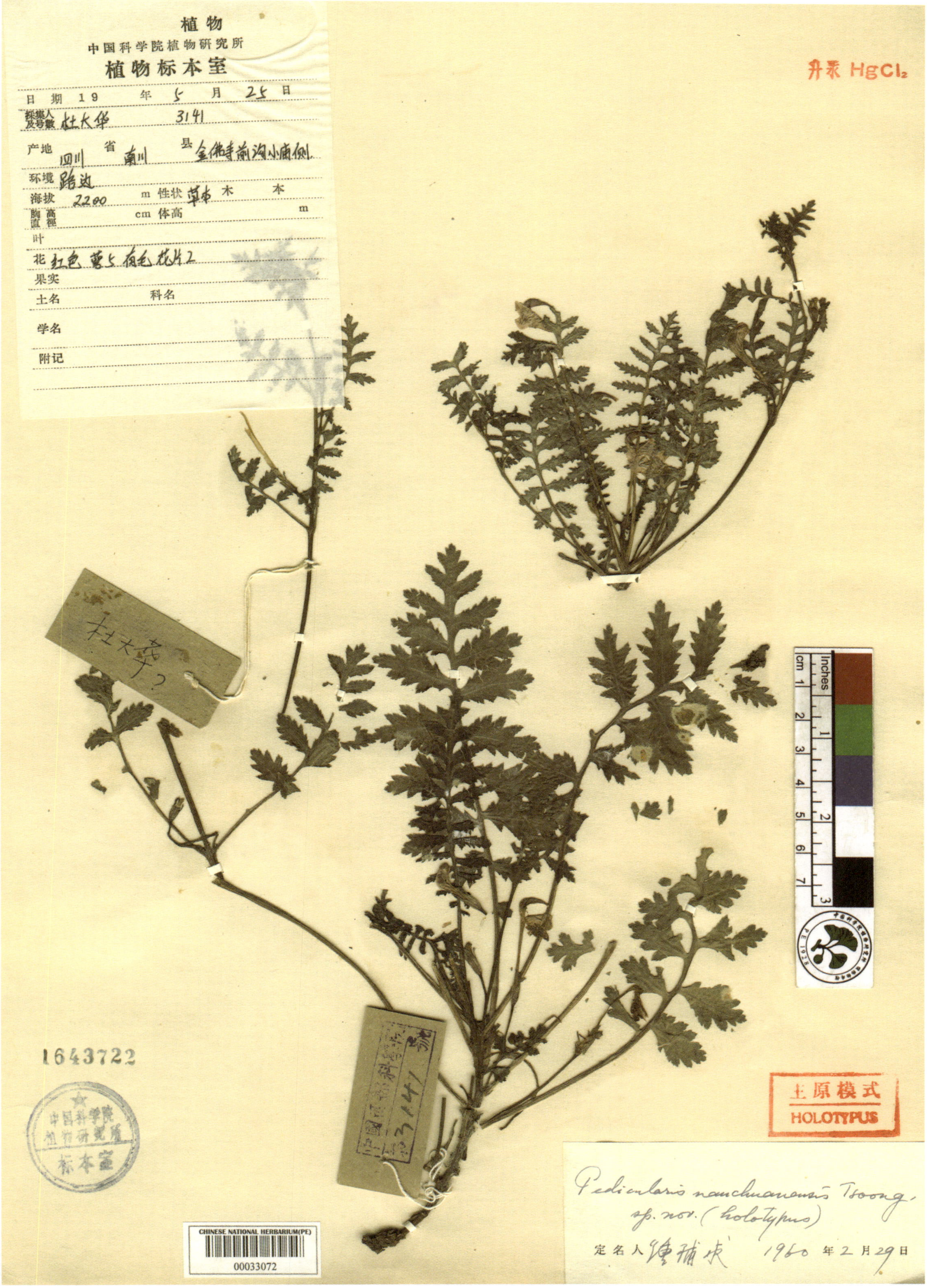

南川马先蒿 ***Pedicularis nanchuanensis*** P. C. Tsoong, Fl. Reip. Pop. Sin. 68: 99, 399, 56: 5-7. 1963. **Holotype:** China. Chongqing: Nanchuan, alt. 2 200 m, 19??-05-25, T. H. Tu 3141.

新粗管马先蒿 ***Pedicularis neolatituba*** P. C. Tsoong, Fl. Reip. Pop. Sin. 68: 330, 418, pl. 72: 1-3. 1963. **Holotype:** China. Sichuan: Songpan, alt. 4 700 m, 1922-08-09, H. Smith 3162.

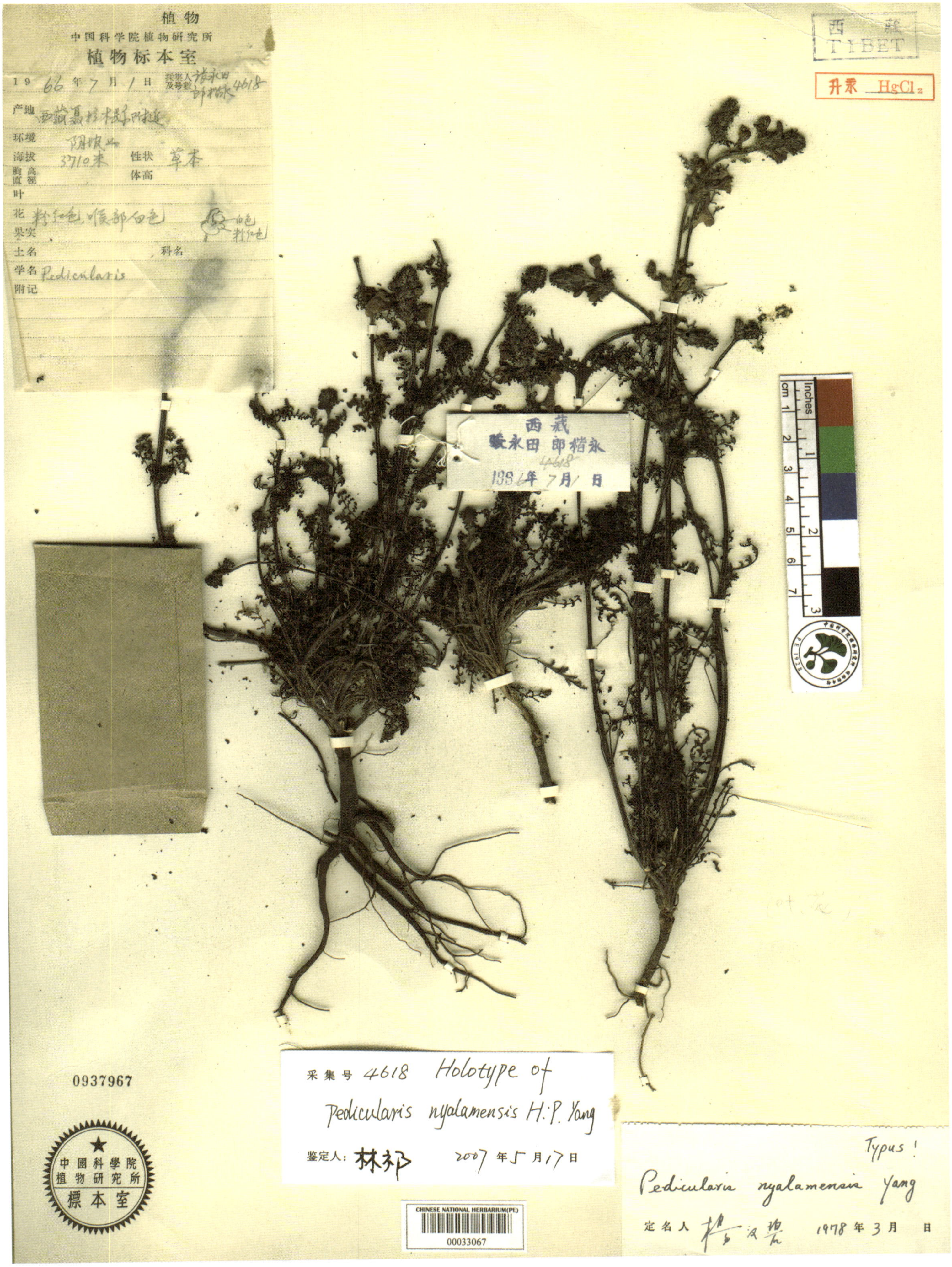

聂拉木马先蒿 ***Pedicularis nyalamensis*** H. P. Yang in Acta Phytotax. Sin. 18(2): 241. 1980. **Holotype:** China. Xizang: Nyalam, alt. 3 710 m, 1966-07-01, Y. T. Chang & K. Y. Lang 4618.

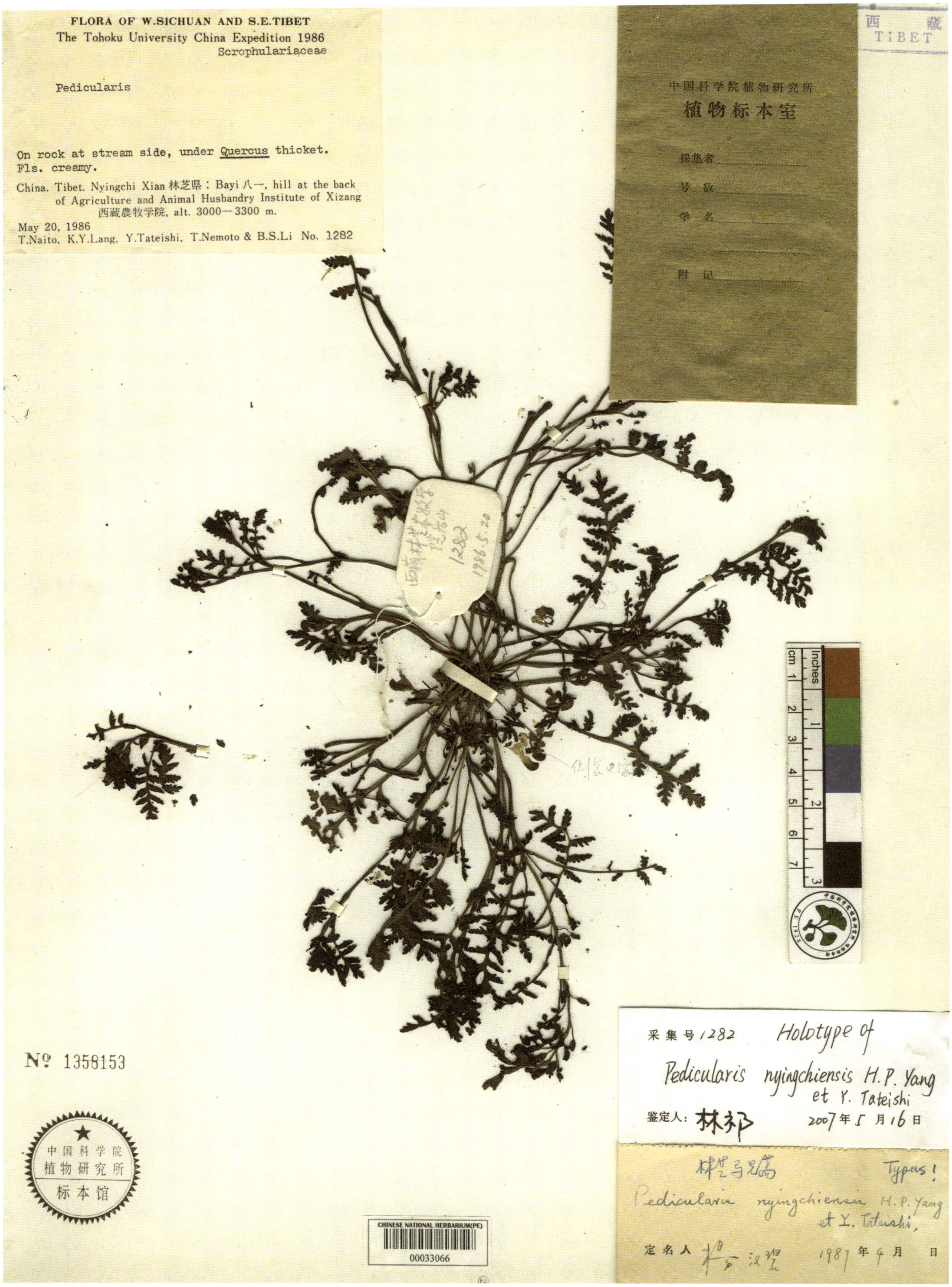

林芝马先蒿 ***Pedicularis nyingchiensis*** H. P. Yang & Y. Tateishi ex H. P. Yang in Acta Phytotax. Sin. 31(3): 288, f. 1: 1-2. 1993.

Holotype: China. Xizang: Nyingchi, alt. 3 000~3 300 m, 1986-05-20, T. Naito & al. 1282.

斜盔马先蒿 ***Pedicularis obliquigaleata*** W. B. Yu & H. Wang in Novon 20: 512, f. 1-2. 2010. **Isotype:** China. Yunnan: Zhongdian (=Shangri-La), alt. 4294 m, 2007-07-25, W. B. Yu 643.

尖果马先蒿 ***Pedicularis oxycarpa*** Franch. in Bull. Acad. Imp. Sci. St.-Pétersborug. 32: 540. 1888. **Isotype:** China. Yunnan: NW Yunnan, Fang-Yang-Tchang, alt. 3 000 m, 1887-07-13, Delavay s. n.

极小马先蒿 ***Pedicularis perpusilla*** P. C. Tsoong in Acta Phytotax. Sin. 3(3): 282, 321. 1955. **Isotype:** Bhutan. Pung La, alt. 3 660 m, 1949-07-09, F. Ludlow, G.Sherriff & J. H. Hicks 20906.

中越马先蒿 ***Pedicularis petelotii*** P. C. Tsoong in Acta Phytotax. Sin. 3(3): 308. 1955. **Isotype:** China. Precise locality not known, alt. 1 800 m, 1927-07-??, A. Petelot 5111.

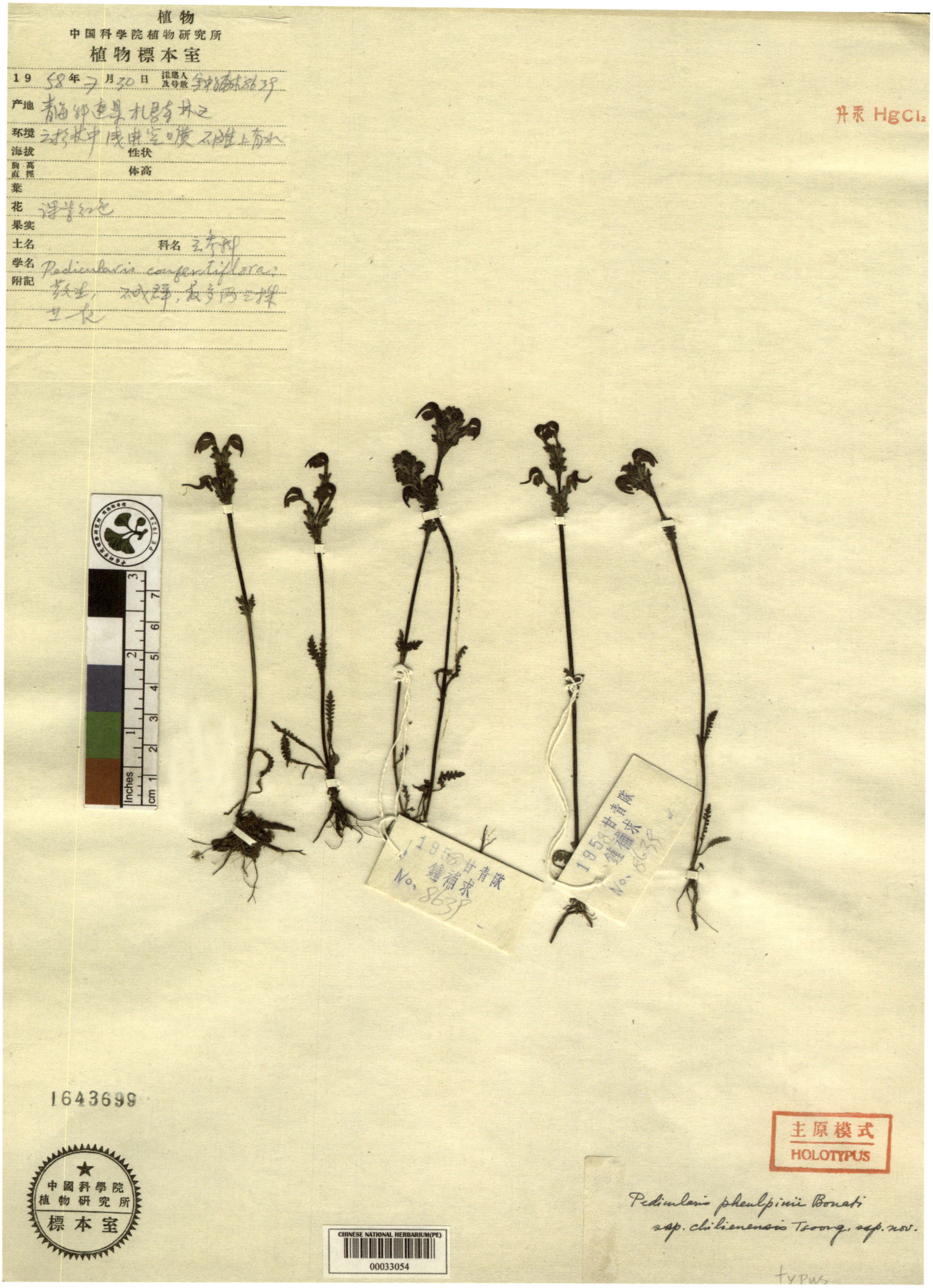

费尔氏马先蒿祁连亚种 ***Pedicularis pheulpini*** Bonati subsp. ***chilienensis*** P. C. Tsoong, Fl. Reip. Pop. Sin. 68: 293, 416. 1963.
Holotype: China. Qinghai: Qilian, 1958-07-30, P. C. Tsoong 8639.

粗穗马先蒿 ***Pedicularis pilostachya*** Maxim. in Bull. Acad. Imp. Sci. St.-Pétersbourg. 24: 64. 1877. **Isotype:** China. Qinghai: Terra Tangutorum (= Qilianshan), alt. 4 118 m, 1872-07-21, N. M. Przewalski s. n.

皱褶马先蒿 ***Pedicularis plicata*** Maxim. in Bull. Acad. Imp. Sci. St.-Pétersbourg. 32: 598. 1888. **Isotype:** China. Gansu: Terra Tangutorum (= Qilianshan), 1885-07-11, G. N. Potanin s. n.

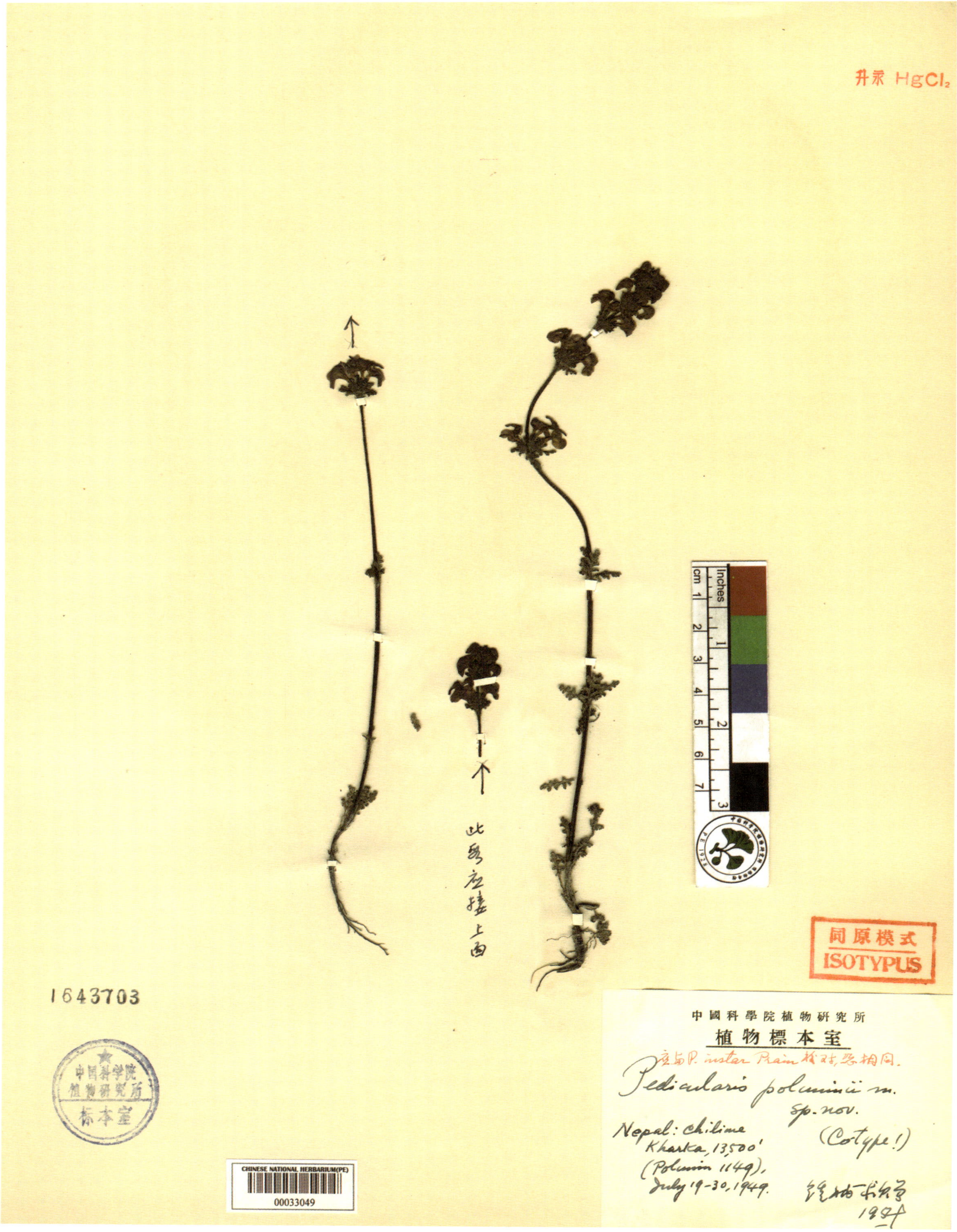

波氏马先蒿 ***Pedicularis poluninii*** P. C. Tsoong in Acta Phytotax. Sin. 3(3): 290, 323. 1955. **Isotype:** Nepal. Chilime Kharka, alt. 4 118 m, 1949-07-(19~30), Polunin 1149.

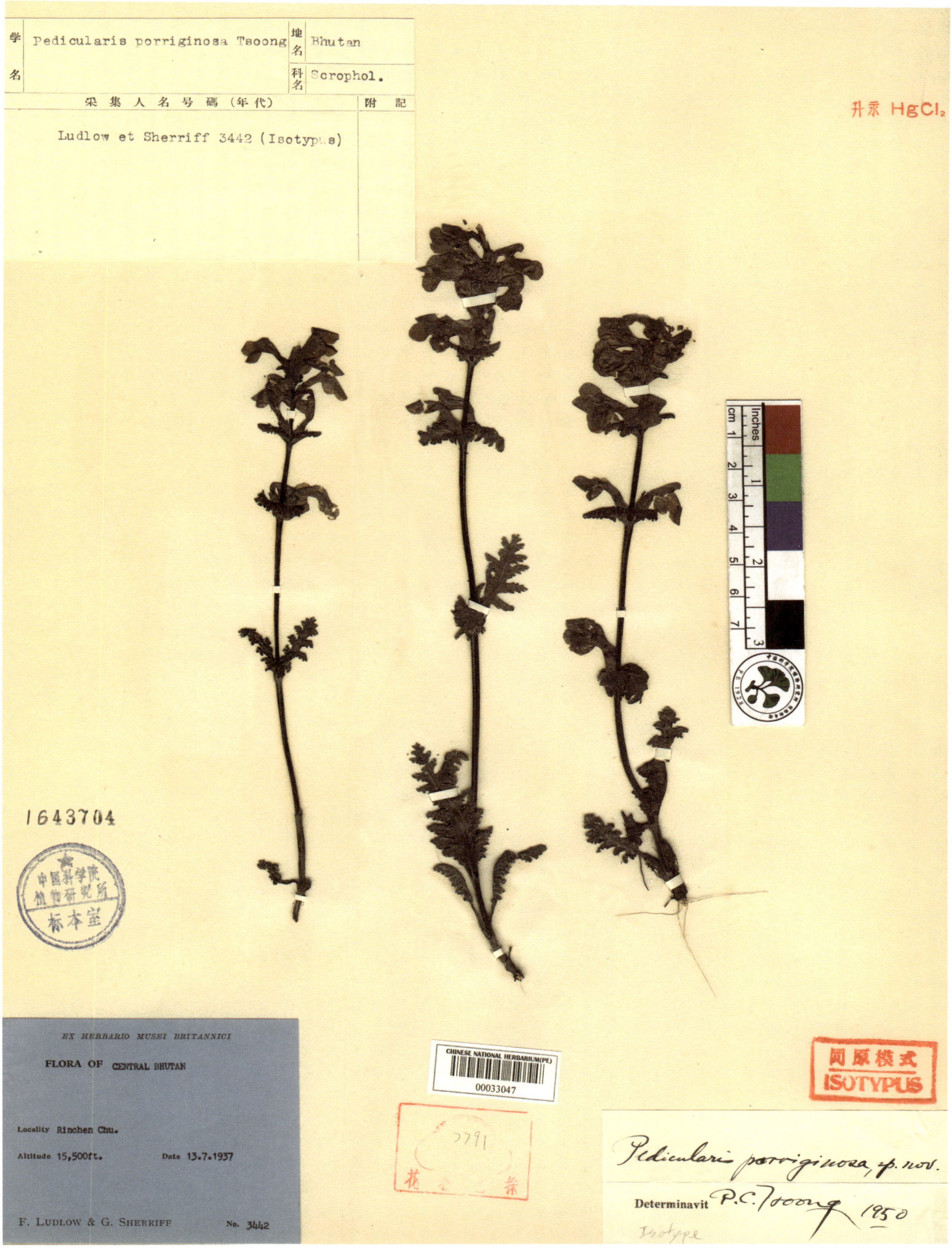

利城马先蒿 ***Pedicularis porriginosa*** P. C. Tsoong in Acta Phytotax. Sin. 3(3): 297, 326. 1955. **Isotype:** Bhutan. Rinchen Chu, alt. 4 728 m, 1937-07-13, F. Ludlow & G. Sherriff 3442.

极高马先蒿 ***Pedicularis praealta*** Bonati in Notes Roy. Bot. Gard. Edinburgh. 13: 122. 1921. **Isotype:** China. Yunnan: E Yunnan, Precise locality not known, alt. 3 200 m, E. E. Maire 673.

尼泊尔马先蒿 ***Pedicularis pseudoregeliana*** P. C. Tsoong in Acta Phytotax. Sin. 3(3): 284, 322. 1955. **Paratype:** Nepal. Precise locality not known, L. Dhevoj 106.

小巧马先蒿 ***Pedicularis pulchella*** Pennell in Notul. Nat. Acad. Nat. Sci. Philadelphia. 95: 7. 1942. **Isotype:** United States. Montana, alt. 2 776~2 898 m, 1938-07-28, F. W. Pennell & al. 23713.

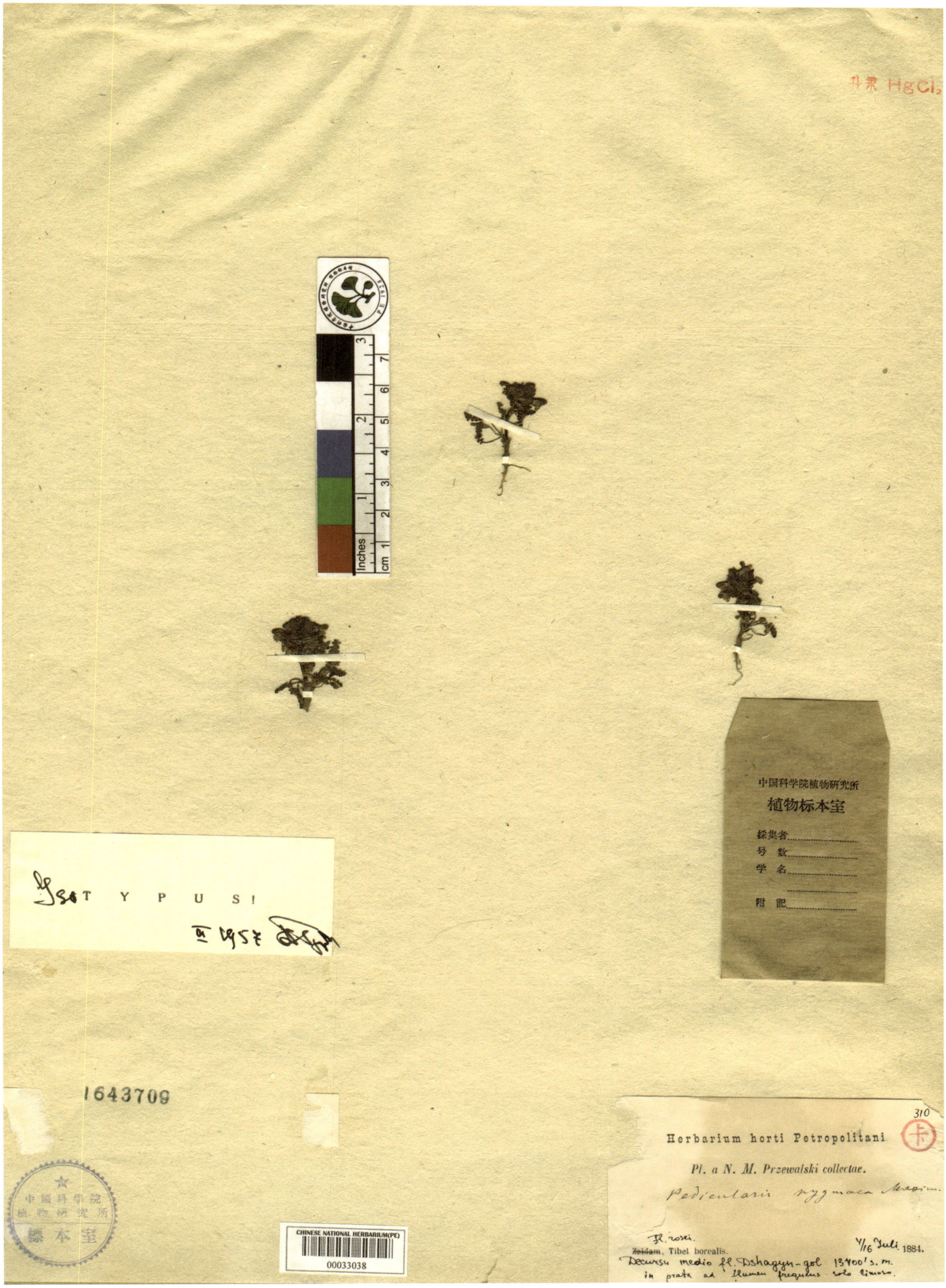

侏儒马先蒿 ***Pedicularis pygmaea*** Maxim. in Bull. Acad. Imp. Sci. St.-Pétersbourg. 32: 595. 1888. **Isotype:** China. Qinghai: NW Qinghai, Precise locality not known, alt. 4 180 m, 1884-07-(04~16), N. M. Przewalski s. n.

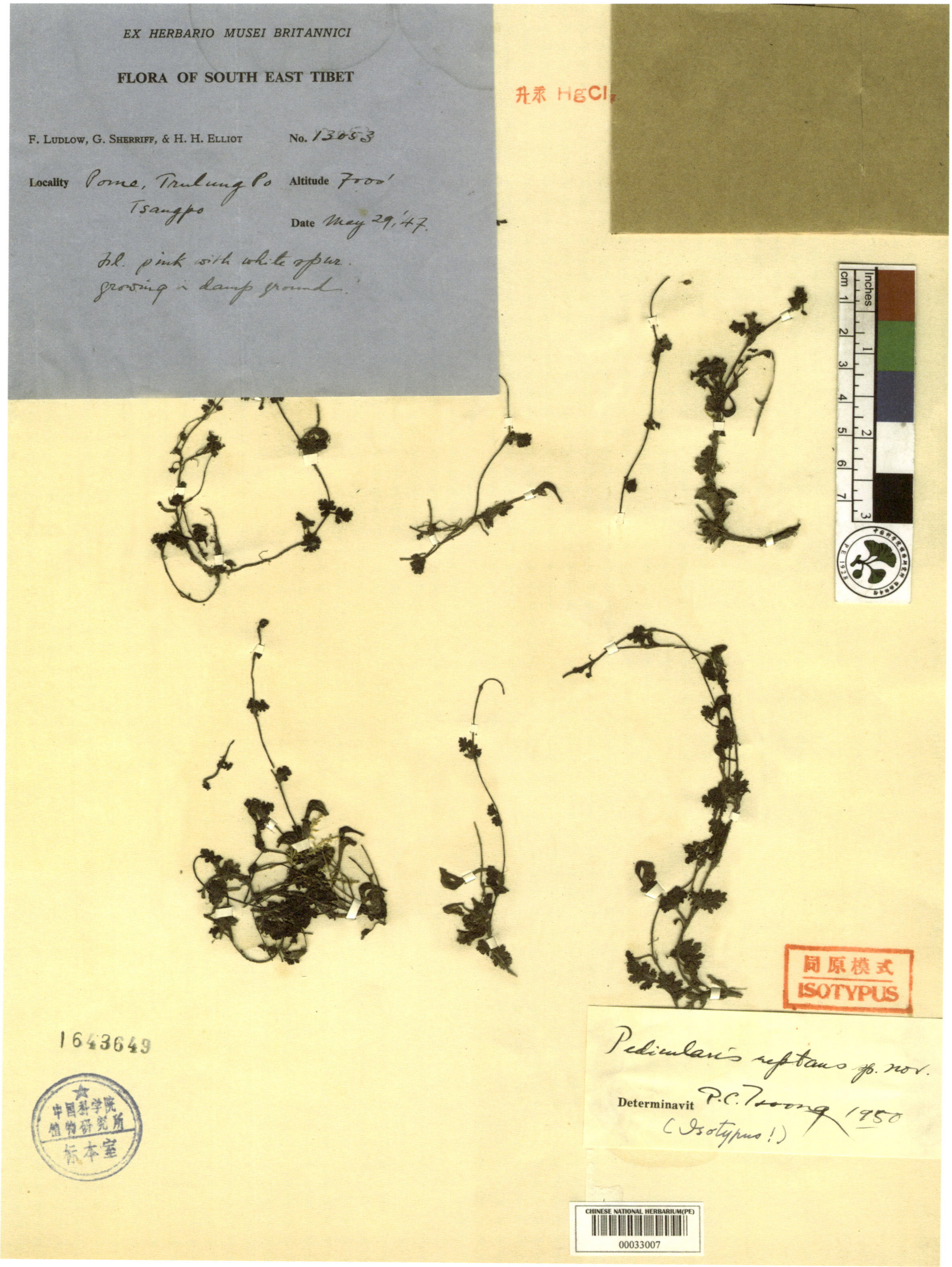

爬行马先蒿 ***Pedicularis reptans*** P. C. Tsoong in Acta Phytotax. Sin. 3: 290, 323. 1955. **Isotype:** China. Xizang: Bomi, alt. 2 135 m, 1947-05-29, F. Ludlow, G. Sherriff & H. H. Elliot 13053.

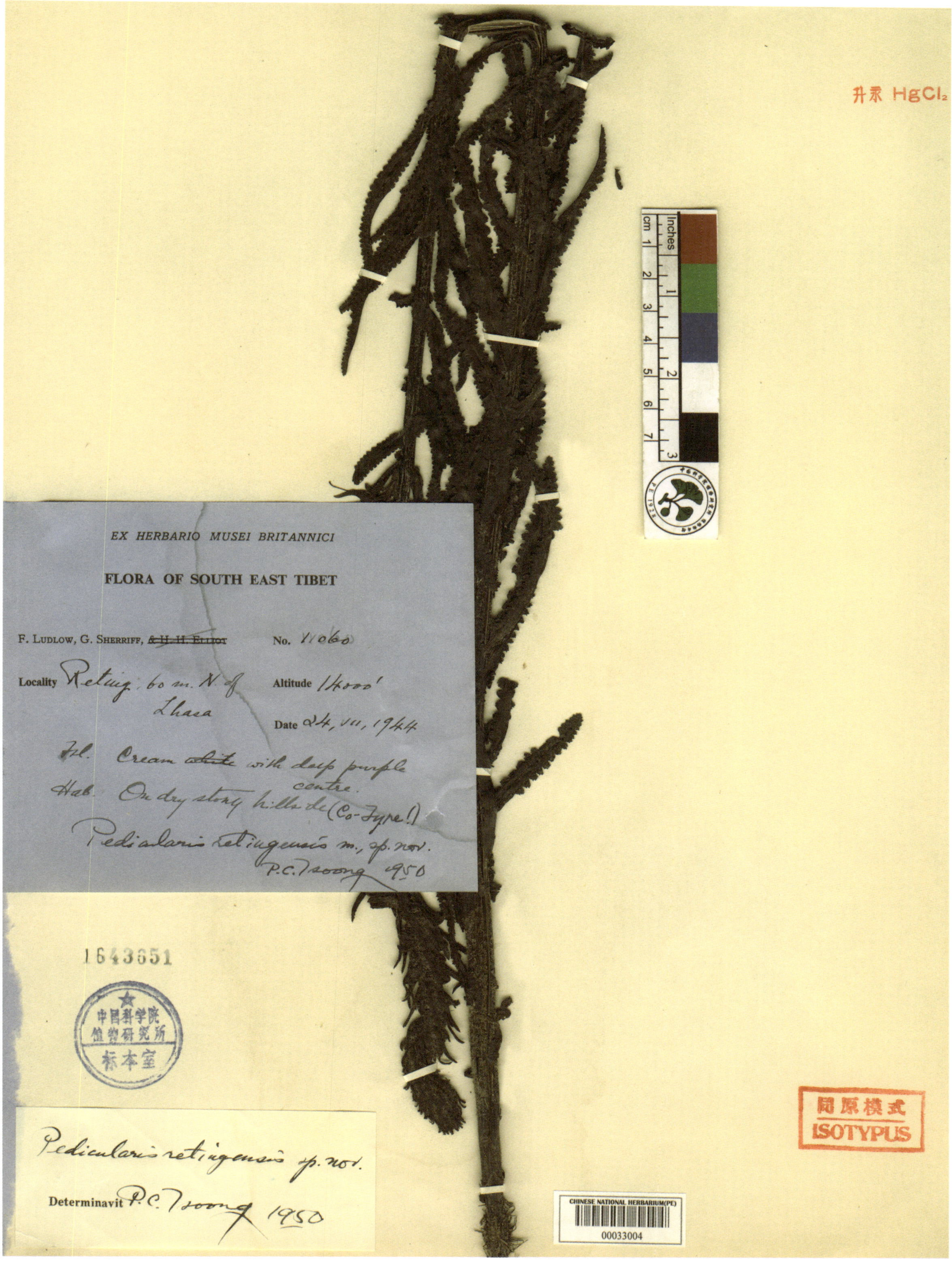

雷丁马先蒿 ***Pedicularis retingensis*** P. C. Tsoong in Acta Phytotax. Sin. 3: 305, 329. 1955. **Isotype:** China. Xizang: Lhasa, alt. 4 270 m, 1944-07-24, F. Ludlow & G. Sherriff 11060.

察隅大王马先蒿 ***Pedicularis rex*** C. B. Clarke ex Maxim. subsp. ***zayuensis*** H. P. Yang in Acta Phytotax. Sin. 28: 136. 1990. **Lectotype** (designated by S. Q. Bi & al. in Acta Bot. Boreal.-Occident. Sin. 28: 391. 2008.): China. Xizang: Zayü, alt. 3 200 m, 1982-06-25, Qinghai-Xizang Exped. 7620.

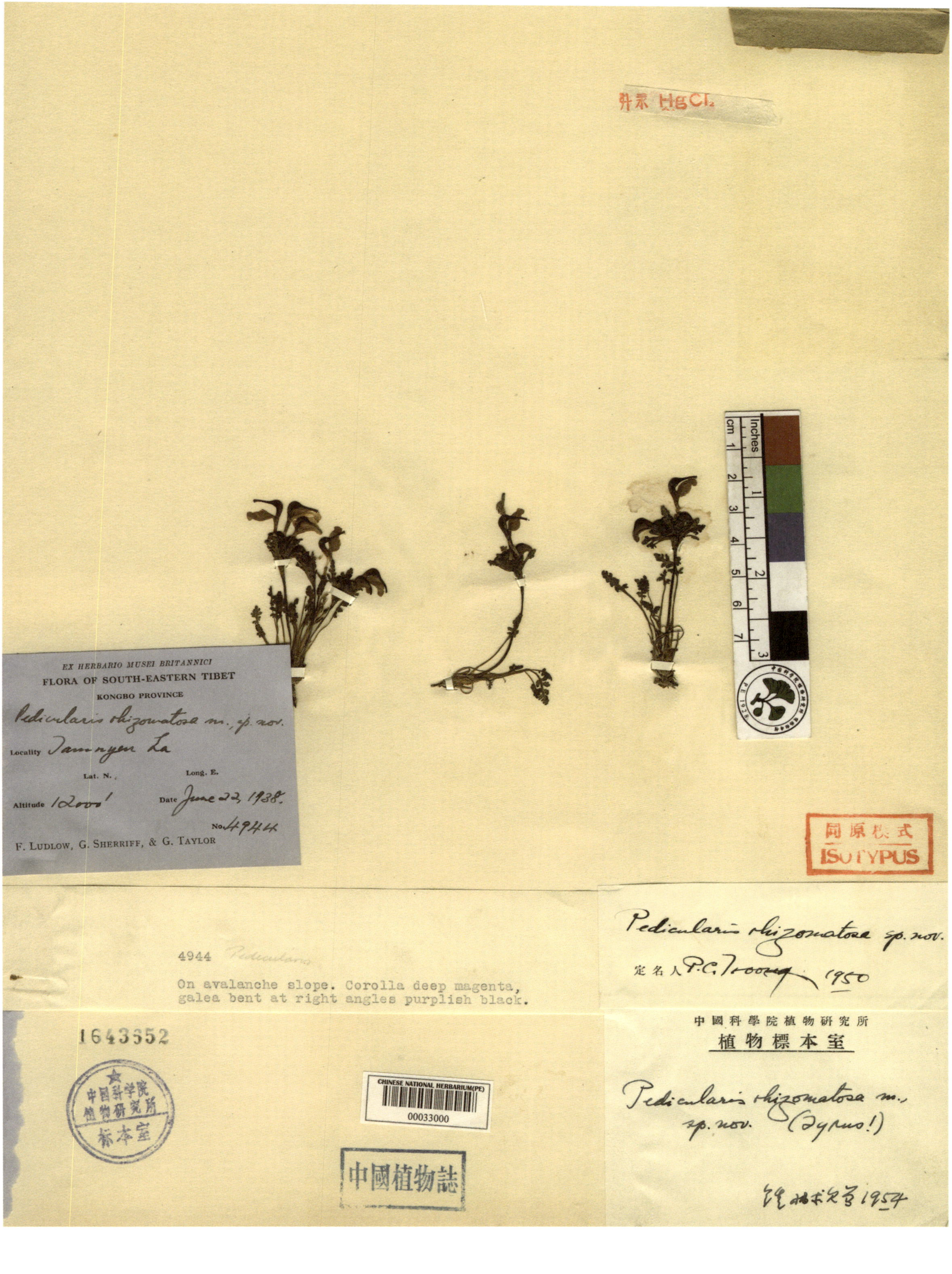

根茎马先蒿 ***Pedicularis rhizomatosa*** P. C. Tsoong in Acta Phytotax. Sin. 3: 281, 321. 1955. **Isotype:** China. Xizang: Qamdo, alt. 3 660 m, 1938-06-22, F. Ludlow, G. Sherriff & G. Taylor 4944.

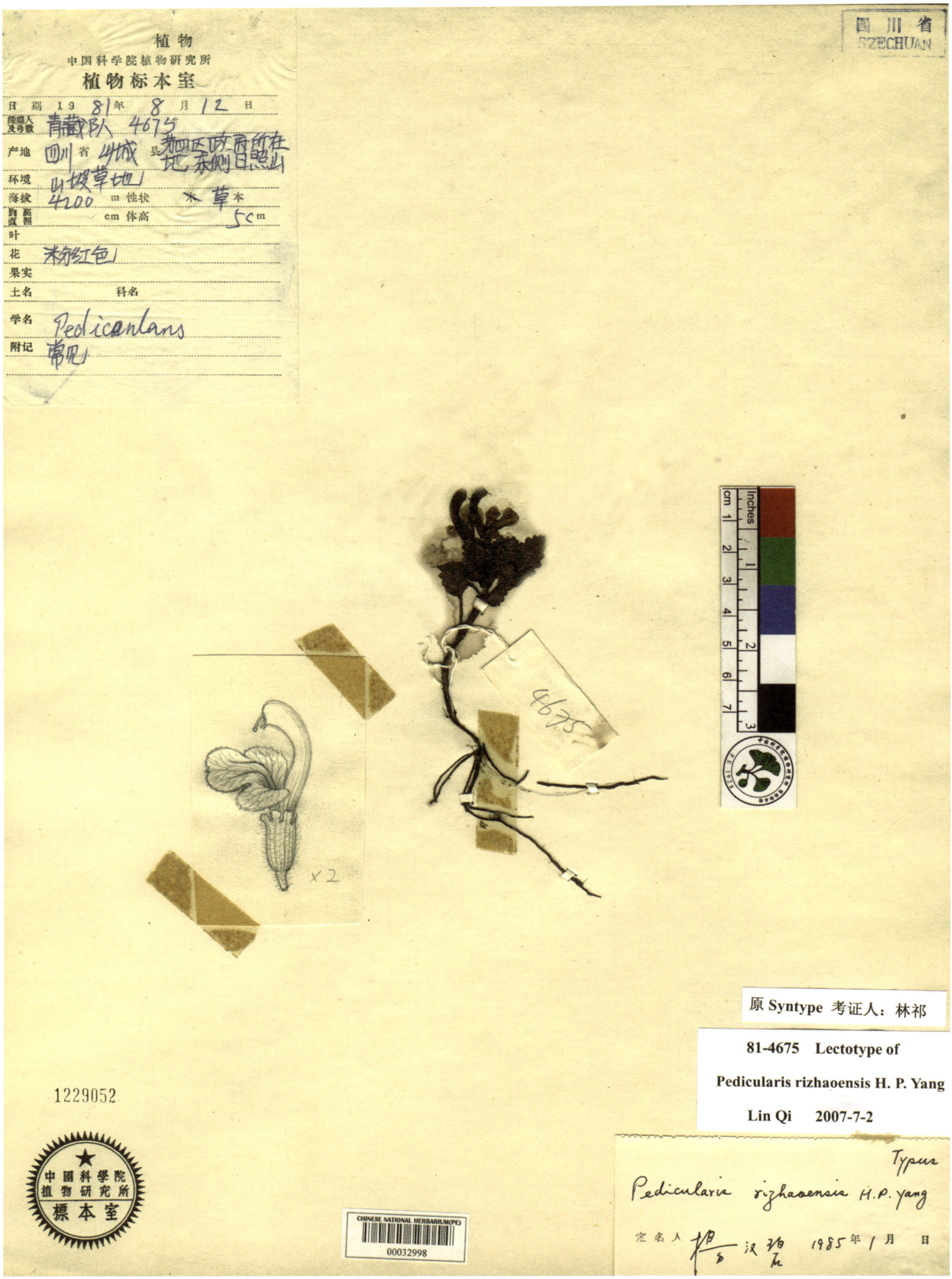

日照马先蒿 ***Pedicularis rizhaoensis*** H. P. Yang in Acta Phytotax. Sin. 28: 141, f. 3: 1-2. 1990. **Lectotype** (designated by S. Q. Bi & al. in Acta Bot. Boreal.-Occident. Sin. 28: 391. 2008.): China. Sichuan: Xiangcheng, alt. 4 200 m, 1981-08-12, Qinghai-Xizang Exped. 4675.

劳氏马先蒿 ***Pedicularis roborowskii*** Maxim. in Bull. Acad. Imp. Sci. St.-Pétersbourg. 27: 512. 1881. **Isotype:** China. Gansu: Terra Tangutorum (= Qilianshan), 1880-07-(11-23), N. M. Przewalski s. n.

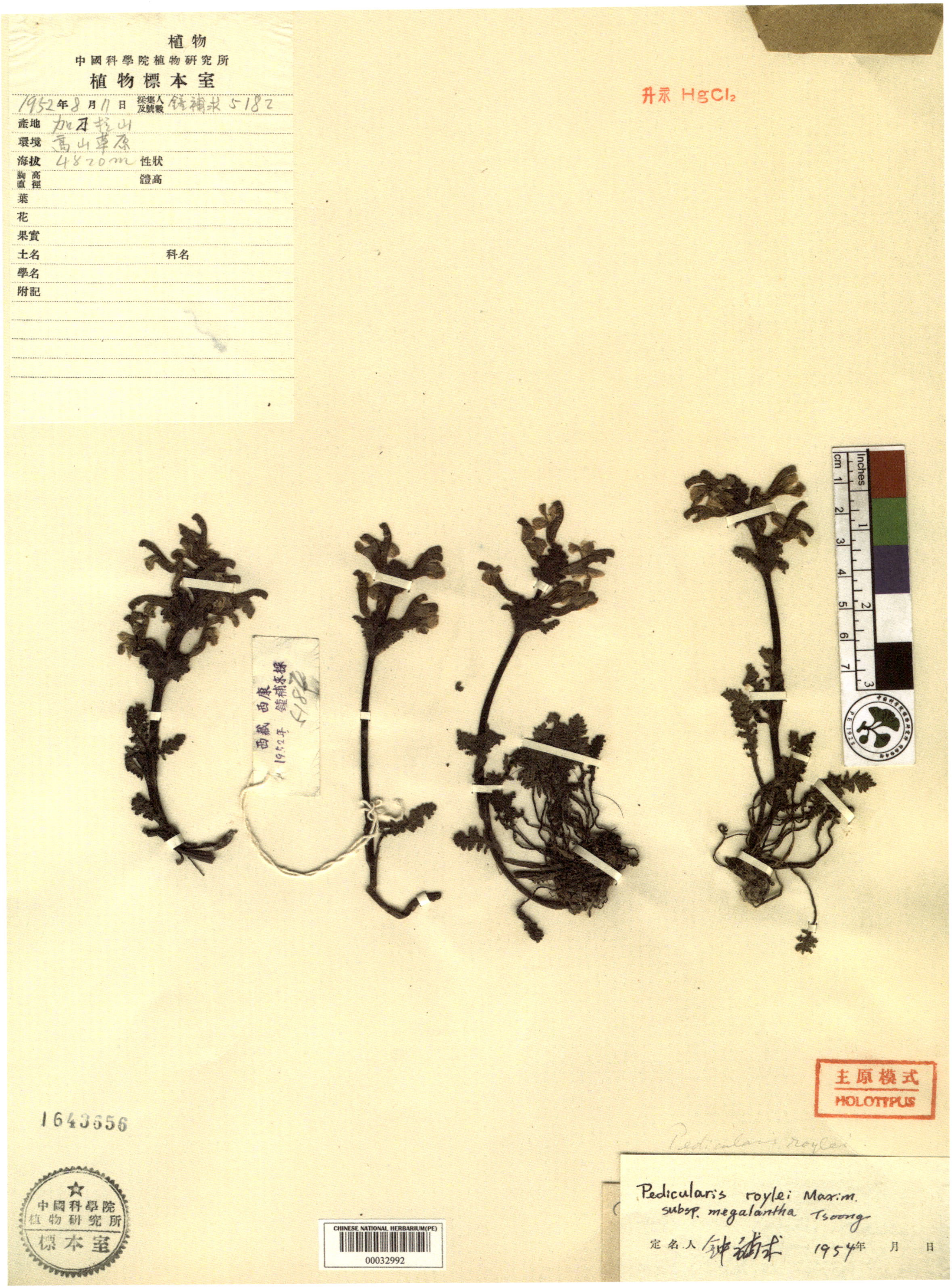

罗氏马先蒿大花亚种 ***Pedicularis roylei*** Maxim. subsp. ***megalantha*** P. C. Tsoong, Fl. Reip. Pop. Sin. 68: 159, 402. 1963. **Holotype:** China. Xizang: Qamdo, alt. 4 820 m, 1952-08-11, P. C. Tsoong 5182.

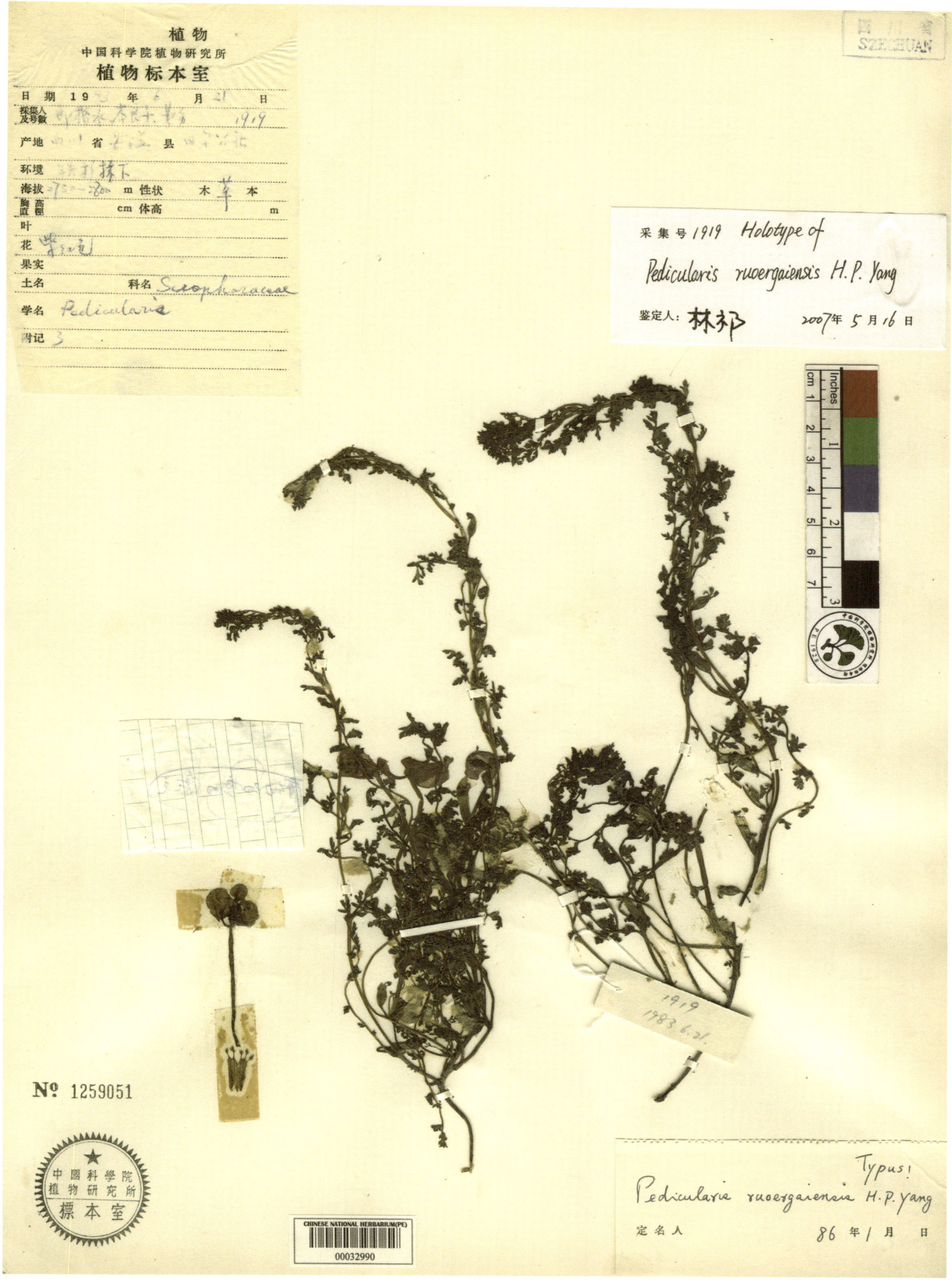

若尔盖马先蒿 ***Pedicularis ruoergaiensis*** H. P. Yang in Acta Phytotax. Sin. 27: 222. 1989. **Holotype:** China. Sichuan: Zoige, alt. 2 730~2 800 m, 1983-06-21, K. Y. Lang & al. 1919.

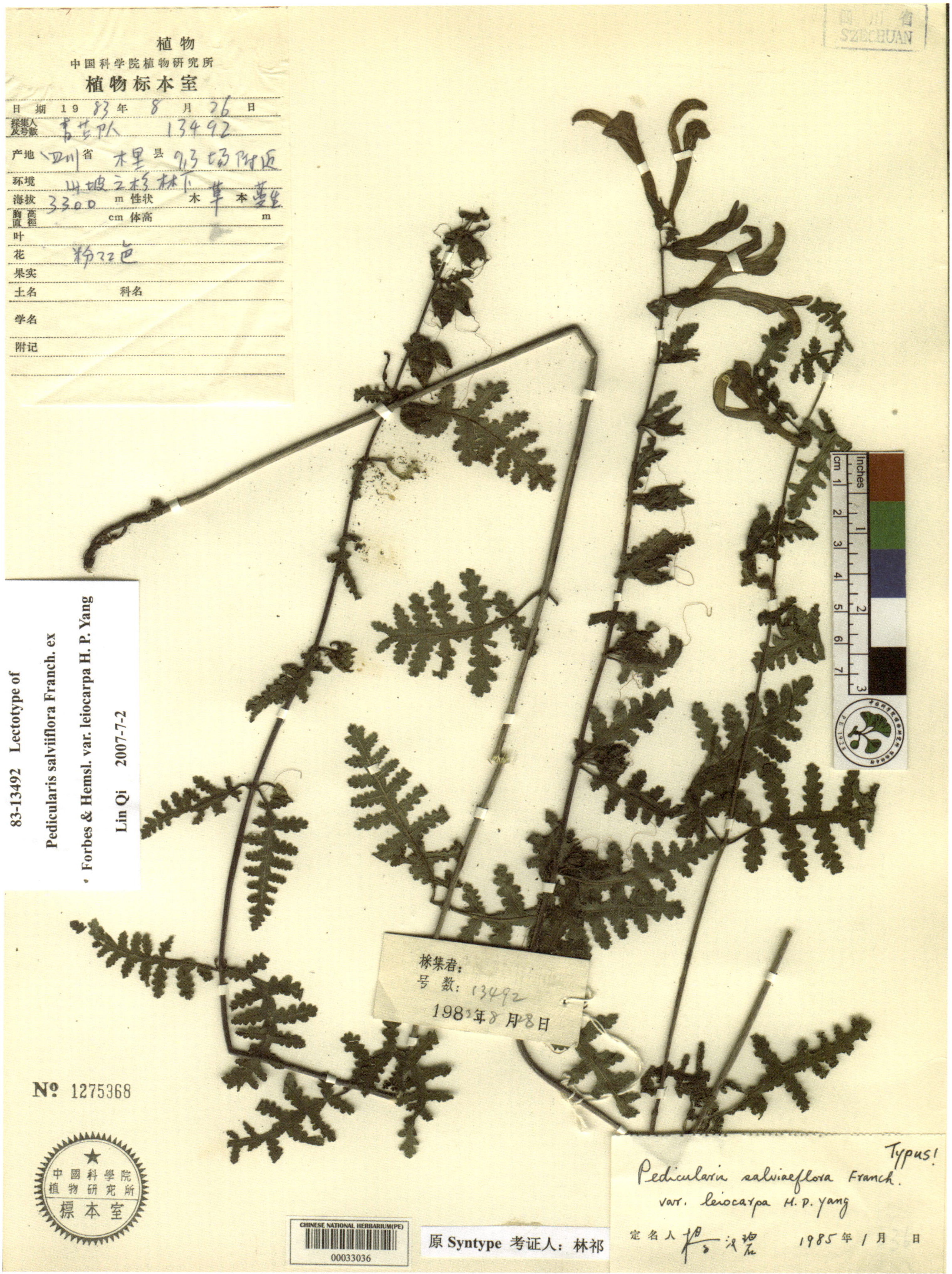

滑果丹参 ***Pedicularis salviiflora*** Franch. ex Forbes & Hemsl. var. ***leiocarpa*** H. P. Yang in Acta Phytotax. Sin. 28: 136. 1990. **Lectotype** (designated by S. Q. Bi & al. in Acta Bot. Boreal.-Occident. Sin. 28: 391. 2008.): China. Sichuan: Muli, alt. 3 300 m, 1983-08-26, Qinghai-Xizang Exped. 13492.

半扭卷马先蒿 ***Pedicularis semitorta*** Maxim. in Bull. Acad. Imp. Sci. St.-Pétersbourg. 32: 546. 1888. **Isotype:** China. Gansu: Precise locality not known, 1885-07-17, G. N. Potanin s. n.

山西马先蒿 ***Pedicularis shansiensis*** P. C. Tsoong, Fl. Reip. Pop. Sin. 68: 41, 397, pl. 2: 1-3. 1963. **Isotype:** China. Shanxi: Chieh-hsiu (= Xie Xian), alt. 1 800 m, 1924-06-19, H. Smith 5899.

休氏马先蒿 ***Pedicularis sherriffii*** P. C. Tsoong in Acta Phytotax. Sin. 3: 286, 322. 1955. **Isotype:** China. Xizang: Qamdo, alt. 3 965~4 270 m, 1938-06-07, F. Ludlow, G. Sherriff & G. Taylor 3991.

泰国马先蒿 ***Pedicularis siamensis*** P. C. Tsoong in Acta Phytotax. Sin. 3(3): 310, 331.1955. **Isotype:** Thailand. Doi Chingdao, alt. 2 100 m, 1922-11-06, A. F. G. Kerr 6600.

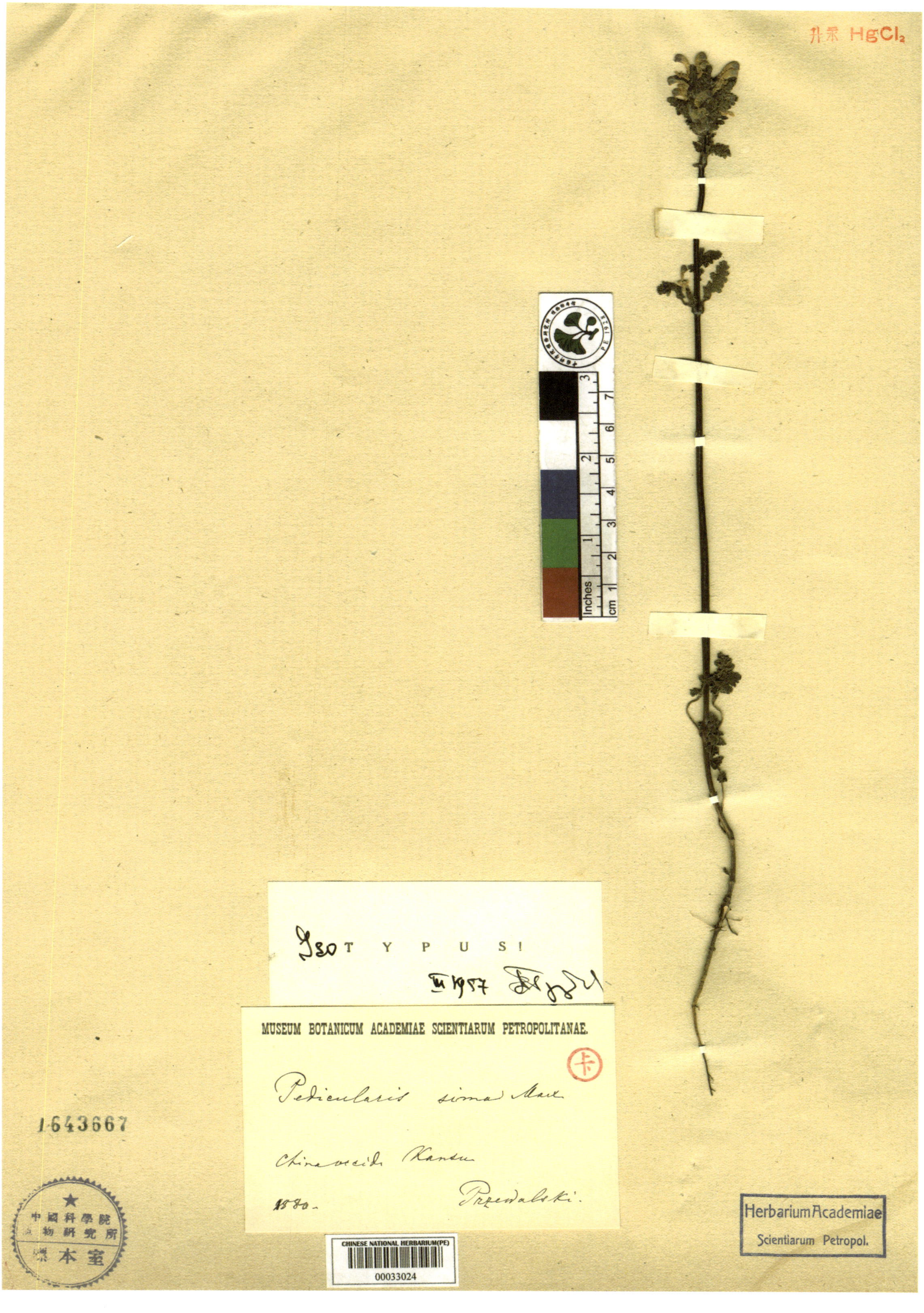

砂镁马先蒿 ***Pedicularis sima*** Maxim. in Bull. Acad. Imp. Sci. St.-Pétersbourg. 27: 514. 1881. **Isotype:** China. Gansu: Precise locality not known, 1880-??-??, N. M. Przewalski s. n.

花楸叶马先蒿 ***Pedicularis sorbifolia*** P. C. Tsoong, Fl. Reip. Pop. Sin. 68: 100, 400. 1963. **Isotype:** China. Sichuan: W Sichuan, Karlong, alt. 3 300 m, 1922-08-04, H. Smith 3024.

团花马先蒿 ***Pedicularis sphaerantha*** P. C. Tsoong in Acta Phytotax. Sin. 3: 291, 323. 1955. **Isotype:** China. Xizang: Qamdo, alt. 3 538 m, 1938-07-02, F. Ludlow, G. Sherriff & G. Taylor 5091.

穗花马先蒿显苞亚种 ***Pedicularis spicata*** Pall. subsp. ***bracteata*** P. C. Tsoong, Fl. Reip. Pop. Sin. 68: 179, 405. 1963. **Holotype:** China. Hebei: Yu Xian, Xiaowutaishan, 1906-07-28, Y. Yabe s. n.

穗花马先蒿狭果亚种 ***Pedicularis spicata*** Pall. subsp. ***stenocarpa*** P. C. Tsoong, Fl. Reip. Pop. Sin. 68: 179. 405. 1963. **Holotype:** China. Beijing: Mentougou, Donglingshan, 1953-09-06, C. K. Yang 1480.

狭盔马先蒿黑毛亚种 ***Pedicularis stenocorys*** Franch. subsp. ***melanotricha*** P. C. Tsoong, Fl. Reip. Pop. Sin. 68: 271, 415. 1963.
Holotype: China. Sichuan: Kangding, alt. 3 900 m, 1934-07-22, H. Smith 10672.

狭盔马先蒿狭盔亚种极狭变种 ***Pedicularis stenocorys*** Franch. subsp. ***stenocorys*** Franch. var. ***angustissima*** P. C. Tsoong, Fl. Reip. Pop. Sin. 68: 271, 415. 1963. **Holotype:** China. Sichuan: Heishui, alt. 3 750 m, 1957-07-21, H. Li 73241.

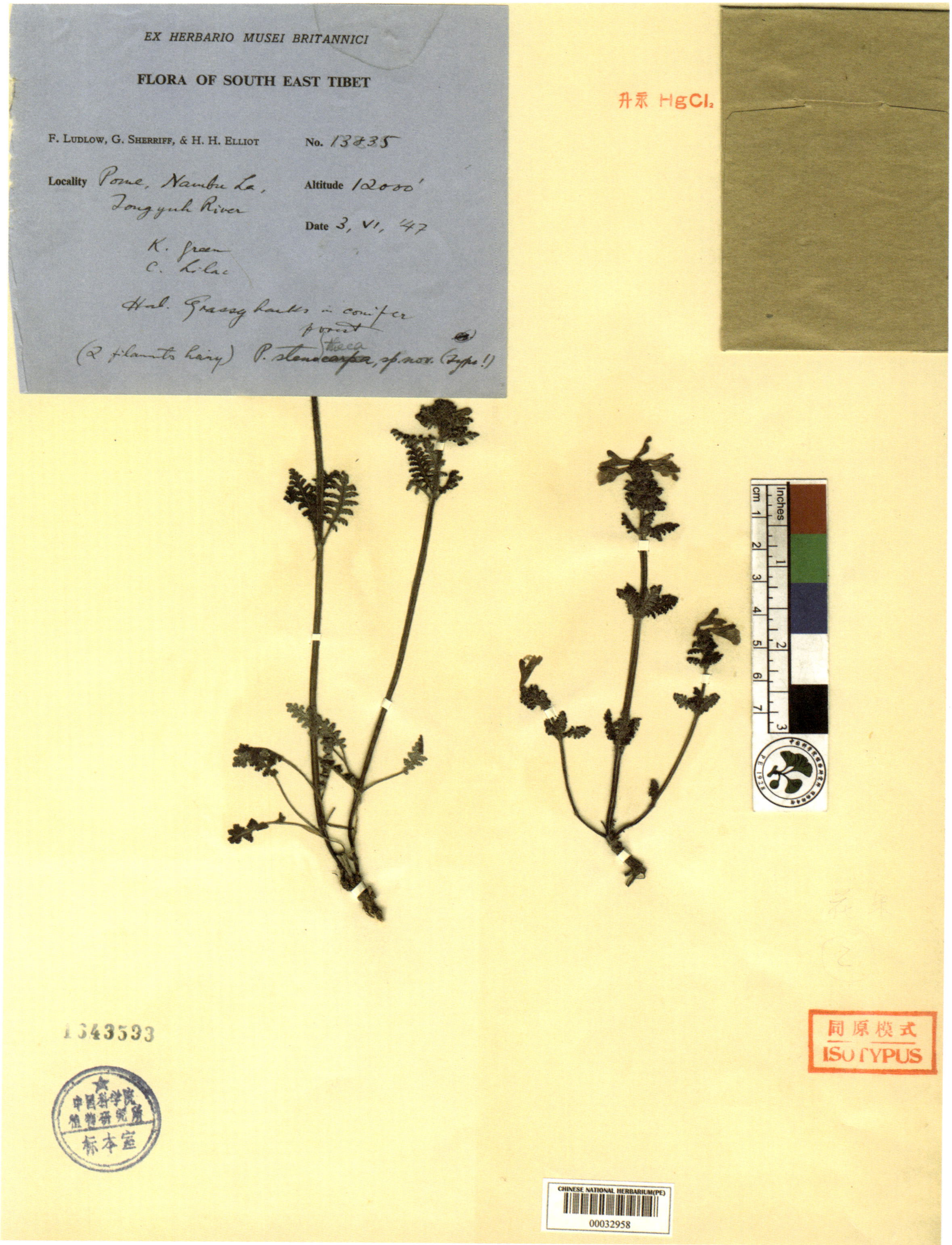

狭室马先蒿 ***Pedicularis stenotheca*** P. C. Tsoong in Acta Phytotax. Sin. 3: 312, 332. 1955. **Isotype:** China. Xizang: Bomi, alt. 3 660 m, 1947-06-03, F. Ludlow, G. Sherriff & H. H. Elliot 13835.

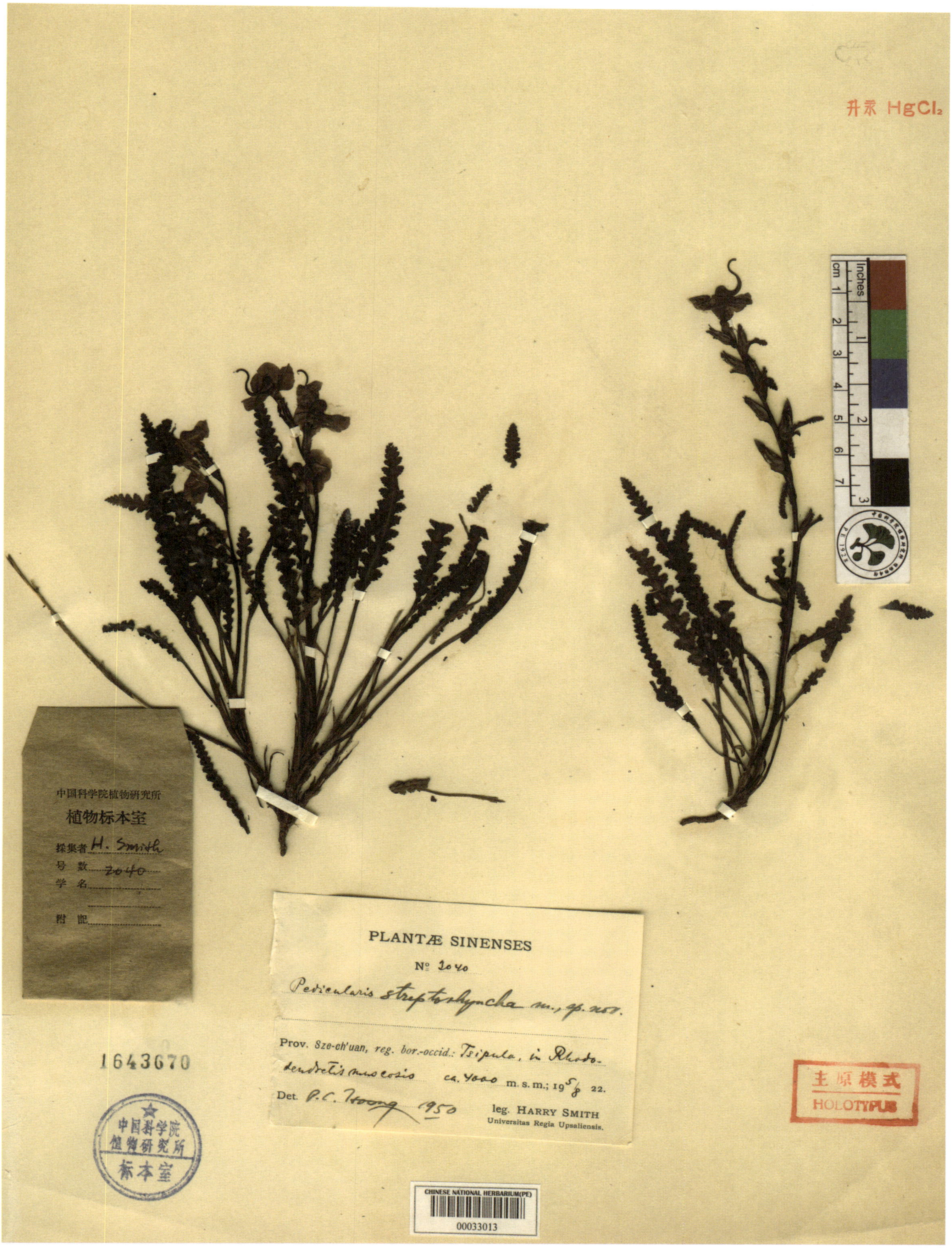

扭喙马先蒿 ***Pedicularis streptorhyncha*** P. C. Tsoong, Fl. Reip. Pop. Sin. 68: 62, 397, pl. 7: 1-3. 1963. **Holotype:** China. Sichuan: NW Sichuan, alt. 4 000 m, 1922-08-05, H. Smith 2040.

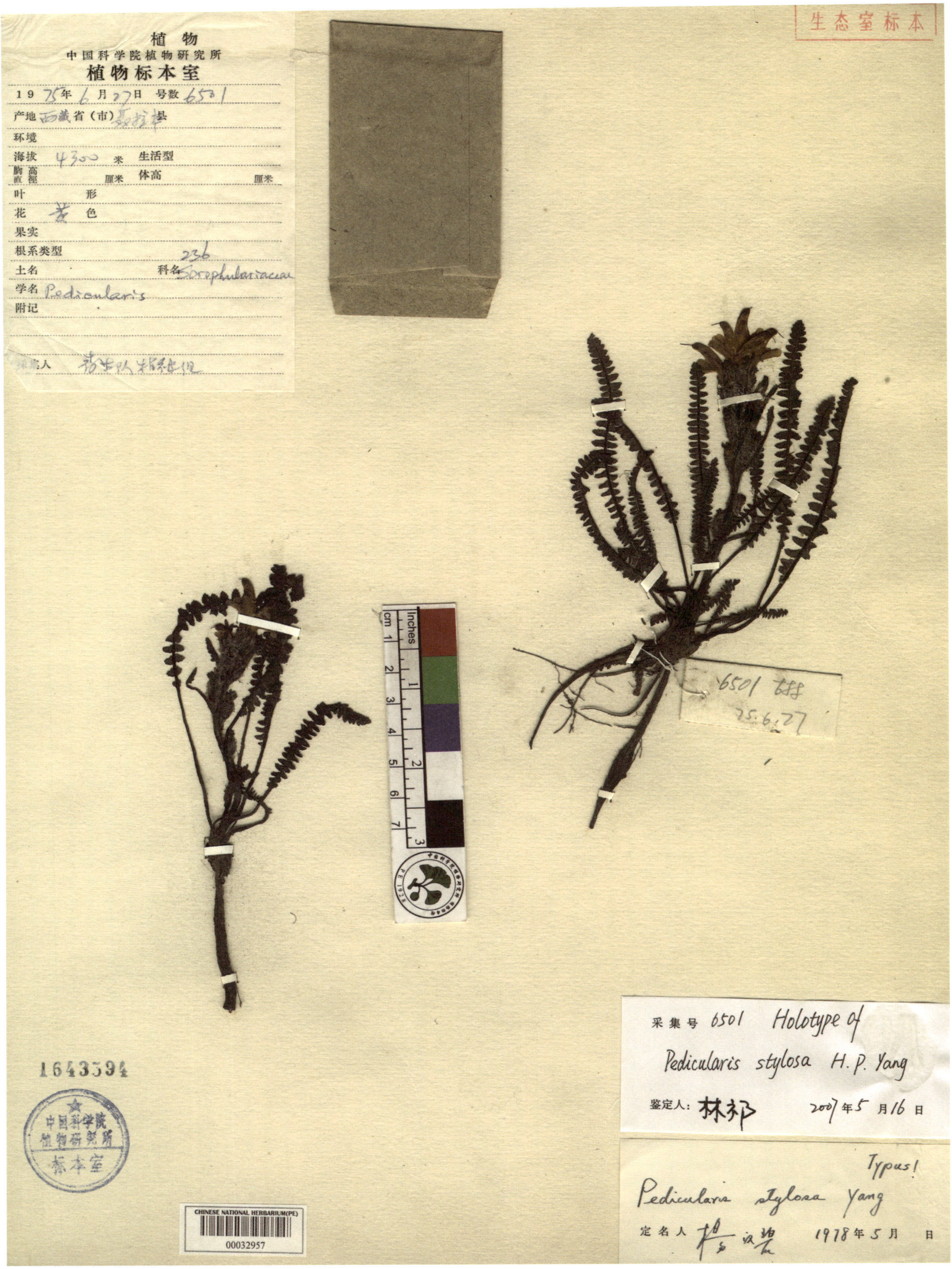

长柱马先蒿 ***Pedicularis stylosa*** H. P. Yang in Acta Phytotax. Sin. 18(2): 242. 1980. **Holotype:** China. Xizang: Nyalam, alt. 4 300 m, 1975-06-27, Qinghai-Xizang Exped. 6501.

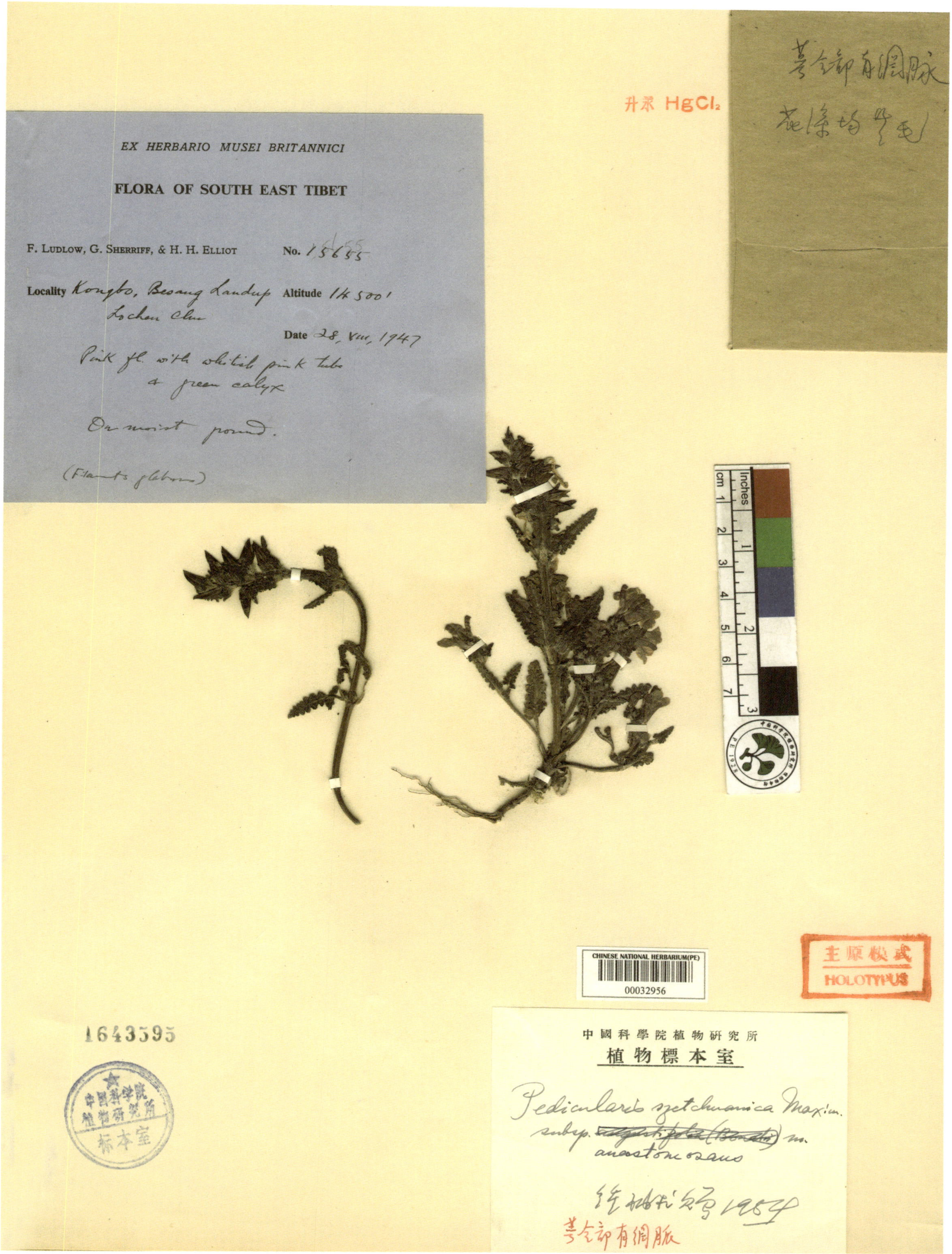

四川马先蒿网脉亚种 ***Pedicularis szetschuanica*** Maxim. subsp. ***anastomosans*** P. C. Tsoong, Fl. Reip. Pop. Sin. 68: 182, 405. 1963. **Holotype:** China. Xizang: Qamdo, alt. 4 423 m, 1947-08-28, F. Ludlow, G. Sherriff & H. H. Elliot 15655.

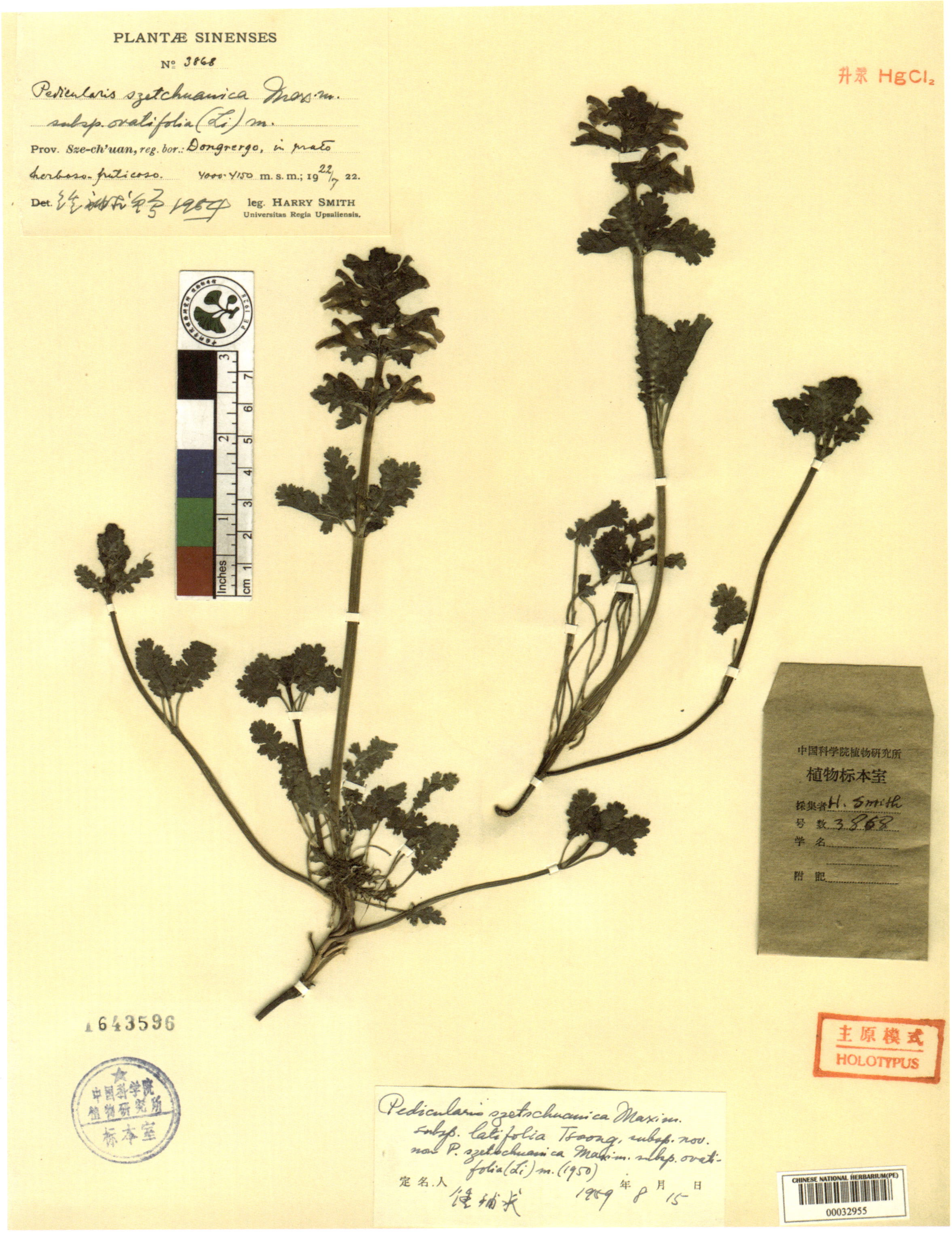

四川马先蒿宽叶亚种 ***Pedicularis szetschuanica*** Maxim. subsp. ***latifolia*** P. C. Tsoong, Fl. Reip. Pop. Sin. 68: 181, 405. 1963.
Holotype: China. Sichuan: Songpan, alt. 4 000 m, 1922-07-22, H. Smith 3868.

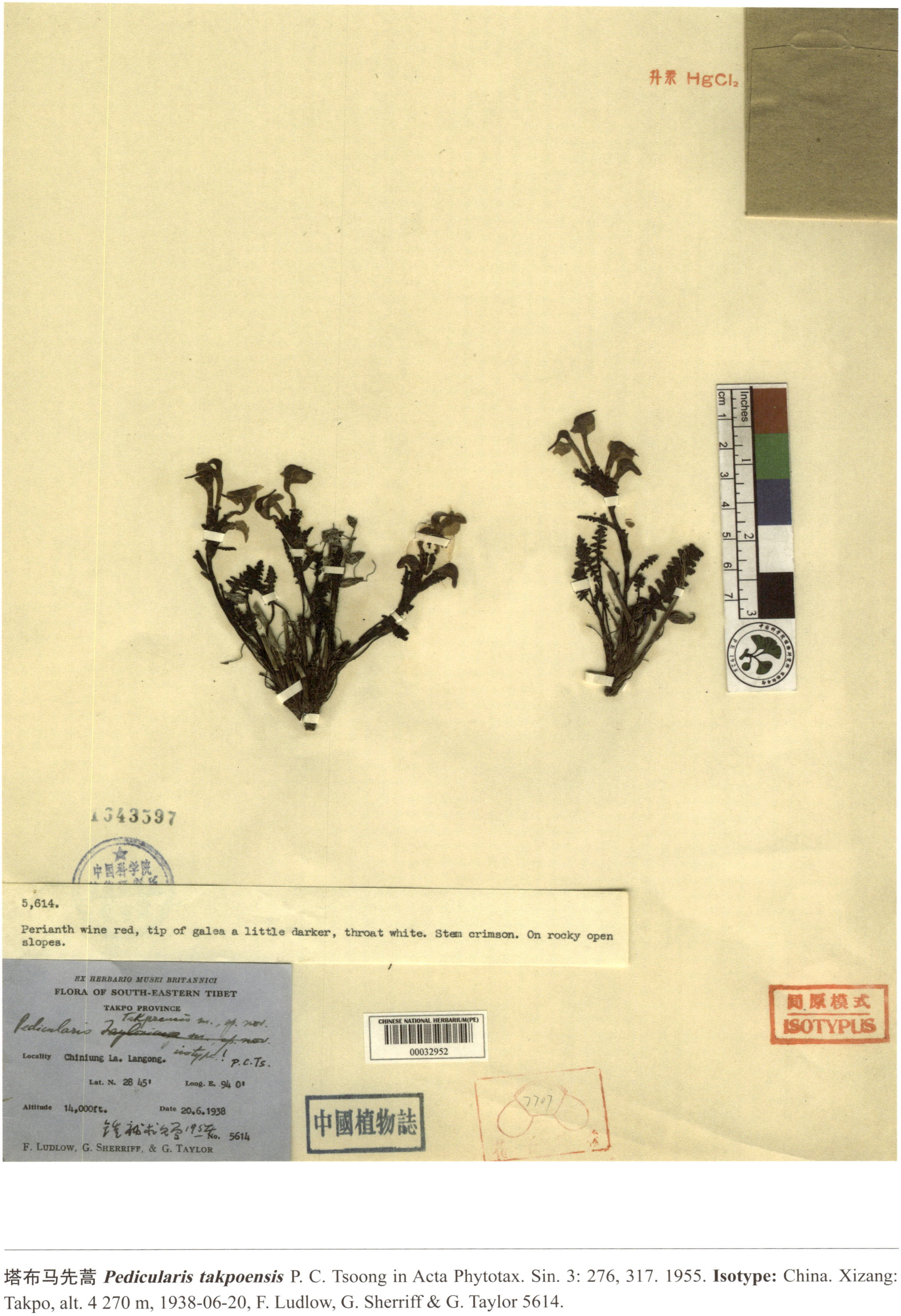

塔布马先蒿 ***Pedicularis takpoensis*** P. C. Tsoong in Acta Phytotax. Sin. 3: 276, 317. 1955. **Isotype:** China. Xizang: Takpo, alt. 4 270 m, 1938-06-20, F. Ludlow, G. Sherriff & G. Taylor 5614.

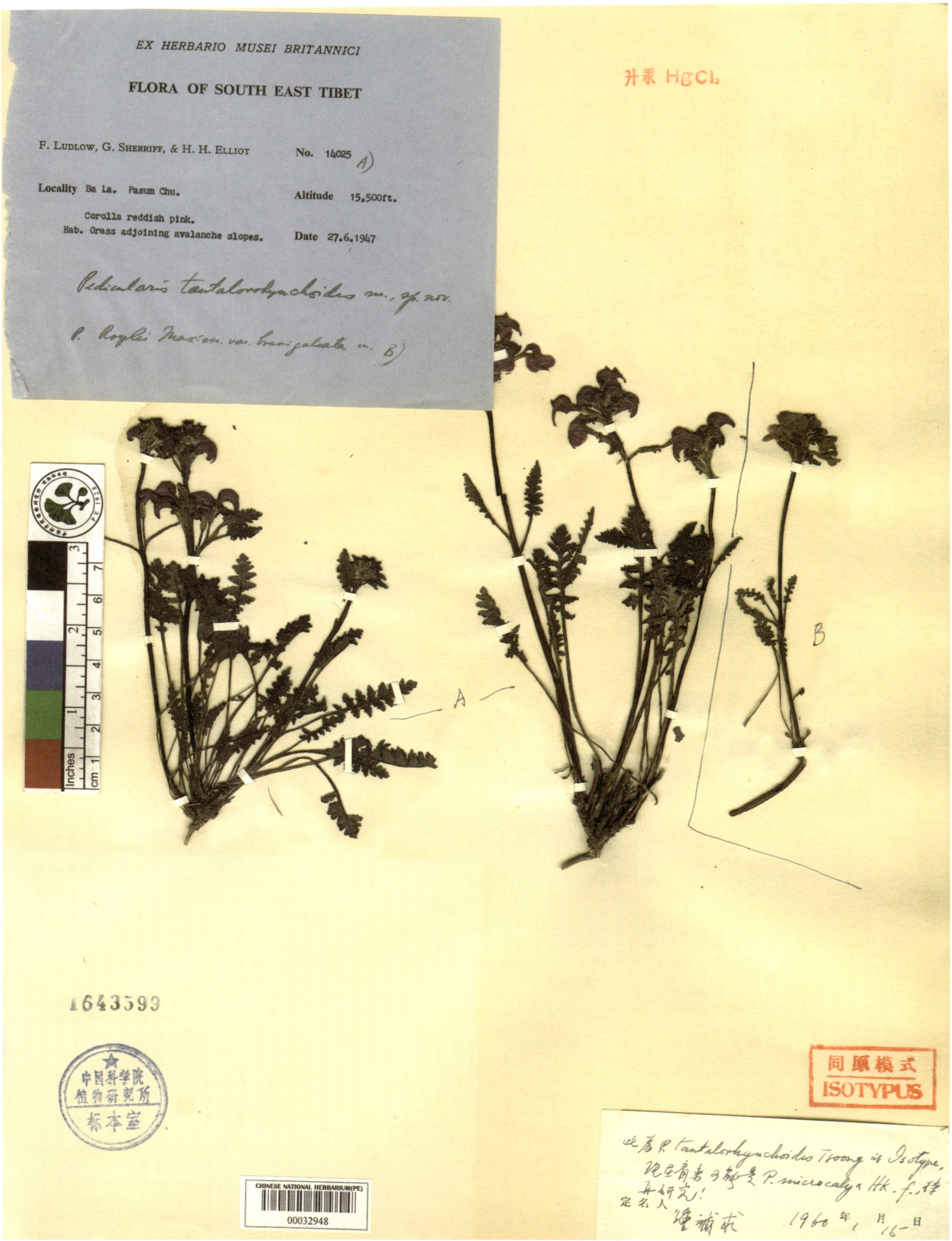

巴拉马先蒿 ***Pedicularis tantalorhynchoides*** P. C. Tsoong in Acta Phytotax. Sin. 3: 285, 322. 1955. **Isotype:** China. Xizang: Kongbo, Ba La, Passum Chu, alt. 4 728 m, 1947-06-27, F. Ludlow, G. Sherriff & H. H. Elliot 14025.

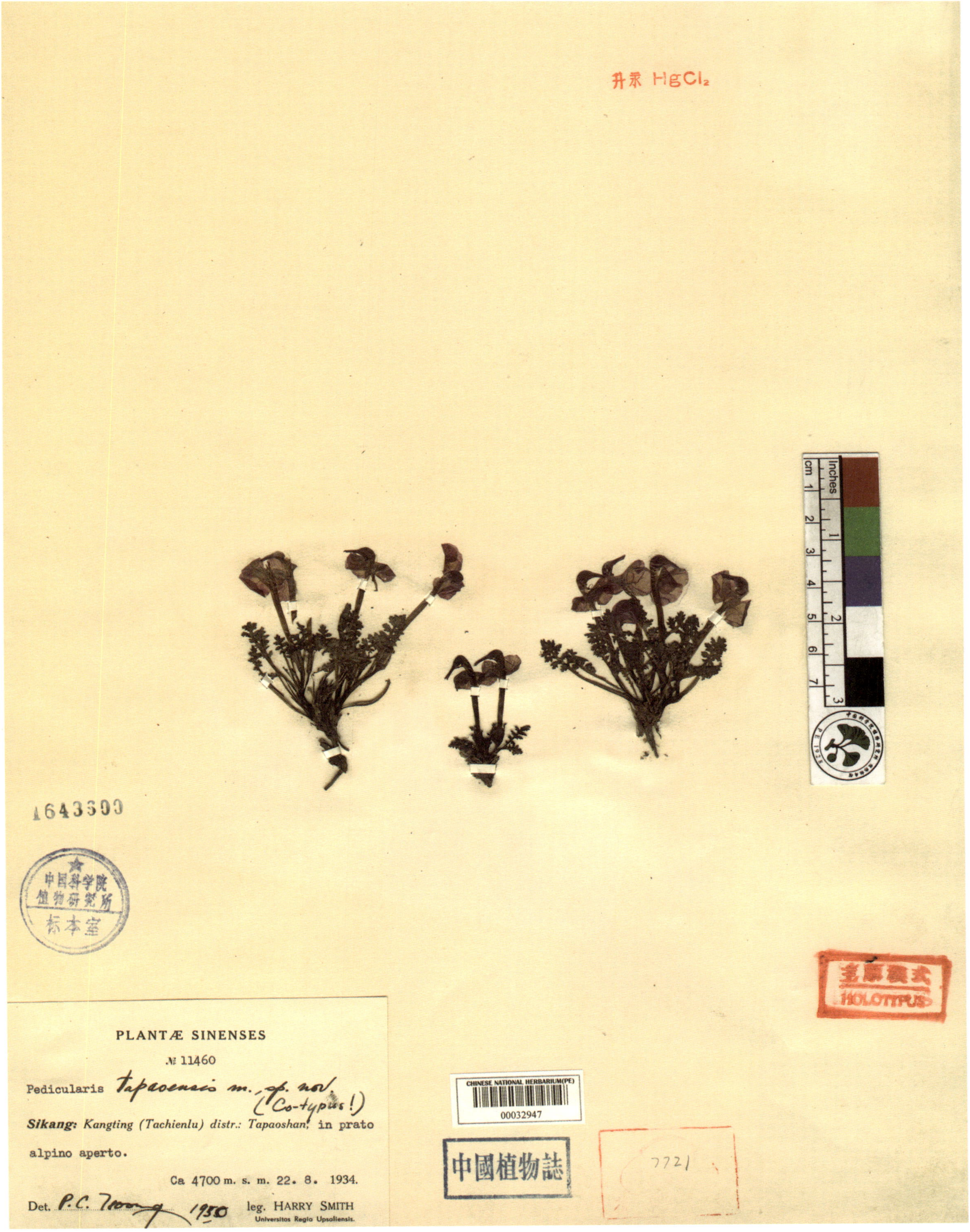

大炮马先蒿 ***Pedicularis tapaoensis*** P. C. Tsoong, Fl. Reip. Pop. Sin. 68: 328, 417, pl. 74: 4-6. 1963. **Holotype:** China. Sichuan: Kangding, alt. 4 700 m, 1934-08-22, H. Smith 11460.

朝鲜马先蒿 ***Pedicularis taquetii*** P. C. Tsoong in Roy. Bot. Gard. Kew Bull. 3: 447. 1954. **Isotype:** Korea. Quelpaert, alt. 1 700 m, 1908-09-07, Tacquet 1168.

塔氏马先蒿 ***Pedicularis tatarinowii*** Maxim. in Bull. Acad. Imp. Sci. St.-Pétersbourg 24: 60. 1877. **Isotype:** China. Hebei: N Hebei, Precise locality not known, Tatarinow. s. n.

泰氏马先蒿 ***Pedicularis tayloriana*** P. C. Tsoong in Acta Phytotax. Sin. 3: 283, 322. 1955. **Isotype:** China. Xizang: Kongbo, Langong, alt. 4 118 m, 1938-06-16, F. Ludlow, G. Sherriff & G. Taylor 5578.

宿叶马先蒿 ***Pedicularis tenacifolia*** P. C. Tsoong, Fl. Reip. Pop. Sin. 68: 311, 416, pl. 70: 5-7. 1963. **Holotype:** China. Xizang: Qamdo, Langong, alt. 4 423 m, 1938-06-04, F. Ludlow & G. Sherriff 3959.

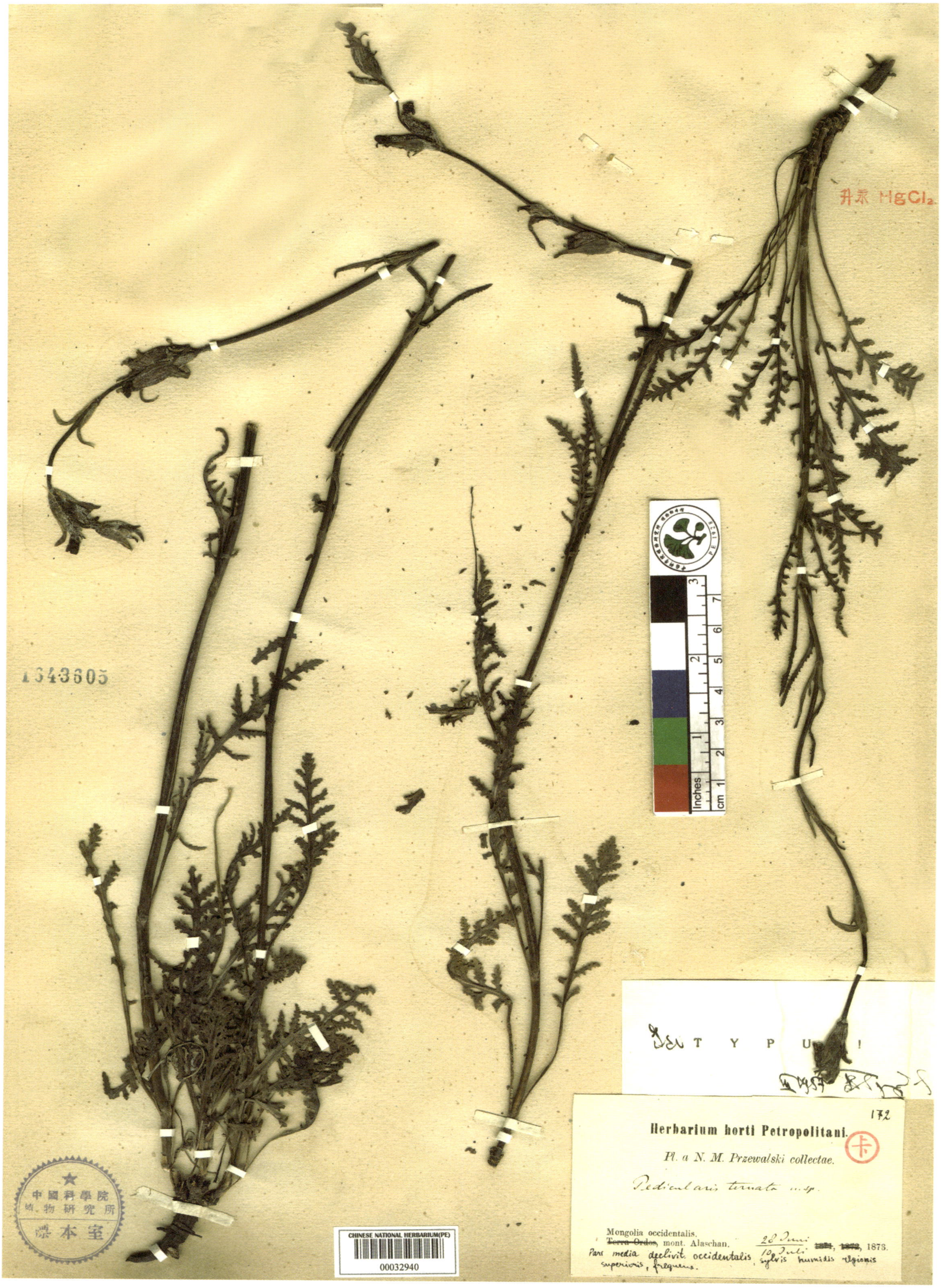

三叶马先蒿 ***Pedicularis ternata*** Maxim. in Bull. Acad. Imp. Sci. St.-Pétersbourg. 24: 64. 1877. **Isotype:** China. Nei Mongol: Alxa Meng, 1873-06-(10~28), N. M. Przewalski s. n.

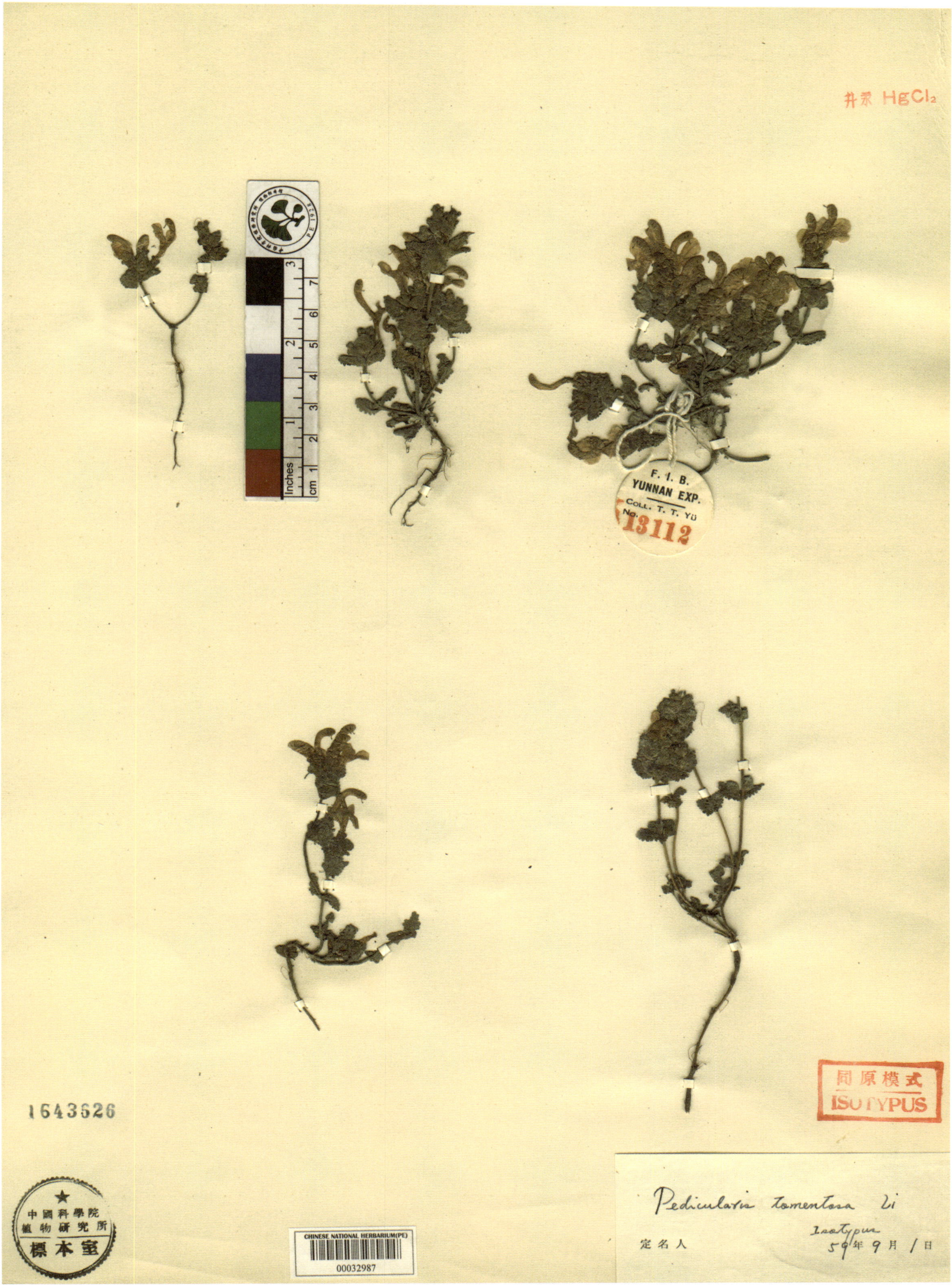

绒毛马先蒿 ***Pedicularis tomentosa*** H. L. Li in Proc. Acad. Nat. Sci. Philadelphia. 100: 357, f. 74. 1948. **Isotype:** China. Yunnan: NW Yunnan, Precise locality not known, T. T. Yu 13112.

三角齿马先蒿 ***Pedicularis triangularidens*** P. C. Tsoong, Fl. Reip. Pop. Sin. 68: 182, 406. 1963. **Holotype:** China. Sichuan: Baoxing, alt. 3 300 m, 1933-07-01, T. H. Tu 4345.

三角齿马先蒿猫眼草亚种 ***Pedicularis triangularidens*** P. C. Tsoong subsp. ***chrysosplenioides*** P. C. Tsoong, Fl. Reip. Pop. Sin. 68: 184, 407. 1963. **Holotype:** China. Sichuan: NW Sichuan, Tsipu La, Precise locality not known, alt. 3 600 m, 1922-08-02, H. Smith 4161.

三角齿马先蒿三角齿亚种狭裂变种 ***Pedicularis triangularidens*** P. C. Tsoong subsp. ***triangularidens*** P. C. Tsoong var. ***angustiloba*** P. C. Tsoong, Fl. Reip. Pop. Sin. 68: 184, 407, pl. 39: 7-8. 1963. **Holotype:** China. Sichuan: Dajin (= Jinchuan), alt. 2 750 m, 1958-07-09, Eighth Forest Survey 4152.

须毛马先蒿 ***Pedicularis trichomata*** H. L. Li in Proc. Acad. Nat. Sci. Philadelphia 101: 70, f. 135. 1949. **Isotype:** China. Yunnan: NW Yunnan, Precise locality not known, T. T. Yu 6437.

三色马先蒿等凹变种 ***Pedicularis tricolor*** Hand.-Mazz. var. ***aequiretusa*** P. C. Tsoong, Fl. Reip. Pop. Sin. 68: 362, 419, pl. 82: 8. 1963. **Holotype:** China. Sichuan: Daocheng, alt. 3 400 m, 1937-08-28, T. T. Yu 12947.

蔡氏马先蒿 ***Pedicularis tsaii*** H. L. Li in Proc. Acad. Nat. Sci. Philadelphia. 100: 299, f. 31. 1948. **Isotype:** China. Yunnan: Bijiang, alt. 4 000 m, 1934-08-28, H. T. Tsai 58287.

伞花马先蒿 ***Pedicularis umbelliformis*** H. L. Li in Proc. Acad. Nat. Sci. Philadelphia. 101: 100, f. 157. 1949.
Isotype: China. Yunnan: Zhongdian(=Shangri-La), alt. 3 440 m, 1937-06-24, T. T. Yu 11746.

坛萼马先蒿 ***Pedicularis urceolata*** P. C. Tsoong, Fl. Reip. Pop. Sin. 68: 266, 414, pl. 60: 4-5. 1963. **Holotype:** China. Sichuan: Kangding, alt. 3 800 m, 1934-07-22, H. Smith 10699.

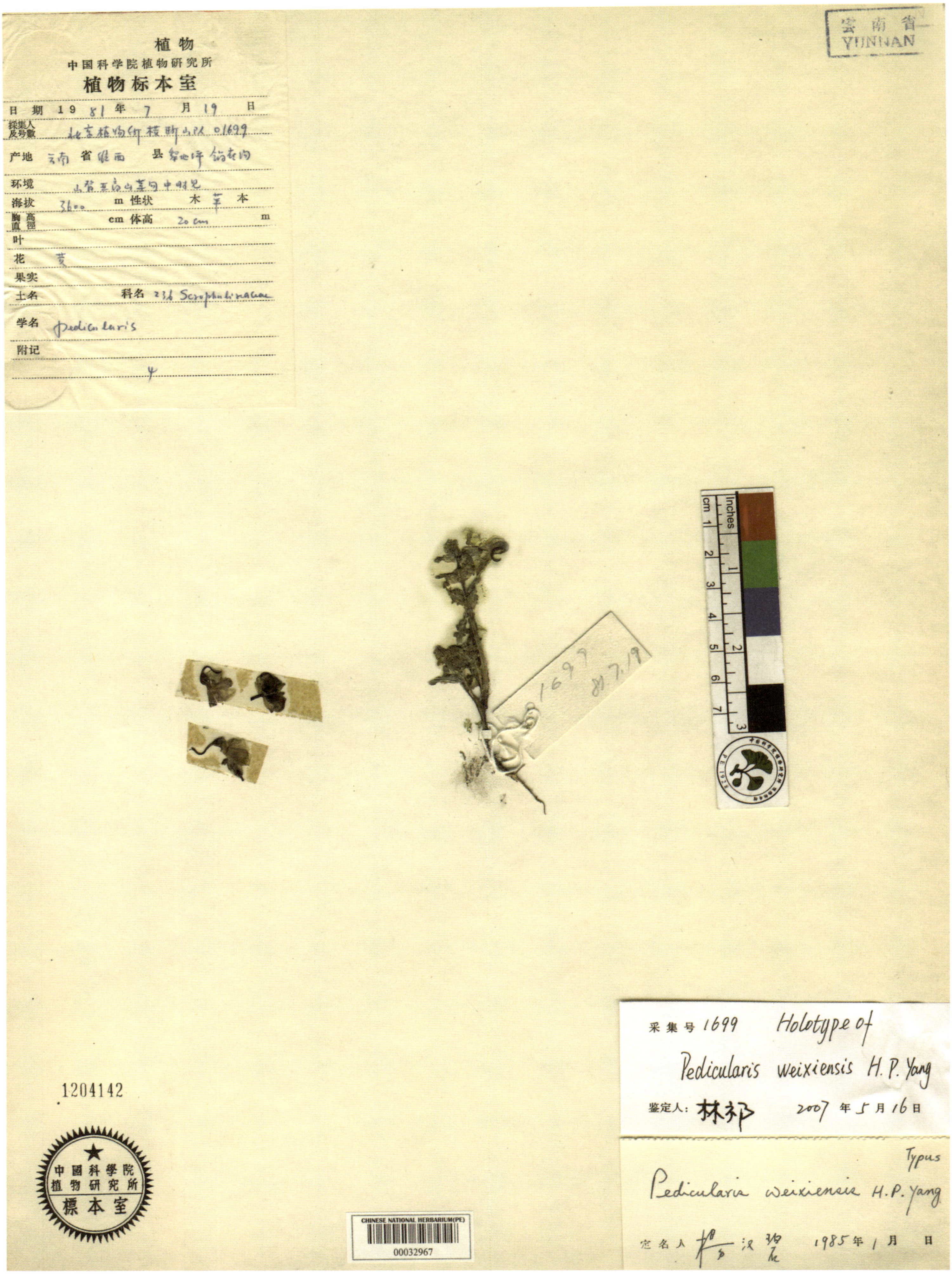

维西马先蒿 ***Pedicularis weixiensis*** H. P. Yang in Acta Phytotax. Sin. 28(2): 139, f. 2: 4-6. 1990. **Holotype:** China. Yunnan: Weixi, alt. 3 600 m, 1981-07-19, Hengduanshan Exped. 1699.

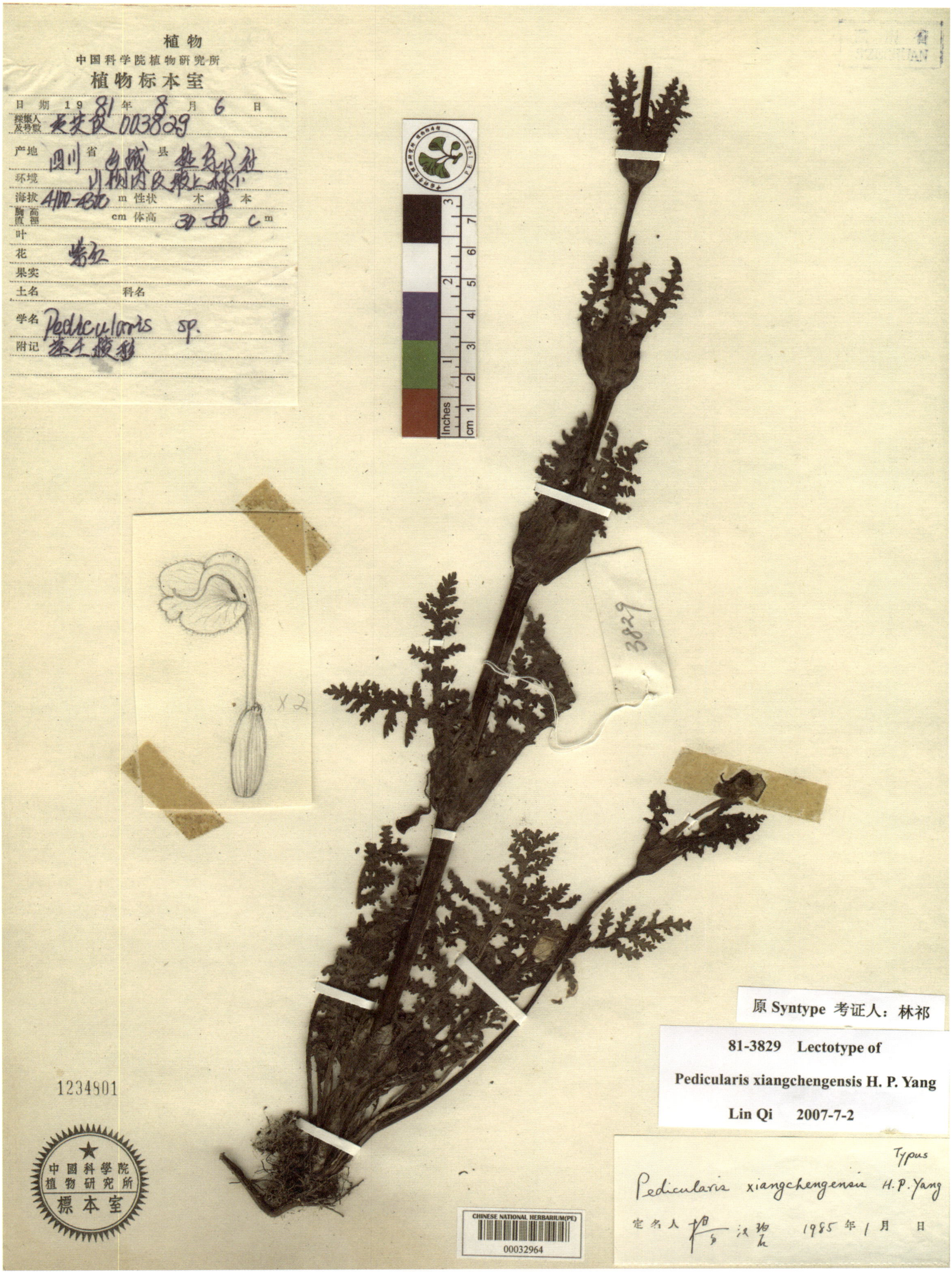

乡城马先蒿 ***Pedicularis xiangchengensis*** H. P. Yang in Acta Phytotax. Sin. 28: 137, f. 3: 3. 1990. **Lectotype** (designated by S. Q. Bi & al. in Acta Bot. Boreal.-Occident. Sin. 28: 391. 2008.): China. Sichuan: Xiangcheng, alt. 4 100~4 300 m, 1981-08-06, Qinghai-Xizang Exped. 81-3829.

木质根马先蒿 ***Pedicularis xylopoda*** P. C. Tsoong in Acta Phytotax. Sin. 3: 293, 324. 1955. **Isotype:** Bhutan. Pangotang, Tsampa, alt. 4 270~4 575 m, 1949-09-13, F. Ludlow, G. Sherriff & Hicks 19741.

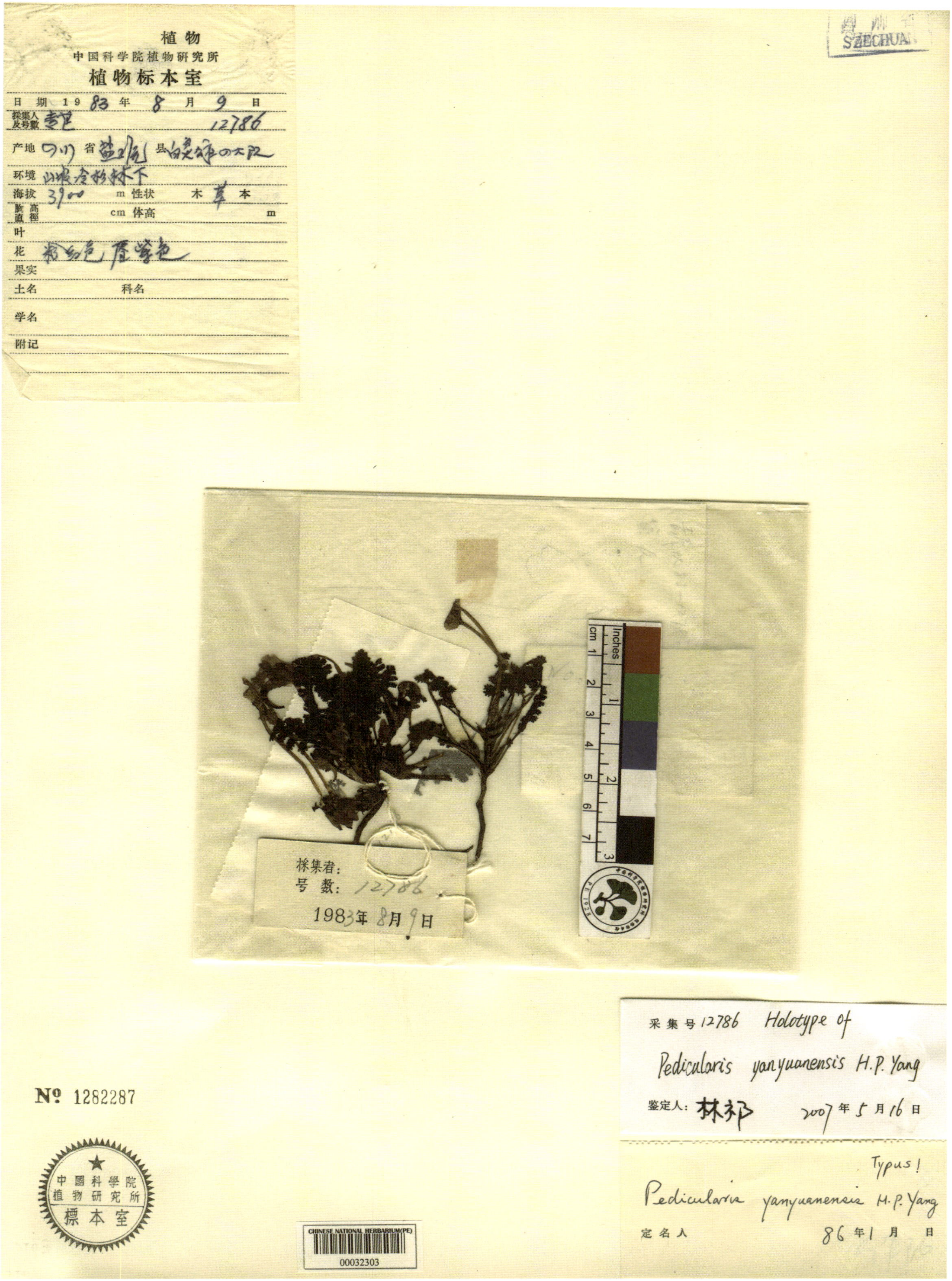

盐源马先蒿 ***Pedicularis yanyuanensis*** H. P. Yang in Acta Phytotax. Sin. 27(3): 224, f. 1: 4-6. 1989. **Holotype:** China. Sichuan: Yanyuan, alt. 3 900 m, 1983-08-09, Qinghai-Xizang Exped. 12786.

虾夷马先蒿 ***Pedicularis yezaenlis*** Maxim. in Bull. Acad. Imp. Sci. St.-Pétersbourg. 24: 69. 1877. **Isotype:** Japan. Hakodate, Yezo, 1861-09-??, C. J. Maxinowicz s. n.

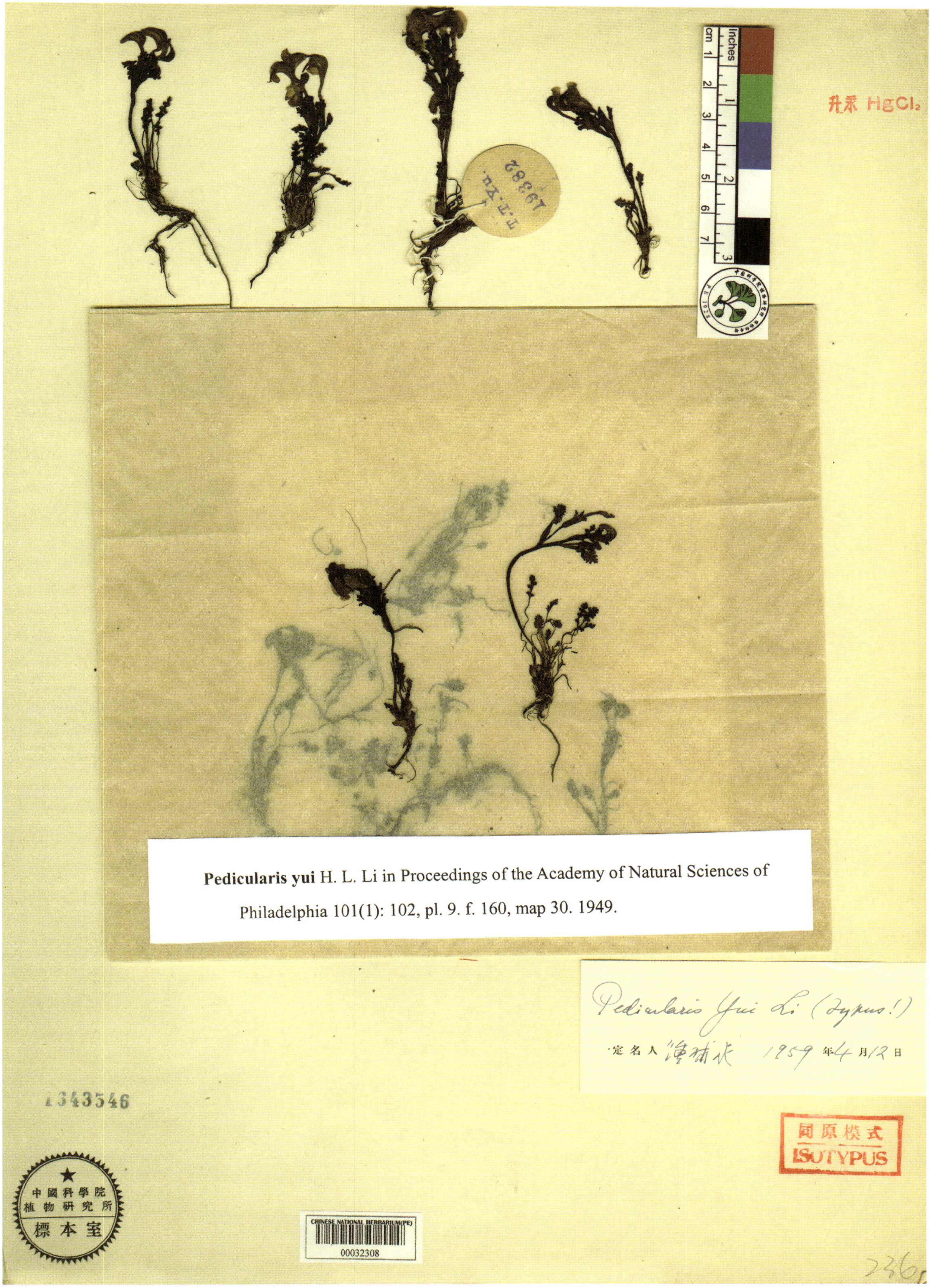

季川马先蒿 ***Pedicularis yui*** H. L. Li in Proc. Acad. Nat. Sci. Philadelphia 101: 102. 1949. **Isotype:** China. Yunnan: NE Yunnan, Precise locality not known, T. T. Yu 19382.

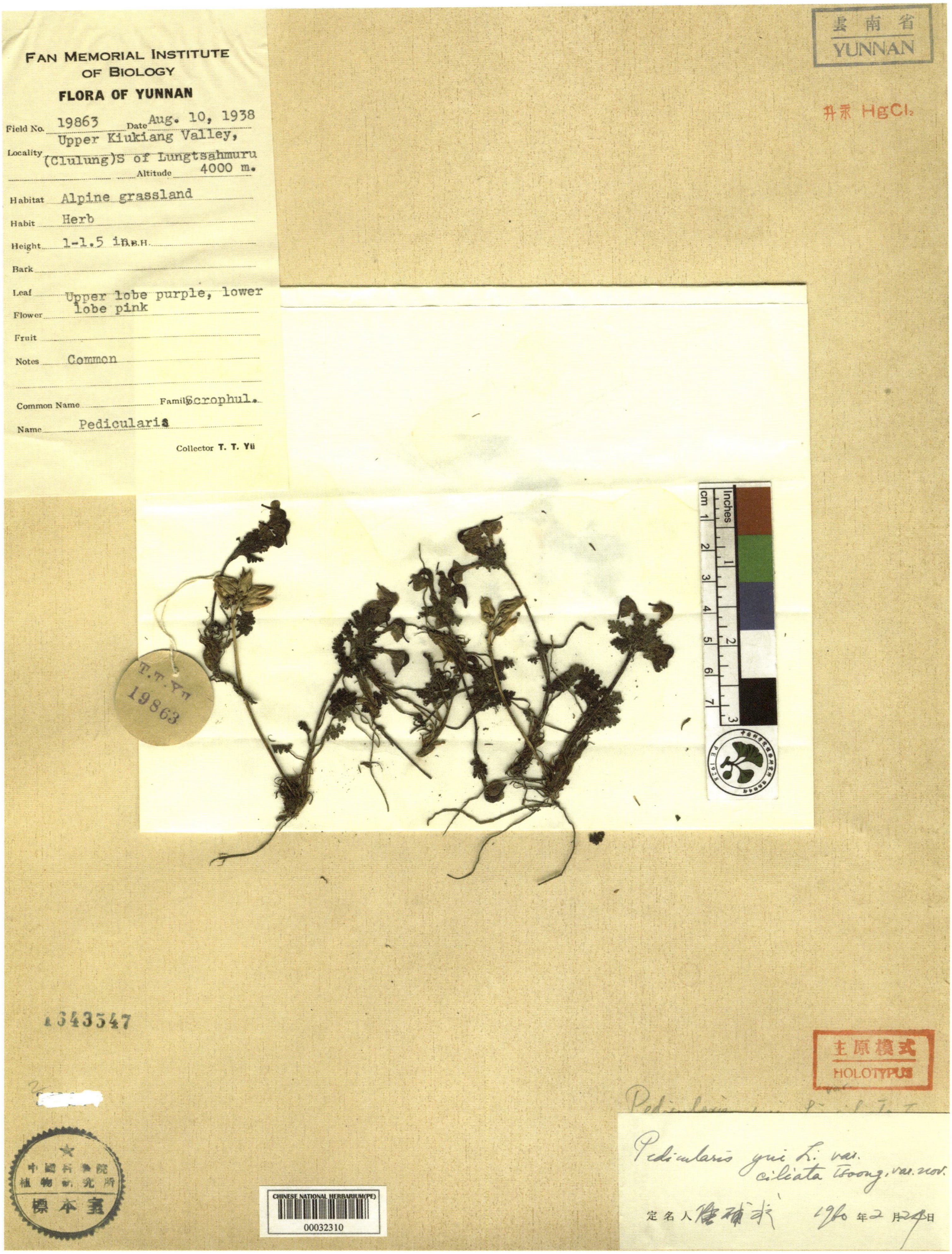

季川马先蒿缘毛变种 ***Pedicularis yui*** H. L. Li var. ***ciliata*** P. C. Tsoong, Fl. Reip. Pop. Sin. 68: 313, 417. 1963.**Holotype:** China. Yunnan: Gongshan, alt. 4 000 m, 1938-08-10, T. T. Yu 19863.

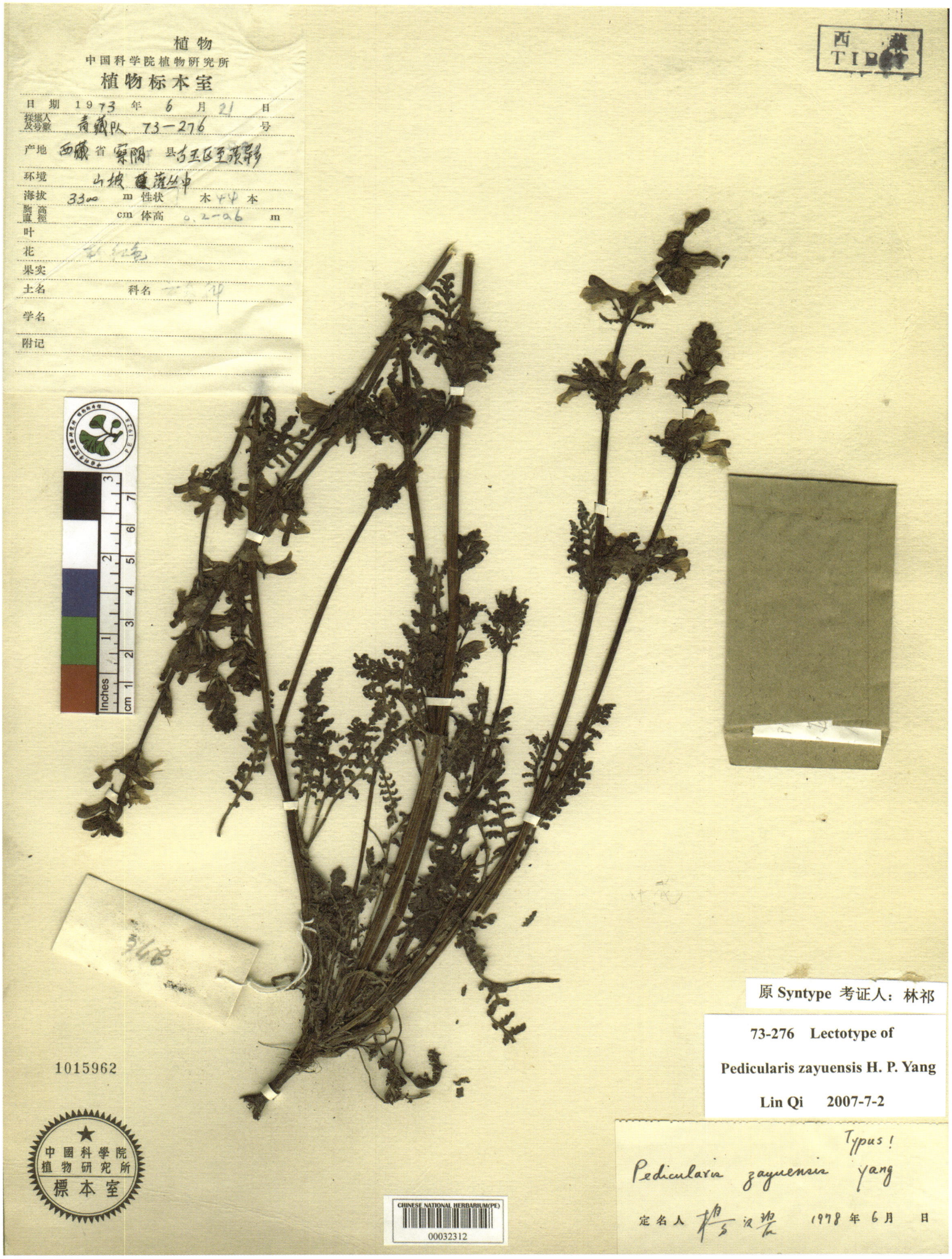

察隅马先蒿 ***Pedicularis zayuensis*** H. P. Yang in Acta Phytotax. Sin. 28(2): 240, f. 1. 1980. **Lectotype** (designated by S. Q. Bi & al. in Acta Bot. Boreal.-Occident. Sin. 28: 392. 2008.): China. Xizang: Zayü, alt. 3 300 m, 1973-06-21, Qinghai-Xizang Exped. 73-276.

中甸马先蒿 ***Pedicularis zhongdianensis*** H. B. Yang in Acta Bot. Yunnan. 6(3): 277. 1984. **Holotype:** China. Yunnan: Zhongdian(=Shangri-La), alt. 3 300 m, 1981-08-19, K. Y. Zhao 762.

圆茎翅茎草 ***Pterygiella cylindrica*** P. C. Tsoong, Fl. Reip. Pop. Sin. 68: 381, 419, pl. 89: 7. 1963. **Holotype:** China. Yunnan: Binchuan, 1946-10-14, T. N. Liou 21509.

川滇翅茎木 ***Pterygiella suffruticosa*** D. Y. Hong in Novon 6: 372, f. 1. 1996. **Holotype:** China. Sichuan: Muli, alt. 2 000 m, 1983-09-25, Qinghai-Xizang Exped. 14400.

茄叶地黄 ***Rehmannia solanifolia*** P. C. Tsoong & T. L. Chin, Fl. Reip. Pop. Sin. 67(2): 216, 401, pl. 27: 1-3. 1979. **Holotype:** China. Chongqing: Chengkou, alt. 1 350 m, 1958-04-25, T. L. Dai 100231.

细穗玄参 ***Scrofella chinensis*** Maxim. in Bull. Acad. Imp. Sci. St.-Pétersbourg 32: 511. 1888. **Isotype:** China. Sichuan: NW Sichuan, Precise locality not known, 1885-07-24, G. N. Potanin s. n.

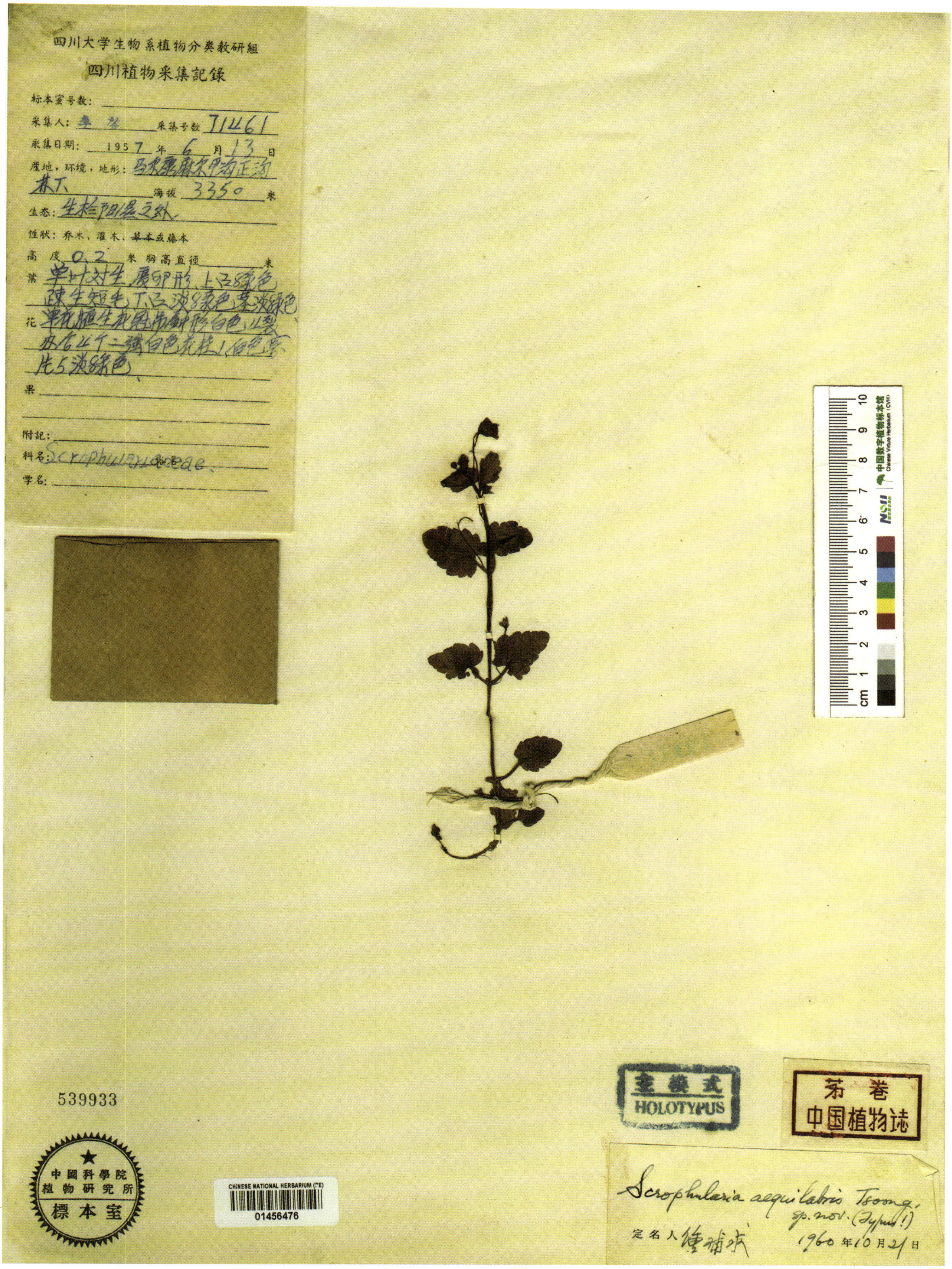

等唇玄参 ***Scrophularia aequilabris*** P. C. Tsoong, Fl. Reip. Pop. Sin. 67(2): 59, 394. 1979. **Holotype:** China. Sichuan: Barkam, alt. 3350 m, 1957-06-13, H. Li 71461.

北玄参秦岭变种 ***Scrophularia buergeriana*** Miq. var. ***tsinglingensis*** P. C. Tsoong, Fl. Reip. Pop. Sin. 67(2): 72, 395. 1979. **Holotype:** China. Shaanxi: Taibai, alt. 1 460 m, 1958-07-23, Tuji Exped. 3-0322.

毛果短冠草 ***Sopubia lasiocarpa*** P. C. Tsoong, Fl. Reip. Pop. Sin. 67(2): 354, 405, pl. 44: 1-4. 1979. **Holotype:** China. Hunan: Yizhang, alt. 340 m, 1942-09-10, P. H. Liang 83323.

二花蝴蝶草 ***Torenia biniflora*** T. L. Chin & D. Y. Hong, Fl. Reip. Pop. Sin. 67(2): 154, 399, f. 43. 1979. **Holotype:** China. Guangdong: Huaiji, alt. 500 m, 1958-10-26, Y. G. Liu 2683.

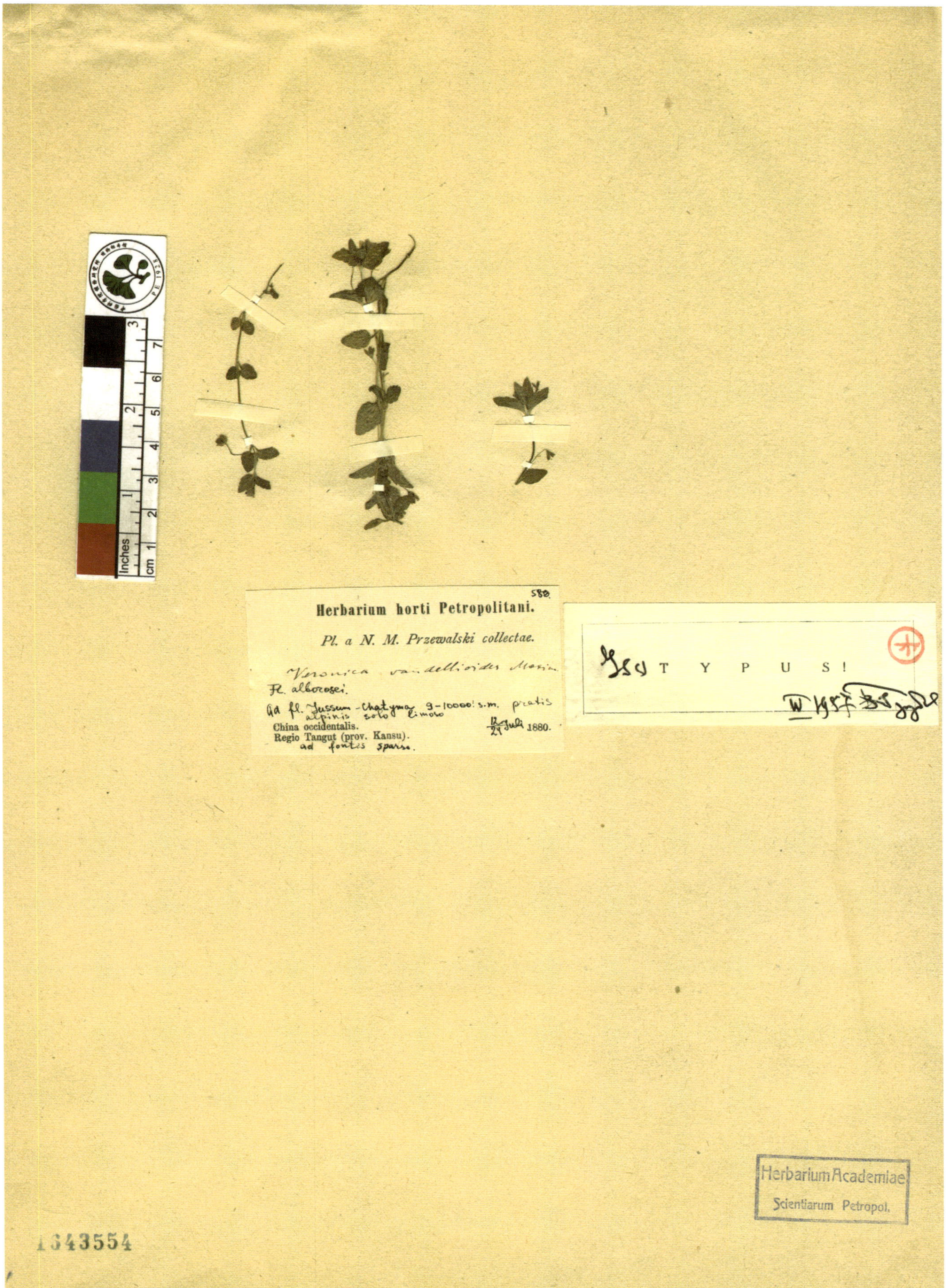

唐古拉婆婆纳 ***Veronica vandellioides*** Maxim. in Bull. Acad. Imp. Sci. St.-Pétersbourg. 32: 514. 1888. **Isotype:** China. Qinghai: Terra Tangutorum (=Qilianshan), alt. 2 745~3 050 m, 1880-07-(12~27), N. M. Przewalski s. n.

马松蒿 ***Xizangia serrata*** D. Y. Hong in Acta Phytotax. Sin. 24(2): 141, f. 1. 1986. **Holotype:** China. Xizang: Bomi, alt. 3 100~3 400 m, 1983-08-17, B. S. Li & al. 6601.

Index to Scientific Names / 拉丁学名索引

A

Absolmsia oligophylla, 58
Adenosma retusilobum, 424
Aganosma radiatum, 36
Ajuga campylanthoides var. *subacaulis*, 196
Ajuga ciliata var. *chanetii* f. *pauciflora*, 197
Ajuga ciliata var. *hirta*, 198
Ajuga ciliata var. *ovatisepala*, 199
Ajuga lanosa, 200
Ajuga lupulina f. *breviflora*, 201
Ajuga lupulina f. *humilis*, 202
Ajuga multiflora var. *brevispicata*, 203
Ajuga pantantha, 204
Alyxia acutifolia, 37
Alyxia euonymifolia, 38
Alyxia funingensis, 39
Alyxia hainanensis, 40
Alyxia jasminea, 41
Alyxia menglungensis, 42
Ambulia trichophylla, 425
Ancistrocarya japonica, 108
Anisodus acutangulus, 388
Anisodus tanguticus var. *viridulus*, 389
Anodendron affine var. *pingpienense*, 43
Apocynaceae, 35
Archiphysalis kwangsiensis, 390
Argyreia cheliensis, 92
Argyreia eriocephala, 93
Argyreia lineariloba, 94
Arnebia fimbriata, 109
Asclepiadaceae, 57

B

Beaumontia yunnanensis, 44
Belostemma yunnanense, 59
Biondia insignis, 60
Biondia longipes, 61
Blinkworthia discostigma, 95
Boraginaceae, 107

C

Callicarpa acutifolia, 182
Callicarpa brevipes var. *dentosa*, 183
Callicarpa membranacea, 184
Callicarpa pilosissima, 185
Callicarpa salicifolia, 186
Cardioteuris cordifolia, 205
Carissa yunnanensis, 45
Caryopteris parvifolia, 187
Caryopteris tangutica var. *brachyodonta*, 188
Ceropegia tsaiana, 62
Chingyungia scutellarioidea, 426
Clinopodium confine, 206
Clinopodium megalanthum var. *lancifolium*, 207
Clinopodium omeiense, 208
Comanthosphace ningpoensis var. *stellipiloides*, 209
Comastoma disepalum, 2
Convolvulaceae, 91
Cymbaria linearifolia, 427
Cynanchum hydrophilum, 63
Cynoctonum formosanum, 64

D

Dracocephalum bipinnatum var. *biflorum*, 210
Dracocephalum imbricatum, 211
Dracocephalum microflorum, 212
Dracocephalum palmatoides, 213
Dracocephalum tanguticum var. *cinereum*, 214
Dracocephalum tanguticum var. *nanum*, 215
Dracocephalum truncatum, 216
Dysophylla szemacensis, 217

E

Ehertia latvis var. *platyphylla*, 110

Elsholtzia ciliata var. *brevipes*, 218
Elsholtzia ciliata var. *depauperata*, 219
Elsholtzia ciliata var. duplicatocrenata, 220
Elsholtzia eriocalyx, 221
Elsholtzia eriocalyx, 222
Elsholtzia feddei f. *heterophylla*, 223
Elsholtzia feddei f. *remotibracteata*, 224
Elsholtzia feddei f. *robusta*, 225
Elsholtzia fruticosa f. *inclusa*, 228
Elsholtzia fruticosa var. *fruticosa* f. *leptostachya*, 227
Elsholtzia fruticosa var. *glabrifolia*, 226
Elsholtzia fruticosa var. *parvifolia*, 229
Elsholtzia glabra, 230
Elsholtzia lamprophylla, 231
Elsholtzia splendens, 232
Embadium johnstonii, 111
Epigynum chinense, 46
Eritrichium acicularum, 112
Eritrichium axillare, 113
Eritrichium deqinense, 114
Eritrichium difforme, 115
Eritrichium gracile, 116
Eritrichium hemisphaericum, 117
Eritrichium lasiocarpum, 118
Eritrichium medicarpum, 119
Eritrichium pendulifructum, 120
Eritrichium petiolare, 121
Eritrichium petiolare var. subturbinatum, 122
Eritrichium petiolare var. villosum, 123
Eritrichium qofengense, 124
Eritrichium serxuense, 125
Eritrichium tangkulaense, 126
Erycibe integripetala, 96
Erycibe myriantha, 97
Erycibe oligantha, 98

G

Galeobdolon biondiana var. *angustituba*, 233
Galeobdolon chinense var. *subglabrum*, 234
Gentiana altorum, 3
Gentiana arenaria, 4
Gentiana asparagoides, 5
Gentiana bella, 6
Gentiana complexa, 7
Gentiana daochengensis, 8
Gentiana flexicaulis, 9
Gentiana globosa, 10
Gentiana hexaphylla, 11
Gentiana hirsuta, 12
Gentiana ninglangensis, 13
Gentiana otophora, 14
Gentiana panthaica, 15
Gentiana piasezkii, 16
Gentiana producta, 17
Gentiana pubiflora, 18
Gentiana qiujiangensis, 19
Gentiana sarcorrhiza, 20
Gentiana scytophylla, 21
Gentiana straminea, 22
Gentiana striata, 23
Gentiana subintricata, 24
Gentiana tenuicaulis, 25
Gentiana tsarongensis, 26
Gentiana uchiyamai, 27
Gentiana yiliangensis, 28
Gentianaceae, 1
Gentianopsis barbata var. *sinensis*, 29
Gentianopsis nana, 30
Glechoma biondiana var. *glabrescens*, 235
Glechoma sino-grandis, 236
Glochisocaryum kansuense, 127
Gomphostamma arbusculum, 237
Gomphostemma deltodon, 238
Gomphostemma hainanense, 239
Gomphostemma latifolium, 240
Gomphostemma pseudo-crinitum, 241
Gomphostemma stellato-hirsutum, 242
Gomphostemma sulcatum, 243
Gymnema yunnanense, 65

H

Hanceola exserta, 244
Hanceola tuberifera, 245
Heterostemma renchangii, 66
Heterostemma tsoongii, 67

Hoya fungii, 68
Hoya pandurata, 69
Huthamnus sinicus, 70
Hyoscyamus leptocalyx, 391

K
Keiskea australis, 246
Keiskea glandulosa, 247
Kinostemon ornatum f. *falcatum*, 248
Kinostemon ornatum f. *subintegrifolium*, 249

L
Labiatae (Lamiaceae), 195
Lagochilus altaicus, 250
Lagochilus brachyacanthus, 251
Lagochilus chingii, 252
Lagochilus grandiflorus, 253
Lagochilus iliensis, 254
Lagochilus lanatonodus, 255
Lagochilus obliquus, 256
Lamium barbatum var. *hirsutum*, 257
Lamium barbatum var. *rigidum*, 258
Lamium maculatum var. *kansuense*, 259
Lappula anocarpa, 128
Lappula caespitosa, 129
Lappula himalayensis, 130
Lappula platycantha, 131
Lappula scleroptera, 132
Leonurus mongolicus, 260
Leonurus wutaishanicus, 261
Lepechiniella lasiocarpa, 133
Lepistemon decurrens, 99
Lindernia cyrtotricha, 428
Lindernia delicatula, 429
Lindernia dictyophora, 430
Lindernia jiuhuanica, 431
Lindernia kiangsiensis, 432
Lindernia macrobotrys, 433
Lindernia megaphylla, 434
Lindernia stricta, 435
Lindernia yaoshanensis, 436
Lomatogoniopsis galeiformis, 31
Loxocalyx quinquenervius, 262
Lycianthes lysimachioides var. *cordifolia*, 392
Lycianthes lysimachioides var. *purpuriflora*, 393
Lycianthes lysimachioides var. *rotundifolia*, 394
Lycianthes subtruncata var. *paucicarpa*, 395
Lycium barbarum var. *auranticarpum*, 396
Lycium barbarum var. *implicatum*, 397
Lycium dasystemum var. *rubricaulium*, 398
Lycium parvifolium, 399
Lycium potaninii, 400
Lycium qingshuiheense, 401
Lycium truncatum, 402
Lycium yunnanense, 403

M
Marsdenia alata, 71
Marsdenia carnea, 72
Marsdenia medogensis, 73
Marsdenia oreophila, 74
Marsdenia tsaiana, 75
Marsdenia yaungpiensis, 76
Melissa yunnanensis, 263
Melodinus axillaris, 47
Melodinus yunnanensis, 48
Mertensia ochroleuca, 134
Metaeritrichium microuloides, 135
Micrechites formicina, 49
Micrechites lachnocarpa, 50
Micrechites malipoensis, 51
Microtoena delavayi var. *amblyodon*, 264
Microtoena longisepala, 265
Microtoena megacalyx, 266
Microtoena omeiensis, 267
Microtoena stenocalyx, 268
Microtoena tenuiflora, 269
Microtoena urticifolia var. *brevipedunculata*, 270
Microtoena vanchingshanensis, 271
Microula efoveolata, 136
Microula floribunda, 137
Microula hispidissima, 138
Microula involcriformis, 139
Microula jilongensis, 140

Microula leiocarpa, 141
Microula longipes, 142
Microula longituba, 143
Microula muliensis, 144
Microula oblongifolia var. *glabrescens*, 145
Microula ovalifolia var. *pubiflora*, 146
Microula polygonoides, 147
Microula pseudotrichocarpa, 148
Microula pseudotrichocarpa var. *grandiflora*, 149
Microula pustulosa var. *setulosa*, 150
Microula spathulata, 151
Microula stenophylla, 152
Microula trichocarpa var. *lasiantha*, 153
Microula trichocarpa var. *macrantha*, 154
Microula turbinata, 155
Mimulicalyx paludigenus, 438
Mimulicalyx rosulatus, 437
Mimulus szechuanensis, 439
Mosla formosana, 272
Mosla grosseserrata, 273

N
Nepeta angustifolia, 274
Nepeta atroviridis, 275
Nepeta sungpanensis, 276
Nepeta sungpanensis var. *angustidentata*, 277
Nepeta virgata, 278
Notochaete longiaristata, 279

O
Omphalodes blepharolepis, 156
Omphalodes diffusa, *157*
Omphalodes trichocarpa, *158*
Onosma glomeratum, 159
Onosma nangqenense, 160
Onosma potaninii, 161
Onosma waddellii, 162
Onosma xiangchengense, 163
Orthodon longibracteatus, 280
Orthodon longispicus, 281
Orthosiphon wulfenioides var. *foliosus*, 282

P
Panzeria alaschanica, 283
Panzeria alaschanica var. *minor*, 284
Panzeria kansuensis, 285
Panzeria parviflora, 286
Paraphlomis albo-tomentosa, 287
Paraphlomis intermedia, 288
Paraphlomis lanceolata var. *sessilifolia*, 289
Paraphlomis shunchangensis, 290
Paravallaris yunnanensis, 52
Parepigynum funingense, 53
Pedicularis alopecuros var. *lasiandra*, 440
Pedicularis altifrontalis, 441
Pedicularis amplituba, 442
Pedicularis anas, 443
Pedicularis angularis, 444
Pedicularis angustiloba, 445
Pedicularis anomala, 446
Pedicularis armata, 447
Pedicularis artselareri, 448
Pedicularis bomiensis, 449
Pedicularis chenocephala, 450
Pedicularis confluens, 451
Pedicularis corymbifera, 452
Pedicularis cranolopha, 453
Pedicularis craspedotricha, 454
Pedicularis cristatella, 455
Pedicularis cryptantha subsp. *erecta*, 456
*Pedicularis cyclorhynch*a, 457
Pedicularis davidii var. *pentodon*, 458
Pedicularis davidii var. *platyodon*, 459
Pedicularis debilis subsp. debilior, 460
Pedicularis deqinensis, 461
Pedicularis diffusa subsp. *elatior*, 462
Pedicularis dissectifolia, 463
Pedicularis dolichoglossa, 464
Pedicularis dulongensis, 465
Pedicularis fengii, 466
Pedicularis filiculiformis var. *dolichorhyncha*, 467
Pedicularis fletcherii, 468
Pedicularis fragarioides, 469
Pedicularis geosiphon, 470
Pedicularis glabrescens, 471

Pedicularis gongshanensis, 472
Pedicularis gracilicaulis, 473
Pedicularis gracilituba var. *setosa*, 474
Pedicularis gyirongensis, 475
Pedicularis habachanensis subsp. *multipinnata*, 476
Pedicularis hicksii, 477
Pedicularis honanensis, 478
Pedicularis imbricata, 479
Pedicularis inaequilobata, 480
Pedicularis infirma, 481
Pedicularis kangtingensis, 482
Pedicularis kansuensis, 483
Pedicularis kiangsiensis, 484
Pedicularis kongboensis, 485
Pedicularis lanpingensis, 486
Pedicularis lasiophrys var. *sinica*, 488
Pedicularis laslophrys, 487
Pedicularis latirostris, 489
Pedicularis laxispica, 490
Pedicularis likiangensis subsp. *pulchra*, 491
Pedicularis longicalyx, 492
Pedicularis longipedicellata, 493
Pedicularis longipes, 494
Pedicularis longistipitata, 495
Pedicularis ludlowii, 496
Pedicularis metaszetschuanica, 497
Pedicularis minutilabris, 498
Pedicularis moschata, 499
Pedicularis mucronulata, 500
Pedicularis nanchuanensis, 501
Pedicularis neolatituba, 502
Pedicularis nyalamensis, 503
Pedicularis nyingchiensis, 504
Pedicularis obliquigaleata, 505
Pedicularis oxycarpa, 506
Pedicularis perpusilla, 507
Pedicularis petelotii, 508
Pedicularis pheulpini subsp. *chilienensis*, 509
Pedicularis pilostachya, 510
Pedicularis plicata, 511
Pedicularis poluninii, 512
Pedicularis porriginosa, 513
Pedicularis praealta, 514
Pedicularis pseudoregeliana, 515
Pedicularis pulchella, 516
Pedicularis pygmaea, 517
Pedicularis reptans, 518
Pedicularis retingensis, 519
Pedicularis rex subsp. *zayuensis*, 520
Pedicularis rhizomatosa, 521
Pedicularis rizhaoensis, 522
Pedicularis roborowskii, 523
Pedicularis roylei subsp. *megalantha*, 524
Pedicularis ruoergaiensis, 525
Pedicularis salviiflora var. *leiocarpa*, 526
Pedicularis semitorta, 527
Pedicularis shansiensis, 528
Pedicularis sherriffii, 529
Pedicularis siamensis, 530
Pedicularis sima, 531
Pedicularis sorbifolia, 532
Pedicularis sphaerantha, 533
Pedicularis spicata subsp. *bracteata*, 534
Pedicularis spicata subsp. *stenocarpa*, 535
Pedicularis stenocorys subsp. *melanotricha*, 536
Pedicularis stenocorys subsp. *stenocorys* var. *angustissima*, 537
Pedicularis stenotheca, 538
Pedicularis streptorhyncha, 539
Pedicularis stylosa, 540
Pedicularis szetschuanica subsp. *anastomosans*, 541
Pedicularis szetschuanica subsp. *latifolia*, 542
Pedicularis takpoensis, 543
Pedicularis tantalorhynchoides, 544
Pedicularis tapaoensis, 545
Pedicularis taquetii, 546
Pedicularis tatarinowii, 547
Pedicularis tayloriana, 548
Pedicularis tenacifolia, 549
Pedicularis ternata, 550
Pedicularis tomentosa, 551
Pedicularis triangularidens, 552
Pedicularis triangularidens subsp. *chrysosplenioides*, 553
Pedicularis triangularidens subsp. *triangularidens*

var. *angustiloba*, 554
Pedicularis trichomata, 555
Pedicularis tricolor var. *aequiretusa*, 556
Pedicularis tsaii, 557
Pedicularis umbelliformis, 558
Pedicularis urceolata, 559
Pedicularis weixiensis, 560
Pedicularis xiangchengensis, 561
Pedicularis xylopoda, 562
Pedicularis yanyuanensis, 563
Pedicularis yezaenlis, 564
Pedicularis yui, 565
Pedicularis yui var. *ciliata*, 566
Pedicularis zayuensis, 567
Pedicularis zhongdianensis, 568
Perilla frutescens var. *auriculato-dentata*, 291
Periploca calophylla var. *mucronata*, 77
Phlomis betonicoides f. *alba*, 293
Phlomis chinghoensis, 292
Phlomis congesta, 294
Phlomis cuneata, 295
Phlomis fimbriata, 296
Phlomis inaequalisepala, 297
Phlomis likiangensis, *298*
Phlomis longicalyx, 299
Phlomis megalantha var. *pauciflora*, 303
Phlomis melanantha var. *angustifolia*, 300
Phlomis melanantha var. *angustifolia* f. *pallidior*, 301
Phlomis melanantha var. *melanantha f. pallidior*, 302
Phlomis mongolica var. *macrocephala*, 304
Phlomis muliensis, 305
Phlomis oreophila var. *evillosa*, 306
Phlomis ornate var. *minor*, 307
Phlomis paohsingensis, 308
Phlomis pararotata, 309
Phlomis pygmaea, 310
Phlomis speciosa, 311
Phlomis strigosa, 312
Phlomis szechuanensis, 313
Phlomis umbrosa var. *ovalifolia*, 314
Phlomis uniceps, 315
Phlomis wangii, 316
Physaliastrum kweichouense, 406
Physaliastrum sinicum, 407
Physaliastrum yunnanense, 409
Physochlaina capitata, 404
Physochlaina infundibularis, 405
Physochlaina urceolata, 408
Plectranthus calcaratus, 317
Plectranthus polystachys, 318
Plectranthus smithianus, 319
Pogostemon brevicorollus, 320
Pogostemon chinensis, 321
Porana lobata, 100
Porana mairei var. *holosericea*, 101
Porana megalantha, 102
Porana megathyrsa, 103
Porana racemosa var. *sericocarpa*, 104
Porana racemosa var. *violacea*, 105
Premna acuminatissima, 189
Premna confinis, 190
Premna crassa var. *yui*, 191
Premna maclurei, 192
Przewalskia tangutica, 410
Pterygiella cylindrica, 569
Pterygiella suffruticosa, 570

R

Rabdosia gibbosa, 322
Rabdosia kangtingensis, 323
Rabdosia kunmingensis, 324
Rabdosia latifolia, 325
Rabdosia liangshanica, 326
Rabdosia lungshengensis, 327
Rabdosia pseudo-irrorata var. *centellaefolia*, 330
Rabdosia rubescens var. *lushiensis*, 331
Rabdosia rubescens var. *rubescens* f. *lushanensis*, 333
Rabdosia rubescens var. *taihangensis*, 332
Rabdosia setschwanensis var. *yungshengensis*, 328
Rabdosia sinuolata, 329
Rauvolfia verticillata var. *officinalis*, 54

Rehmannia solanifolia, 571

S

Salvia adoxoides, 334
Salvia alatipetiolata, 335
Salvia bifidocalyx, 336
Salvia chienii, 337
Salvia chunganensis, 338
Salvia cyclostegia, 339
Salvia filicifolia, 340
Salvia handelii, 341
Salvia japonica var. *multifoliolata*, 342
Salvia liguliloba, 343
Salvia maximowicziana var. *floribunda*, 344
Salvia nanchuanensis, 345
Salvia nanchuanensis var. *nanchuanensis* f. *intermedia*, 347
Salvia nanchuanensis var. *pteridifolia*, 346
Salvia omeiana, 348
Salvia przewalskii var. *glabrescens*, 349
Salvia smithii, 350
Salvia tsaiana, 351
Schnabelia oligophylla var. *oblongifolia*, 193
Scopolia carniolicoides, 411
Scopolia carniolicoides var. *dentata*, 412
Scrofella chinensis, 572
Scrophularia aequilabris, 573
Scrophularia buergeriana var. *tsinglingensis*, 574
Scrophulariaceae, 423
Scutellaria caryopteroides, 352
Scutellaria caudifolia, 353
Scutellaria honanensis, 354
Scutellaria hypericifolia var. *pilosa*, 355
Scutellaria incise, 356
Scutellaria indica f. *subacaulis*, 357
Scutellaria lantienensis, 358
Scutellaria lotienensis, 359
Scutellaria macrodonta, 360
Scutellaria mollifolia, 361
Scutellaria nigricans, 362
Scutellaria pekinensis var. *grandiflora*, 363
Scutellaria pingbienensis, 364
Scutellaria quadrilobulata, 365
Scutellaria shansiensis, 366
Scutellaria taiwanensis, 367
Scutellaria tenera, 368
Sinojohnstonia plantaginea, 164
Sinomerrillia bracteata, 106
Solanaceae, 387
Solanum hidetaroi, 413
Solanum indicum var. *recurvatum*, 414
Solanum nienkui, 415
Solanum nivalo-montanum, 416
Solanum pittosporifolium var. *pilosum*, 417
Solanum septemlobum var. *ovoidocarpum*, 418
Solanum septemlobum var. *subintegrifolium*, 419
Solanum torvum var. *pleiotomum*, 420
Sopubia lasiocarpa, 575
Stachys geobombycis, 369
Stachys kouyangensis var. *villosissima*, 370
Stachys pseudophlomis, 371
Stachys sieboldi var. *glabrescens*, 372
Stachys sieboldi var. *tuberculata*, 373
Stachys strictiflora, 374
Stachys taliensis, 375
Stachys xanthantha, 376
Stephanotis chunii, 78
Stephanotis nana, 79
Swertia dimorpha, 32
Swertia erythrosticta, 33

T

Teucrium anlungense, 385
Teucrium japonicum var. *tsungmingense*, 377
Teucrium labiosum, 378
Teucrium manghuaense, 379
Teucrium manghuaense, 379
Teucrium nepetaefolium, 380
Teucrium omeiense, 381
Teucrium pilosum var. *macrophyllum*, 382
Teucrium tsinlingense var. *porphyreum*, 383
Teucrium viscidum var. *macrostephanum*, 384
Torenia biniflora, 576
Toxocarpus aurantiacus, 80

Toxocarpus hainanensis, 81
Toxocarpus paucinervius, 82
Toxocarpus wangianus, 83
Trachelospermum yunnanense, 55
Trigonotis barkamensis, 165
Trigonotis cavaleriei var. *angustifolia*, 166
Trigonotis compressa, 167
Trigonotis corispermoides, 168
Trigonotis funingensis, 169
Trigonotis gracilipes, 170
Trigonotis jinfoshanica, 171
Trigonotis laxa, 172
Trigonotis leyeensis, 173
Trigonotis muliensis, 174
Trigonotis orbicularifolia, 175
Trigonotis petiolaris, 176
Trigonotis pratensis, 177
Trigonotis rotundata, 178
Trigonotis zhuokejiensis, 179
Tylophora arenicola, 84
Tylophora hui, 85
Tylophora minutiflora, 86
Tylophora trichophylla, 87

V

Verbenaceae, 181
Veronica vandellioides, 577
Vincetoxicum mongolicum, 88
Vitex kweichowensis, 194

W

Wattakaka yunnanensis, 89
Withania kansuensis, 421

X

Xizangia serrata, 578

Index to Chinese Names /中名索引

二画

二花蝴蝶草, 576
二型獐牙菜, 32
二萼喉毛花, 2
八脉臭黄荆, 189
九华山母草, 431

三画

三分三, 388
三叶马先蒿, 550
三色马先蒿等凹变种, 556
三角齿马先蒿, 552
三角齿马先蒿三角齿亚种狭裂变种, 554
三角齿马先蒿猫眼草亚种, 553
三角齿锥花, 238
大卫氏马先蒿五齿变种, 458
大卫氏马先蒿宽齿变种, 459
大叶母草, 434
大花飞蛾藤, 102
大花长叶微孔草, 154
大花甘青微孔草, 149
大花兔唇花, 253
大花活血丹, 236
大花糙苏少花变种, 303
大齿黄芩, 360
大炮马先蒿, 545
大唇香科, 378
大理水苏, 375
大萼冠唇花, 266
大锥序飞蛾藤, 103
寸金草披针叶变种, 207
山地糙苏无长毛变种, 306
山西马先蒿, 528
山西黄芩, 366
小巧马先蒿, 516
小叶香茶菜, 187
小叶黄果枸杞, 399
小叶黑鳗藤, 79
小叶滇紫草, 161
小花毛建草, 212
小花脓疮草, 286
小扁蕾, 30
小短尖马先蒿, 500
川滇翅茎木, 570
川藏香茶菜阔叶变种, 330
广西地海椒, 390
广西醉魂藤, 66
卫矛叶念珠藤, 38
马尔康附地菜, 165
马尔康香茶菜, 319
马尿泡, 410
马松蒿, 578
马鞭草科, 181
乡城马先蒿, 561
乡城滇紫草, 163

四画

丰管马先蒿, 442
开萼鼠尾, 336
天冬叶龙胆, 5
无孔微孔草, 136
云南山橙, 48
云南弓果藤, 80
云南枸杞, 403
云南冠唇花钝齿变种, 264
云南络石, 55
云南匙羹藤, 65
云南假虎刺, 45
云南清明花, 44
云南散血丹, 409

云南蜜蜂花，263
木里鼠尾草，341
木里微孔草，144
木里糙苏，305
木质根马先蒿，562
木锥花，237
五台山益母草，261
五脉斜萼草，262
五福花鼠尾草，334
不丹马先蒿， 477
不丹长梗马先蒿，493
不等裂马先蒿，480
车里银背藤，92
车前紫草，164
日本紫草，108
日照马先蒿，522
中甸马先蒿，568
中间假糙苏，288
中国扁蕾，29
中越马先蒿，508
水白前，63
水金花，186
毛山猪菜，99
毛节兔唇花，255
毛叶石龙尾， 425
毛叶倒缨木，52
毛叶黄芩，361
毛头银背藤，93
毛花长叶微孔草， 153
毛花龙胆，18
毛花卵叶微孔草，146
毛果飞蛾藤， 104
毛果小花藤，50
毛果齿缘草，118
毛果短冠草，575
毛颏马先蒿，487
毛颏马先蒿毛背变种， 488
毛缘筋骨草长毛变种，198
毛缘筋骨草卵齿变种，199
毛缘筋骨草陕甘变种少花变型，197
长毛香科大叶变种， 382
长毛紫珠，185
长叶四棱草，193
长叶假糙苏无柄变种，289
长叶微孔草，158
长舌马先蒿，464
长把马先蒿，495
长序母草，433
长序梗秦岭藤，61
长苞刺蕊草，321
长苞荠苧，280
长刺钩萼，279
长果微孔草，155
长柱马先蒿，540
长梗马先蒿，494
长梗微孔草，142
长萼马先蒿，492
长萼冠唇花，265
长萼糙苏，299
长筒微孔草，143
长穗荠苧，281
仁昌兔唇花，252
凤庆豆腐柴， 191
六叶龙胆，11
心叶石蚕，205
心叶单花红丝线，392
巴拉马先蒿，544

五画

甘西鼠尾草少毛变种，349
甘青青兰灰毛变种， 214
甘青青兰矮生变种， 215
甘青微孔草，148
甘肃马先蒿，483
甘肃脓疮草，285
石渠齿缘草，125
龙胆科，1
龙胜香茶菜，327
平脉藤，49
北方枸杞，400

北玄参秦岭变种 , 574
卢氏香茶菜 , 331
凸尖叶青蛇藤 , 77
凸额马先蒿 , 453
凹裂毛麝香 , 424
四川马先蒿网脉亚种 , 541
四川马先蒿宽叶亚种 , 542
四川沟酸浆 , 439
四裂花黄芩 , 365
白透骨消无毛变种 , 235
白透骨消狭萼变种 , 233
冬凌草 , 332
乐业附地菜 , 173
玄参科 , 423
兰坪马先蒿 , 486
半扭卷马先蒿 , 527
半球齿缘草 , 117
宁蒗龙胆 , 13
永胜香茶菜 , 328
尼泊尔马先蒿 , 515
出蕊汉史草 , 244
台白英 , 413
台湾杯冠藤 , 64
台湾荠苎 , 272
台湾黄芩 , 367

六画

动蕊花全叶变型 , 249
动蕊花镰叶变型 , 248
吉隆马先蒿 , 475
吉隆微孔草 , 140
老虎须 , 84
地蚕 , 369
地管马先蒿 , 470
耳褶龙胆 , 14
西南水苏具瘤变种 , 373
西南水苏柔毛变种 , 370
灰毛软紫草 , 109
夹竹桃科 , 35
尖叶紫珠 , 182
尖叶链珠藤 , 37
尖叶微孔草 , 156
尖果马先蒿 , 506
光果微孔草 , 141
光香薷 , 230
虫实附地菜 , 168
曲毛母草 , 428
团花马先蒿 , 533
团花滇紫草 , 159
刚毛小果微孔草 , 150
网萼母草 , 430
舌瓣鼠尾草 , 343
休氏马先蒿 , 529
华北散血丹 , 407
伊犁泡囊草 , 404
血见愁大唇变种 , 384
后生四川马先蒿 , 497
伞花马先蒿 , 558
伞房马先蒿 , 452
多花丁公藤 , 97
多花筋骨草短穗变种 , 203
多花微孔草 , 137
多齿短柄紫珠 , 183
多裂水茄 , 420
多穗香茶菜 , 318
江西马先蒿 , 484
江西母草 , 432
安龙香科 , 385
祁连山附地菜 , 176
异型齿缘草 , 115
羽叶枝子花二花变种 , 210
红肉牛奶菜 , 72
红直獐牙菜 , 33
红枝枸杞 , 398
纤茎秦艽 , 25

七画

坛萼马先蒿 , 559
坛萼泡囊草 , 408
贡山马先蒿 , 472

块茎汉史草，245
花楸叶马先蒿，532
劳氏马先蒿，523
极小马先蒿，507
极高马先蒿，514
丽子藤，89
丽江马先蒿美丽亚种，491
丽江糙苏，298
连齿马先蒿，451
连翘叶黄芩多毛变种，355
护耳草，68
扭喙马先蒿，539
拟长毛锥花，241
坚挺母草，435
串铃草大头变种，304
针刺齿缘草，112
利城马先蒿，513
秀丽龙胆，6
伸梗龙胆，17
希陶吊灯花，62
邻近风轮菜球花变种，206
卵果青杞，418
角花，317
角盔马先蒿，444
条叶芯苞，427
条叶齿缘草，116
条纹龙胆，23
汪氏秦艽，316
灵山醉魂藤，67
尾叶黄芩，353
阿勒泰兔唇花，250
陀果齿缘草，122
鸡骨柴小叶变种，229
鸡骨柴长穗变型，227
鸡骨柴光叶变种，226
鸡骨柴藏蕊变型，228
鸡脚参茎叶变种，282

八画

环喙马先蒿，457
青海假鹤虱，119
坭藤，46
茉莉链珠藤，41
若尔盖马先蒿，525
苞叶藤，95
直花水苏，374
茄叶地黄，571
茄科，387
林芝马先蒿，504
松潘荆芥，276
松潘荆芥狭齿变种，277
刺齿马先蒿，447
矽镁马先蒿，531
奇异马先蒿，446
齿叶赛莨菪，412
卓克基附地菜，179
具柄齿缘草，121
具冠马先蒿，455
昆明香茶菜，324
国楣马先蒿，466
罗氏马先蒿大花亚种，524
罗甸黄芩，359
垂果齿缘草，120
季川马先蒿，565
季川马先蒿缘毛变种，566
侏儒马先蒿，517
阜来氏马先蒿，468
爬行马先蒿，518
金佛山附地菜，171
狐尾马先蒿毛药变种，440
忽布状筋骨草短花变型，201
忽布状筋骨草矮小变型，202
变黑黄芩，362
京黄芩大花变种，363
刻叶黄芩，356
单叶青杞，419
单头糙苏，315
河南马先蒿，478
河南黄芩，354
沼生虾子草，438

波氏马先蒿，512
波齿香茶菜，329
波密马先蒿，449
宝兴糙苏，308
建水娃儿藤，85
帚枝荆芥，278
陕南龙胆，16
线叶银背藤，94
细花冠唇花，269
细梗附地菜，170
细萼香薷，221
细裂马先蒿，463
细管马先蒿刺毛亚种，474
细瘦马先蒿，473
细穗玄参，572

九画

荆芥叶香科，380
革叶龙胆，21
草石蚕近无毛变种，372
草莓状马先蒿，469
草原附地菜，177
荠苎，273
胡氏茶药，70
南川马先蒿，501
南川附地菜，172
南川鼠尾草，345
南川鼠尾草原变种居间变型，347
南川鼠尾草蕨叶变种，346
南方香简草，246
药用萝芙木， 54
厚叶附地菜，175
贵州牡荆， 194
虾子草，437
虾夷马先蒿，564
思茅水珍珠菜，217
哈巴山马先蒿多羽片亚种，476
香薷少花变种，219
香薷重圆齿变种，220
香薷短苞柄变种，218
俅江龙胆，19
顺昌假糙苏，290
保亭盾苞藤，96
须毛马先蒿，555
狭叶附地菜，167
狭叶微孔草，152
狭齿水苏，371
狭室马先蒿，538
狭盔马先蒿狭盔亚种极狭变种， 537
狭盔马先蒿黑毛亚种， 536
狭萼冠唇花，268
狭裂马先蒿，445
独龙马先蒿，465
弯毛臭黄荆，192
弯茎龙胆，9
弯柄刺天茄，414
亮叶香薷，231
美龙胆，26
美观糙苏，311
美观糙苏小花变种， 307
总苞微孔草，139
宫布马先蒿，485
退毛马先蒿，471
屏边黄芩，364
屏边鳝藤，43
费尔氏马先蒿祁连亚种， 509
柔毛齿缘草，123
柔弱母草，429
柔弱黄芩，368
绒毛马先蒿，551
绒毛假糙苏，287

十画

泰氏马先蒿， 548
泰国马先蒿，530
秦岭香科紫萼变种， 383
珠峰齿缘草，124
盐源马先蒿，563
埃氏马先蒿，448
聂拉木马先蒿，503

莲座叶龙胆，7
莸状黄芩，352
根茎马先蒿，521
翅叶牛奶菜，71
翅叶鼠尾草，335
翅鹤虱，133
唇形科，195
柴续断，313
鸭首马先蒿，443
峨眉风轮菜，208
峨眉香科，381
峨眉冠唇花，267
峨眉鼠尾草，348
圆叶附地菜，178
圆叶单花红丝线，394
圆叶娃儿藤，87
圆头牛奶菜，75
圆苞鼠尾草，339
圆茎翅茎草，569
圆球龙胆，10
脓疮草，283
脓疮草较小变种，284
皱褶马先蒿，511
高原香薷异叶变型，223
高原香薷粗壮变型，225
高原香薷疏苞变型，224
高额马先蒿，441
唐古拉齿缘草，126
唐古拉婆婆纳，577
凌云弓果藤，82
凉山香茶菜，326
海州香薷，232
海南弓果藤，81
海南香花藤，36
海南链珠藤，40
海南锥花，239
流苏龙胆，15
宽叶丛茎滇紫草，162
宽叶厚壳树，110
宽叶香茶菜，325
宽叶锥花，240
宽刺鹤虱，131
宽齿兔唇花，254
宽喙马先蒿，489
窄叶西南附地菜，166
弱小马先蒿极弱亚种，460
绢毛萼飞蛾藤，101
勐龙链珠藤，42
勐腊盾苞藤，106

十一画

勒德马先蒿，496
黄山鼠尾草，337
黄花山莨菪，389
黄花水苏，376
黄果枸杞，396
萝藦科，57
菊花参，20
乾精菜，294
梵净山冠唇花，271
盔形辐花，31
雪山茄，416
匙叶微孔草，151
野芝麻坚硬变种，258
野芝麻硬毛变种，257
冕宁附地菜，174
鄂西鼠尾草多花变种，344
崇安鼠尾草，338
假木通，78
假拟蕨马先蒿长喙变种，467
假轮状糙苏，309
假帚枝龙胆，24
假秦艽白花变型，293
假野芝麻近无毛变种，234
斜盔马先蒿，505
斜萼糙苏，297
斜喉兔唇花，256
麻花艽，22
麻栗坡小花藤，51
康定马先蒿，482

康定香茶菜 , 323
康定筋骨草短茎变型 , 196
旋花科 , 91
粗穗马先蒿 , 510
清水河枸杞 , 401
清河糙苏 , 292
宿叶马先蒿 , 549
密毛微孔草 , 138
密从鹤虱 , 129
密枝枸杞 , 397
隐花马先蒿直立亚种 , 456
颈果草 , 135
维西马先蒿 , 560
绵毛筋骨草 , 200
绵萼香薷绒毛变种 , 222
绵穗苏绒毛变种 , 209

十二画

琴叶球兰 , 69
塔氏马先蒿 , 547
塔布马先蒿 , 543
喜马拉雅鹤虱 , 130
散血丹 , 406
散瘀草 , 204
韩信草近无茎变型 , 357
朝鲜马先蒿 , 546
朝鲜龙胆 , 27
硬毛龙胆 , 12
硬毛锥花 , 242
硬翅鹤虱 , 132
裂叶飞蛾藤 , 100
裂唇糙苏 , 296
紫红假龙胆 , 4
紫花飞蛾藤 , 105
紫花野芝麻甘肃变种 , 259
紫苏耳齿变种 , 291
紫单花红丝线 , 393
紫草科 , 107
掌叶青兰 , 213
喙柱牛奶菜 , 74
黑水藤 , 60
黑花糙苏狭叶变种 , 300
黑花糙苏狭叶变种浅色变型 , 301
黑花糙苏原变种浅色变型 , 302
黑绿荆芥 , 275
铺散马先蒿高升亚种 , 462
短刺兔唇花 , 251
短齿光果莸 , 188
短冠刺蕊草 , 320
短梗麻叶冠唇花 , 270
等唇玄参 , 573
鹅首马先蒿 , 450
腋花山橙 , 47
腋花齿缘草 , 113
鲁山香茶菜 , 333
道孚龙胆 , 3
滑果丹参 , 526
滑藤 , 58
富宁附地菜 , 169
富宁链珠藤 , 39
富宁藤 , 53
孱弱马先蒿 , 481
疏毛长圆微孔草 , 145
疏毛海桐叶白英 , 417
疏花丁公藤 , 98
疏刺茄 , 415
疏果截萼红丝线 , 395
疏散微孔草 , 157
疏穗马先蒿 , 490
缘毛马先蒿 , 454

十三画

蓝田黄芩 , 358
蒙化石蚕 , 379
蒙古马先蒿 , 499
蒙古白前 , 88
蒙古益母草 , 260
蒙古滨紫草 , 134
楔叶糙苏 , 295
雷丁马先蒿 , 519

睡茄 , 421
畸形果鹤虱 , 128
锚刺果 , 127
矮糙苏 , 310
鼠尾草多小叶变种 , 342
催吐鲫鱼藤 , 86
微唇马先蒿 , 498
腺毛霜柱 , 247
新粗管马先蒿 , 502
滇桂豆腐柴 , 190

十四画

静容花 , 426
瑶山母草 , 436
截萼毛建草 , 216
截萼枸杞 , 402
蔡氏马先蒿 , 557
蔡氏鼠尾草 , 351
蓼状微孔草 , 147
膜质叶紫珠 , 184
漾濞牛奶菜 , 76
漏斗泡囊草 , 405
赛莨菪 , 411
察隅大王马先蒿 , 520
察隅马先蒿 , 567

十五画

蕨叶鼠尾草 , 340
槽茎锥花 , 243
墨脱牛奶菜 , 73
稻城龙胆 , 8
德钦马先蒿 , 461
德钦齿缘草 , 114
澳洲紫草 , 111
澜沧弓果藤 , 83

十六画

薄萼天仙子 , 391
橙香鼠尾草 , 350
糙毛糙苏 , 312
糙苏卵叶变种 , 314

十七画

藏荆芥 , 274
穗花马先蒿显苞亚种 , 534
穗花马先蒿狭果亚种 , 535
穗花香科崇明变种 , 377

十八画

覆瓦状马先蒿 , 479
覆苞毛建草 , 211
镰药藤 , 59
彝良龙胆 , 28

二十一画

巍山香科 , 379

二十二画

囊花香茶菜 , 322
囊谦滇紫草 , 160

Authors and Addresses / 作者及工作单位地址

BAN Qin, CHEN Shurong, DU Yufen, FU Lianzhong, LIN Qi, MA Xintang, WANG Zhongtao, YANG Zhirong
China National Herbarium (PE), Institute of Botany, Chinese Academy of Sciences, Xiangshan, Beijing 100093, Beijing.

BI Shuqing
College of Life Science, Langfang Normal University, Langfang 065000, Hebei.

CHEN Yali, HE Shanshan, JING Xuan, LIN Yun, LIU Wenqun, WANG Mingqiong, WU Huibing, YUN Yingxia
Hunan Medication Vestibule School, Hunan Food and Drug Vocational College, Changsha 410208, Hunan.

LI Hongli
Haidian Agricultural Institute, Beijing 100080, Beijing.

LI Qianyun, ZHANG Xiaobing
Department of Biology, Taiyuan Normal University, Taiyuan 030031, Shanxi.

班　勤　陈淑荣　杜玉芬　傅连中　林　祁　马欣堂　王忠涛　杨志荣
邮政编码：100093，北京市，香山，中国科学院植物研究所 国家植物标本馆（PE）

秘树青
邮政编码：0650003，河北省，廊坊市，廊坊师范学院 生命科学学院

陈雅丽　何珊珊　敬　璇　林　云　刘文群　王明琼　吴慧冰　云映霞
邮政编码：410208，湖南省，长沙市，湖南食品药品职业学院，湖南省医药技工学校

李红丽
邮政编码：100080，北京市，海淀区农业科学研究所

李倩云　张小冰
邮政编码：030031，山西省，太原市，太原师范学院 生物系